人力资源社会保障部技工教育和职业培训“十四五”规划教材
高等职业院校“互联网+”系列精品教材

国家在线精品
课程配套教材

数字化模具制造——基于 UG NX 10.0 模具 CAM 项目实战教程（资源版）

颜科红 主 编
张国新 赵 洁 副主编

電子工業出版社
Publishing House of Electronics Industry
北京 · BEIJING

内容简介

本书根据模具行业的岗位技能需求和课程教学改革成果进行编写，着重介绍使用 UG NX 软件平台进行注塑模具 CAM 数控加工制造方面的方法与技巧。其主要内容分为三个模块：CAM 基础知识、简单产品模具的设计制造和有一定难度的产品模具的设计制造。在 CAM 基础知识模块中，对软件基本设置和操作、零件数控编程过程、型腔铣加工、平面铣加工、轮廓铣加工、点位加工等进行讲解；在简单产品模具的设计制造模块中，选取两套典型的模具型腔型芯，完成从加工工艺制定、电极拆分、刀轨编制到机床实际加工的全过程，以验证刀轨的可行性；在有一定难度产品模具的设计制造模块中，选取一整套注塑模具进行模具零件的数字化制造，制造工艺符合企业加工流程，具有完全可复制的操作性。

全书对重要知识点均精心制作了与内容匹配的微课资源，并配套练习素材和操作视频；对综合应用的编程过程有配套操作视频；对加工操作部分，按照零件加工工艺过程，配套零件加工的全过程视频，包括数控铣床、钻床、电加工机床、钳工等各种加工设备的操作视频，以及丰富的在线开放课程资源（可在中国大学慕课平台搜索“数字化模具制造”找到本课程后获得）。

本书为高等职业本专科院校模具、数控、机械制造、机电一体化等相关专业的教材，也可作为开放大学、成人教育、自学考试、中职学校及培训班的教材，以及工程技术人员的参考书。

本书配有免费的电子教学课件和练习题参考答案等资源，详见前言。

图书在版编目（CIP）数据

数字化模具制造：基于 UG NX 10.0 模具 CAM 项目实战教程：资源版/颜科红主编. —北京：电子工业出版社，2020.8（2025.2重印）
高等职业院校“互联网+”系列精品教材
ISBN 978-7-121-35831-9

Ⅰ. ①数…　Ⅱ. ①颜…　Ⅲ. ①模具－计算机辅助制造－应用软件－高等学校－教材　Ⅳ. ①TG76-39

中国版本图书馆 CIP 数据核字（2019）第 007191 号

责任编辑：陈健德（E-mail:chenjd@phei.com.cn）
印　　刷：固安县铭成印刷有限公司
装　　订：固安县铭成印刷有限公司
出版发行：电子工业出版社
　　　　　北京市海淀区万寿路 173 信箱　邮编 100036
开　　本：787×1 092　1/16　印张：16　字数：410 千字
版　　次：2020 年 8 月第 1 版
印　　次：2025 年 2 月第 8 次印刷
定　　价：52.00 元

凡所购买电子工业出版社图书有缺损问题，请向购买书店调换。若书店售缺，请与本社发行部联系，联系及邮购电话：（010）88254888，88258888。

质量投诉请发邮件至 zlts@phei.com.cn，盗版侵权举报请发邮件至 dbqq@phei.com.cn。

本书咨询联系方式：chenjd@phei.com.cn。

前言

随着中国经济的快速增长和中国制造强国战略的提出，制造业迎来了转型升级，加工制造过程逐步朝着数字化方向发展，计算机辅助制造技术已得到越来越广泛的应用。根据模具行业的岗位技能需求和本课程已取得的教学改革成果编写本书，内容紧扣产业转型升级发展要求，以数字化模具制造职业核心能力的培养为目标，采用信息化、立体化的教学方式。本书具有以下特点：

（1）校企全面联合，满足岗位需求。从数控加工岗位尤其是模具加工岗位入手，以岗位所需的知识和操作技能为着眼点，在教材内容的选用及取舍上，把企业生产一线最需要和最实用的技术作为教材的主要内容，并结合职业院校技能大赛要求，选取企业的实际加工案例，由企业专家把关，真正做到企业技术人员全过程参与，最终培养出符合企业岗位要求的学生。

（2）遵循认知规律，突出学习效果。以任务驱动的方式将理论融入实践，“做中学，学中做，边学边做”，形成理论实践一体化、项目教学和工作过程一体化、课堂与生产一体化、实践教学与岗位能力培养一体化，针对不同环节采用恰当的教学方法，有意识、有步骤地将职业能力训练和职业素质养成融入实际教学的实施过程中，让学生在完成该项目的同时获得相应的知识和技能。

（3）项目设计有创新和突破。从三个模块逐步展开教学：CAM 基础知识、简单产品模具的设计制造和有一定难度产品模具的设计制造。在 CAM 基础知识模块中，对有关软件的基本设置和操作，依托简单的模具零件进行讲解；在简单产品模具的设计制造模块中，选取两套典型的模具型腔型芯，完成从加工工艺制定、电极拆分、刀轨编制到机床实际加工的全过程，以验证刀轨的可行性，避免刀轨理想化与实际脱节的缺点；在有一定难度产品模具的设计制造模块中，选用一整套注塑模具为载体，进行模具零件的数字化制造，制造工艺符合企业加工流程，具有完全可复制的操作性。教学过程注重建立读者零件加工制造的完整思路，而非一味强调软件加工命令的使用。

（4）传统纸质教材向信息化、立体化转变。本书在编写中同步开发了一系列有助于方便教学的微课视频、操作视频、UG 源文件等丰富的数字化资源，其中有全国微课大赛获奖作品，可扫一扫书中二维码进行阅看或下载。本书为江苏省在线开放课程配套教材，读者可在中国大学慕课平台（http://www.icourses.cn）搜索“数字化模具制造”，找到并参与本开放课程的在线学习，获取更加丰富的教学资源，还有团队老师随时为读者答疑解惑。让从事 CAM 教学的老师轻松备课，让有志于从事数字化制造的读者易学易懂，具备该行业工作的必须技能。建议学时分配如下（各院校可以结合实际情况进行调整）：

模块	各章内容	学时
CAM 基础知识	1　数字化模具制造基础	1
	2　模具零件数控编程过程	3
	3　型腔铣加工	10
	4　平面铣加工	10
	5　固定轴曲面铣加工	8
	6　孔加工	4
简单产品模具的设计制造	7　综合案例：充电器座型芯零件的数字化制造	8
	8　综合案例：酒杯型腔零件的数字化制造	8
有一定难度产品模具的设计制造	9　综合案例：保护盒注塑模具的数字化制造	12
总学时		64

本书由无锡科技职业学院的颜科红任主编，由张国新、赵洁任副主编，苏州博宇科技有限公司的成业高级工程师、无锡奇模科技有限公司的周春锋工程师和无锡威孚高科技集团股份有限公司的周小非工程师参加编写。在编写过程中，得到制造技术系同仁的大力支持，以及浙大旭日科技开发有限公司、上海润品工贸有限公司等企业技术人员的大力协助，在此一并致谢！

由于编者水平和经验所限，书中不妥之处在所难免，敬请读者批评指正。

为方便教师教学，本书配有免费的电子教学课件、练习题参考答案等资源，请有需要的教师登录华信教育资源网（http://www.hxedu.com.cn）免费注册后再进行下载，或通过中国大学慕课平台（http://www.icourses.cn）阅看在线开放课程资源，有问题时请在网站留言，也可与作者（电话：18961759331，电子邮箱：635677772@qq.com）或电子工业出版社（E-mail:hxedu@phei.com.cn）联系。

编　者

目 录

1 数字化模具制造基础 …… (1)

1.1 数字化模具制造的技术特点 …… (2)

1.2 模具制造流程与 CNC 加工 …… (3)

1.3 模具制造工艺规程的编制 …… (3)

1.4 模具数控加工的常用刀具种类 …… (4)

2 模具零件数控编程过程 …… (6)

2.1 UG NX CAM 设置流程 …… (7)

2.2 UG NX 10.0 加工环境界面 …… (7)

2.3 坐标系几何体及安全平面设置 …… (9)

2.4 创建几何体 …… (10)

2.5 创建刀具 …… (11)

2.6 创建程序 …… (13)

2.7 创建方法 …… (13)

2.8 工序导航器的应用 …… (14)

案例 1 充电器座型芯开粗加工数控编程 …… (15)

练习与提高 1 …… (17)

3 型腔铣加工 …… (18)

3.1 型腔铣操作子类型及应用 …… (19)

3.2 型腔铣的切削模式 …… (20)

3.3 切削步距设置 …… (22)

3.4 切削层设置 …… (23)

3.5 型腔铣切削参数设置 …… (25)

3.6 非切削移动参数设置 …… (30)

3.7 切削区域与修剪边界的设置 …… (32)

3.8 进给率和速度参数设置 …… (34)

3.9 深度轮廓加工特有参数设置 …… (34)

案例 2 灯罩盖凹模 CAM …… (36)

知识拓展 1 剩余铣与深度拐角加工 …… (48)

练习与提高 2 …… (49)

4 平面铣加工 …… (51)

4.1 平面铣操作子类型及应用 …… (52)

4.2 平面铣几何体设置 …… (53)

4.3 边界几何体的设定 …… (55)

4.4 切削参数设置 …… (58)

4.5 其他非切削移动参数设置 ……………………………………… (63)
4.6 平面铣底壁加工工序设置 ……………………………………… (64)
4.7 平面轮廓铣加工工序设置 ……………………………………… (66)
案例 3 梅花盘凸模 CAM ……………………………………… (100)
知识拓展 2 平面铣加工方法的妙用 ……………………………………… (79)
练习与提高 3 ……………………………………… (81)

5 固定轴曲面铣加工 ……………………………………… (82)
5.1 固定轴曲面铣工序的子类型及创建步骤 ……………………………………… (83)
5.2 固定轮廓铣削 ……………………………………… (85)
5.3 区域铣削 ……………………………………… (92)
5.4 流线驱动铣削 ……………………………………… (94)
5.5 清根铣削 ……………………………………… (95)
5.6 刻字加工 ……………………………………… (99)
案例 4 护膝型芯零件 CAM ……………………………………… (100)
练习与提高 4 ……………………………………… (113)

6 孔加工 ……………………………………… (114)
6.1 钻孔加工的子类型 ……………………………………… (115)
6.2 钻孔加工的几何体设置 ……………………………………… (115)
6.3 钻孔加工的刀具 ……………………………………… (118)
6.4 钻孔循环类型及参数设置 ……………………………………… (119)
6.5 钻孔其余参数设置 ……………………………………… (121)
案例 5 灯罩盖 A 板钻孔 CAM ……………………………………… (123)
练习与提高 5 ……………………………………… (141)

7 综合案例：充电器座型芯零件的数字化制造 ……………………………………… (142)
7.1 NC 助理分析 ……………………………………… (143)
7.2 程序传输 ……………………………………… (147)
7.3 零件模型处理 ……………………………………… (152)
7.4 零件制造工艺规划 ……………………………………… (153)
7.5 充电器座型芯 CAM ……………………………………… (157)
7.6 零件的机床加工 ……………………………………… (177)
练习与提高 6 ……………………………………… (178)

8 综合案例：酒杯型腔零件的数字化制造 ……………………………………… (179)
8.1 模具电极加工的优势 ……………………………………… (180)
8.2 模具制造用电极的设计标准及步骤 ……………………………………… (181)
8.3 酒杯型腔电极设计 ……………………………………… (183)
8.4 刀轨后处理及后处理器定制 ……………………………………… (188)

案例 6　制作 Fanuc 0i M 系统后处理文件 ……………………………………………………………… (191)
8.5　酒杯型腔模型分析及工艺过程规划 ……………………………………………………………… (197)
8.6　酒杯型腔零件铣削工艺规划 ……………………………………………………………………… (197)
8.7　酒杯型腔模型导入与处理 ………………………………………………………………………… (199)
8.8　酒杯型腔 CAM ……………………………………………………………………………………… (201)
8.9　酒杯型腔 CAM 的刀轨后处理 ……………………………………………………………………… (214)
8.10　酒杯型腔零件的机床加工 ………………………………………………………………………… (215)
练习与提高 7 …………………………………………………………………………………………… (216)
9　综合案例：保护盒注塑模具的数字化制造 ………………………………………………………… (217)
9.1　保护盒注塑模具结构原理分析 …………………………………………………………………… (218)
9.2　保护盒注塑模定模板加工 ………………………………………………………………………… (219)
9.3　保护盒注塑模定模座板加工 ……………………………………………………………………… (223)
9.4　保护盒注塑模型腔加工 …………………………………………………………………………… (226)
9.5　保护盒注塑模型芯加工 …………………………………………………………………………… (230)
9.6　保护盒注塑模动模板加工 ………………………………………………………………………… (235)
9.7　保护盒注塑模动模座板加工 ……………………………………………………………………… (239)
9.8　保护盒注塑模推板加工 …………………………………………………………………………… (242)
9.9　保护盒注塑模推杆固定板加工 …………………………………………………………………… (244)
练习与提高 8 …………………………………………………………………………………………… (247)

1 数字化模具制造基础

模具是工业生产的基础工艺装备。在汽车、电子、电器、电动机、仪器仪表等行业，有 60%～90%的零部件需用模具成形。用模具生产出的产品具有高精度、高一致性、高生产率和低消耗等特点，具有其他加工制造方法不可替代的优越性。模具生产水平的高低，已经成为衡量制造业水平高低的重要标志。

随着人们对产品制造的要求越来越高，新产品的开发周期越来越短，模具制造业面临越来越激烈的竞争，模具加工效率和速度的重要性日益凸显，模具加工制造逐渐朝着数字化方向发展，并且计算机辅助制造（computer aided manufacturing，CAM）技术应用越来越广泛，利用计算机完成从生产准备到加工制造的全过程，包括质量分析和检测、制造工艺控制、生产作业、加工模拟分析、数控加工编程、工艺设计等。

其中，CAM 数字化技术在模具加工制造中的应用主要是结合 CAD（computer aided design，计算机辅助设计）模型的零件数控代码，动态模拟模具加工过程，还要模拟机床加工的碰撞和干涉检查，在实际的模具数字化制造过程中 CAM 技术发挥着巨大作用。本章介绍与数字化模具制造相关的基本概念和知识。

数字化模具制造技术可以使模具的制造质量、精度得以提高并大幅度缩短制造时间，降低制造成本。因此，我们必须从战略的高度大力开展模具数字化制造技术的研究开发，加速用数字化技术改造传统的模具工业，这必将对 21 世纪的模具工业产生不可估量的作用。

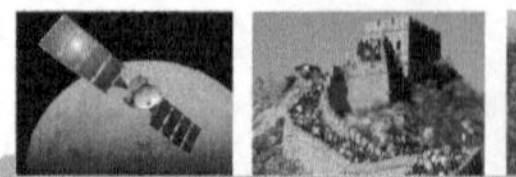

图1.1是灯罩盖注塑模具的结构，这里先给读者一个初步认识，后面将通过案例具体分析。

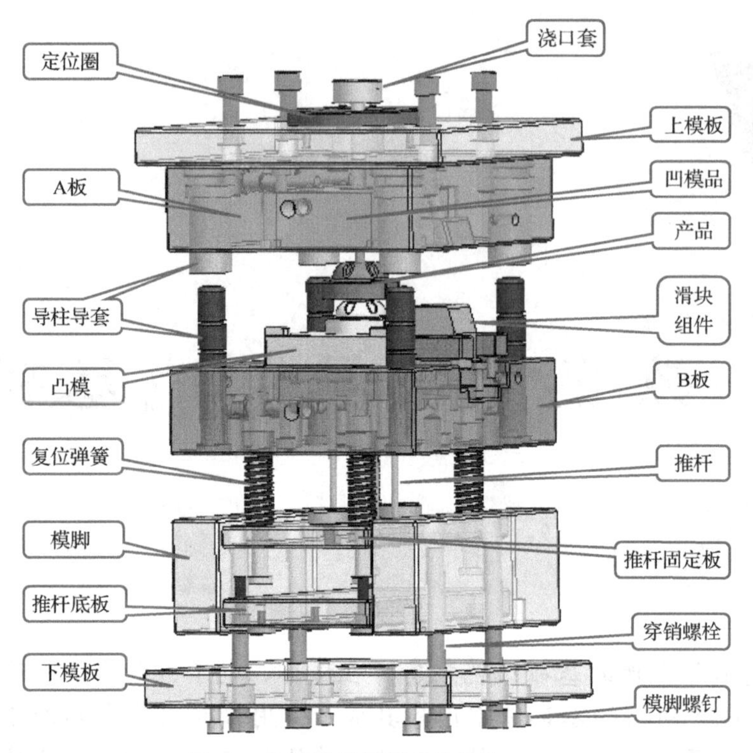

图1.1　灯罩盖注塑模具的结构

1.1　数字化模具制造的技术特点

扫一扫看灯罩盖注塑模原理动画

模具具有结构复杂、精度要求高、分型面复杂、材料硬度高、制造周期短等特点。相比普通方法的模具加工，数字化模具制造可以大幅提高加工精度、减少人工强度、提高加工效率、缩短模具制造周期，其技术特点如下。

（1）模具通常为单件生产，很少有重复开模的机会。因此，数控编程工作量大，对数控编程和操作人员都有更高的要求。同时模具的结构部件多，通常有模架、型腔、型芯、镶块或滑块、电极等部件需要通过数控加工成形，数控加工工作量大。

（2）模具的精度要求高。通常模具的公差范围要达到成形产品的1/10～1/5，而在配合处的精度要求更高，只有达到足够的精度，才能保证不溢料，所以加工时应严格控制误差。模具的型腔表面对成形产品的外观质量影响较大，因此在加工型腔表面时必须达到足够的精度，尽量减少或最好能避免钳工修整和手工抛光工作。

（3）模具零件的加工一般需要多个工序。应尽量减少装夹安装次数，避免多次装夹造成的定位误差和减少辅助时间；工序安排时应考虑后续工序加工的方便性，如为后续工序提供基准等；加工时尽量采用通用和标准的工装，包括夹具、刀具和量具等，但根据模具的特点，有时也采用专用的工装，如加长的立铣刀、加长的钻头、特殊成形刀具、样板、专用夹具等。

1.2 模具制造流程与 CNC 加工

模具制造流程是首先接收客户产品图形、评估报价、接收订单后确定开模；然后进行模具设计、订购坯料、数控编程、数控加工、EDM（Electrical Discharge Machining，电火花放电加工）、WEDM（Wire Electrical Discharge Machining，电火花线切割加工）、成型零件抛光（也叫省模）、组装模具、试模及交付客户产品，如图 1.2 所示。

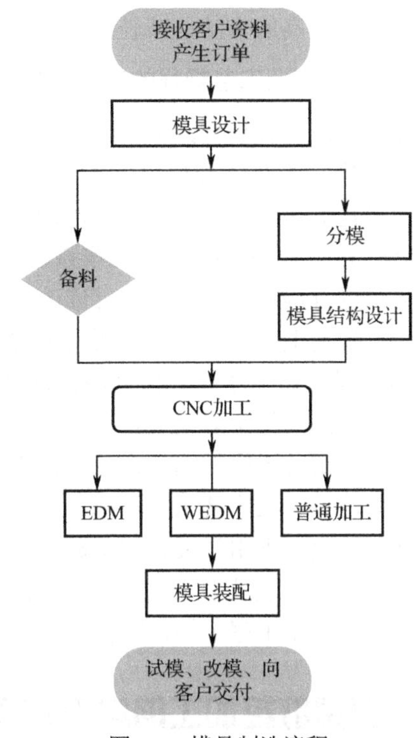

图 1.2 模具制造流程

在整个制造流程中可以清楚地看出，CNC（Computer Numerical Control，计算机数控）加工是关键环节，加工一旦出现问题，延误时间，那么整个模具制造周期将会变长，模具就不能按时试模，不能按时向客户交付产品，影响很大。CNC 加工占整个加工工作量的比例很大，所以 CNC 在制模中是非常重要的。而 CNC 程序的好坏直接对 CNC 的加工效率、加工效果及制模成本影响很大，所以各模具厂一般不惜重金聘请高水平的 CNC 编程工程师。

1.3 模具制造工艺规程的编制

规定产品或零件制造工艺过程和操作方法等的工艺文件称为工艺规程。模具制造机械加工的工艺规程一般应规定工序的加工内容、检验方法、切削用量、时间定额，以及所采用的机床和工艺装备等。编制工艺规程是模具生产准备工作的重要内容。

工艺规程在模具生产过程中有以下几个方面的作用：（1）是指导生产的重要技术文件；（2）是生产组织和生产管理工作的基本依据；（2）是新建或扩建工厂（车间）的基本资料。

1. 制定工艺规程的原则

制定工艺规程的目的是有效地指导并控制各工序的加工质量，使之能有序地按要求实施，最终能保证以最低的生产成本和最高的生产效率，可靠地加工出符合设计图样要求及技术要求的产品零件。因此，制定工艺规程必须做到以下几点。

（1）产品质量可靠。所制定的工艺规程要充分考虑和采取一切确保产品质量的必要措施，能全面、可靠地达到设计图样上所要求的精度、表面质量和其他技术要求。

（2）技术先进。吸收适合本厂情况的国内外同行的先进工艺技术和工艺装备，以提高工艺技术水平。

（3）经济性。选择成本最低，即能源、物资消耗最低，最易于加工的方案。

（4）良好的劳动条件。必须保证工人具有良好而安全的劳动条件，尽可能采用机械化或自动化程度高的方法，减轻工人的体力劳动。

2. 模具制造工艺规程的编制步骤

模具制造工艺规程的编制分为以下7个步骤。

（1）模具工艺性分析。首先对模具的设计意图和整体结构、各零部件的相互关系和功能，以及配合要求等有详尽透彻的了解，然后分析模具材料、零件形状、尺寸和精度要求等工艺性是否合理，找出加工难点，提出合理加工方案和技术保证措施。如有问题，应与设计人员进行沟通，对图样进行修改或补充。

（2）确定毛坯形式。根据所采用的毛坯类型确定毛坯的下料尺寸。

（3）制定加工路线。根据图样的技术要求，选定主要加工面的加工方法和定位基准，提出几个不同的加工方案进行分析对比，确定一个最佳工艺路线。

（4）确定各工序的加工余量。计算工序的尺寸及公差。

（5）确定各工序使用的机床、刀具、夹具、工具和量具。

（6）确定切削用量及时间定额。

（7）填写工艺文件。生产中常见的工艺文件格式有机械加工工艺过程卡、机械加工工艺卡、机械加工工序卡等，它们分别适用于不同的生产情况。

1.4 模具数控加工的常用刀具种类

模具加工的刀具按形状分为平底刀、圆鼻刀和球头刀三种。

1. 平底刀

平底刀也叫平刀或面铣刀，周围有主切削刃，底部为副切削刃，如图1.3所示。平底刀可以用于粗加工及清角加工、精加工侧平面及水平面，常用的刀具直径有ϕ20、ϕ19.05（3/4英寸，1英寸=2.54 cm）、ϕ16、ϕ15.875（5/8英寸）、ϕ12、ϕ10、ϕ8、ϕ6、ϕ4、ϕ3、ϕ2、ϕ1.5、ϕ1、ϕ0.8、ϕ0.5等。

一般情况下，开粗时尽量选较大直径的刀具，装刀应尽可能短，以保证有足够的刚性，避免弹刀。在选择小刀时，要结合被加工区域，确定最短的刀刃长及刀身部分的长度，选择本公司现有的最合适的刀。

侧面带斜度的平底刀叫斜度刀，可以用于精加工斜面。

2. 圆鼻刀

圆鼻刀也叫牛鼻刀、平底R刀、圆角刀，可用于开粗、平面精加工和曲面外形精加工，一般圆角半径为R0.1～R8。圆鼻刀一般有整体式和镶刀片式的刀把刀，如图1.4所示。镶刀片的圆鼻刀也叫飞刀，主要用于大面积的开粗及水平面精加工。常用的圆鼻刀有ϕ30R5、ϕ25R5、ϕ16R0.8、ϕ12R0.8、ϕ12R0.4等。用圆鼻刀开粗加工时应尽量选大直径刀

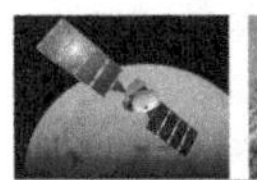

具，在加工较深区域时，应分二次装刀，先装短刀来加工较浅区域，再装长刀加工较深区域，以提高效率且不过切。

3. 球头刀

球头刀也叫 R 刀，主要用于曲面半精加工和精加工，如图 1.5 所示。常用的球头刀有 BD16R8、BD12R6、BD10R5、BD8R4、BD6R3、BD5R2.5（常用于流道加工）、BD4R2、BD3R1.5、BD2R1、BD1.5R0.75、BD1R0.5。这里，B 表示 Ball Mill（球头刀）的第一个字母，D 表示切削刃直径。

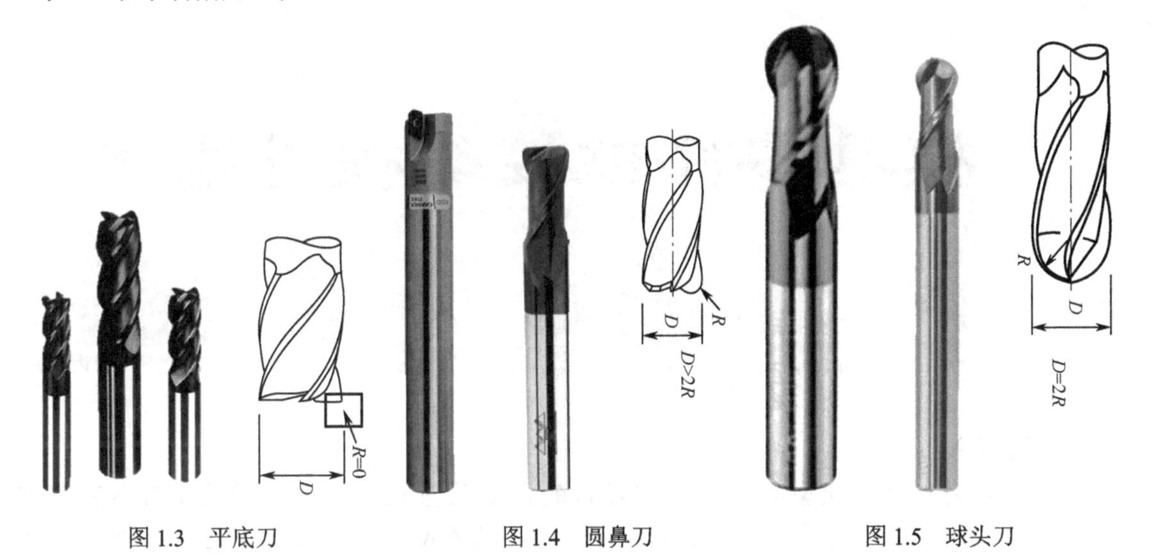

图 1.3　平底刀　　图 1.4　圆鼻刀　　图 1.5　球头刀

2 模具零件数控编程过程

学习导入

通过案例充电器座型芯零件开粗刀轨的简要设置过程，学习使用 UG NX 10.0 进行 CAM 铣削刀轨设置的流程，UG NX 10.0 的 CAM 流程示意如图 2.1 所示，读者可对 UG NX 的 CAM 技术流程有一个初步的体验。

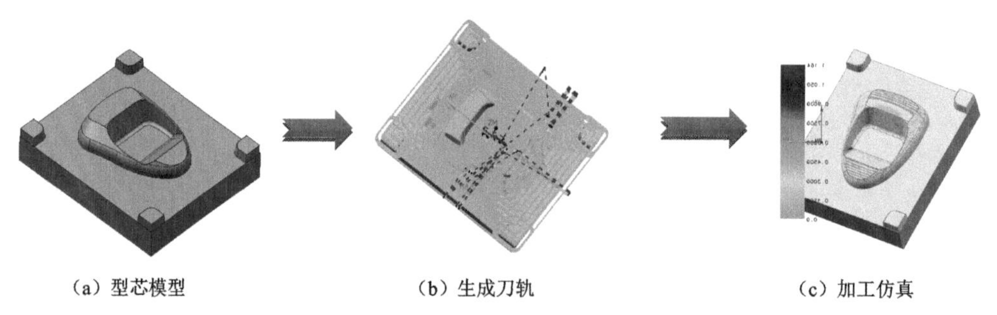

（a）型芯模型　　（b）生成刀轨　　（c）加工仿真

图 2.1　UG NX 10.0 的 CAM 流程示意

学习目标

扫一扫下载 UG CAM 总体编程步骤模型源文件

（1）了解 UG NX 10.0 的编程步骤。

（2）熟悉 UG NX 10.0 的 CAM 界面。

（3）熟悉 UG NX 10.0 CAM 的准备工作。

（4）通过案例学习，掌握开粗刀轨设置、刀轨仿真、刀轨后处理的方法。

扫一扫看 UG CAM 总体编程步骤教学课件

扫一扫看 UG CAM 总体编程步骤电子教案

扫一扫看 UG CAM 总体编程步骤微课视频

2.1 UG NX CAM 设置流程

UG NX 加工模块能模拟数控加工的全过程，其工作流程图如图 2.2 所示，产品加工执行步骤如图 2.3 所示。

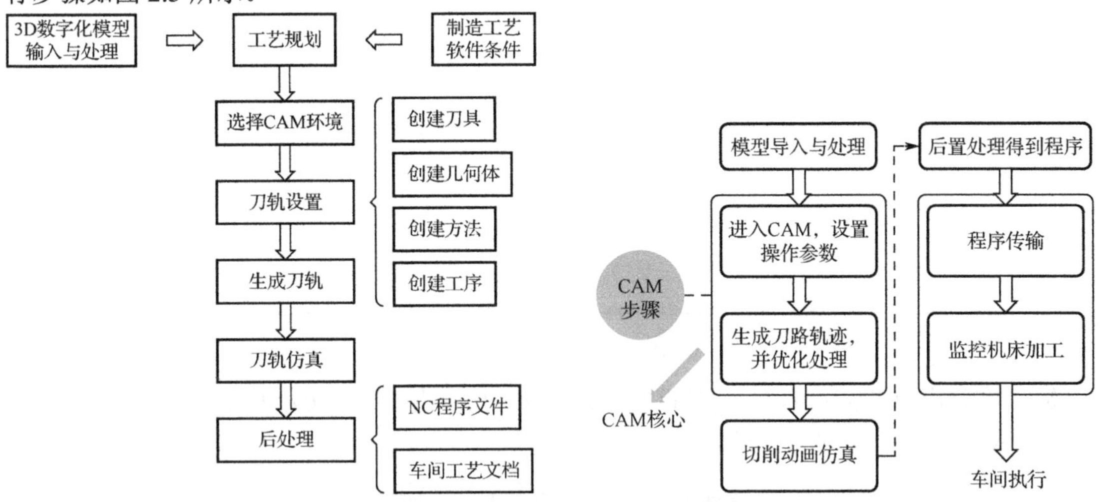

图 2.2　UG NX CAM 流程图　　　　图 2.3　UG NX CAM 产品加工执行步骤

从图 2.2 可以看出，UG NX CAM 大致分三大步：第一步是模型的输入和现场制造工艺条件决定加工工艺，这是我们选择 CAM 模块的先决条件；第二步是对刀轨进行参数化设置，这是 CAM 的核心部分，也是工艺规划的体现，主要包括刀具准备、几何体准备、刀轨参数设置、刀轨的仿真与调整；第三步是对确认的刀轨进行后置处理，实际上就是根据不同的机床配置使用不同的后置处理器得到 NC 程序代码，图 2.3 进一步清楚地展示了 UG NX CAM 的产品加工执行步骤。

2.2 UG NX 10.0 加工环境界面

第一步：打开模型文件。首先启动 UG NX 10.0，选择标准工具条中的“文件”→“打开”命令，在弹出的如图 2.4 所示的“打开”对话框中选择“NX 10.0 CAM 体验.prt”文件，单击 OK 按钮，进入建模环境。

新手解惑　从 UG NX 10.0 开始，支持中文路径和中文文件名，而在此之前的 UG 版本均不支持中文，意味着其文件名和存储目录均不能出现中文字符，如文件不能存放在“桌面”上。

第二步：进入 CAM 加工环境。当加工零件第一次进入加工环境时，将弹出“加工环境”对话框。我们将根据零件的加工工艺规划进行加工环境的选择，如选择车削的加工环境或线切割的加工环境等。本书涉及的是三轴铣削环境和孔加工环境下的 CAM 技术。单击“应用模块”菜单栏，选择“加工”命令（在经典界面模式下选择“启动”→“加工”

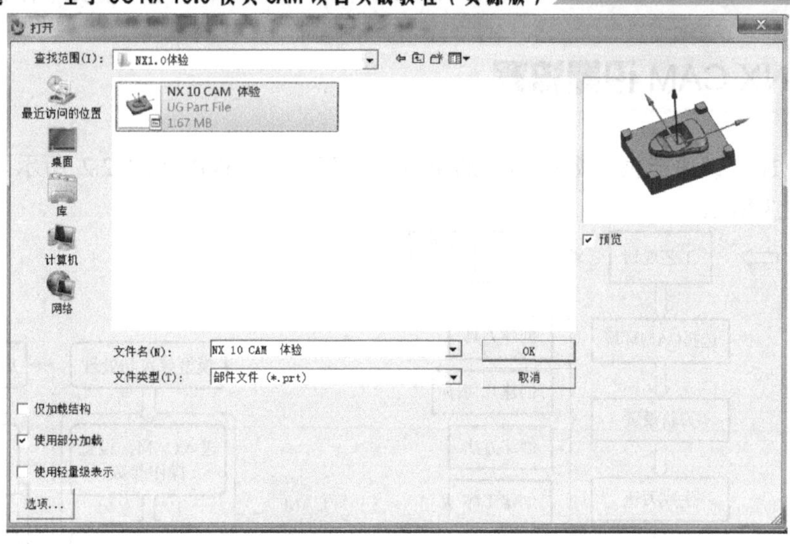

图 2.4 “打开”对话框

命令），在弹出的“加工环境”对话框中按如图 2.5 所示进行环境初始设置，然后单击 确定 按钮进入如图 2.6 所示的加工环境。

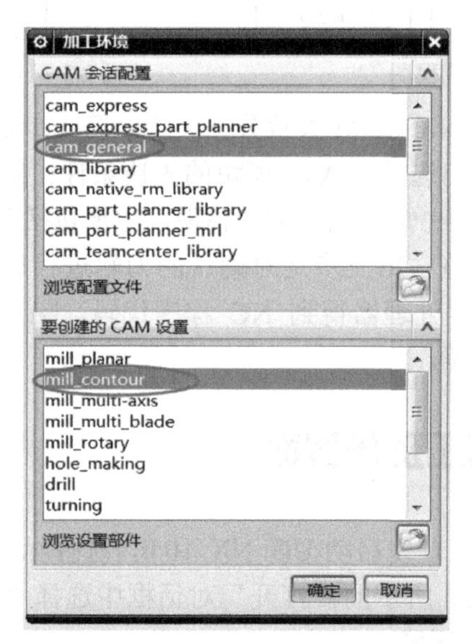

图 2.5 “加工环境”对话框

与大多数三维软件相似，UG NX 10.0 加工环境界面包括标题栏、菜单栏、工具条、资源条、工作区、绝对坐标系等几个部分，其中工作区占据最主要的区域，用来显示数字模型；“导航器”“插入”“操作”“几何体”“工件”是 UG NX 加工模块特有的工具条。

行家指点 UG NX 10.0 的界面较之前版本的界面有较大变化，对于已经熟悉之前界面的用户来说，可修改为经典界面。具体设置方法：选择“文件”→“首选项”命令，在弹出的下列菜单中选择“用户界面”命令，在弹出的“用户界面首选项”对话框中选择“布局”，类型选择“经典工具条”即可。

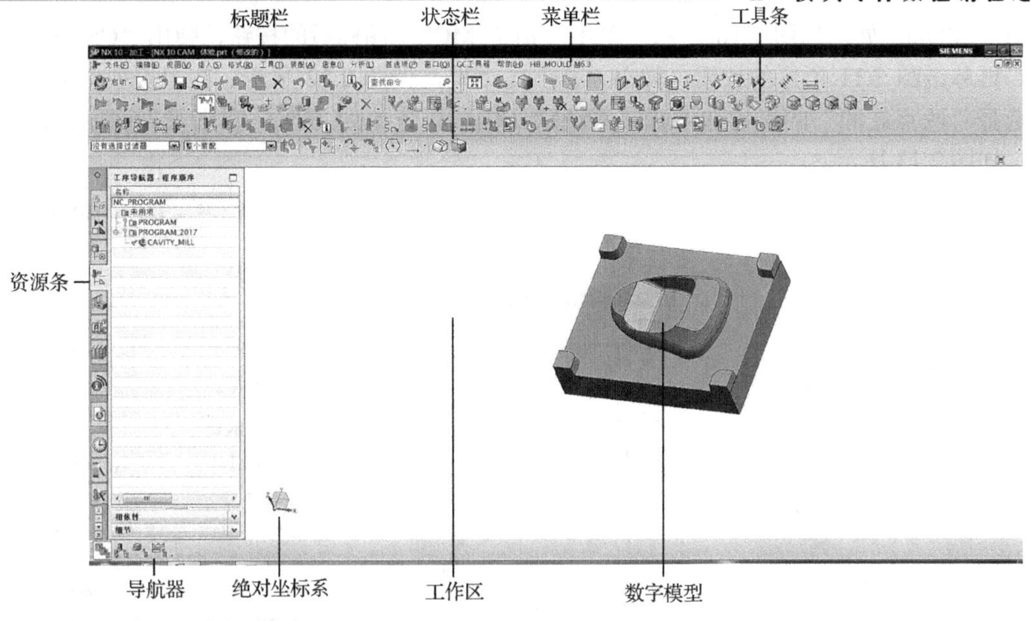

图 2.6 UG NX 10.0 加工环境界面

2.3 坐标系几何体及安全平面设置

创建几何体主要是在零件上定义要加工的几何对象和指定零件在机床上的加工坐标。创建几何体包括定义加工坐标系、工件、边界和切削区域等，它的作用就是定义系统要加工的对象。

几何体坐标系是所有刀具路径输出的基准，也是进行机床加工零件时的基准，分别用 XM、YM、ZM 表示。其中 ZM 特别重要，如果不另外指定刀轴矢量方向，则 ZM 轴为默认的刀轴矢量方向。坐标系 MCS 如图 2.7 所示。坐标系的设置步骤如下。

第一步：在如图 2.8 所示的“工序导航器-几何”视图下双击 MCS_MILL，弹出如图 2.9 所示的“MCS 铣削”对话框。

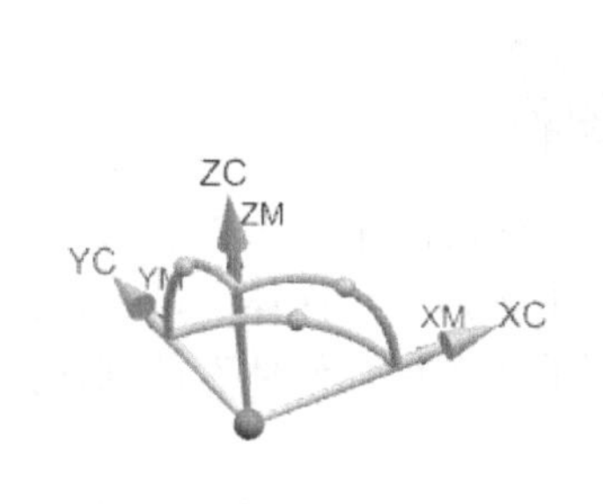

图 2.7 坐标系 MCS

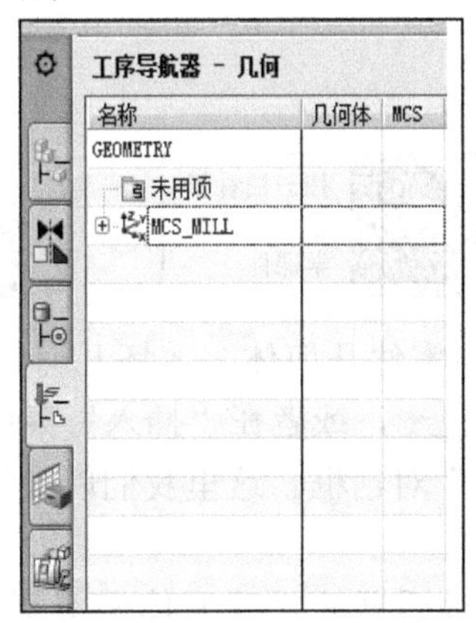

图 2.8 “工序导航器-几何”视图

图 2.9 “MCS 铣削”对话框

第二步：在“MCS 铣削”对话框中修改安全距离为 30，它指的是安全平面设置为毛坯

平面上30 mm处，如图2.10所示。单击“指定MCS”图标后的按钮，弹出“CSYS”对话框，再单击图2.11所示的按钮，弹出“点”对话框，如图2.12所示。在“类型”下拉菜单中选择“两点之间”的点构造方式，系统默认位置百分比为50%，单击模型底面的两对角点，如图2.13所示。

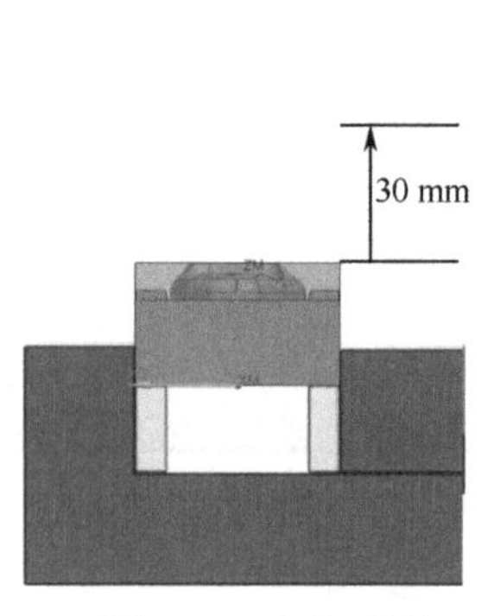

图2.10　安全平面

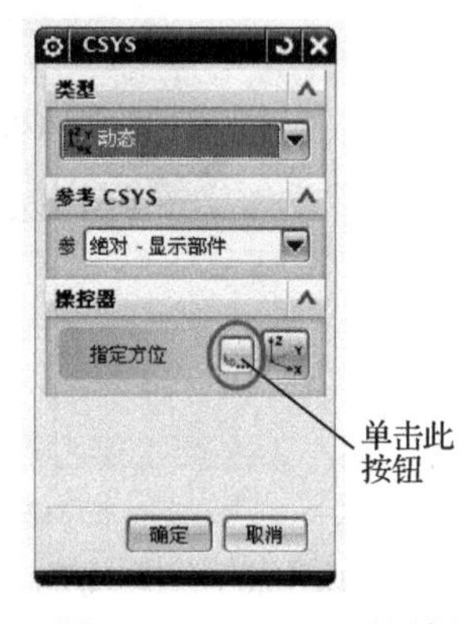

图2.11　“CSYS”对话框

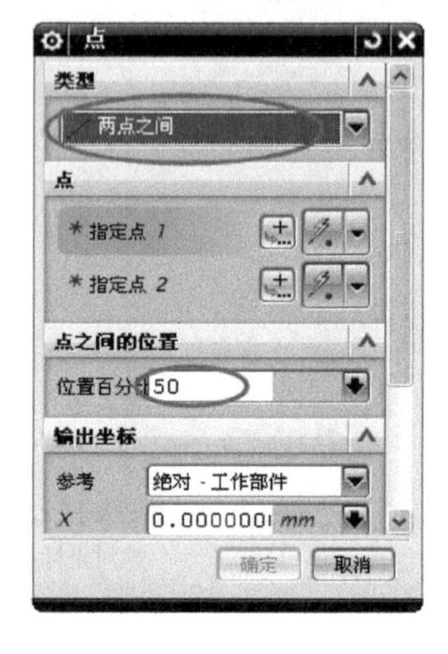

图2.12　“点”对话框

第三步：连续两次单击确定按钮，得到如图2.14所示的结果，完成加工用坐标系的创建，此时加工坐标系被设置在了底面中心。

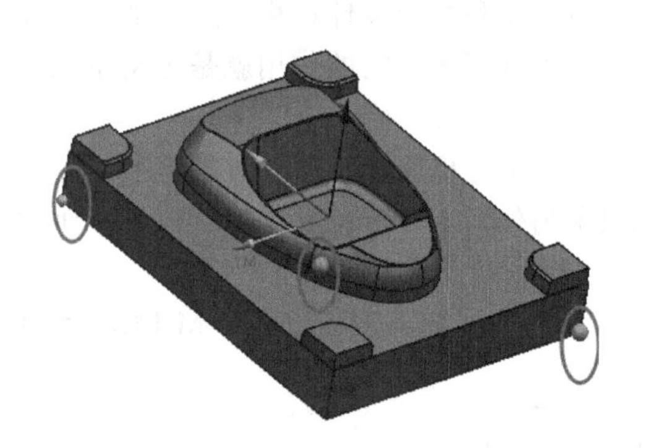

图2.13　模型底面的两对角点

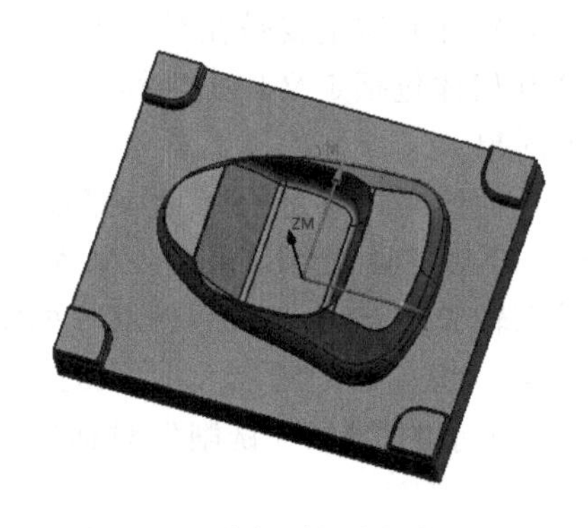

图2.14　坐标系创建的位置

2.4　创建几何体

扫一扫看创建几何体教学课件

扫一扫看创建几何体电子教案

铣削几何体用于定义加工时的零件几何体、毛坯几何体、检查几何体，在“插入”工具条中，单击“创建几何体”按钮，或者在“插入”菜单栏中选择“几何体”命令，弹出如图2.15所示的“创建几何体”对话框。这里我们以最常用的“工件几何体”的创建为例，说明几何体的创建步骤。

第一步：在“创建几何体”对话框的“几何体子类型”中选择“WORKPIECE”，在“名称”文本框中输入“WORKPIECE_2017”，单击确定按钮，弹出“工件”对话框，如图2.16所示。

图 2.15 “创建几何体”对话框

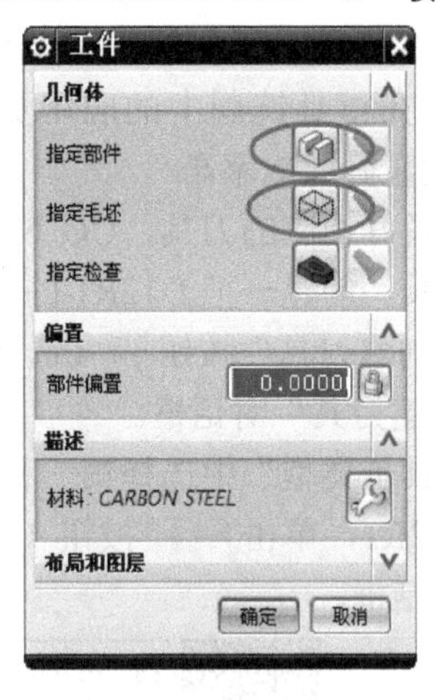

图 2.16 “工件”对话框

新手解惑 在“工序导航器-几何”视图下，已有一个默认的 WORKPIECE，可以直接使用，也可进行重命名操作。只有在同一工件的加工需要用到两个或两个以上的工件几何体时才需要创建新的 WORKPIECE。使用时双击 WORKPIECE，即可弹出如图 2.16 所示的“工件”对话框。

第二步：单击图 2.16 所示的“指定部件”按钮，弹出“部件几何体”对话框，用鼠标单击选择需要加工的充电器座模型，模型选中后单击确定按钮完成部件的选择，如图 2.17 所示。单击图 2.16 中的“指定毛胚”按钮，弹出如图 2.18 所示的“毛坯几何体”对话框，“类型”选择“包容块”，包容块的参数默认；依次单击确定按钮，完成毛坯的设置。

图 2.17 部件几何体的选择

图 2.18 “毛坯几何体”对话框

2.5 创建刀具

刀具类型按照几何形状分为面铣刀、球头刀和圆鼻刀三种。

（1）面铣刀：在模具加工中，面铣刀一般用于加工模具中的 2D 区域，如垂直面及水平面或模具中尖角的区域，也会用于粗加工。

（2）球头刀：球头刀的端部是带 R 的刃口，所以刚性非常好。在模具加工中，球头刀常用来铣削 3D 曲面，尤其是在精加工及清角加工时，但不适合加工较平坦的区域。

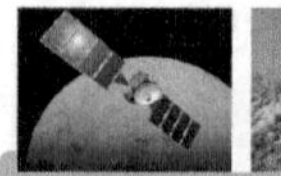

（3）圆鼻刀：圆鼻刀综合了面铣刀和球头刀的优点，也叫圆角刀，由于加工线速度变化小，加工更稳定，在模具铣削中的应用更规范。粗加工时步距可以很大（75%刀具直径），而且加工表面质量好，效率高。

铣加工前必须准备好相应的刀具，UG NX 10.0 的刀具可以从刀库中调用，也可以根据实际情况自己创建刀具。创建一把 D12R1 的立铣刀的步骤如下。

第一步：单击“创建刀具”按钮（选择“插入”下拉菜单中的“刀具”命令），弹出如图 2.19 所示的“创建刀具”对话框。

第二步：在“刀具子类型”中选择第一种刀具“MILL”，在“名称”文本框中输入需要创建的刀具名称：D12R1，单击确定按钮（或者单击鼠标中键确定），弹出如图 2.20 所示的“铣刀-5 参数”对话框。

扫一扫看如何创建刀具微课视频

扫一扫下载如何创建刀具模型源文件

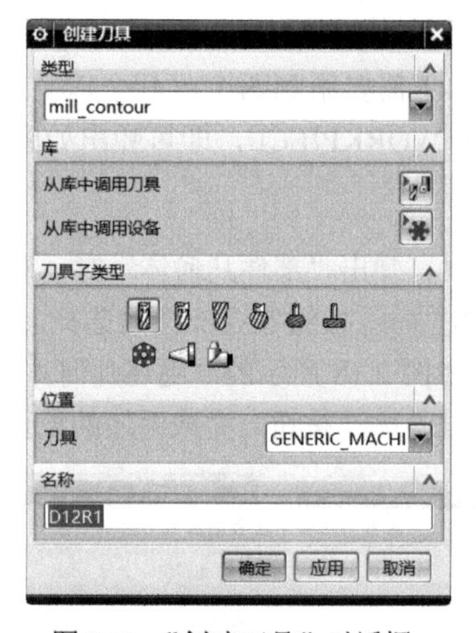

图 2.19 “创建刀具”对话框

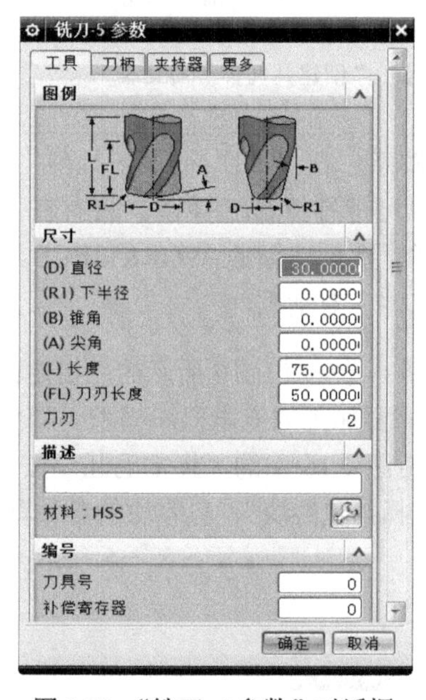

图 2.20 “铣刀-5 参数”对话框

第三步：设置刀具相关参数。根据图例了解刀具参数的含义，双击对应的尺寸文本框输入如图 2.21 所示的参数；单击确定按钮（或者单击鼠标中键确定）完成 D12R1 刀具的创建，如图 2.22 所示。

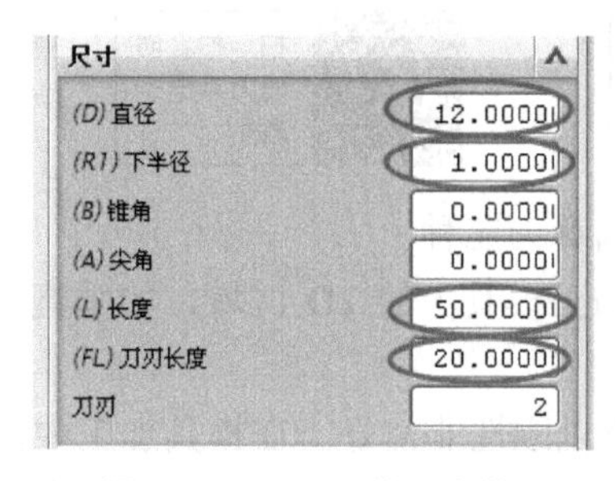

图 2.21 D12R1 铣刀参数

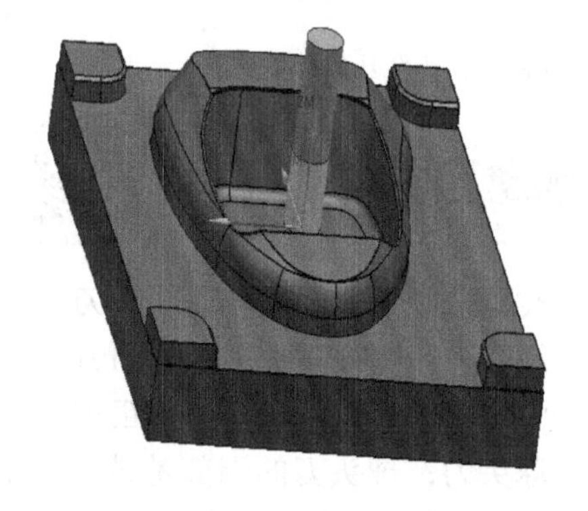

图 2.22 D12R1 刀具效果

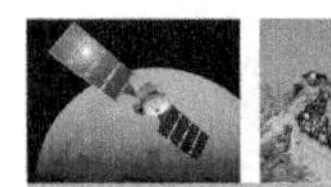

2.6 创建程序

第一步：单击“创建刀具”按钮（或者选择“插入”下拉菜单中的“程序”命令），弹出如图 2.23 所示的“创建程序”对话框。

第二步：双击“程序”文本框，即双击“PROGRAM_2017”，使其处于编辑状态，在“名称”文本框中输入要创建的程序名称 A1，单击 确定 按钮（或者单击鼠标中键确定），弹出如图 2.24 所示的“程序”对话框。

图 2.23 “创建程序”对话框

图 2.24 “程序”对话框

第三步：选中“操作员信息 状态”复选框，此处可以根据条件输入一些个人工号或日期等信息，单击 确定 按钮，完成程序的创建。

2.7 创建方法

第一步：单击“创建方法”按钮（或者选择“插入”下拉菜单中的“方法”命令），弹出如图 2.25 所示的“创建方法”对话框。在“方法”下拉菜单中选择“MILL_ROUCH”铣削粗加工，单击 确定 按钮，弹出如图 2.26 所示的“模具粗加工 HSM”对话框。

图 2.25 “创建方法”对话框

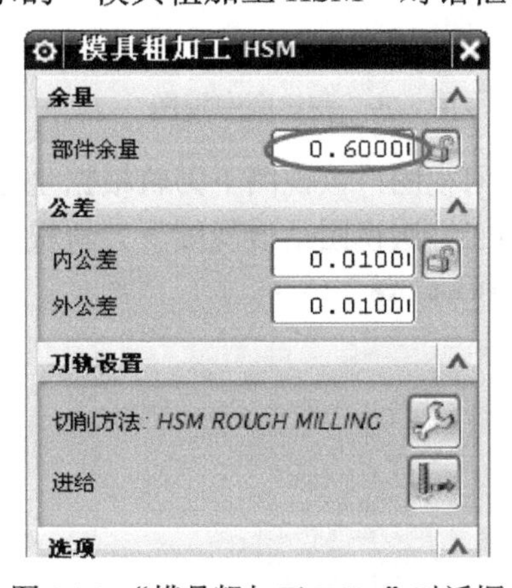

图 2.26 “模具粗加工 HSM”对话框

第二步：设置余量等参数。双击对应的尺寸文本框，输入如图 2.26 所示的参数，单击

[确定]按钮完成开粗铣削方法的创建。

2.8 工序导航器的应用

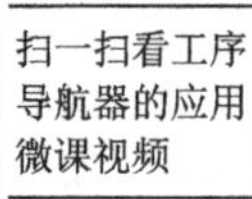

UG NX 操作界面左侧是操作导航器，用于管理创建的操作及其他组对象，如图 2.27 所示。它包括装配导航器、约束导航器、部件导航器、工序导航器等，其中工序导航器为 UG NX 加工模块所特有。

工序导航器有 4 种显示视图，分别是程序顺序视图、机床视图、几何视图和加工方法视图，分别对应屏幕左下角的视图工具条 4 个按钮。其显示的组对象分别是程序、机床与刀具、几何体和加工方法。用 4 种视图分别显示我们之前的操作结果，如图 2.28 所示。

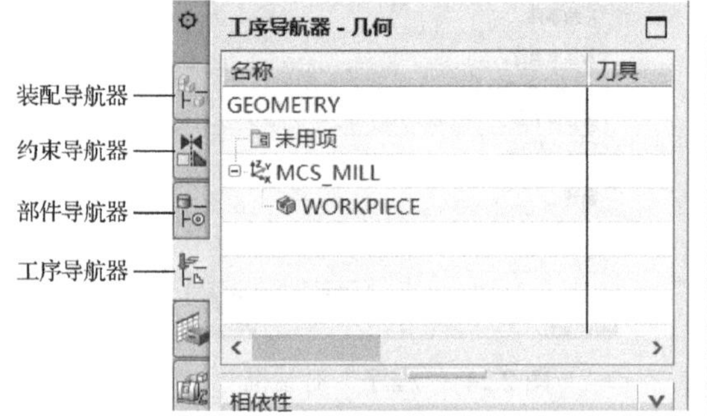

图 2.27　操作导航器

图 2.28　工序导航器的 4 种视图

（1）程序顺序视图：该视图下刀轨根据所在程序组进行分类，如图 2.29 所示。

（2）机床视图：该视图下刀轨根据选用的刀具对刀轨进行分类，如图 2.30 所示。

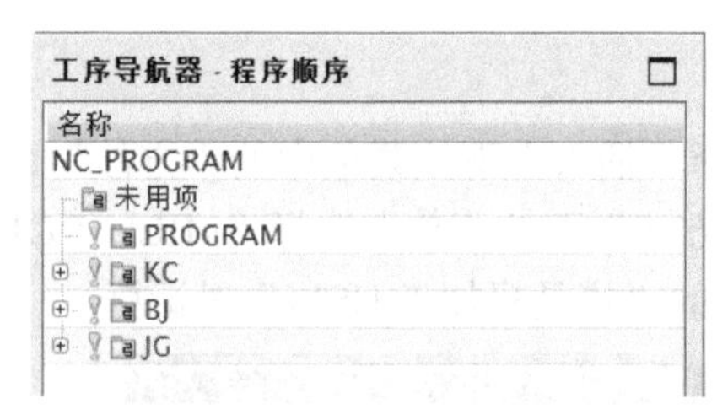

图 2.29　程序顺序视图

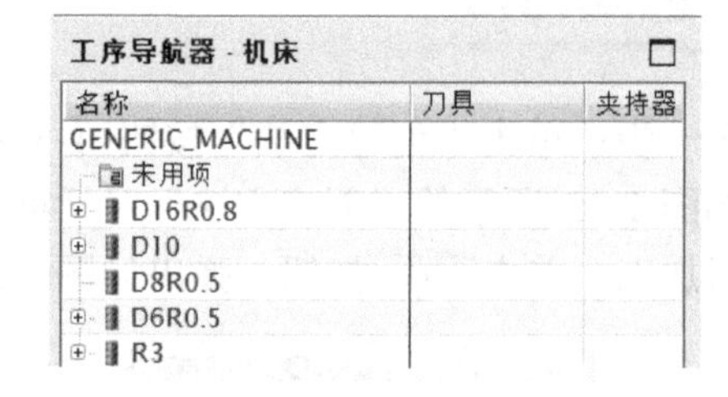

图 2.30　机床视图

（3）几何视图：该视图下刀轨根据坐标系几何体对刀轨进行分类，如图 2.31 所示。

（4）加工方法视图：该视图下刀轨根据加工方法对刀轨进行分类，如图 2.32 所示。

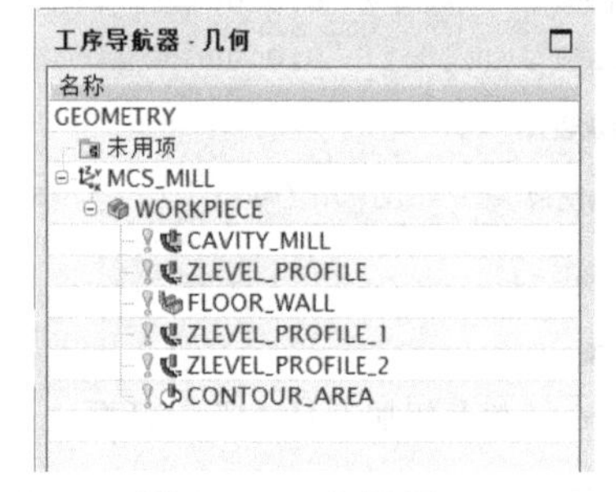

图 2.31　几何视图

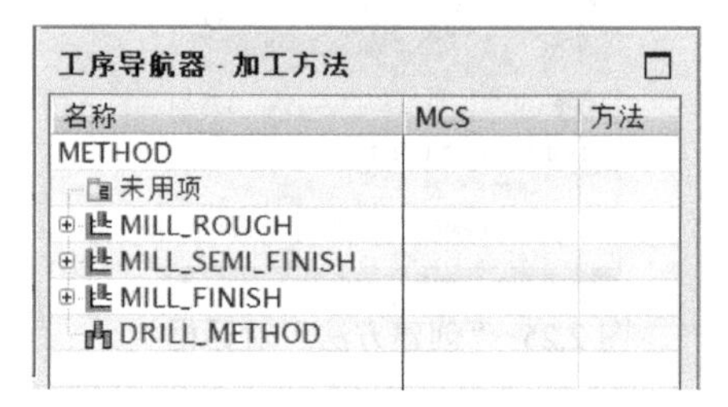

图 2.32　加工方法视图

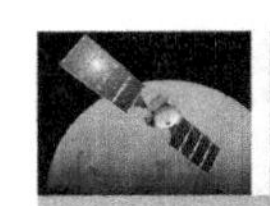

扫一扫看充电座粗加工全过程操作视频

案例 1 充电器座型芯开粗加工数控编程

1. 创建充电器座型芯零件开粗加工工序

前期的准备工作（创建几何体、刀具等）结束后，接下来进行工序的创建。单击按钮，弹出如图 2.33 所示的“创建工序”对话框，类型默认“mill_contour”，子类型选择（基本型腔铣削）；“位置”选项组中的选项按图 2.33 所示进行选择，尤其注意几何体的选择一定要选择之前创建的“WORKPIECE_2017”；“名称”文本框为默认，也可以输入其他名称，单击按钮，弹出如图 2.34 所示的“型腔铣”对话框，接下来进行简单型腔铣工序参数的设置。

（1）刀轨设置：展开“刀轨设置”选项，按照如图 2.35 所示进行刀轨参数的设置。

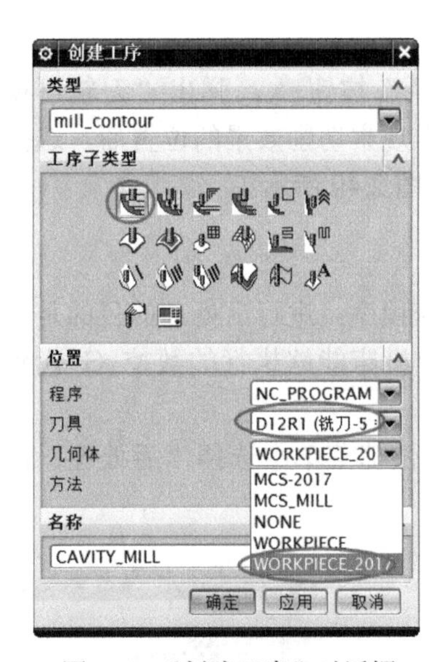

图 2.33 “创建工序”对话框

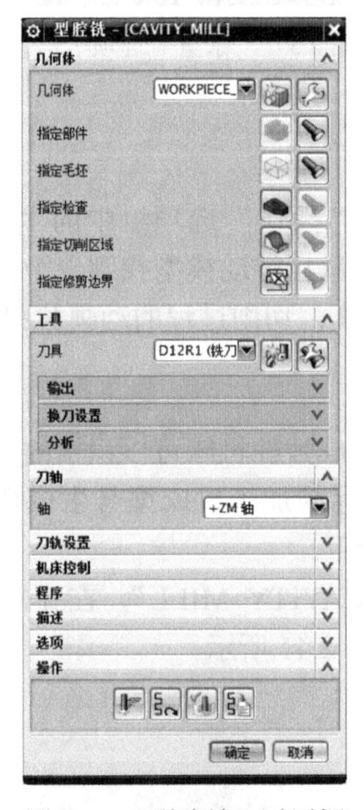

图 2.34 “型腔铣”对话框

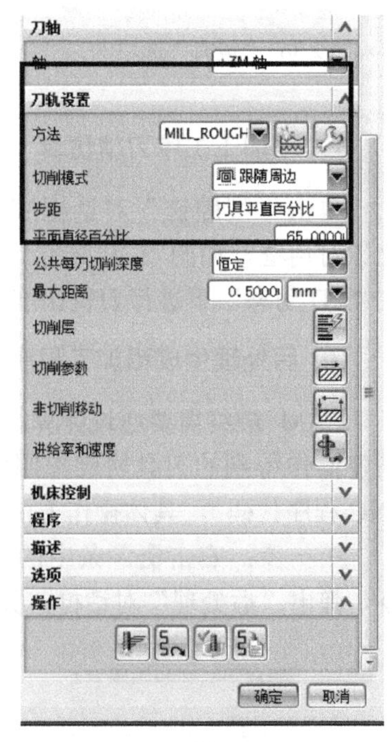

图 2.35 刀轨参数的设置

（2）切削参数设置：单击“切削参数”按钮，在弹出的“切削参数”对话框中选择“策略”选项卡，进行如图 2.36 所示的设置。选择“余量”选项卡，进行如图 2.37 所示的设置。

（3）进给率和速度设置：单击“进给率和速度”按钮，在弹出的“进给率和速度”对话框中设置“主轴速度”为 2500、“进给”为 1200，单击“计算”按钮，查看“表面速度”等加工数据是否合理，然后单击按钮。

（4）单击“操作”选项组中的“生成”按钮，系统立即进入刀轨计算，经过系统自动计算后得到刀轨图像，如图 2.38 所示。此时“操作”选项组中的 4 个按钮都高亮并突出显示，表示刀轨计算已经完成，单击按钮，完成充电器座型芯零件的开粗刀轨设置。

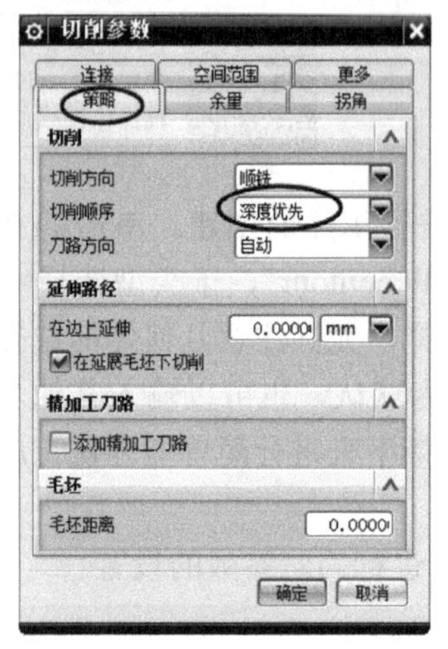

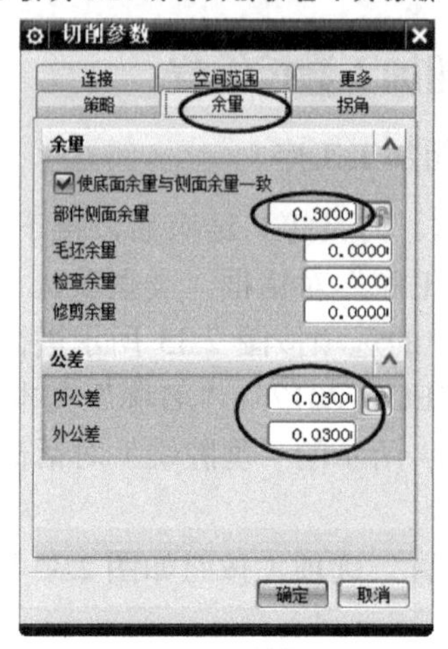

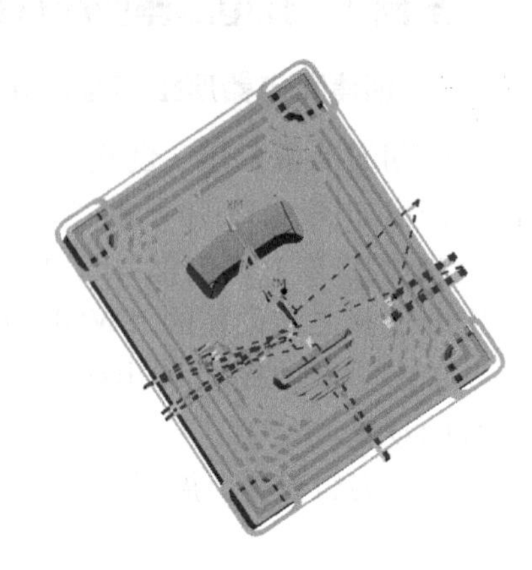

图 2.36 “策略”选项卡

图 2.37 “余量”选项卡

图 2.38 充电器座型芯零件的开粗刀轨

2. 粗加工工序刀轨仿真

单击“型腔铣”对话框底部“操作”选项组中的“确认”按钮，弹出“刀轨可视化”对话框，如图 2.39 所示，用鼠标转动模型找到一个便于观察切削效果的位置后，选择在“2D 动态”下进行刀轨切削仿真，切削过程的动画截图如图 2.40 所示。

3. 后处理生成粗加工程序

CAM 最终需要通过计算机生成数控机床可以识别的数控程序。进行后处理的目的是将创建操作得到的刀具轨迹按照实际的加工机床型号生成数控机床能够执行的数控 G 代码（NC 程序代码），具体操作方法如下。

第一步：右击资源条中的“CAVITY_MILL”，在弹出的快捷菜单中选择“后处理”命令，弹出“后处理”对话框，如图 2.41 所示。

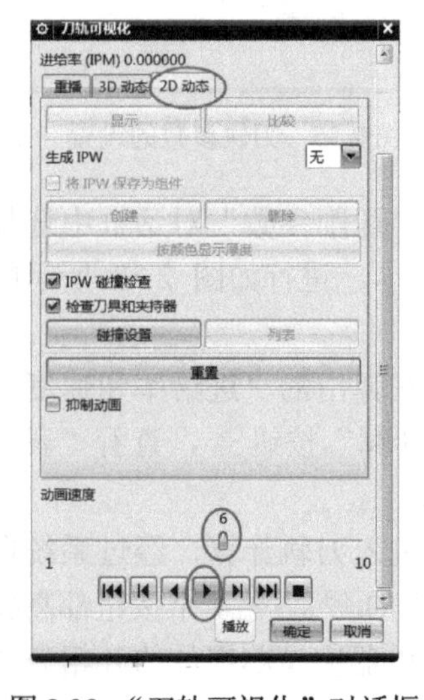

图 2.39 “刀轨可视化”对话框

图 2.40 切削过程的动画截图

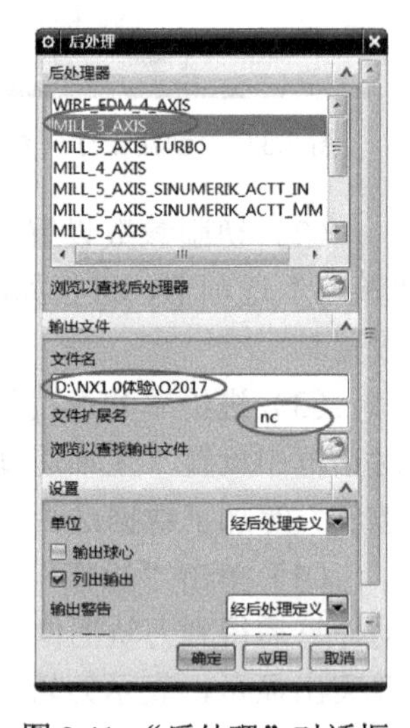

图 2.41 “后处理”对话框

第二步：按“后处理”对话框（图 2.41 所示）选择常规的三轴处理器，在“输出文件”选项组中设置输出路径和文件名“O2017”（文件名是按照 FANUC 系统格式命名的），文件扩展名修改为“nc”，单击 确定 按钮后得到如图 2.42 所示的程序文本信息，显示后处理获得的程序代码。加工前再将这些数控代码输入数控机床自动完成零件的高效铣加工。

图 2.42　程序文本信息

至此，我们完成了一个简单的 UG NX CAM 的流程，体验了 3D 模型从输入到加工代码获得的过程，体现了 UG NX 自动编程的智能化、数字化。

练习与提高 1

请完成如图 2.43 和图 2.44 所示零件的开粗工序创建。

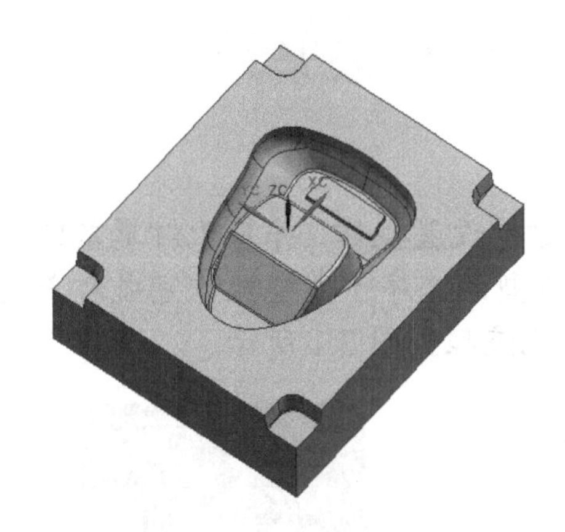

图 2.43　充电器座型腔

图 2.44　零件型芯

扫一扫下载图 2.43 零件加工模型源文件

扫一扫下载图 2.44 零件加工模型源文件

3 型腔铣加工

学习导入

通过案例，学习型腔铣的常用加工工序创建的设置操作，并基于灯罩盖凹模零件制定加工工艺，运用型腔铣工序中所包含的典型的工序子类型操作完成灯罩盖凹模零件型腔铣的主要刀轨设置及仿真加工。实施流程如图 3.1 所示。

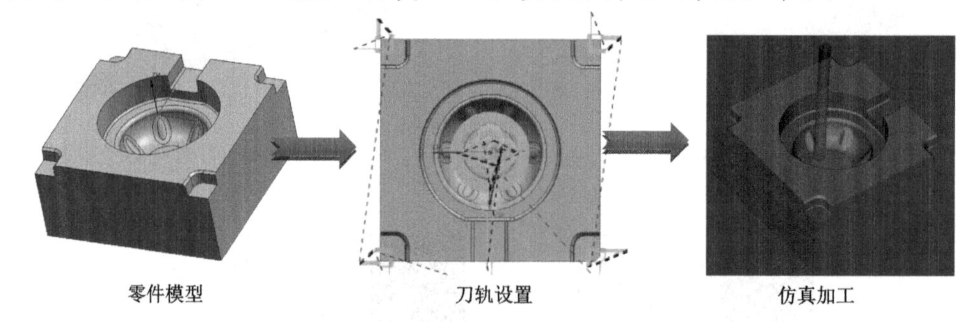

图 3.1 实施流程

学习目标

（1）了解型腔铣的特点与应用场合。
（2）掌握型腔铣的切削模式及步距的设置方法。
（3）掌握型腔铣的切削参数和切削层的设置方法。
（4）能够正确创建型腔铣典型工序。
（5）熟悉型腔类零件铣加工工艺方案规划。
（6）掌握灯罩盖凹模零件从开粗到精加工铣削工序的设置。

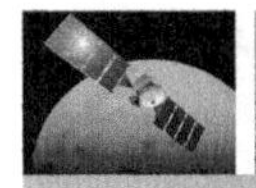  

3.1　型腔铣操作子类型及应用

扫一扫看型腔铣操作子类型微课视频

扫一扫看型腔铣工序子类型教学课件

型腔铣主要用于创建零件的粗加工刀具路径，以及直壁或斜度不大的侧壁精加工。它根据型腔或型芯区域的形状，将要切除的部位分成多个切削层进行切削，每一切削层可以指定不同的深度，可以加工复杂的零件表面。其可以加工任意形状的零件，因此型腔铣加工的应用非常广泛。

UG NX 10.0 版本的型腔铣操作主要包含三大类型：第一是用于开粗加工，有 4 种子类型；第二是用于半精或精加工，以深度加工为主，有两种子类型；第三是固定轴铣削，主要针对曲面加工，有 12 种子类型。也就是可以创建 18 种不同的操作工序。全部子类型如图 3.2 所示。

图 3.2　型腔铣操作的全部子类型

典型的型腔铣操作的创建过程一般步骤为：设置工作环境—创建型腔铣操作—设置父节点组—创建加工几何体—设置型腔铣工序相关参数—生成刀具路径—刀轨仿真—后置处理。

开粗加工的 4 种子类型分别为基本型腔铣、插铣、拐角粗加工和剩余铣，还有用于半精或精加工的以等高方式针对轮廓加工的深度轮廓加工和深度拐角加工。6 种子类型的含义和说明如表 3.1 所示。

（1）基本型腔铣：应用于大部分零件的粗加工，以及直壁或斜度不大的侧壁的精加工。通过限定高度值，型腔铣可用于平面的精加工，以及清角加工等。

（2）插铣：它是一种特殊的铣加工类型，刀具连续做上下运动，快速大量地去除材料。对于具有较深的立壁腔体零件，插铣加工比型腔铣更加有效。插铣对机床的刚性要求非常高，一般模具加工不适用这种类型。

（3）拐角粗加工：它可使用参考刀具加工前一操作中因刀具尺寸太大而在拐角处留下的余量。在切削参数空间范围中还可以选用 3D 和基于层的 IPW 方式来指定拐角的余量范围。

（4）剩余铣：它适用于加工本工序出现以前所有刀具切削后残留的材料。UG NX 10.0 提供 3 种残料的范围定义方式。

深度加工的两种子类型分别为深度轮廓加工和深度拐角加工。

（5）深度轮廓加工：它是一种特殊的型腔铣工序，类似基本型腔铣中的轮廓铣削模式，通过层切方式加工零件实体表面轮廓。其通过指定切削区域和陡峭设置可以方便地实现对零件表面分区域按角度进行分层加工。

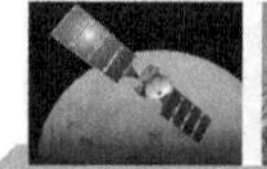

（6）深度拐角加工：它的功能和型腔铣中拐角粗加工的功能基本一致，适用于使用轮廓加工模式陡峭拐角部位无法加工的区域。

表 3.1　型腔铣的常用 6 种类型及含义

序号	子类型图标	英文名称	中文含义	说明
1		CAVITY_MILL	基本型腔铣	该铣削类型为腔体类零件加工的基本操作，可使用所有切削模式来切除由毛坯几何体、IPW 和部件几何体所构成的材料
2		PLUNGE_MILLING	插铣	该切削类型适用于使用插铣模式的机械粗加工
3		CORNER_ROUGH	拐角粗加工	清除以前刀具在拐角或圆角过度处而无法加工的余留材料
4		REST_MILLING	剩余铣	适用于加工以前刀具切削后残留的材料
5		ZLEVEL_PROFILE	深度轮廓加工	适用于使用轮廓加工模式精加工工件的外形
6		ZLEVEL_CORNER	深度拐角加工	适用于使用轮廓加工模式精加工或过渡圆角部位无法加工的区域

行家指点　型腔铣是模具加工中使用最多的加工方法，其中 CAVITY_MILL 加工方法是最基础的，其他操作子类型基本可以通过修改 CAVITY_MILL 的某些参数得到，因此务必掌握此方法并灵活运用。

3.2　型腔铣的切削模式

扫一扫看切削模式及应用微课视频

扫一扫看型腔铣切削模式教学课件

单击“创建型腔铣工序”按钮，弹出如图 3.3 所示的“型腔铣”对话框。在“型腔铣”对话框中，系统提供多种切削模式，不同切削模式生成的刀轨各有特点，产生的加工效果也不一样；切削模式的选择对于后续加工有着较为重要的作用，可以说切削模式的选择直接决定零件的加工质量和加工效率。UG NX 10.0 提供的型腔铣切削模式有跟随部件、跟随周边、轮廓、摆线、单向、往复、单向轮廓 7 种模式，如图 3.4 所示。接下来我们分别介绍这 7 种切削模式的特点。

图 3.3　“型腔铣”对话框

1. 跟随部件

跟随部件切削模式生成的刀具路径是由零件几何体的形状偏置得到的，一般用于型芯类零件的开粗。跟随部件切削模式抬刀较多，但是该切削方式特别适合加工那些有凸台和岛屿的零件，可以较好地保证凸台和岛屿加工的精度。采用该方式的刀轨如图 3.5 所示。

2. 跟随周边

跟随周边走刀创建的刀具路径是沿着型腔顺序的、同心的

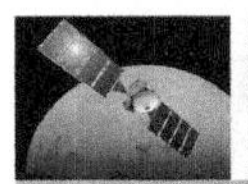

轨迹，是由切削区域的型腔的偏置得到的。跟随周边走刀时，刀具在步距间横向进给时，连续地切削，以产生最大化的切削。使用跟随周边切削模式时，可能无法切削到一些较窄的区域，从而会将一些多余的材料留给下一切削层。跟随周边模式多用于粗铣加工，用来大量地去除材料，通常用于型腔类零件的加工。采用该方式的刀轨如图 3.6 所示。

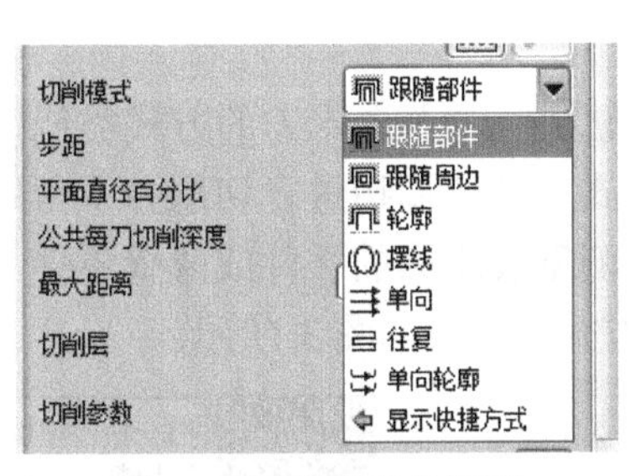

图 3.4　切削模式的类型

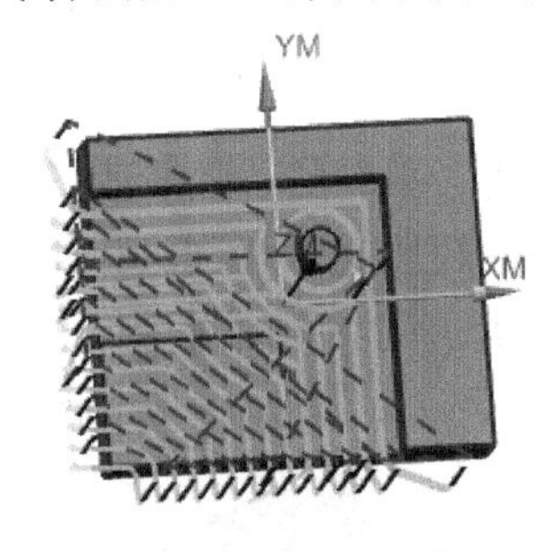

图 3.5 “跟随部件”模式

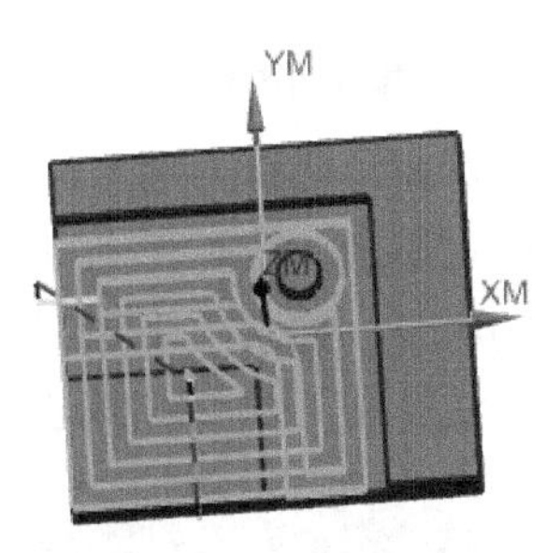

图 3.6 “跟随周边”模式

3. 轮廓

轮廓模式是创建一条或指定数量的切削刀路来对部件壁面进行加工。它可以加工开放区域，也可以加工闭合区域；轮廓走刀，完全不考虑毛坯状态。其切削的路径和切削区域的轮廓有关。该切削方式通常用于零件的侧壁或外形轮廓的半精加工。采用该方式的刀轨如图 3.7 所示。

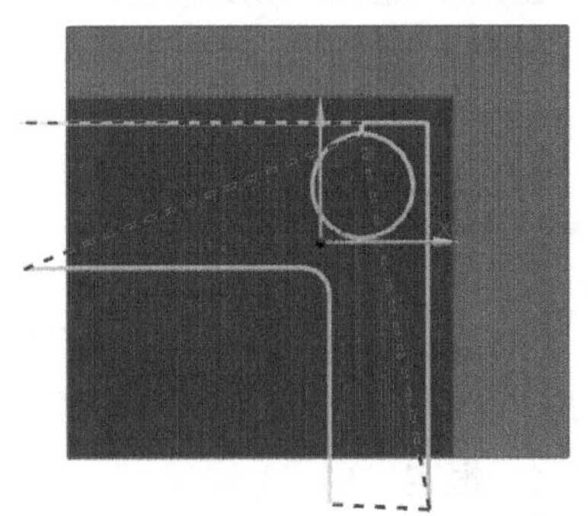

图 3.7 “轮廓”模式

4. 摆线

采用摆线模式所生成的刀具路径近似于螺旋线的形状。使用该切削方式时步进较小，适用于高速铣。在选择摆线走刀方式时，步进的距离不能过大，如果太大系统将会提示操作参数错误，一般摆线走刀方式的步进距离不要超过刀具直径的 10%。采用该方式的刀轨如图 3.8 所示。

5. 单向

单向模式所生成的刀具路径，都统一从一个方向往另一方向切削，可适用单一顺铣或逆铣，其优点是所加工的平面光洁度较高，但相对浪费时间。采用该方式的刀轨如图 3.9 所示。

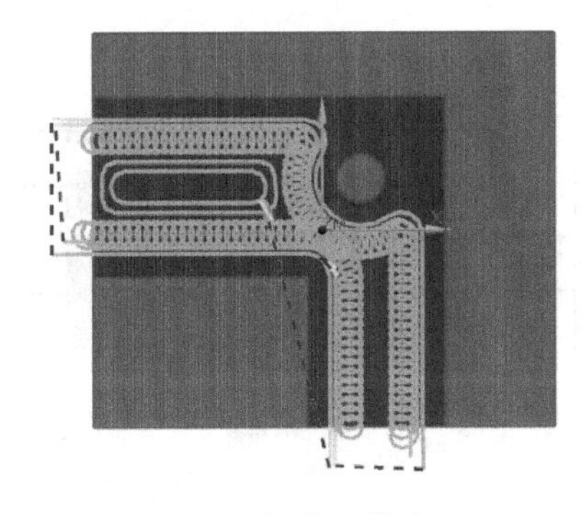

图 3.8 “摆线”模式

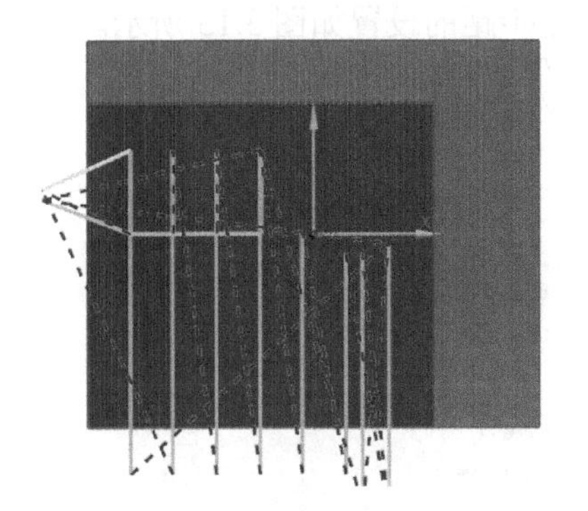

图 3.9 “单向”模式

6. 往复

往复走刀的刀具路径是由顺铣和逆铣交替形成的，刀具的切削效率高，可以大量地去除材料，常用于粗加工。往复走刀时刀具在步距宽度内，刀具路径可以沿切削区域的轮廓进行切削运动，相对于单向走刀更为节省时间。采用该方式的刀轨如图3.10所示。

7. 单向轮廓

单向轮廓走刀用于创建平行的、单向的、沿轮廓的刀具轨迹，与单向走刀的方式类似，只是在横向进给时，刀具沿区域的轮廓进行切削。该切削方式对轮廓周边进行切削并不留残余的材料，通常用于粗加工后要求余量均匀的零件加工，如侧壁要求高的零件或薄壁零件。该方法在加工时，切削比较平稳，对刀具冲击力小。采用该方式的刀轨如图3.11示。

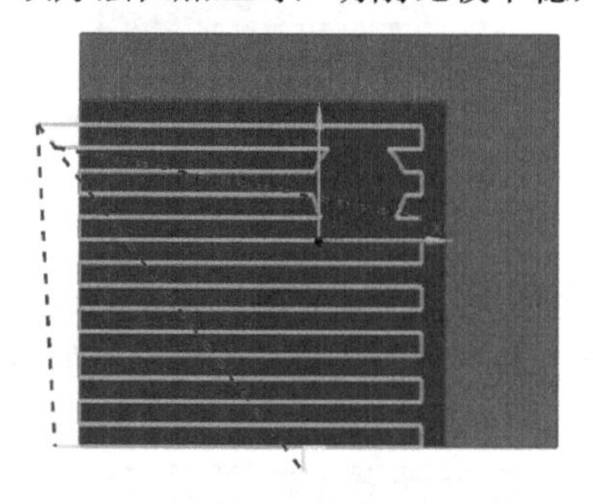

图3.10 “往复”模式

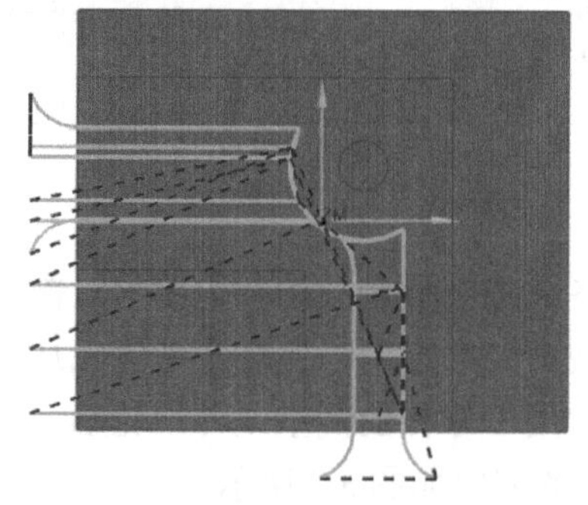

图3.11 “单向轮廓”模式

扫一扫看型腔铣切削模式及应用电子教案

扫一扫下载型腔铣切削模式模型源文件

扫一扫看切削步距设置教学课件

扫一扫看切削步距设置微课视频

3.3 切削步距设置

步距设定的参数直接决定了零件的加工速度和加工质量。UG NX 10.0提供的步距设置方式有恒定、残余高度、刀具平直百分比、多个4种，如图3.12所示，分别介绍如下。

1. 恒定

恒定步距是指连续切削刀路间的固定距离数值，即相邻两刀具轨迹之间的距离不变。如果设置的刀路间距不能平均分割所在的区域，系统将减小步进距离，但恒定的步进距离仍然保持。当切削模式为配置文件和标准驱动方式时，设置的步进距离是指轮廓切削和附加道路之间的步进距离。恒定步距的设置如图3.13所示。

扫一扫下载切削步距设置模型源文件

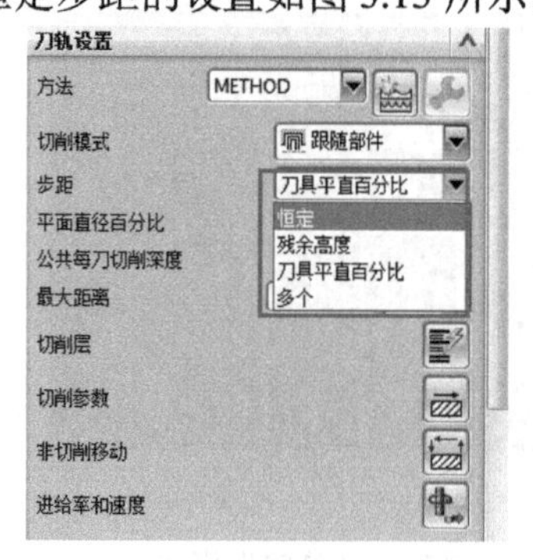

图3.12 步距设置的4种方式

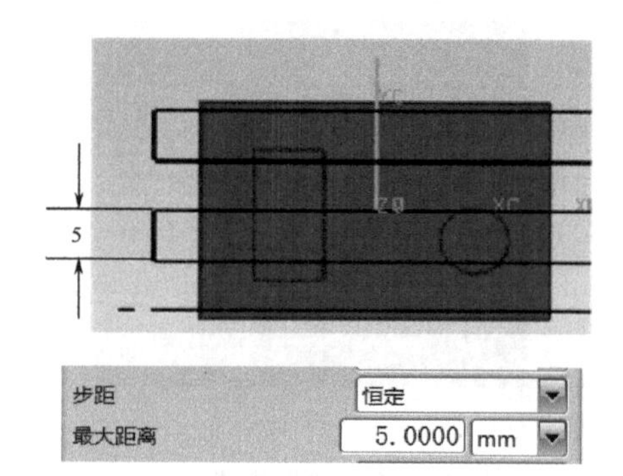

图3.13 恒定步距设置为5 mm

2. 残余高度

残余高度步距方式用来设置相邻两刀路间残留材料的最大高度，就是相邻刀痕之间的残余波峰高度值 H。为了保护刀具在切削材料时负载不至于太大，最大步进距离将被限制在刀具直径长度的 2/3 范围内。使用残余波峰高度设置方式可以较好地控制工件的表面粗糙度，一般曲面加工时设置使用。残余高度如图 3.14 所示。

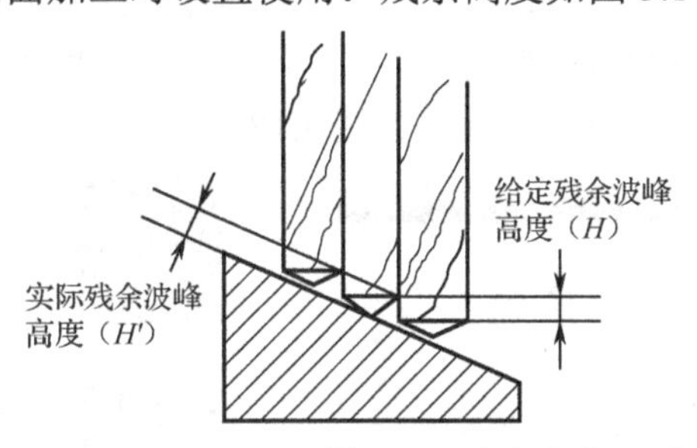

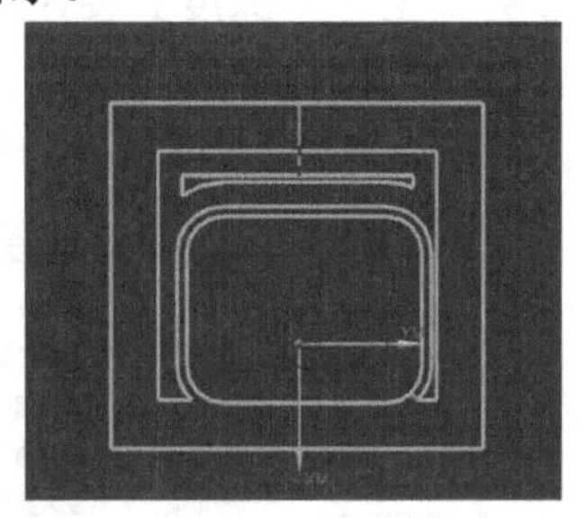

图 3.14　残余高度 H 示意图及刀轨效果

3. 刀具平直百分比

刀具平直百分比步距方式是通过设置刀具直径的百分比值，从而在连续切削刀路之间建立固定距离。系统在计算步距时与刀具类型有关，相同直径不同类型的刀具，步距的计算分别是，平底刀按照刀具直径计算，圆角刀按照刀底面的有效直径计算，球头刀按照直径计算。

4. 多个

当切削模式为跟随周边、跟随部件、轮廓、标准驱动时，可以在“切削模式”下拉菜单中选择“多个”方式。多个步距方式通过指定多个步距大小，以及每个步进距离所对应的刀路数来定义切削间距。根据切削模式的不同，可变的步进距离的定义方式也不尽相同，如图 3.15 所示是在跟随周边和跟随部件下的多个步距刀轨效果对比。

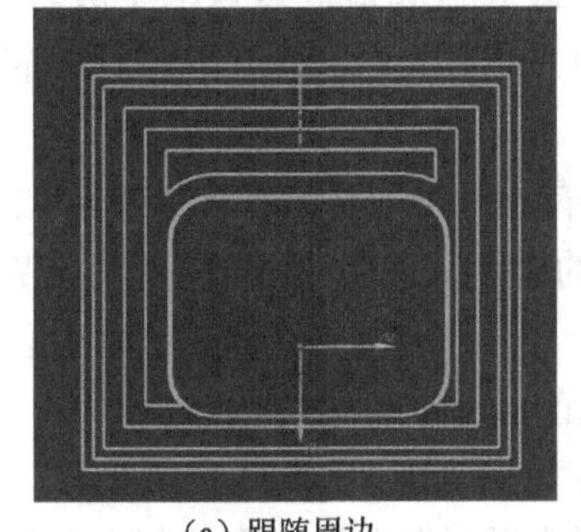

（a）跟随周边

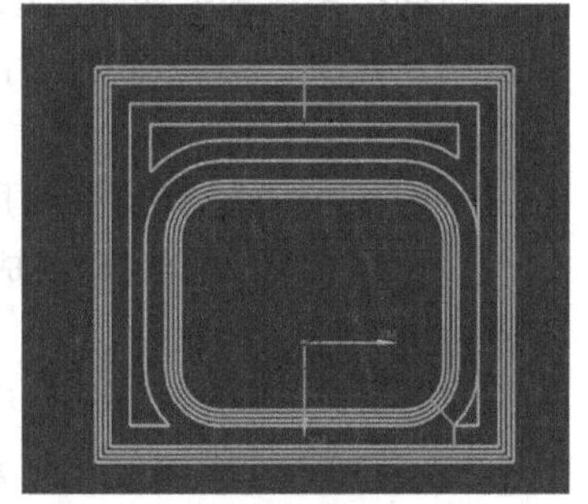

（b）跟随部件

图 3.15　跟随周边和跟随部件下的多个步距刀轨效果对比

行家指点　模具零件的开粗步距设置方式比较常用的是“刀具百分比”方式，步距一般限定在刀具直径的 50%～75%范围内。对于圆角刀具的步距设置必须按刀具底面的有效直径来计算，如 D16R1 的立铣刀，有效切削直径是 16−1×2=14 mm。

3.4 切削层设置

扫一扫看切削层设置微课视频

扫一扫下载切削层设置模型源文件

1. 每刀切削深度

在“型腔铣”对话框的“刀轨设置”选项组中，“最大距离”文本框中输入的数值就是

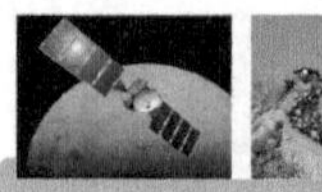

背吃刀量（也称为切削深度）的最大值，如图3.16所示。

2. 切削层参数设置

单击“切削层”按钮，弹出“切削层”对话框，如图3.17所示。切削层用于划分等高线进行分层，等高线平面确定了刀具在移除材料时的切削深度。切削操作在一个恒定的深度完成后才会移至下一深度。使用“切削层”选项可以将一个零件在深度方向划分为若干个范围，在每个范围内使用相同的每刀切削深度，而各个不同范围则可以采用不同的每刀切削深度。范围类型分为自动、用户定义和单个三种，如图3.18所示。

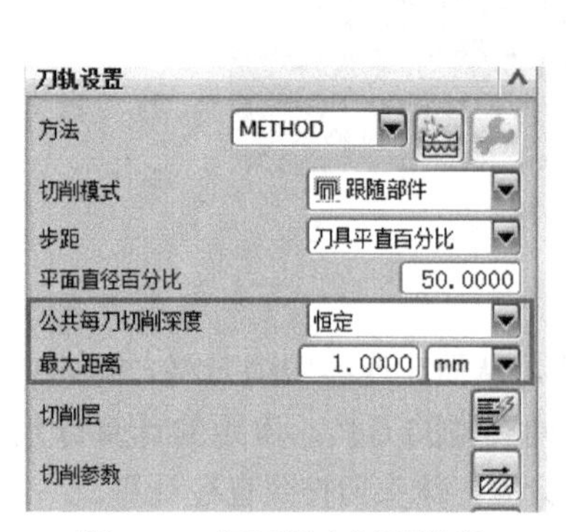

图3.16 每刀最大切削深度

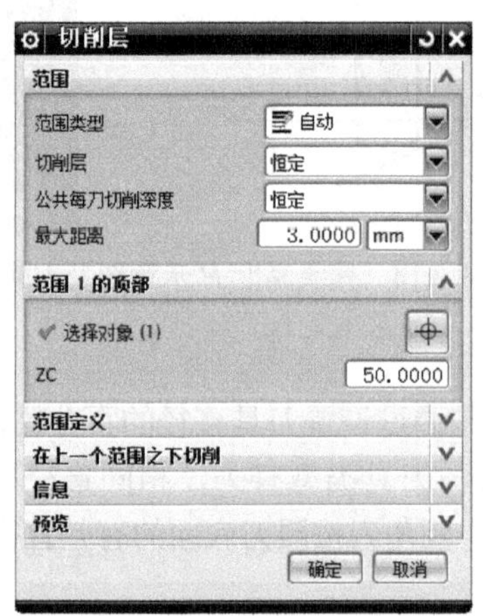

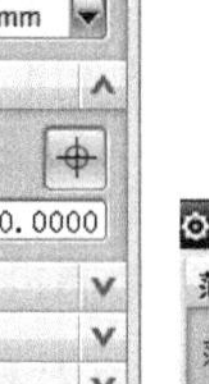

图3.17 “切削层”对话框

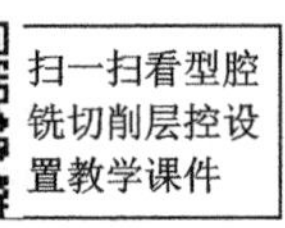

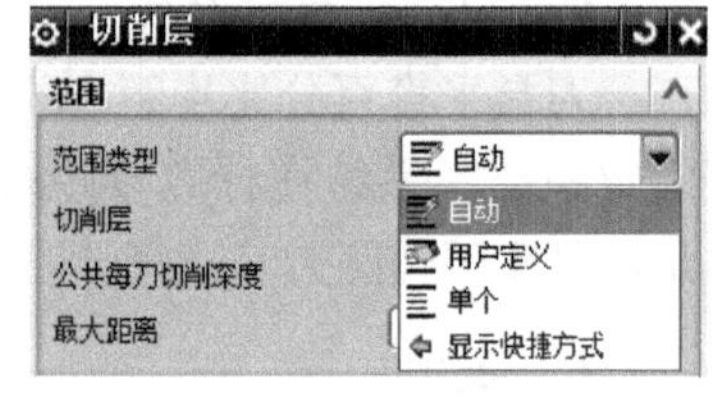

图3.18 切削层的范围类型

自动：系统根据切削区域的最高点和最低点自动生成若干个范围。

用户定义：对范围进行手工分割，可以对范围进行编辑和修改，并对每一范围的切削深度进行重新设定。

单个：单个范围类型将所有切削层设为一个切削范围，可能导致每层底部余量不均匀。对于由多个台阶底面组成的零件，可以通过选择“临界深度顶面切削”将每层底面加工到余量一致。

“切削层”分为恒定和仅在范围底部两种类型。

“公共每刀切削深度”分为恒定和残余高度两种类型。

如图3.19所示是切削层范围选择“自动”类型、每刀深度恒定、最大距离设置为3 mm生成的刀轨；图3.20所示是通过“用户定义”不同范围，切削深度设定不同数值生成的刀轨。

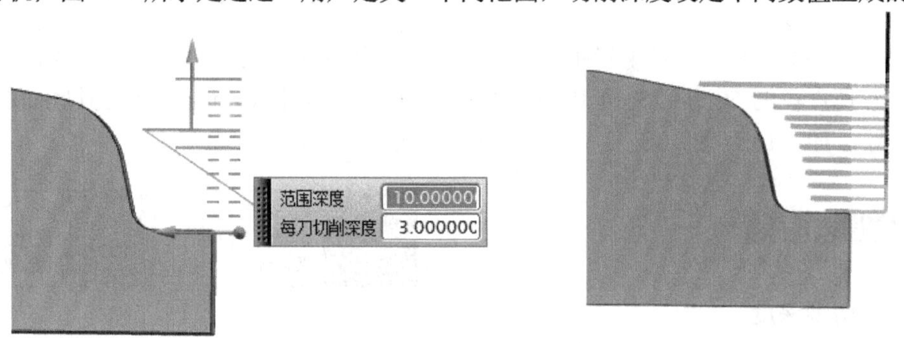

图3.19 每刀切削深度为3 mm的刀轨

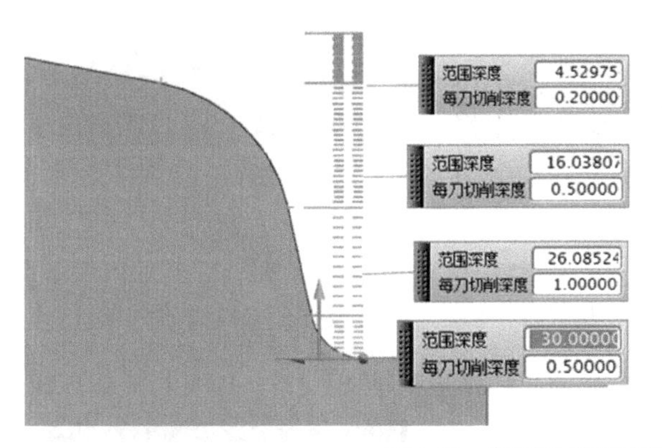

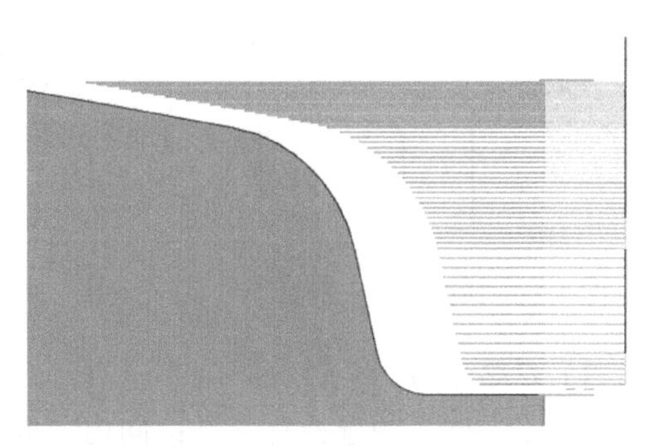

图 3.20 每层设定不同切削深度生成的刀轨

3.5 型腔铣切削参数设置

扫一扫看型腔铣主要切削参数设置微课视频

扫一扫下载型腔铣主要切削参数设置模型源文件

切削参数用于设置刀具在切削工件时的一些处理方式。它是每种工序共有的选项，但某些选项随着工序类型的不同和切削模式或驱动方式的不同而变化。如图 3.21 所示，在对话框中共有 6 个选项卡，分别为“策略”“余量”“连接”“空间范围”“拐角”“更多”，其中“更多”选项卡将在第 4 章平面铣加工中介绍。

扫一扫看型腔铣主要切削参数设置电子教案

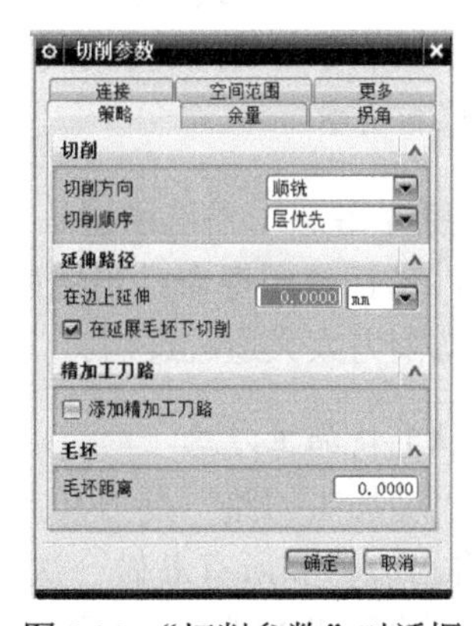

图 3.21 “切削参数”对话框

1. “策略”选项卡

扫一扫看切削参数设置教学课件

1）切削方向

“切削方向”用于指定刀具在切削时的运动方向。在型腔铣操作中，切削方向有顺铣、逆铣（图 3.22）、混合三种（混合将在深度加工轮廓中讲解）。顺铣是指刀具旋转时产生的切线方向与工件的进给方向相同。顺铣方式切削力平稳，精加工用顺铣，以保证表面质量。逆铣是指刀具旋转时产生的切线方向与工件的进给方向相反，逆铣方式切削阻力大，一般不使用。

2）切削顺序

“切削顺序”用于指定经过多个区域的刀具路径。当在一个切削层中有多个要加工的区域时，可以使用两种方式（层优先和深度优先）来定义区域的切削顺序。

（1）层优先：选择该选项，指定刀具在切削零件时，切削完工件上所有区域的同一高度的切削层之后再进入下一层的切削，如图 3.23 所示。

（2）深度优先：选择该选项，指定刀具在切削零件时，将一个切削区域的所有层切削完毕再进入下一个切削区域进行切削，如图 3.24 所示。

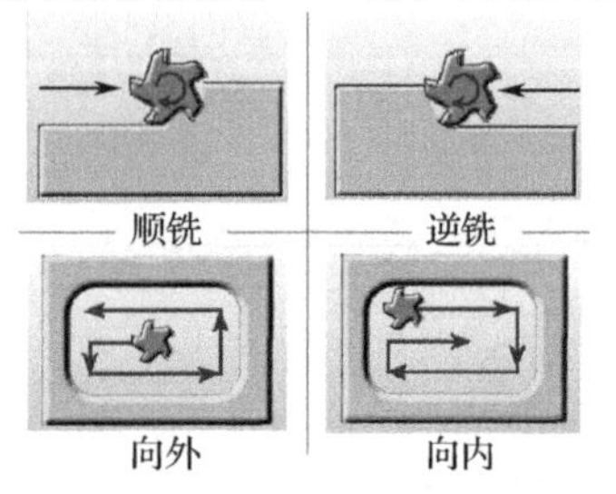

图 3.22　切削方向示意图

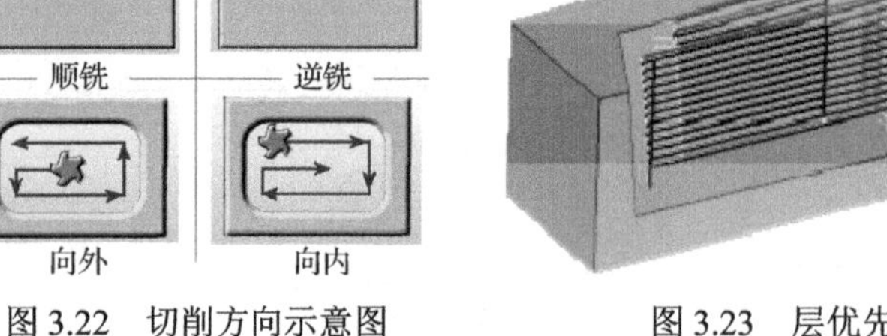

图 3.23　层优先

图 3.24　深度优先

3）刀路方向

“刀路方向”的选择有三种：向内、向外和自动。自动计算的刀路方向是系统按照 NX 的内核算法来确定刀路方向，不受工艺安排的控制。一般我们根据工艺来安排。

当设置了“跟随周边”的切削模式时，切削“策略”的刀路方向选择了“向内”或“向外”后，弹出“壁”选项组，如图 3.25 所示。选中“岛清根”复选框，并且壁的清理选用自动方式。因为“跟随周边”的切削模式限定了一些狭窄的部位不能清理，开启了岛清理功能，能最大化、高效地完成部件开粗，防止发生“踩刀”。开启自动岛清根功能时的刀轨效果如图 3.26 所示。

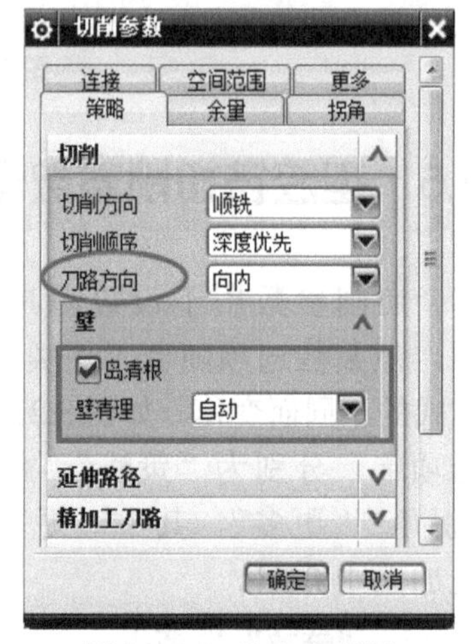

图 3.25　刀路方向设置

新手解惑　当铣削型芯类零件时，选择向内的刀路方向有利于减少进刀冲击，保护刀具，延长使用寿命；当铣削型腔类凹面的零件时，选择向外的刀路方向，可以防止进刀时切削力太大造成过切。

4）精加工刀路

“精加工刀路”是刀具完成主要切削刀路后所做的最后一次切削刀路。在该刀路中，刀具将沿边界和所有岛做一次轮廓铣削。系统只在“底平面”的切削层上生成此刀路，它由“刀路数”和“精加工步距”两个参数决定，如图 3.27 所示。

图 3.26　自动岛清根刀轨

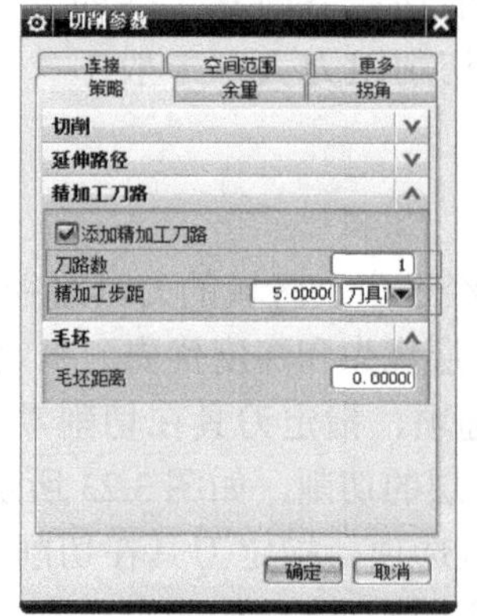

图 3.27　精加工刀路参数及示意图

5）毛坯距离

“毛坯距离”用于指定毛坯距离大小，它是根据零件边界或零件几何体所形成毛坯几何体时的偏置距离。在处理铸件或工件时，它是很有用的，可做刀轨延伸的补充，如图 3.28 所示。

2. “余量”选项卡

“余量”指切削加工后，工件上保留的材料量。在该选项卡中，分为“余量”和“公差”两个选项组，如图 3.29 所示。选择“余量”选项卡，在“余量”选项组中主要控制部件侧面余量、部件底面余量、毛坯余量、检查余量和修剪余量。

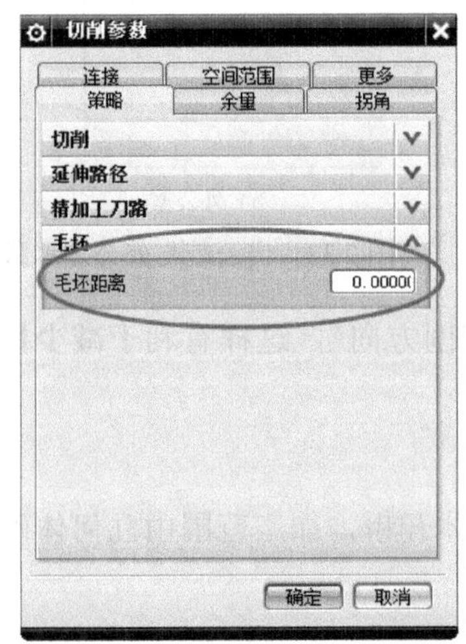

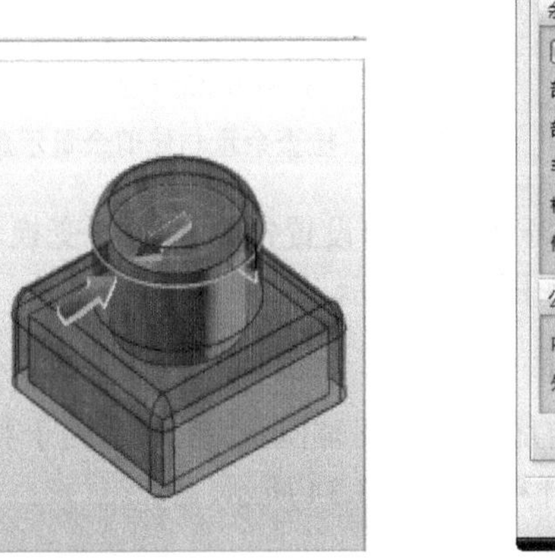
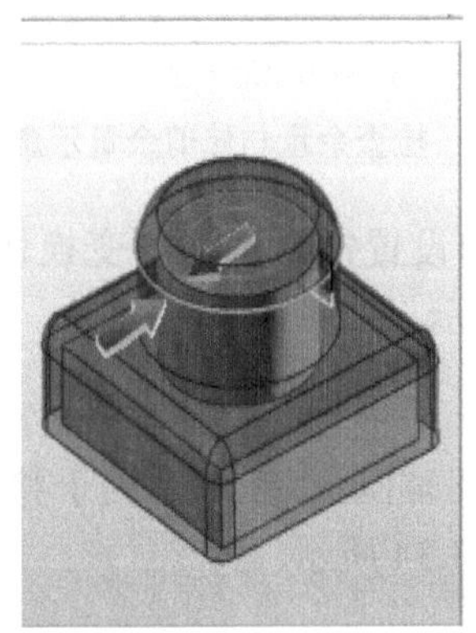

图 3.28 毛坯距离设置及示意图

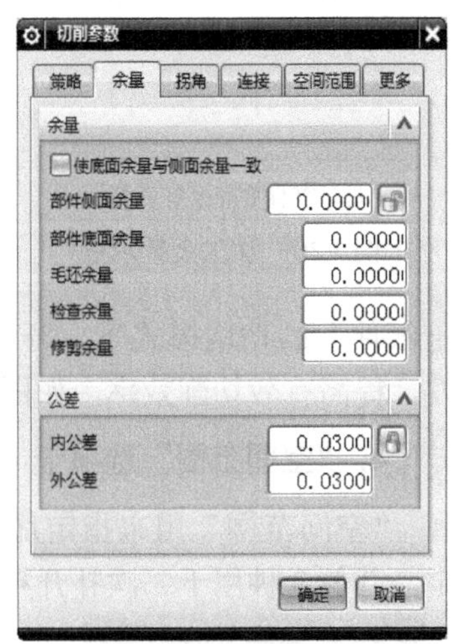

图 3.29 “余量”选项卡

部件侧面余量和部件底面余量是设定工件加工后，侧壁和底部各自保留的余量数值，如图 3.30 所示。当选中“使底面余量与侧面余量一致”复选框时，底部余量和侧壁余量的设置将会相同。如果选的加工区域为开放区域，四周不存在侧壁的模型，部件余量设置与否都没关系，这时部件余量设置无效；在有侧壁存在的情况下“部件侧面余量”才有效。

“毛坯余量”的设置相当于将毛坯放大（或缩小），来限定切削范围；“检查余量”选项用来指定刀具与检查几何体之间的偏置距离；“修剪余量”选项用来指定刀具与裁剪几何体之间的偏置距离，如图 3.31 所示。

“内公差”选项用来设置刀具切入工件内的最大允许误差；“外公差”选项用来设置刀具偏离出工件外的最大允许误差，如图 3.32 所示。内公差与外公差不能同时为 0，在开粗刀轨中一般保持默认，在精加工刀轨设置中一般增加一级精度，即在文本框中的小数点后多输入一个“0”。公差精度越高，生成的刀轨插补精度就越高，但是程序段就越多，加工的效率将有一定的影响。

3. “连接”选项卡

在“连接”选项卡中，切削排序一般选择“优化”排序，如果指定顺序的孔位加工，切削顺序的选择应该按照工艺要求进行选择。优化选项的内容保持默认，这样对刀轨的安全性较高。“开放刀路”的连接形式有两种：“保持切削方向”和“变换切削方向”，在“跟

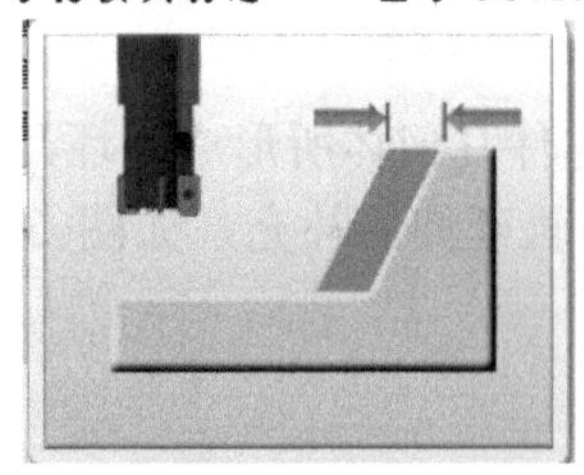

（a）部件侧面余量示意

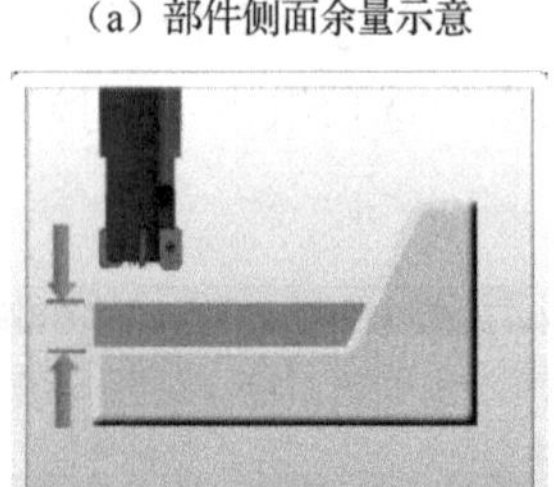

（b）部件底面余量示意

图 3.30　加工余量示意

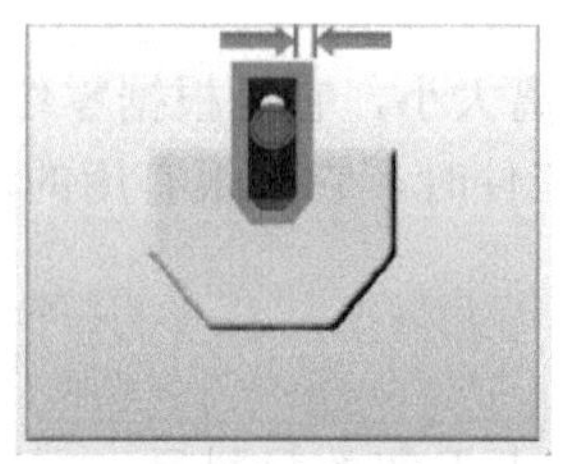

（a）检查余量示意

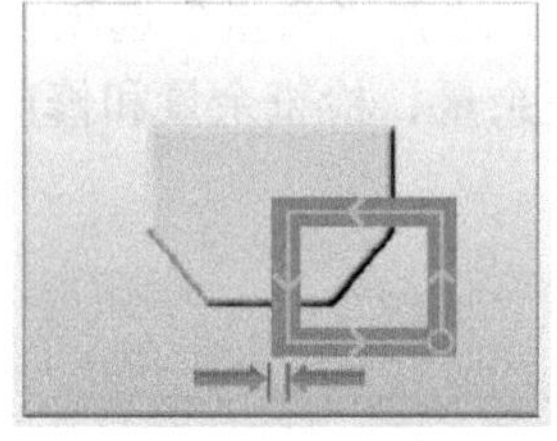

（b）修剪余量示意

图 3.31　检查余量与修剪余量示意

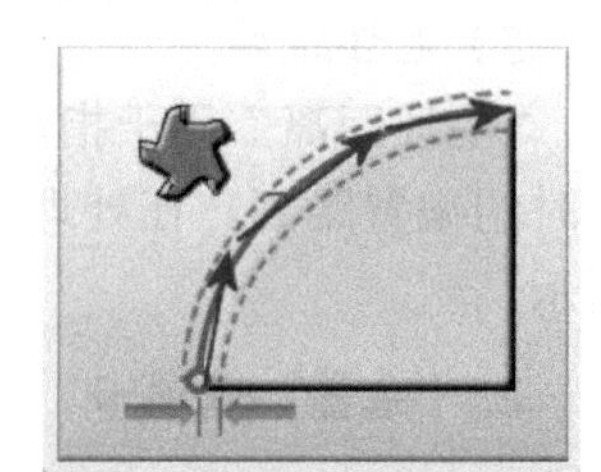

（a）内公差

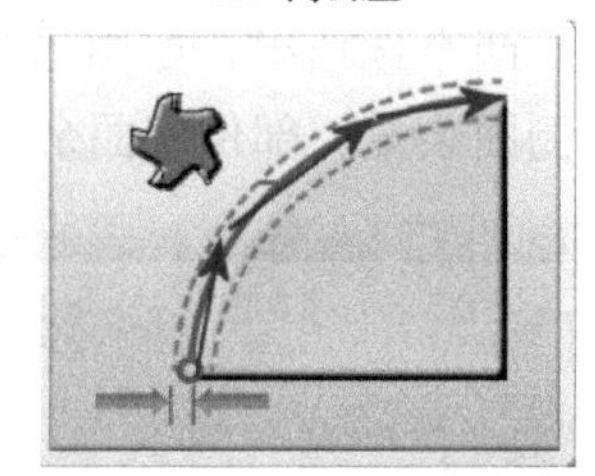

（b）外公差

图 3.32　内公差与外公差示意

随部件”的切削模式下，开粗刀轨的设置常常选用“变换切削方向”，这样有利于减少抬刀，提高有效切削效率，如图 3.33 所示。

4. “空间范围”选项卡

“空间范围”用来指定加工的空间范围，“无”是用于整体开粗，加工范围由几何体确定。其他 3 种用于二次补开粗，如图 3.34 所示。

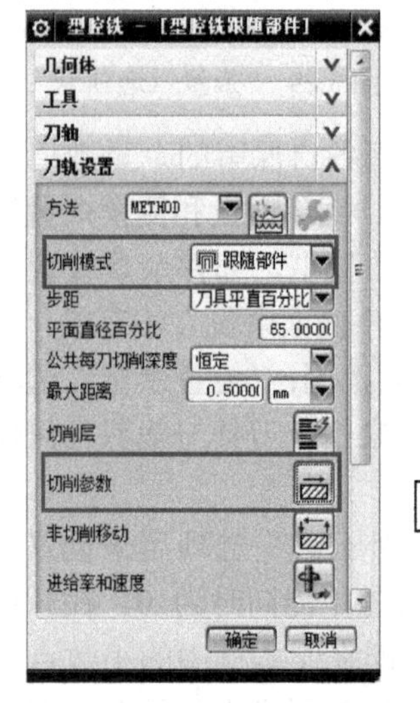

图 3.33　跟随部件下的“变换切削方向”设置

图 3.34　“空间范围”选项卡

1）参数 1：使用 3D

“使用 3D”工序模型作为“型腔铣”二次开粗的毛坯几何体，可根据真实工件的当前状态来加工某个区域。这将避免再次切削已经加工过的区域。“使用 3D”方式生成的刀轨如图 3.35 所示，这个刀轨的生成是在之前的所有刀轨加工零件后得到的 IPW 的基础上创建的，有父子继承关系；前期的刀轨只要有变化将造成这个刀轨变更，当前操作必须重新计算。

2）参数 2:“使用基于层的”

基于层的工序模型 IPW 可以高效地切削先前操作中留下的弯角和阶梯面。基于层的工序模型 IPW 加工简单部件时，刀轨处理时间较 3D 工序模型显著减少，刀轨更加规则。加工大型的复杂部件所需时间更是大大减少。“使用基于层的”生成的刀轨如图 3.36 所示。

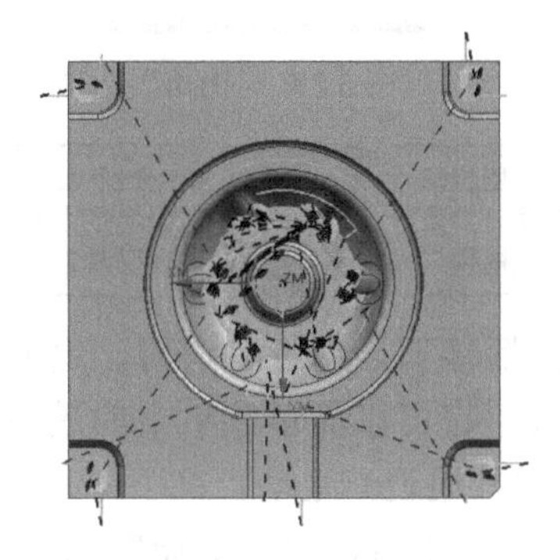

图 3.35 “使用 3D”的二次补开粗刀轨

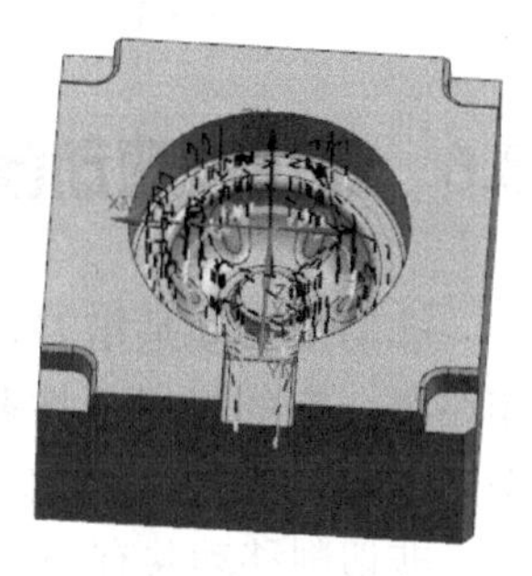

图 3.36 “使用基于层的”二次补开粗设置及刀轨效果

3）参数 3:“参考刀具”

参考刀具所参考的刀具是指这个工序前先对零件进行粗加工的刀具，使用“参考刀具”进行二次开粗，系统将计算指定的参考刀具进行切削加工后剩下的材料，然后将剩下的材料作为当前操作定义的切削区域。使用“参考刀具”进行二次开粗，类似于型腔铣中的“轮廓”的切削模式，但它仅限于在“剩下的材料区域中”生成刀轨。使用“参考刀具”进行二次开粗时，选择的参考刀具必须大于当前使用中的刀具直径。使用“参考刀具”生成的刀轨如图 3.37 所示。

新手解惑 使用“参考刀具”的二次开粗，仅限于对剩余材料的拐角区域的切削加工，计算速度快，二次开粗加工效率高。而“使用基于层的”IPW 和“使用 3D”的 IPW 二次开粗，是把粗加工剩余材料作为毛坯进行二次开粗，开粗后的余量均匀，但计算时间长，加工效率相比“参考刀具”方式的二次开粗要低。具体加工中采用哪种方式进行二次开粗，要根据零件的复杂程度、精加工要求的高低灵活使用。

5. “拐角”选项卡

“拐角”选项用于生成在拐角处平滑过渡的刀轨，有助于预防刀具在进入拐角处产生偏离或过切。特别是对于高速铣加工，拐角控制可以保证加工的切削负荷均匀，“拐角”选项卡如图 3.38 所示。拐角的设置请参考第 4 章平面铣拐角设置。

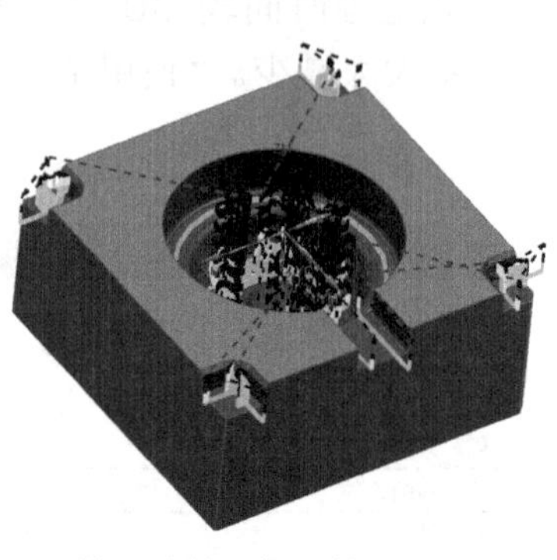

图 3.37 “参考刀具”的二次补开粗刀轨

图 3.38 “拐角”选项卡

3.6 非切削移动参数设置

扫一扫看型腔铣非切削移动参数设置微课视频

扫一扫下载型腔铣非切削移动参数设置模型源文件

非切削移动是指刀具在没有切削材料时的移动轨迹，包括移刀、逼近、进刀、退刀动作路径。它的作用是将多个切削刀轨段连接为一个完整刀轨。它可以简单到单个的进刀和退刀，或复杂到一系列定制的进刀、退刀和移刀（离开、移刀、逼近）运动。

非切削移动共有 6 个选项卡：“进刀”“退刀”“起钻点”“转移/快速”“避让”“更多”选项卡。本节主要讲解“进刀”“退刀”“起钻点”“转移/快速”4 个选项卡。

1. “进刀”选项卡

“进刀”选项卡分为封闭区域、开放区域、初始封闭区域、初始开放区域。下面主要讲解封闭区域及开放区域的区域选项。

（1）封闭区域：一般是封闭的模型，大多数是凹型零件。对封闭区域进刀类型主要讲解螺旋、沿部件斜进刀和插铣三种。

① 螺旋：螺旋进刀指的是按圆周运动的斜线下刀，通常设置斜坡角度为 3° ～5° ，使刀具切入更加平稳。其刀轨效果如图 3.39 所示。

② 沿部件斜进刀：运动轨迹与零件轮廓形状一致的斜线下刀，它与螺旋设置一致，斜坡角度为 3° ～5° 使刀具切入更加平稳。其刀轨效果如图 3.40 所示。

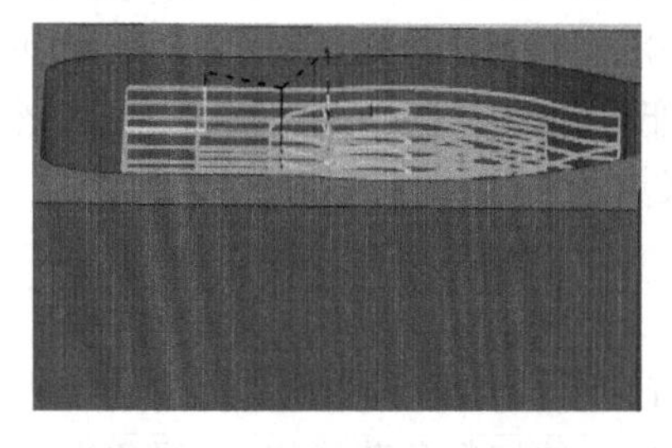

图 3.39 螺旋进刀类型的刀轨

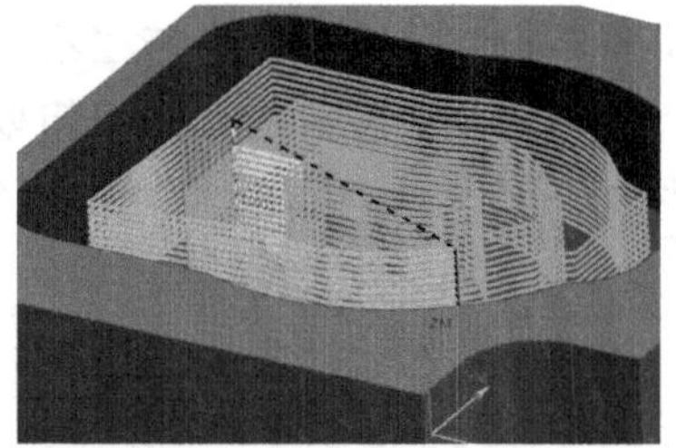

图 3.40 沿部件斜进刀类型的刀轨

扫一扫看非切削移动设置教学课件

扫一扫看型腔铣非切削移动参数设置电子教案

③ 插铣：G01 方式直接下刀，插铣冲击力大，实际中建议用于精加工。其刀轨效果如

图 3.41 所示。

（2）开放区域：一般是敞开的形状，刀具可以从外部直接切入零件，大多数是凸型零件。开放区域进刀类型我们主要讲解线性及圆弧两种。

① 线性：沿加工路径相切方向的直线切入，切入有一定的冲击力，实际中建议用于开放区域开粗或半精进刀。其刀轨效果如图 3.42 所示。

② 圆弧：以一个相切的圆弧作为切入段，切入冲击力相对于直线要小，实际中建议用于开放区域精加工进刀。其刀轨效果如图 3.43 所示。

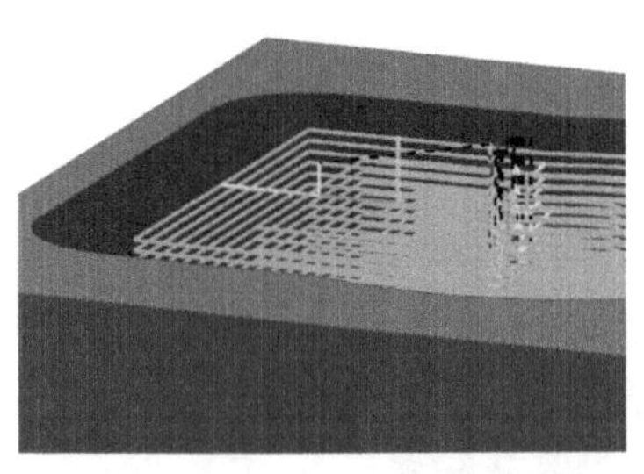
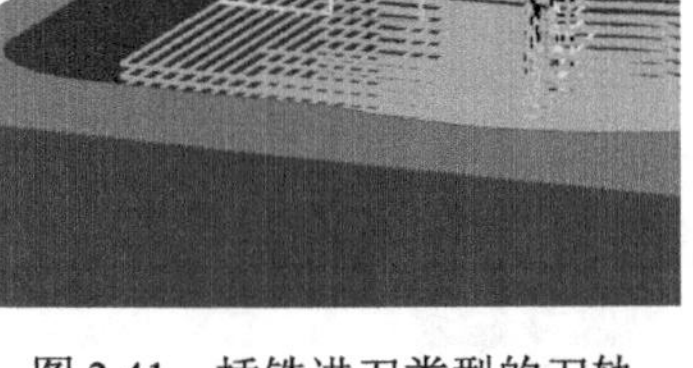
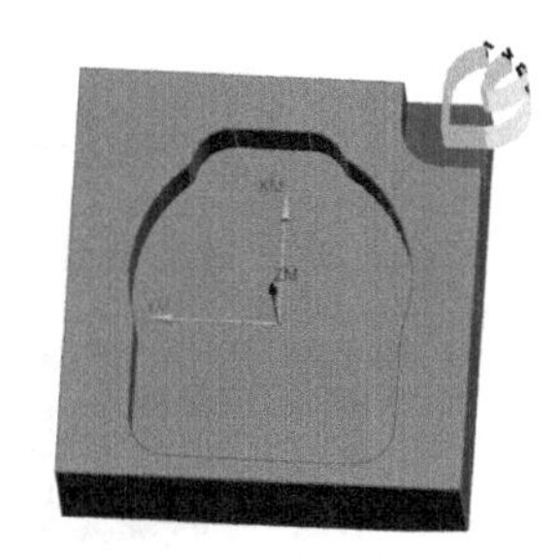

图 3.41　插铣进刀类型的刀轨　　图 3.42　线性进刀类型的刀轨　　图 3.43　圆弧进刀类型的刀轨

2. “退刀”选项卡

该选项卡用于设置刀轨在完成一刀切削后的远离工件的过程。下面主要讲解与进刀相同及抬刀两种退刀类型。

（1）与进刀相同：选用该类型时，退刀类型与进刀类型相同，当进刀类型为线性时，选用该退刀类型得到的刀轨如图 3.44 所示。

（2）抬刀：当选用该退刀类型时，刀具在完成每刀切削后将直接抬刀将刀具远离工件。其刀轨效果如图 3.45 所示。

3. “起钻点”选项卡

“起钻点”选项卡我们主要讲解区域起点选项。该选项主要通过中点和拐角来确定刀轨生成时的进刀位置。当选择中点或拐角时，刀轨起点会生成于我们选择的点上，刀轨如图 3.46 和图 3.47 所示。

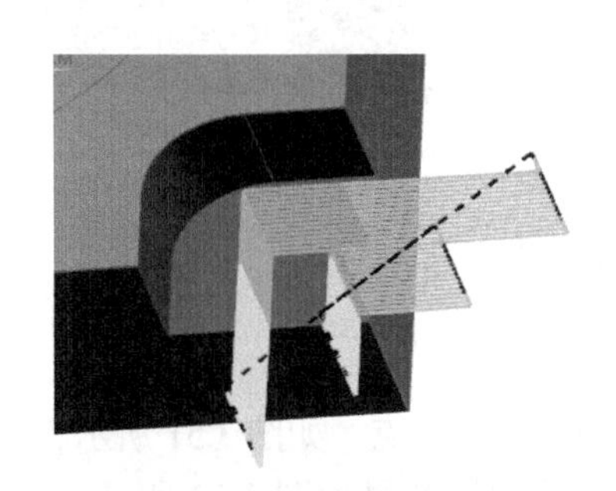
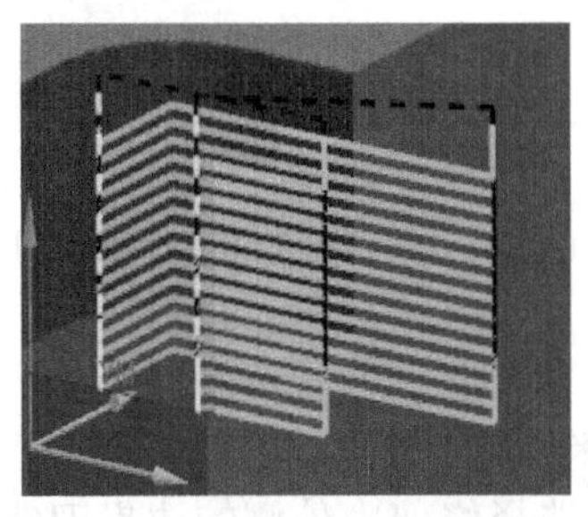
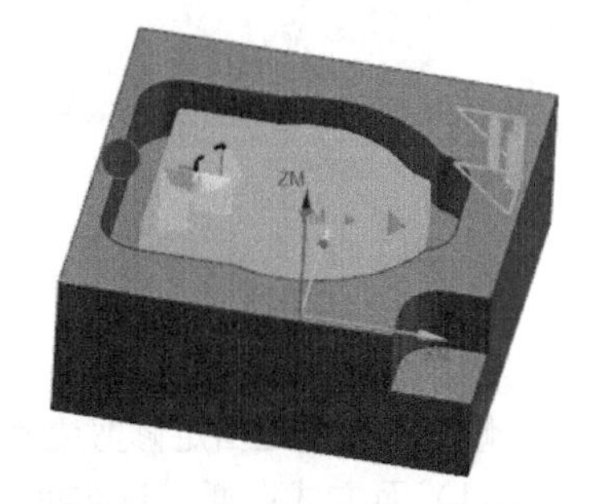

图 3.44　退刀与进刀相同类型的刀轨　图 3.45　抬刀退刀类型的刀轨　　图 3.46　指定中点的刀轨效果

4. “转移/快速”选项卡

该选项卡主要用于设置安全距离及区域内外的转移方式。

（1）安全设置：该选项默认为使用继承的，该继承的平面为坐标系几何体 MCS 中设置

的安全设置距离。通常我们设置该选项为自动平面。

（2）区域之间：该选项用于设置区域间刀轨间传递的类型。其通常设置为毛坯平面，安全距离一般设置为3 mm。

（3）区域内：该选项用于设置区域内刀轨间传递的类型。其通常也设置为毛坯平面，安全距离一般设置为3 mm。

如图3.48所示，其是安全设置为自动平面，安全距离为30 mm，区域之间设置为毛坯平面，安全距离为3 mm，区域内设置也为毛坯平面，安全距离为3 mm的刀轨效果。

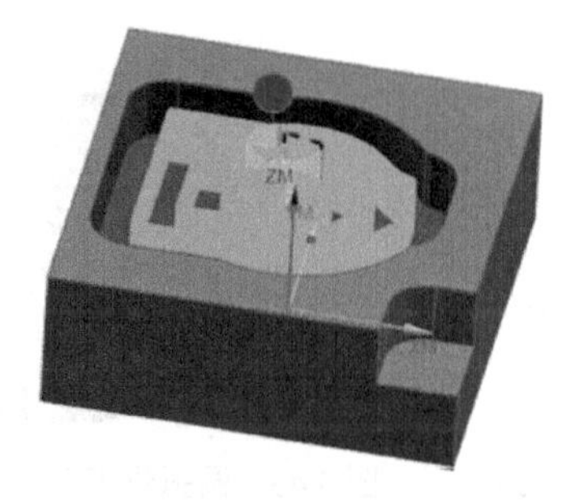

图3.47　指定拐角的刀轨效果

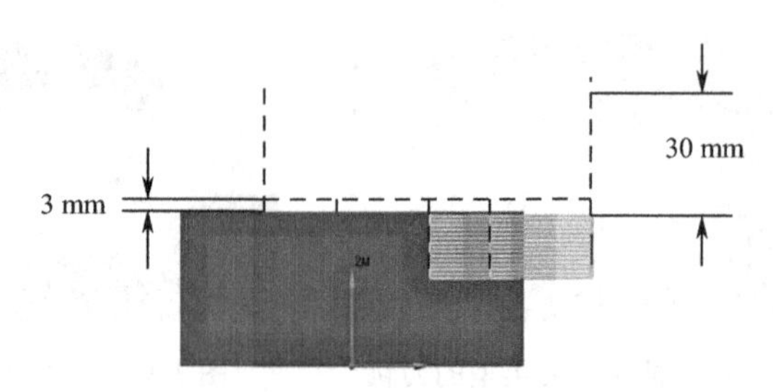

图3.48　自动平面30 mm，毛坯平面3 mm的刀轨效果

3.7　切削区域与修剪边界的设置

扫一扫看切削区域和修剪边界的设置微课视频

扫一扫看切削区域与修剪边界教学课件

1. 指定切削区域

通过指定切削区域来限定刀轨生成的范围。指定切削区域与不指定切削区域的刀轨如图3.49和图3.50所示。

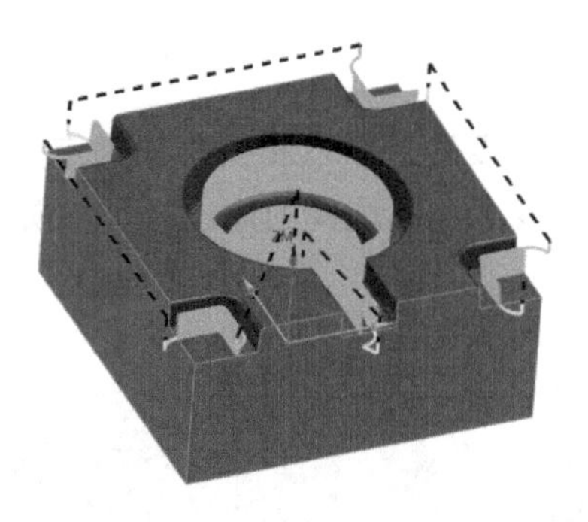

图3.49　指定切削区域

图3.50　不指定切削区域

扫一扫下载切削区域与修剪边界的设置模型源文件

扫一扫看切削区域与修剪边界设置电子教案

2. 修剪边界

修剪边界通过指定修剪边界来指定，共有3种选择方法：面、曲线、点，如图3.51所示。

（1）面方式：通过选定面来选择修剪内外侧的边界刀轨。其刀轨效果如图3.52所示。

（2）曲线方式：通过选定曲线边界来选择修剪内外侧的边界刀轨。其刀轨效果如图3.53所示。

（3）点方式：通过选定点来确定一个封闭的边界修剪内外侧的边界刀轨。其刀轨效果如图3.54所示。

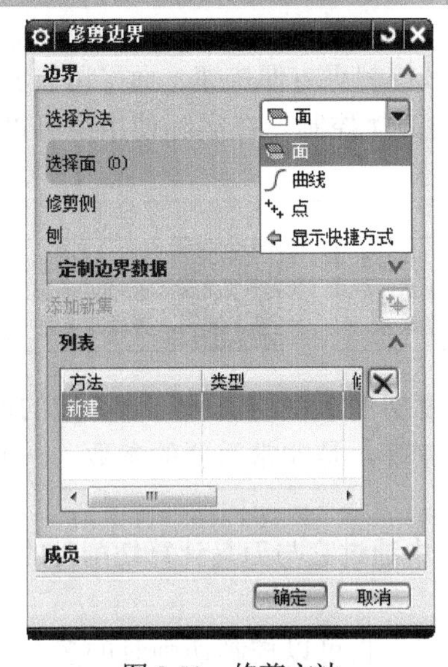

图 3.51 修剪方法

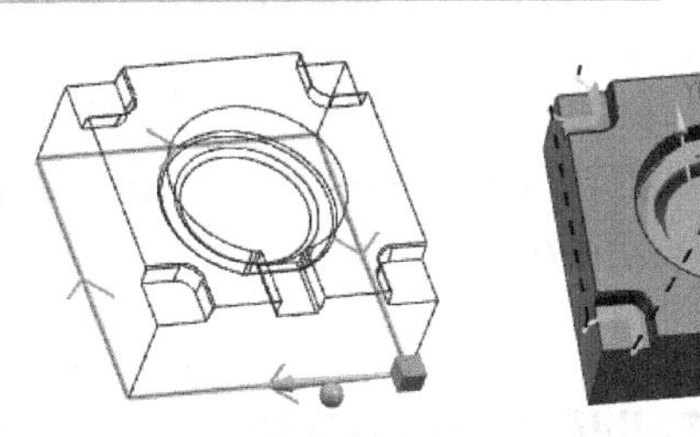

图 3.52 面方法修剪及刀轨效果

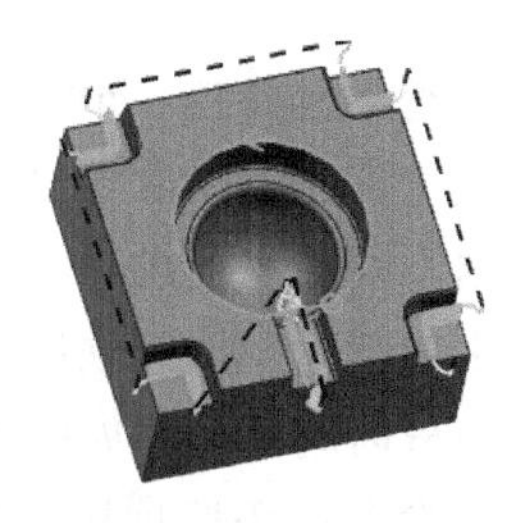

图 3.53 曲线方法修剪及刀轨效果

修剪边界-余量参数设置：通过该选项可对选定的边界进行偏置，用于修剪边界外的一些多余刀轨。如图 3.55 所示为修剪边界-余量设置为 5 的刀轨效果。

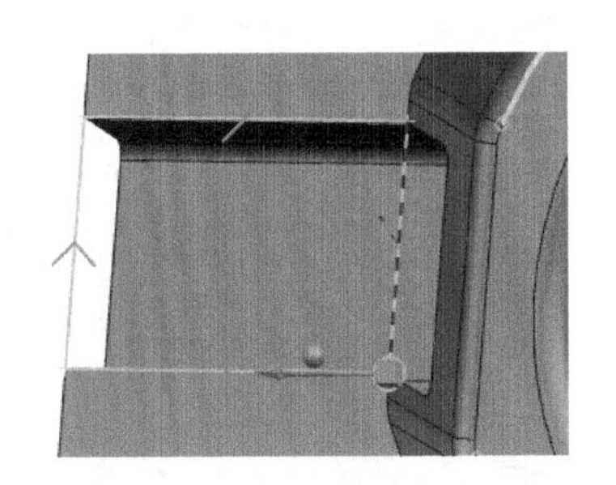
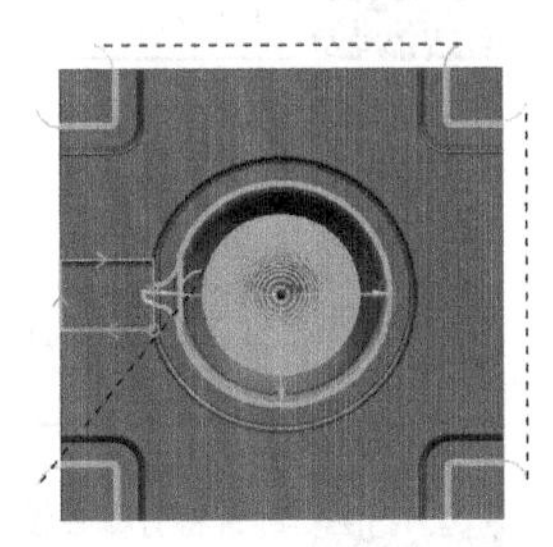

图 3.54 点方法修剪及刀轨效果

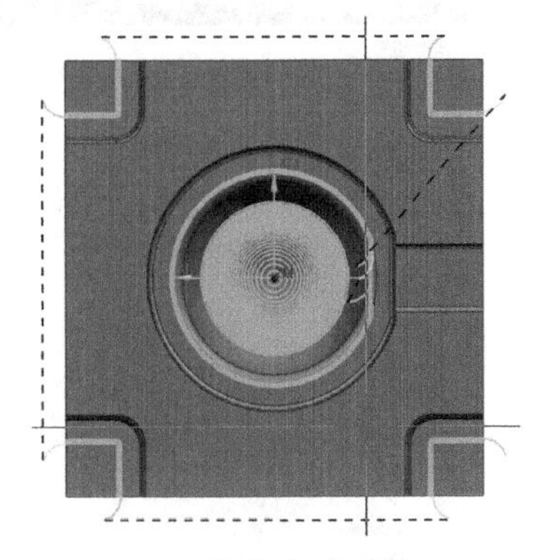

图 3.55 修剪边界-余量为 5

修剪边界-内外侧选项：如图 3.56 所示，该选项用于选择修剪侧，分为内部和外部两种；该选项的判定方式是要保留的材料侧在边界的哪一侧，那么修剪侧就在哪一侧。如图 3.57 所示为修剪侧为内部时得到的刀轨效果，图 3.58 所示为修剪侧为外部时得到的刀轨效果。

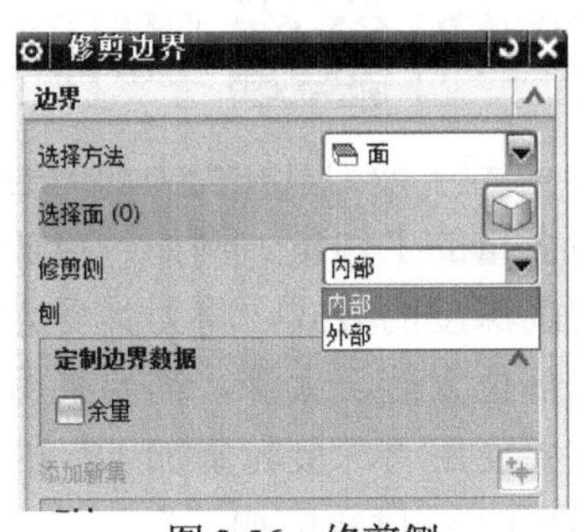

图 3.56 修剪侧

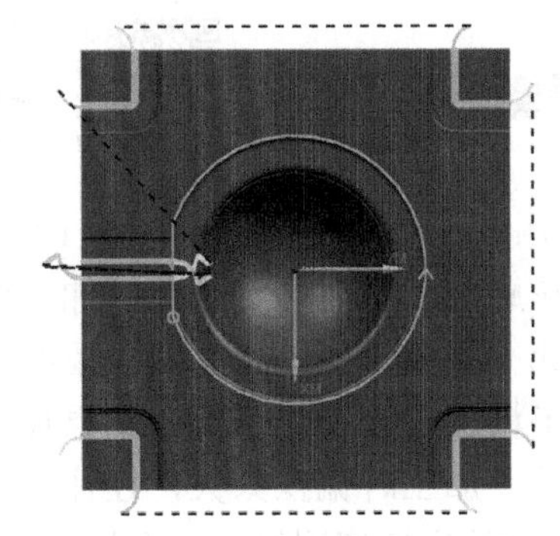

图 3.57 修剪边界-修剪侧为内部

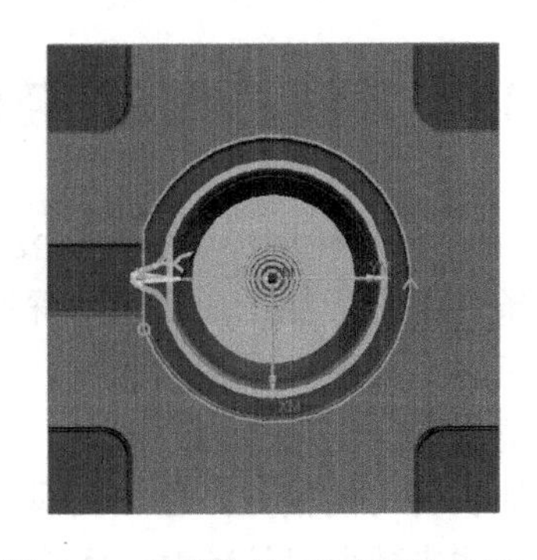

图 3.58 修剪边界-修剪侧为外部

行家指点 指定切削区域的方法对于简单的刀轨区域控制更方便快捷，而采用修剪边界的方法在控制刀轨区域方面更灵活，适合复杂区域的刀轨控制。在实际使用中可以根据需要来选择合适的方法。

3.8 进给率和速度参数设置

扫一扫看进给率和速度教学课件

扫一扫看进给率和速度的设置微课视频

进给率和速度：它可反映刀具按照设定好的切削速度切削工件的快慢，该参数的修改将影响生产效率、产品表面粗糙度、刀具磨损及加工误差等，是非常重要的参数，一般我们根据不同加工要求和经验数据进行设置。

主轴速度：该选项用于设置机床的主轴转速，在NX中通过它与刀具计算切削时的表面速度与每齿进给量，如图3.59所示。

进给率：该选项用于控制机床在加工时的切削进给率，它可以控制切削时的多个切削参数，如快速的G01和G00输出模式，进刀、退刀等的进给率切削百分比。进给率设置如图3.60所示。

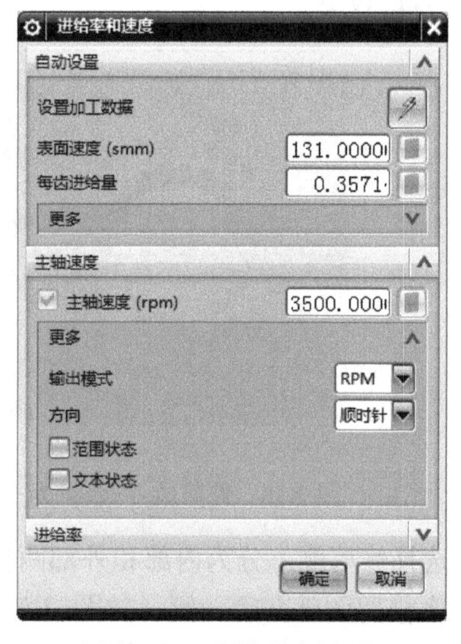

图3.59 主轴速度设置

扫一扫看进给率与速度设置电子教案

扫一扫下载进给率与速度设置模型源文件

扫一扫看深度轮廓铣特有参数设置微课视频

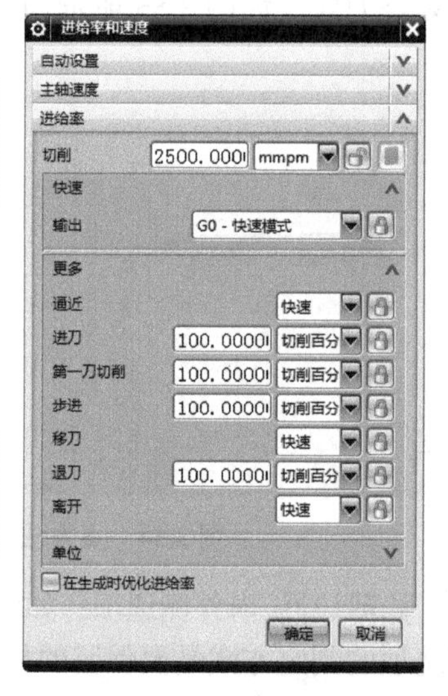

图3.60 进给率设置

3.9 深度轮廓加工特有参数设置

扫一扫下载深度轮廓铣特有参数设置模型源文件

扫一扫看深度轮廓加工特有参数教学课件

“深度轮廓加工”广泛应用在UG NX模具零件加工中，有利于使刀具在受力均匀的条件下进行加工。应用“深度轮廓加工”可以完成数控加工中大量的工作量。例如，粗加工时，一般刀具受力较大，因此“深度轮廓加工”能以控制切削深度的方式，将刀具受力限制在一个范围内。此外，在半精加工或精加工时，如果加工部位太陡、太深，需要采用加长刀刃的情形，由于刀具太长，加工时偏摆太大，往往也需要使用“深度轮廓加工”的方式来减少刀具受力。目前最流行的高速切削机床，也是普遍采用“深度轮廓加工”。

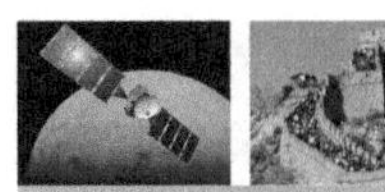

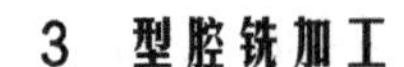

UG NX 10.0 的“深度轮廓加工”功能不仅提供多样化的加工方式，同时允许刀具在整个加工过程中能在均匀的受力状态下实现最快、最好的切削。以下是 UG NX 10.0 深度轮廓加工的特点。

（1）刀具总是贴着零件表面加工，无法去除多余的余量，主要用于铣削侧壁或平面余量。

（2）较平曲面加工效果不理想。

（3）可以通过陡峭区域指定加工范围。

（4）通过优化切削和层之间的参数来完善曲面的加工刀路。

扫一扫看深度轮廓加工特有参数设置电子教案

深度轮廓加工的几个特有参数如下。

（1）陡峭空间范围：“陡峭空间范围”主要用于设置陡峭角度，包括“无”和“仅陡峭的”两个选项。选择“无”选项时，系统将对由部件几何体和任何限定的切削区域几何定义的部件进行切削；选择“仅陡峭的”选项时，只有陡峭度大于或等于指定陡角的部件区域才会被切削。两种加工的效果对比如图 3.61 所示。

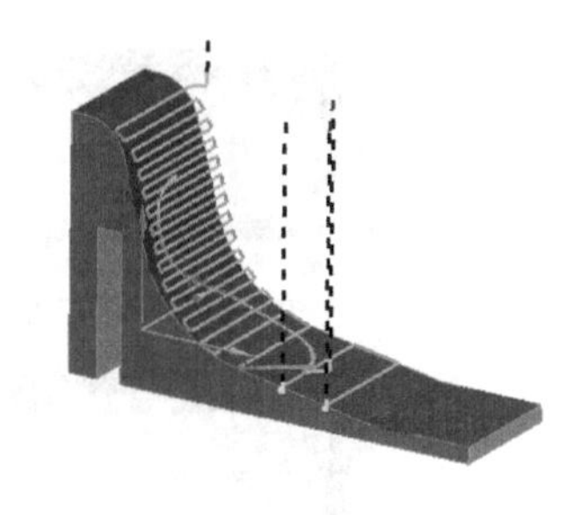
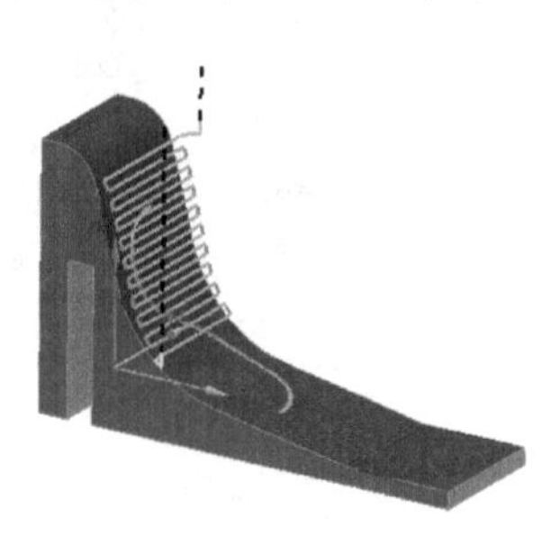

图 3.61　陡峭空间范围为 10° 和 45° 的对比

（2）合并距离：合并距离的作用是将小于指定分隔距离的切削移动结束点连接起来以消除不必要的退刀。指定的距离是模型的空间距离，主要是连接同一切削层两段刀轨。其效果对比如图 3.62 所示。

（3）最小切削长度：最小切削长度的作用是抑制小于设定最小切削长度的刀轨生成。其效果对比如图 3.63 所示。

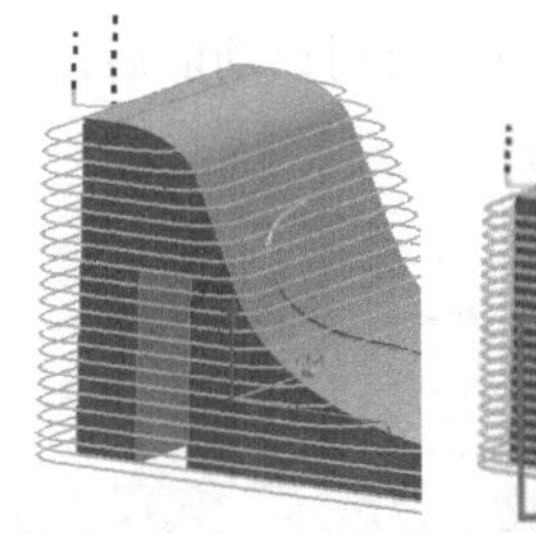
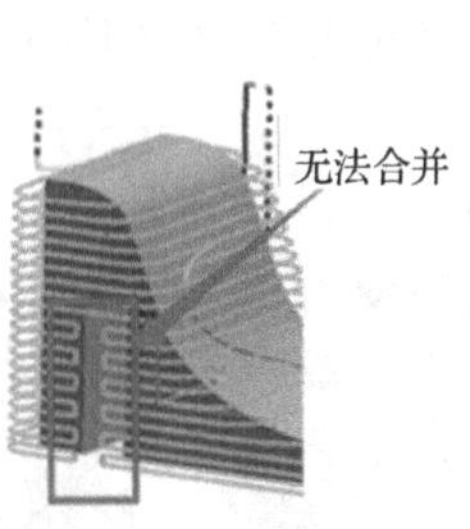

图 3.62　合并距离为 5 和 0.5 的对比

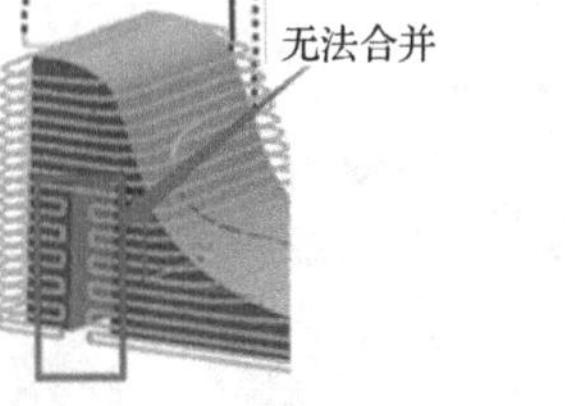

图 3.63　最小切削长度为 3 和 1 的对比

（4）混合切削方向：在“深度轮廓加工”工序的参数设置中，切削方向增加了“混合的”重要功能选项。使用“混合切削方向”，可在各切削层中交替改变切削方向。在加工开放区域面时，做往复式加工从而不用抬刀，可大大减少加工中的抬刀时间。混合切削方向的抬刀少、效率高，尤其使用在侧壁的半精加工中。混合切削方向的刀轨效果如图 3.64 所示。

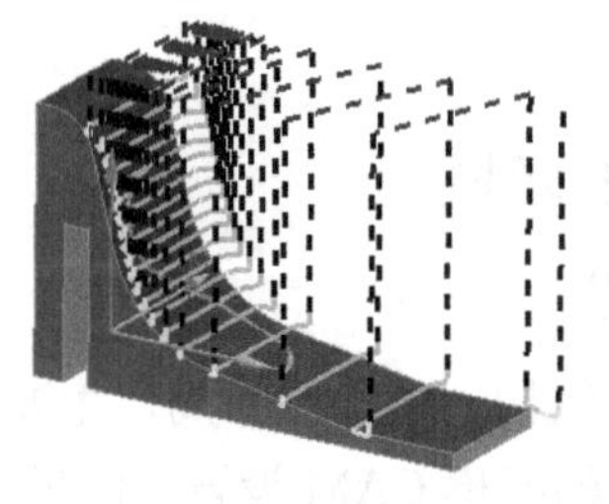
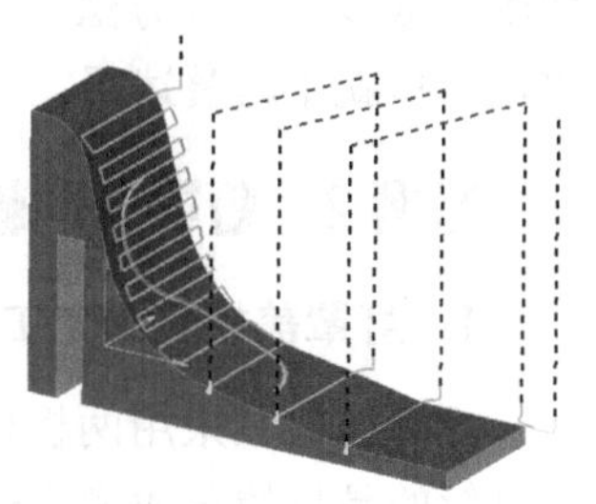

图 3.64　加工方向对比

（5）连接层到层：“层到层”是一个专用于深度轮廓加工铣的切削参数。“层到层”包括4种类型，如图3.65所示。当使用“直接对部件进刀”类型时，从一层到下一层加工无须抬刀至安全平面。层到层的各项进刀类型如图3.66所示。当加工区域是开放区域并将切削方向设置为“混合”时，则“层到层”下拉菜单中的最后两个选项（“沿部件斜进刀”和“沿部件交叉斜进刀”）都将变灰（不可用）。当选用“沿部件斜进刀”和“交叉沿部件斜进刀”类型后，为了保证层间平滑过渡，层到层的斜坡角度一般设置为3°～5°。

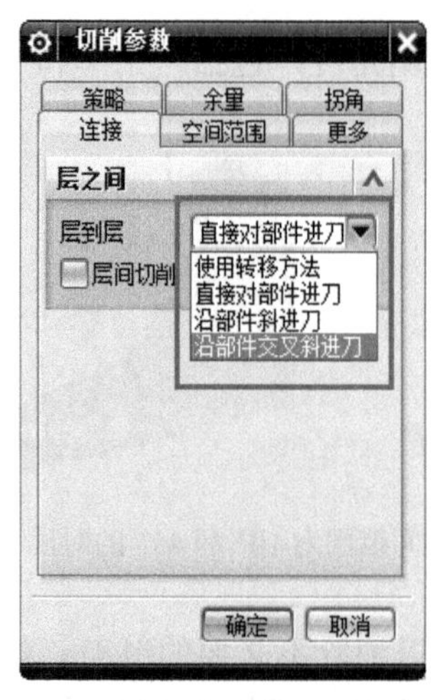

图3.65 “层到层”下拉菜单

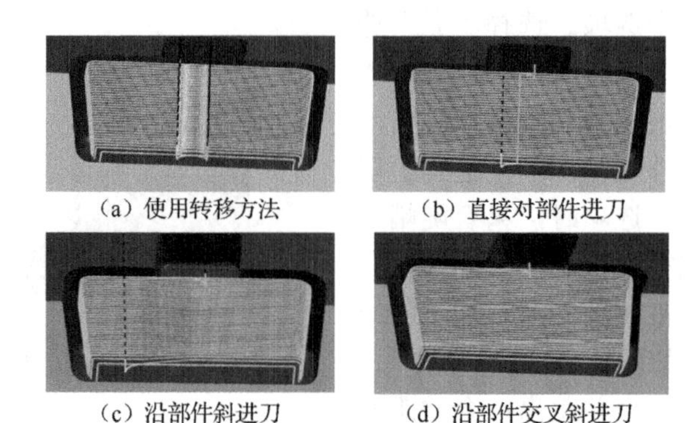

图3.66 层到层不同进刀类型的对比

“层间切削”选项可消除因在含有大残余高度的区域中快速加载和卸载刀具而产生的刀具磨损甚至破裂，其中这些大的残余高度是从先前的操作中留下的。启用该功能后，当用于半精加工时，该操作可生成更多的均匀余量；当用于精加工时，退刀和进刀的次数更少，并且表面精加工更连贯。“层间切削”功能关闭与开启的效果对比如图3.67所示。关于层间步距的设置，与切削参数步距设置方法一致，这里就不再赘述了。

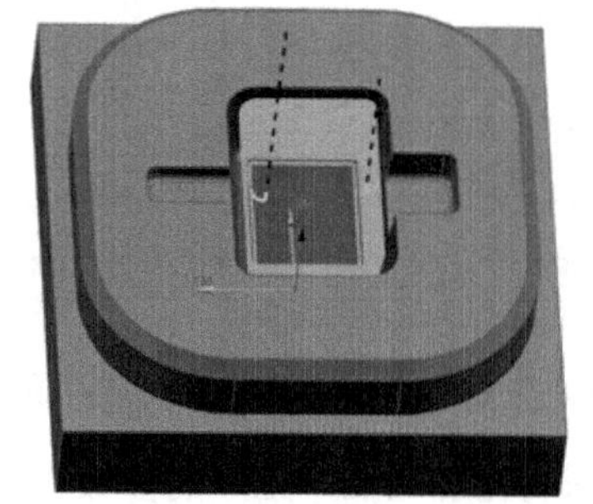

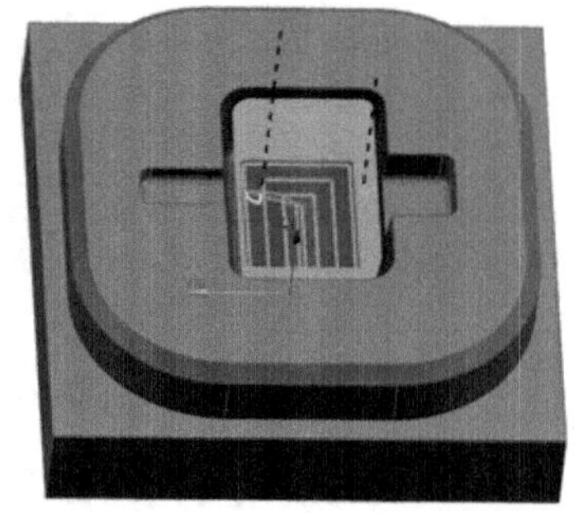

图3.67 “层间切削”功能关闭与开启的刀轨效果对比

案例2 灯罩盖凹模CAM

扫一扫看灯罩盖凹模型腔铣削刀轨创建实践电子教案

1. 灯罩盖模具加工工艺

灯罩盖模具采用两板模结构一模一腔布局，主要模具结构及名称如图3.68所示。本案例讲解的是灯罩盖成型零件的凹模CAM设置，凹模零件及产品如图3.69所示。

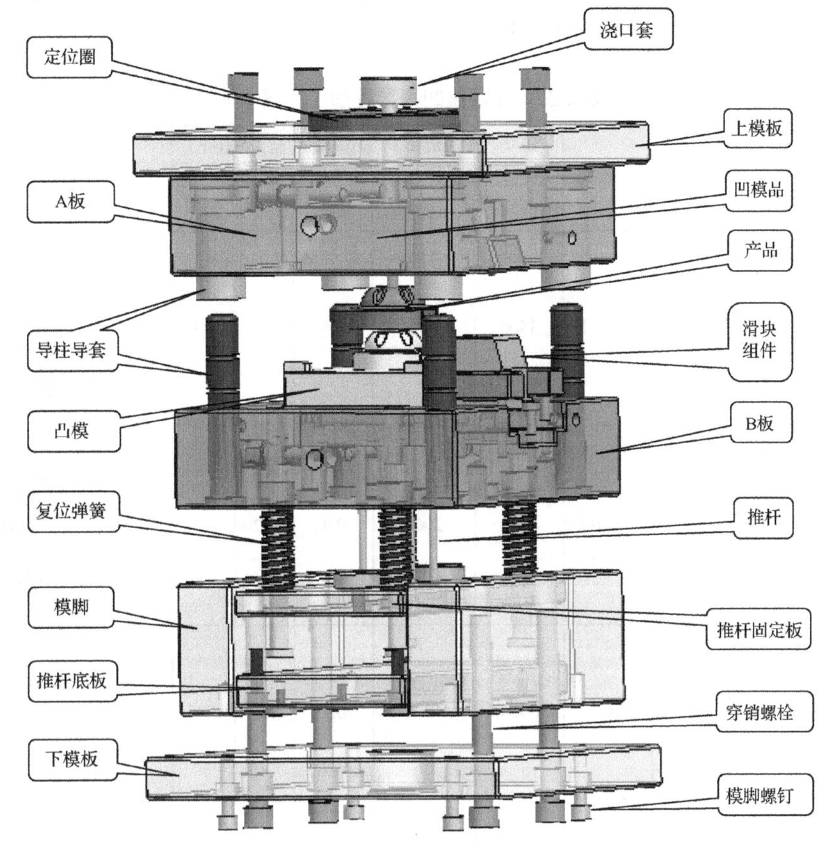

图 3.68 灯罩盖注塑模具的结构及名称

由于采用标准模架和标准件，该模具除了成型零件部分其余已经全部加工完毕。凹模零件属于成型零件，成型的是灯罩盖的外表面部分，对其表面粗糙度要求高（*Ra*0.4），因此机加工后还要进行抛光处理。灯罩盖凹模零件成型面结构特征简单：最小圆角半径为 1 mm，侧壁有滑槽与滑块配合，四角有 4 个虎口位，用于成型零件定位；分型面为一张大平面，一般安排磨削加工。制定灯罩盖的数控铣加工工艺路线如下：

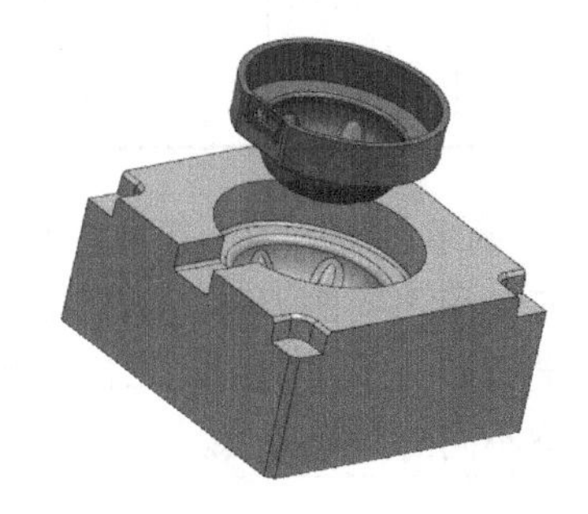

图 3.69 灯罩盖凹模零件及产品

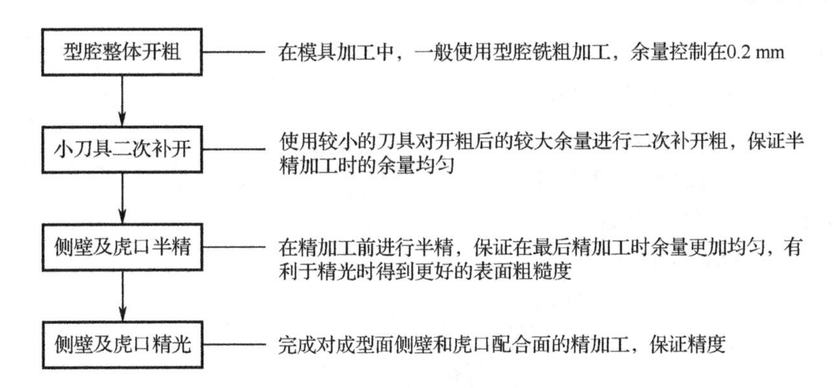

灯罩凹模数控铣加工工序卡如表 3.2 所示。

表 3.2　灯罩盖凹模数控加工工序卡

工序	工序内容	铣削类型	刀具	主轴转速（r/min）	进给速度（mm/min）	切削深度（mm）	余量（mm）		图解
							侧面	底面	
1	粗加工	CAVITY	D12R1	3500	2000	0.5	0.2	0.1	
2	二次补开（开粗）加工	CAVITY 参考刀具	D6R0.5	4500	2000	0.3	0.2	0.1	
3	侧面半精加工	ZLEVLE 混合	D6R0.5	6000	1000	0.2	0.1	0.05	
4	侧面精光加工	ZLEVLE 顺铣	D6R0.5	8000	600	0.08	0	0	

新手解惑　由于粗加工时，切削力大，刀具磨损严重，因此，模具加工时，粗精加工应使用不同的刀具，以保证加工精度。即使粗精加工刀具参数完全相同，也必须使用两把刀具。本案例中，二次开粗和半精加工、精加工的刀具就属于此情况，因此需创建名称不同的两把刀具。

2. 灯罩盖凹模 CAM 准备

1）模型导入

选择“启动”→“加工”命令，进入加工环境，如图 3.70 所示。

单击 按钮，在弹出的“打开”对话框中根据文件存放路径选择“灯罩盖凹模 CAM 数字模型”文件后，单击“OK”按钮，导入灯罩盖数字模型，如图 3.71 所示。

图 3.70　进入加工环境

扫一扫下载灯罩盖凹模 CAM 模型源文件

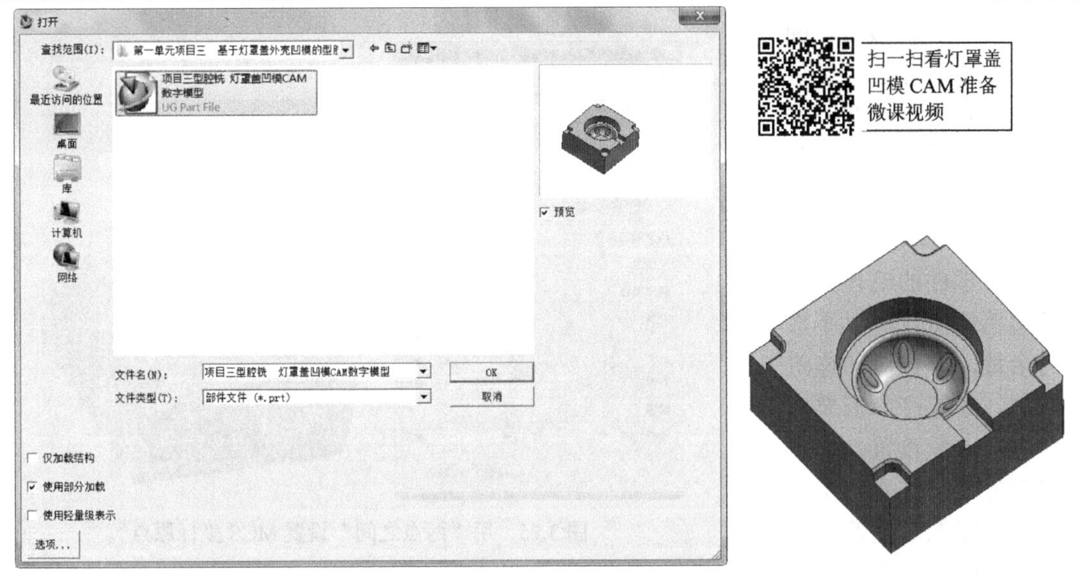

图 3.71 “打开”对话框及导入的灯罩盖凹模数字化模型

2）创建灯罩盖凹模 CAM 几何体

（1）在“工序导航器”工具条中单击“几何视图”按钮，将导航器切换到如图 3.72 所示的界面。

（2）双击导航器中的“MCS_MILL”节点，弹出如图 3.73 所示的“MCS 铣削”对话框。

（3）单击按钮，弹出如图 3.74 所示的“CSYS”对话框，在“控制器”选项组的“指定方位”后，单击“点构造器”按钮，在弹出的“点”对话框的“类型”下拉菜单中选择“两点之间”的方式构建 MCS 坐标原点，如图 3.75 所示。

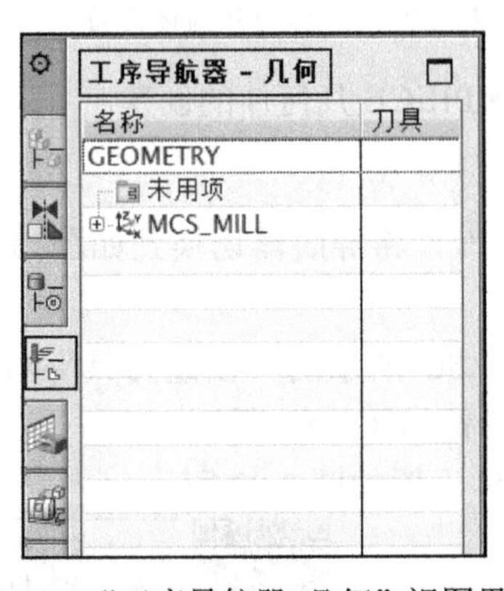

图 3.72 “工序导航器-几何”视图界面

图 3.73 “MCS 铣削”对话框

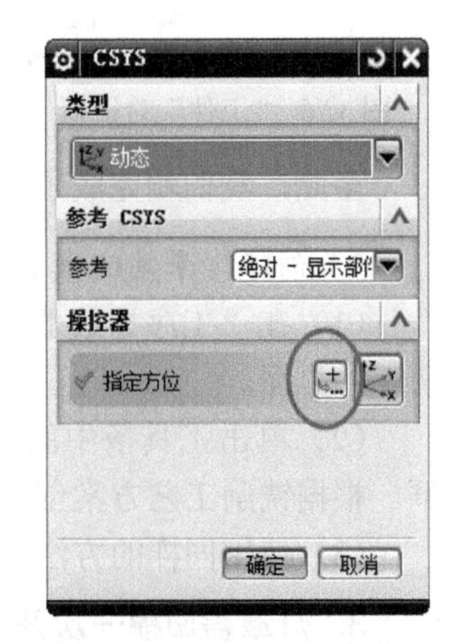

图 3.74 “CSYS”对话框

（4）双击“WORKPIECE”节点，弹出如图 3.76 所示的“工件”对话框，单击按钮，弹出“部件几何”对话框，选中导入的模型后，单击“确定”按钮，完成部件几何的设置。

（5）单击按钮，弹出如图3.77所示的“毛坯几何体”对话框，在“类型”下拉菜单中选择“包容块”类型。对凹模进行毛坯设置，如图3.78所示，模具零件的毛坯为六面精磨毛坯所以可以不放任何余量，直接对凹模进行铣削。如果产品需要对毛坯进行余量设置，即可在对应方向的文本框中输入具体所需的余量值即可对毛坯进行余量设置。

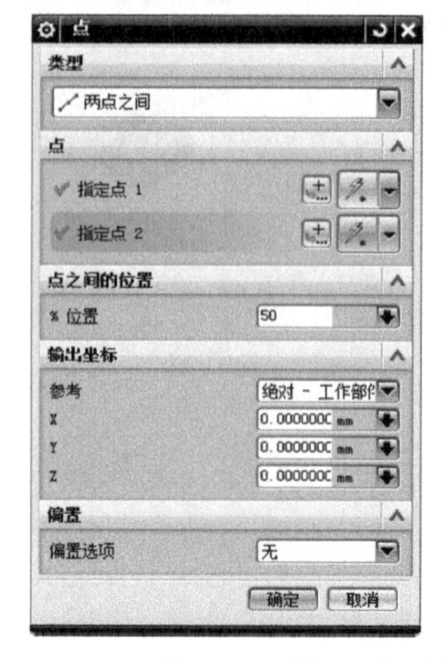

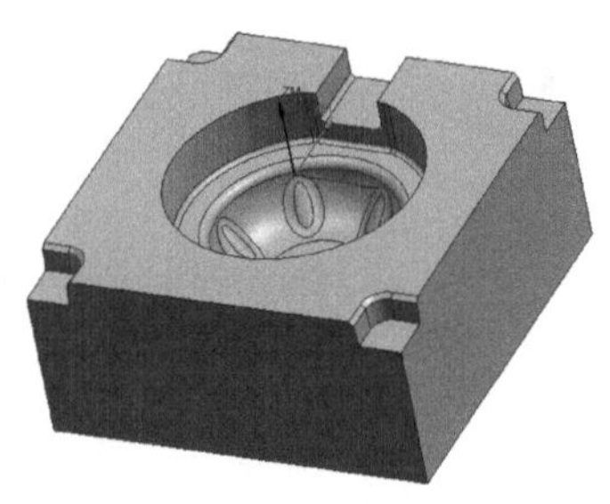

图3.75　用“两点之间”设置MCS坐标原点

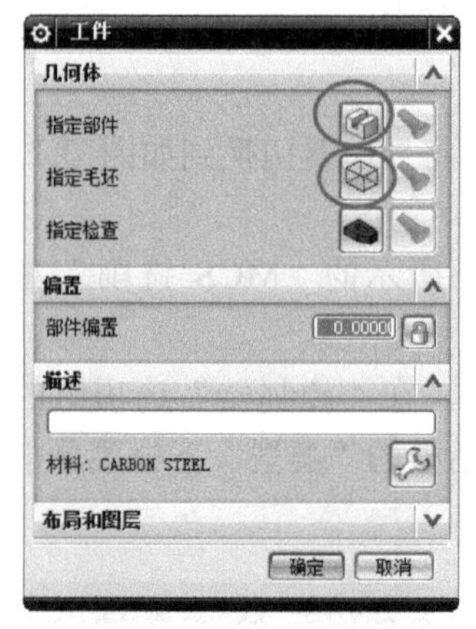

图3.76　“工件”对话框

毛坯几何体
类型
包容块
几何体
部件的偏置
包容块
包容圆柱体
部件轮廓
部件凸包
IPW - 处理中的工件
显示快捷方式
ZM-
ZM+
确定
取消

图3.77　“毛坯几何体”对话框

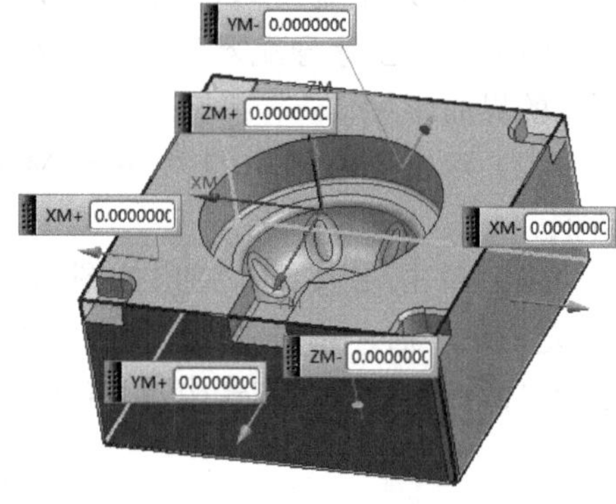

图3.78　包容块几何体设置

至此，我们就完成了加工用MCS坐标系的设置和WORKPIECE几何体的创建。

3）创建灯罩盖凹模CAM刀具

（1）在“工序导航器”工具条中单击“机床视图”按钮，将导航器切换到如图3.79所示的界面。

（2）单击工具条中的“创建刀具”按钮，弹出如图3.80所示的“创建刀具”对话框。根据铣削工艺方案创建一把“D12R1”的立铣刀，参数设置如图3.81所示。

（3）使用同样的方法，创建一把“D6R0.5”立铣刀，具体设置如图3.82所示。

3. 灯罩盖凹模一次开粗加工

扫一扫看灯罩盖凹模一次开粗加工操作视频

1）创建工序

在工具条中单击“创建工序”按钮，弹出“创建工序”对话框，如图3.83所示。在“类型”下拉菜单中选择“mill_contour”类型，子类型选择“基本型腔铣”；程序组默认，刀具选择“D12R1”用于开粗，几何体选择“WORKPIECE”，加工方法保持常规不

变；单击 确定 按钮，弹出“型腔铣”对话框，如图 3.84 所示，在“几何体”选项组中将“指定切削区域”设置为如图 3.85 所示的型腔和虎口位区域；在“刀轨设置”选项组中将“切削模式”设置为跟随周边，将“最大距离”设置为 0.5 mm，界面中的其他参数保持不变。

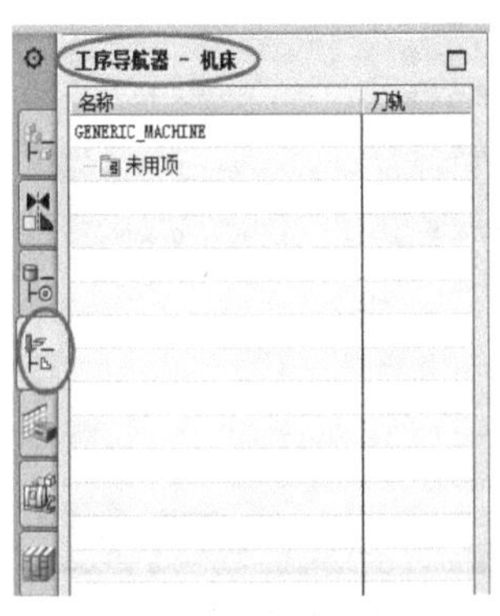

图 3.79 “工序导航器-机床”视图界面

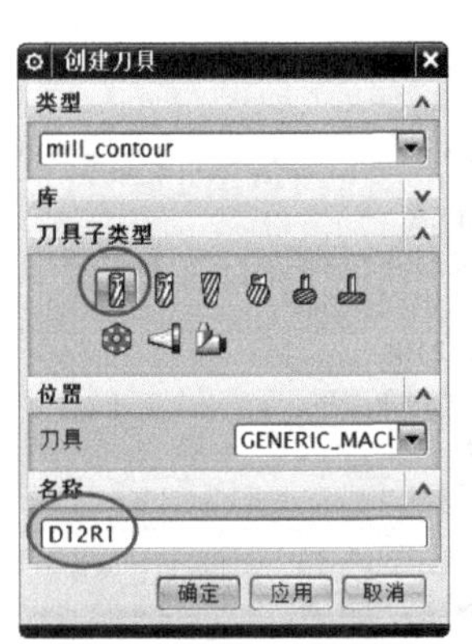

图 3.80 “创建刀具”对话框

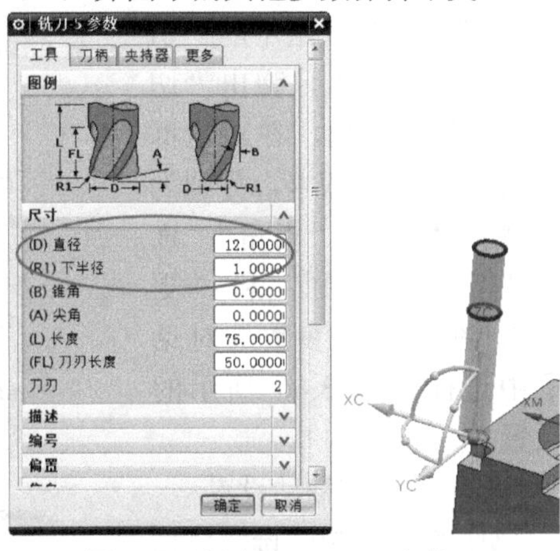

图 3.81 创建“D12R1”立铣刀

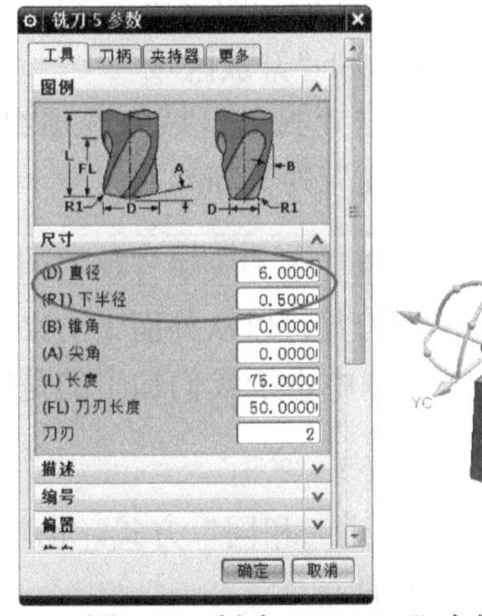

图 3.82 创建“D6R0.5”立铣刀

行家指点 创建好的刀具可以进行重新编辑，如修改刀具名称时，选中需要修改的刀具右击，在弹出的快捷菜单中选择“重命名”命令即可修改刀具名称；双击刀具名称可以在弹出的“铣削-参数”对话框进行刀具参数的修改；刀具的修改同样具有父子关联效应。

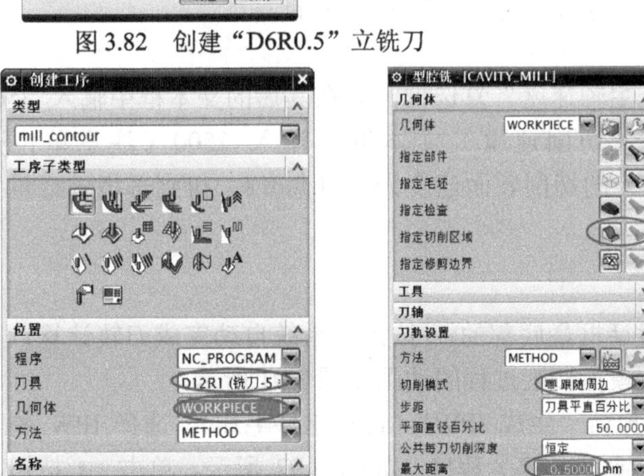

图 3.83 “创建工序”对话框

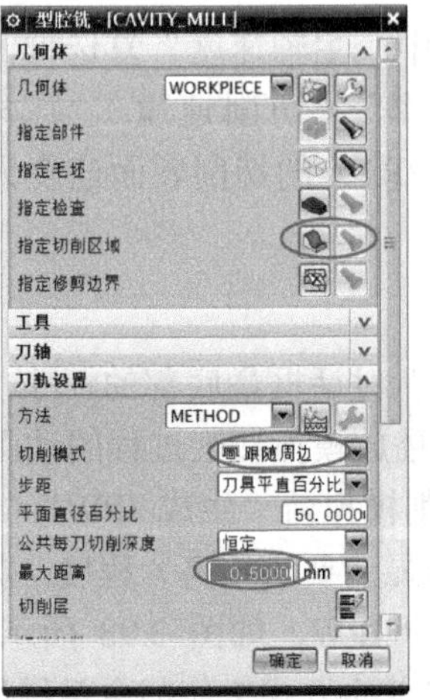

图 3.84 “型腔铣”对话框

图 3.85 指定的切削区域

2）工序刀轨参数设置

（1）切削参数设置

单击“型腔铣”对话框“刀轨设置”选项组中的“切削参数”按钮，弹出“切削参数”对话框，在对话框中共有 6 个选项卡，分别为“策略”“余量”“拐角”“连接”“空间范围”和“更多”。在“切削参数”对话框中进行如图 3.86 所示的设置。

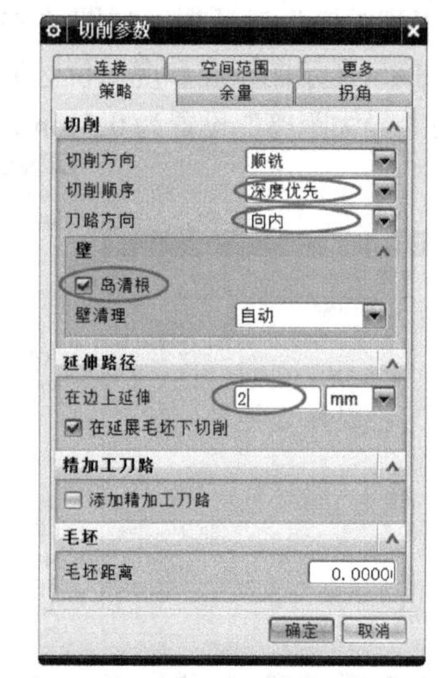

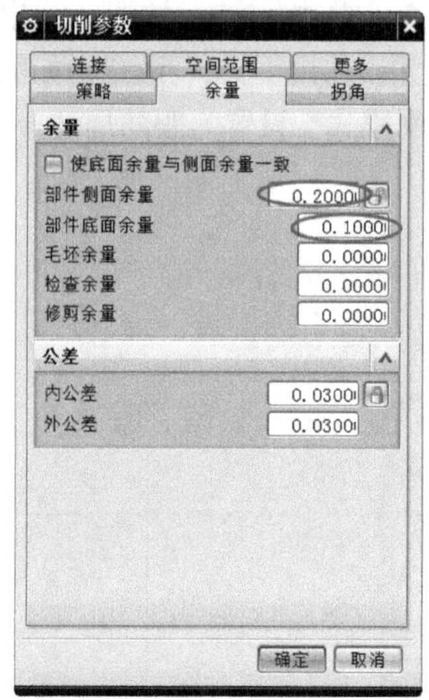

图 3.86 “切削参数”各选项卡设置

（2）非切削移动设置

① 单击“型腔铣”对话框“刀轨设置”选项组中的“非切削移动”按钮，弹出“非切削移动”对话框，设置如图 3.87 所示的参数。

② 选择“进刀”选项卡，“进刀”选项卡中分为“封闭区域”和“开放区域”。

选择“封闭区域”修改刀具的进刀类型。在“进刀”选项卡“封闭区域”选项组的“斜坡角”文本框中输入 3，设置“高度”为 1 mm、“最小斜面长度”为 1 mm。

新手解惑 在“进刀”设置中，“封闭区域”是指刀具只能从里面下刀来进行加工的区域，一般是封闭的图形，大多数是凹型零件。“开放区域”是指刀具可以从外面下刀来进行加工的区域，一般是敞开的图形，大多数是凸型零件。本条例中由于我们加工的是凹模腔体，选择“封闭区域”。

③ 在“退刀”选项卡的“退刀类型”下拉菜单中，选择“与进刀相同”方式，也就是螺旋退刀方式。也可选择“抬刀”的直接退刀方式，如图 3.88 所示。

（3）进给率和速度设置

在“进给率和速度”对话框选中“主轴速度”复选框，并在其后的文本框中输入 3500（注意单位是 r/min），在“进给率”（切削速度）文本框中输入 2500（注意单位是 mm/min），自动计算出该刀具（D12R1）的切削表面速度为 131 mm/s，得到每齿进给量为 0.035 mm，如图 3.89 所示。

3）刀轨生成与仿真

（1）生成刀轨：单击“型腔铣”对话框最底部的按钮，系统自动完成刀轨计算，得到如图 3.90 所示的开粗刀轨。系统播放模拟切削过程的动画如图 3.91 所示。

（2）剩余加工余量检查：在切削模拟前“生成 IPW”（过程工件毛坯），选择 IPW 的显示精细程度，一般选择“中等”（对显卡要求不高）程度，如图 3.92 所示。单击创建按钮，系统将创建一个“三角片体集中”的 IPW，如图 3.93 所示。单击按颜色显示厚度按钮，弹出“厚度-按颜色”对话框。可以通过指定点的方式来侦测余量厚度，如图 3.94 所示。

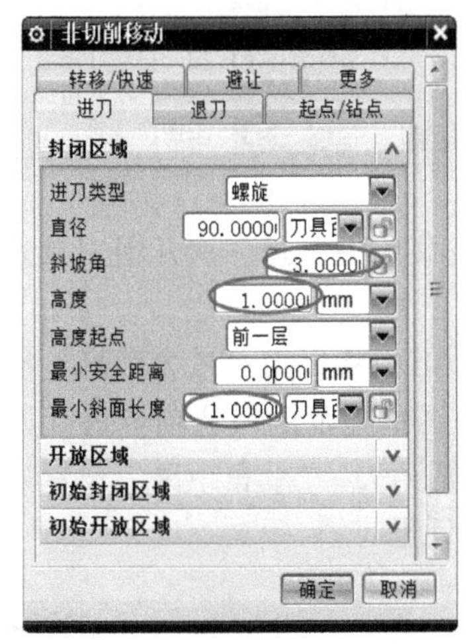

图 3.87 “非切削移动”进刀设置

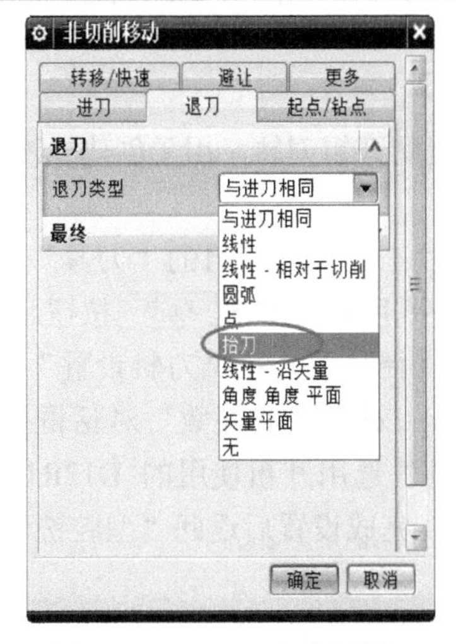

图 3.88 “退刀”方式设置

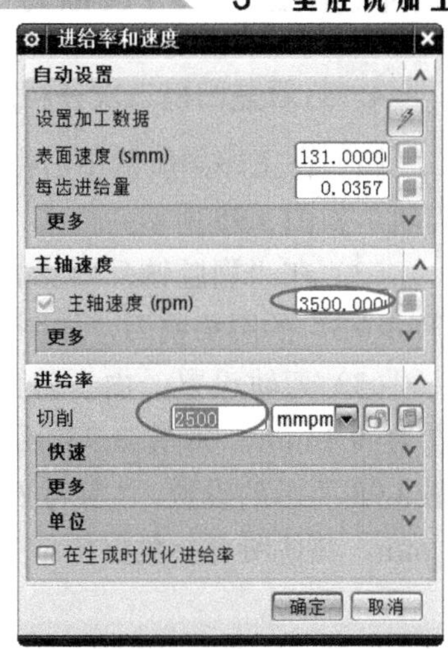

图 3.89 “进给率和速度”对话框

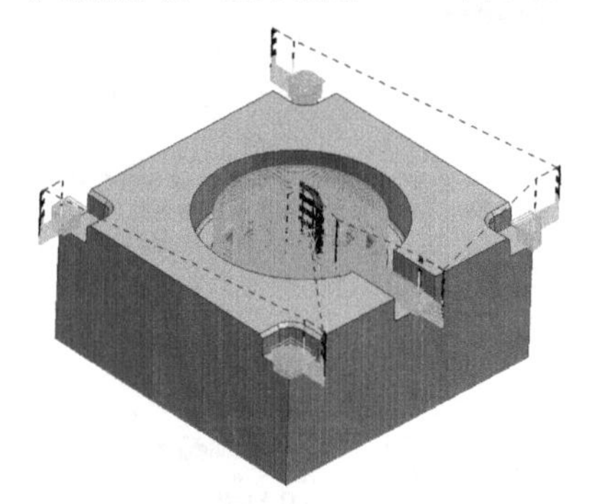

图 3.90 开粗刀轨示意图

图 3.91 模拟开粗切削过程的动画

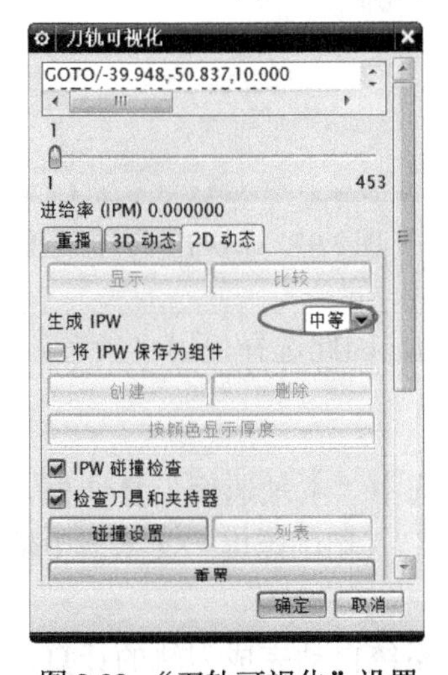

图 3.92 “刀轨可视化”设置

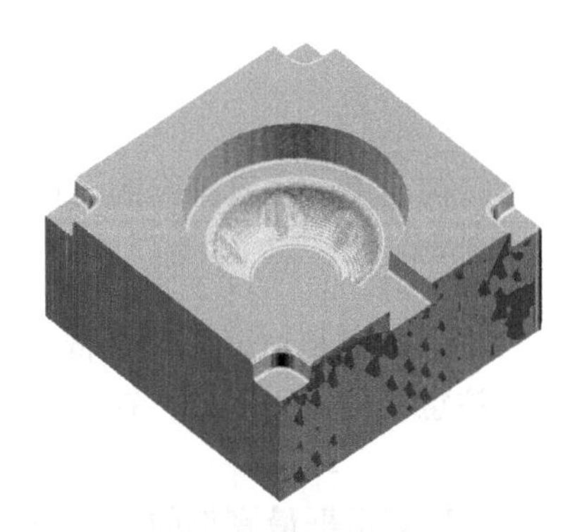

图 3.93 开粗 IPW

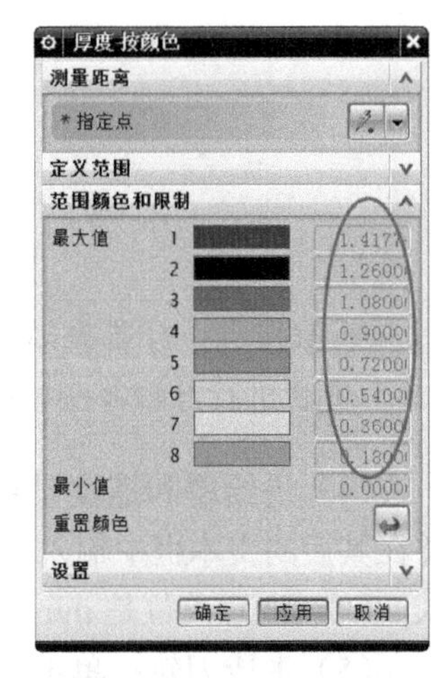

图 3.94 颜色-厚度显示

行家指点 由于我们在工艺上安排的是 D12R1 的圆角铣刀开粗，刀具直径太大，对于模型最小圆角 $R3$ 的型面无法完成开粗；通过侦测发现最厚余量达到 1.417 mm。可以通过下一道工序来完成补开粗（二次开粗）。

4. 灯罩盖凹模二次开粗加工

（1）在工序导航器中右击复制开粗刀轨，用于创建二次补开粗刀轨，如图3.95所示。

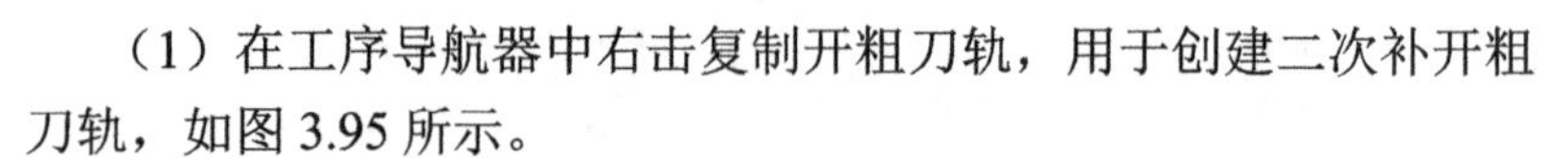

（2）在“型腔铣”对话框“工具”选项组的“刀具”下拉菜单中选择二次开粗刀具为“D6R0.5”的圆角铣刀，如图3.96所示，单击 确定 按钮。

（3）刀轨设置：由于刀具直径减小，在“刀轨设置”选项组中将每刀“最大距离”设置为0.3 mm，如图3.97所示；对“切削参数”对话框中的“空间范围”选项卡进行如图3.98所示的设置，“参考刀具”选用开粗使用的D12R1的圆角刀，“重叠距离”设置为1 mm，其他所有参数保持不变。完成设置后返回“型腔铣”对话框。

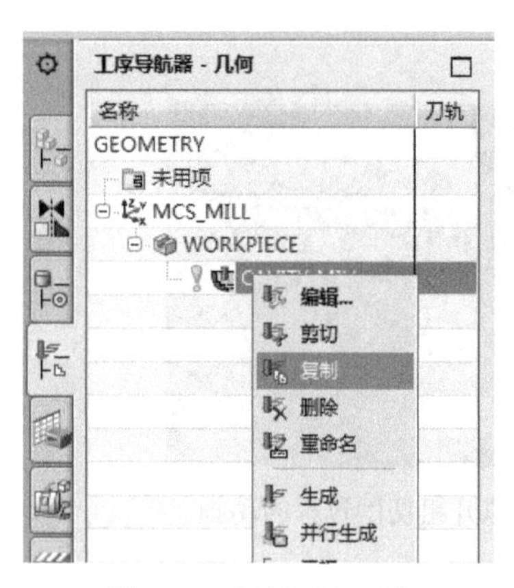

图3.95 复制开粗刀轨

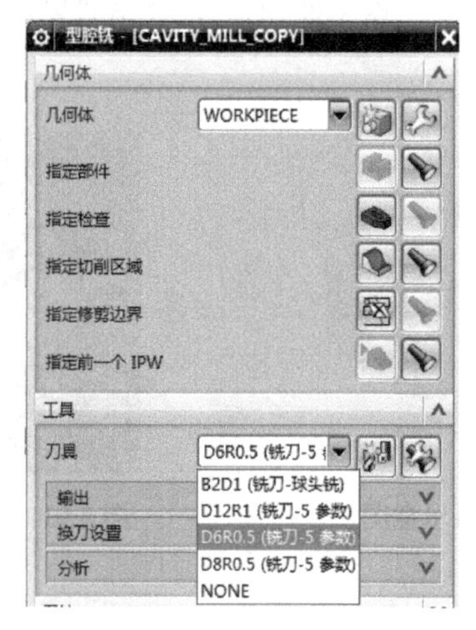

图3.96 刀具选择

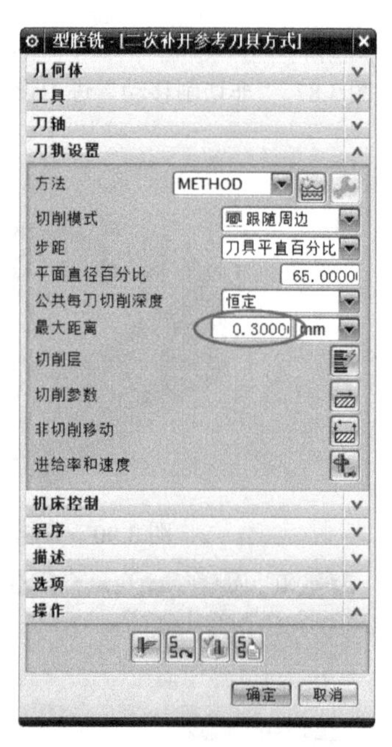

图3.97 二次补开刀轨设置

> **行家指点** 灯罩盖模型腔体结构简单，没有特殊的岛屿结构，因此选择使用“参考刀具”方式进行灯罩盖凹模的二次补开。

（4）进给率和速度设置：在“进给率和速度”对话框中，选中“主轴速度”复选框，并在其后的文本框中输入4500（注意单位是r/min），在“进给率”（切削速度）文本框中输入2000（注意单位是mm/min）。

（5）生成刀轨：单击“型腔铣”对话框最底部的按钮，系统自动完成刀轨的计算，得到如图3.99所示的刀轨。

仿真结束后，通过指定点的方式来侦测余量厚度基本没有变化；但是在*R*3的圆弧面上余量大大减少，最大只有0.27 mm余量，如图3.100所示，为半精加工创造了良好的条件。

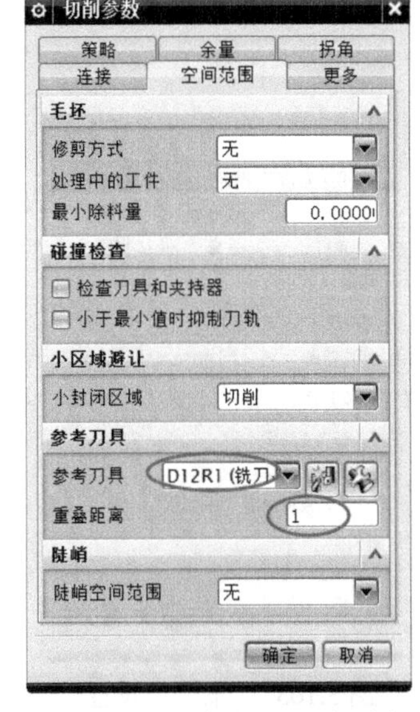

图 3.98 “空间范围”选项卡

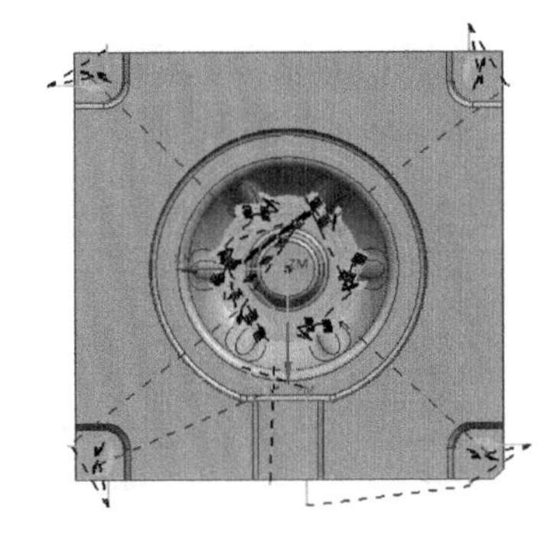

图 3.99 “参考刀具”二次补开刀轨效果

图 3.100 二次补开 IPW

5. 灯罩盖凹模侧壁半精加工

1）创建工序

在工具条中单击“创建工序”按钮，弹出“创建工序”对话框，如图 3.101 所示。在对话框中按图所示，选择“ZLEVELI_PROFILE”子类型；单击“深度轮廓加工”按钮，“刀具”选择 D6R0.5，“几何体”选择 WORKPIECE；程序名称默认不变，单击“确定”按钮，弹出“深度轮廓加工”对话框。将“指定切削区域”设置为所有型腔面，在“刀轨设置”选项组中，每刀“最大距离”设置为 0.2 mm，如图 3.102 所示。

新手解惑 程序名称通常默认不变，目的是在以后的程序检查中能通过程序名称判断出铣削工序所使用的加工方法。

2）切削参数设置

（1）单击“深度轮廓加工”对话框“刀轨设置”选项组中的“切削参数”按钮，弹出“切削参数”对话框。在“策略”选项卡中，将“切削方向”设置为混合，将“切削顺序”设置为始终深度优先，如图 3.103 所示。

（2）选择“余量”选项卡，设置余量为侧壁 0.1 mm、底部 0.05 mm，内外公差设置不变，如图 3.104 所示。

（3）选择“连接”选项卡，选择层之间的刀轨连接方式为“直接对部件进刀”，如图 3.105，选中“层间切削”复选框，使用残余高度方式指定步距为 0.01，其他参数不变，单击 确定 按钮，完成切削参数的设置，返回“深度轮廓加工”对话框。

3）非切削移动设置

单击“深度轮廓加工”对话框“刀轨设置”选项组中的“非切削移动”按钮，弹出“非切削移动”对话框，参考图 3.106 所示的参数进行进刀设置，退刀设置与进刀方式一致。在“进刀”选项卡的“开放区域”选项组中选择“线性-相对于切削”进刀类型。

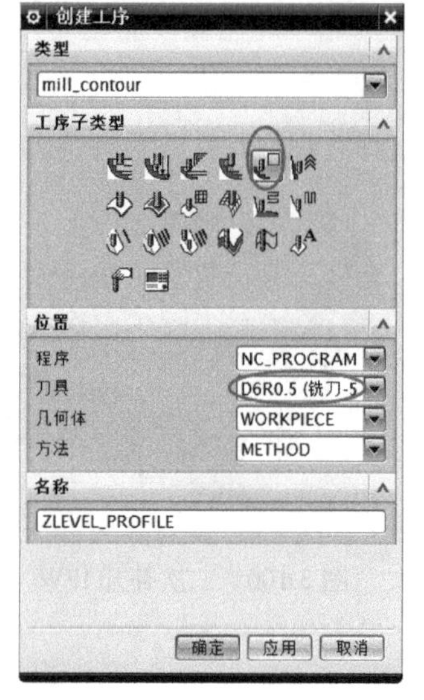

图 3.101 “创建工序”对话框

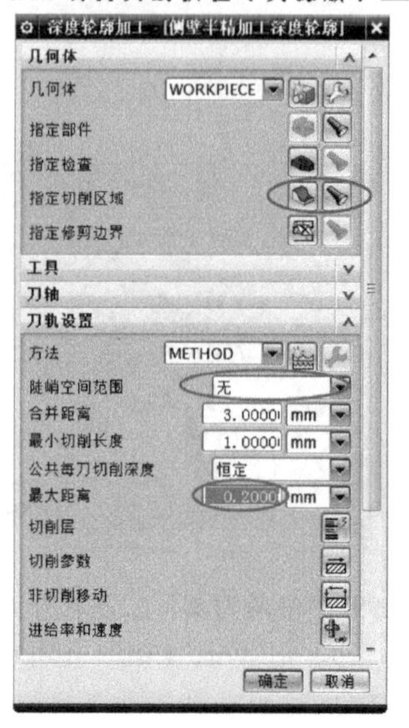

图 3.102 “深度轮廓加工”对话框

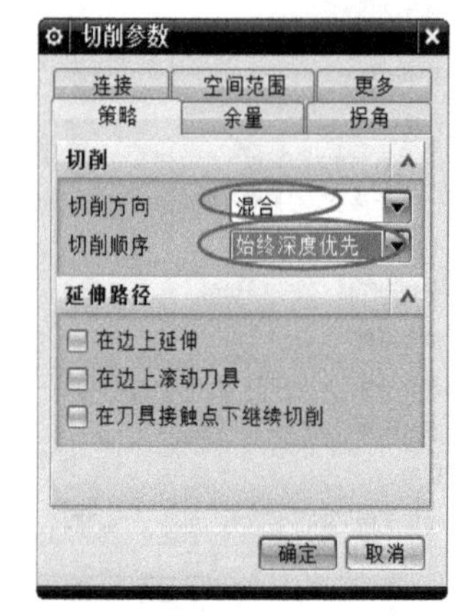

图 3.103 “策略”设置

图 3.104 “余量”设置

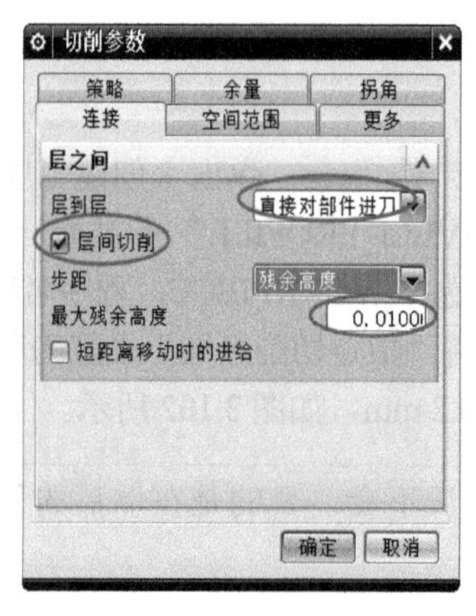

图 3.105 “连接”设置

图 3.106 “非切削移动”设置

新手解惑 在设置灯罩盖的非切削移动参数“进刀”时，由于加工的凹模腔体有开口，系统将判断为开放区域，所以选择“开放区域”修改刀具的进刀类型。

4）进给率和速度设置

单击按钮，弹出“进给率和速度”对话框，选中“主轴速度”复选框，并在其后的文本框中输入6000（注意单位是r/min），在“进给率”（切削速度）文本框中输入1000（注意单位是 mm/min），单击“计算”按钮，系统自动计算出该刀具（D6R0.5）的切削表面速度为113 mm/s，得到每齿进给量为0.02 mm。

5）刀轨生成与仿真

单击“型腔铣”对话框最底部的按钮，系统自动完成刀轨的计算，得到如图 3.107所示的半精加工刀轨。

仿真结束后通过指定点的方式进行余量侦查：所有型面变化较大；余量基本控制在

0.1 mm，如图 3.108 所示，已经具备精加工的条件。

6. 灯罩盖凹模侧壁精加工

在工序导航器中选择半精工序，右击复制后粘贴，用于创建精加工工序。几何体和刀具保持不变（在实际加工中为了保证尺寸精度，精加工时请更换相同规格的新刀具）。

（1）切削层设置：单击“深度轮廓加工”对话框“刀轨设置”选项组中的“切削层”按钮，弹出“切削层”对话框，如图 3.109 所示。将“切削层”设置为“最优化”，将“每刀切削深度”设置为 0.08 mm。

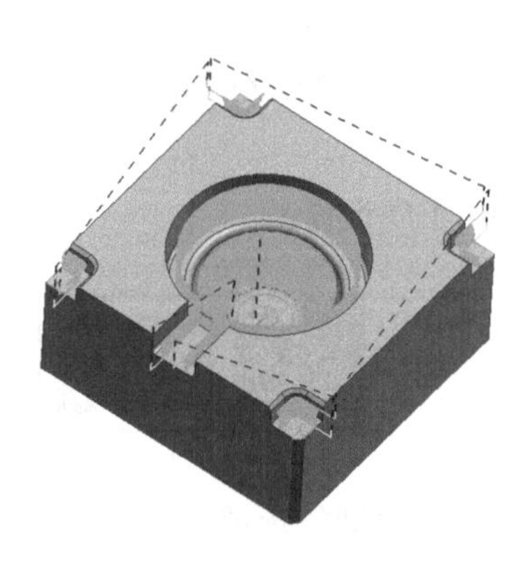

图 3.107 半精加工刀轨效果

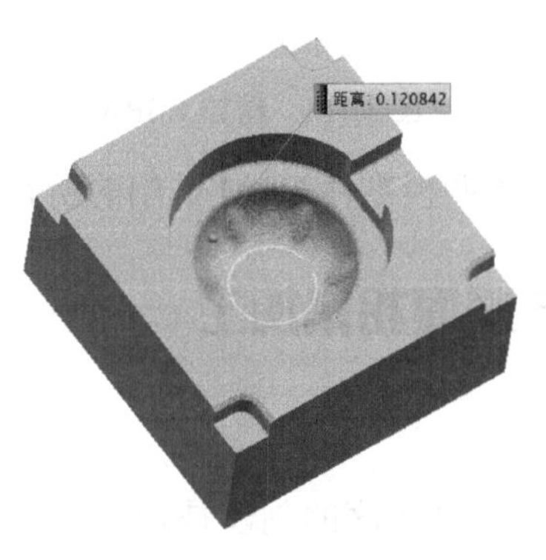

图 3.108 半精加工 IPW

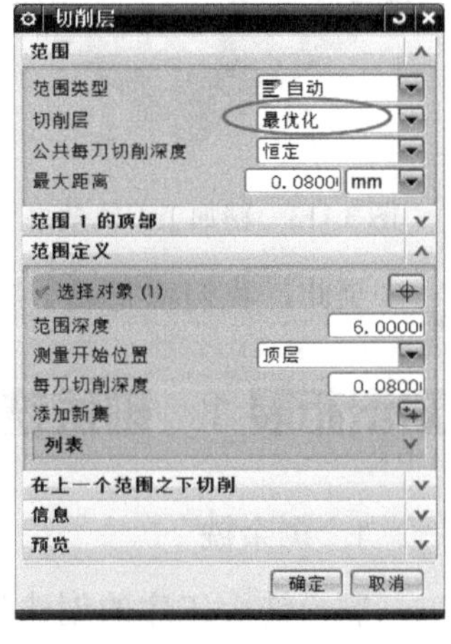

图 3.109 “切削层”设置

（2）切削参数设置：单击“深度轮廓加工”对话框“刀轨设置”选项组中的“切削参数”按钮，弹出“切削参数”对话框。分别按照图 3.110、图 3.111、图 3.112 所示对“策略”“余量”“连接”选项卡进行设置。

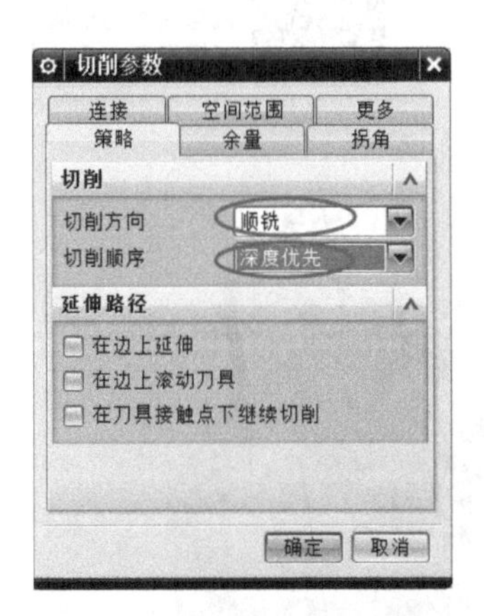

图 3.110 “策略”选项卡设置

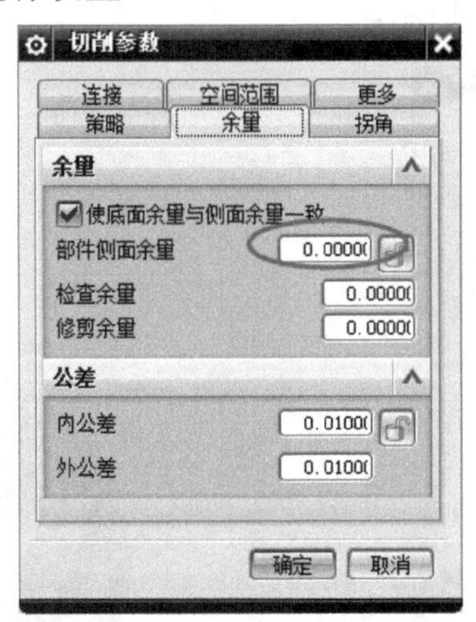

图 3.111 “余量”选项卡设置

图 3.112 “连接”选项卡设置

（3）进给率和速度设置：将“主轴速度”设置为 8000 r/min，将“进给率”切削设置为 600 mm/min。注意，一般铣削精加工时进给速度都控制在 800 mm/min 以内。

（4）刀轨生成：单击“深度轮廓铣”对话框最底部的按钮，系统自动完成刀轨的计算，得到如图 3.113 所示的精加工刀轨。

仿真结束后，通过指定点的方式进行余量侦查：所有型面余量基本控制在 0.03 mm，如图 3.114 所示，已经具备抛光试配条件。

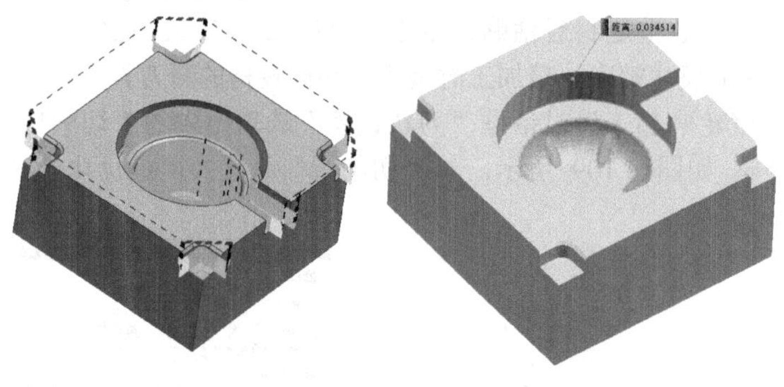

图 3.113　精加工刀轨效果　　　　图 3.114　精加工 IPW

> **行家指点**　精加工工序中，对于所有型面一般采用顺铣的方式进行铣削；层到层选择沿部件斜进刀，目的是消除层间的接刀痕迹；在层之间铣削设置了 3 mm 的步距保证小平面铣削到位。

至此，我们就完成了灯罩盖凹模零件 CAM 铣削的所有 CAM 工序设置。

知识拓展 1　剩余铣与深度拐角加工

扫一扫看剩余铣与深度拐角加工微课视频

1. 剩余铣

剩余铣工序的创建与型腔铣工序的创建是相同的，但是它将自动继承前面工序残余的部分材料作为毛坯进行加工。具有父子继承关系，因而当前面的任一工序编辑之后，剩余铣工序的刀轨就需要重新生成。

剩余铣具有开粗功能，参数设置与二次开粗时的参数设置相同，参数设置在如图 3.115 所示的“空间范围”选项卡中完成。实际生产中常选择“使用基于层的”方式来完成剩余材料的加工，刀轨效果如图 3.116 所示。

扫一扫下载剩余铣与深度拐角加工模型源文件

图 3.115　“空间范围”选项卡

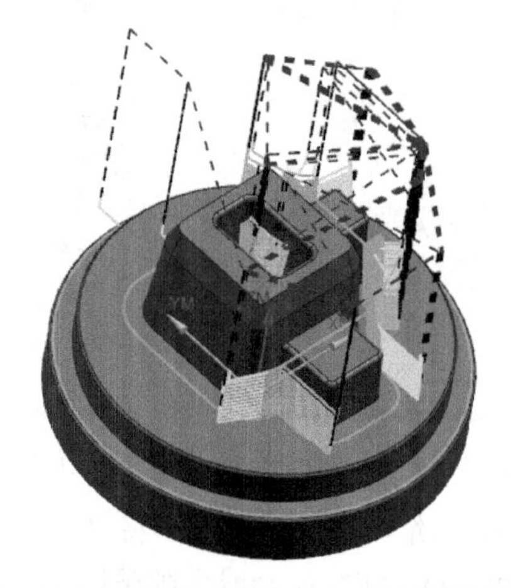

图 3.116　“使用基于层的”方式剩余铣刀轨效果

当选用“使用 3D”和“使用基于层的”IPW 时，它们继承的是前一道工序生成的 IPW

几何体，与之前的刀轨具有父子继承关系，当之前的刀轨发生参数变化后，需进行重新生成刀轨才可进行后处理。当选择“参考刀具”时，可以按需要的大小自行定义参考刀具，决定残余毛坯的大小及加工的切削区域。所以切削区域范围不继承之前的 IPW 几何体，与之前的刀轨没有父子继承关系。

扫一扫看剩余铣与深度拐角加工教学课件

扫一扫看剩余铣与深度拐角加工电子教案

2. 深度拐角加工

深度拐角加工工序的切削模式是限定的，相当于基本型腔铣工序中的轮廓切削模式。切削空间范围由参考刀具限定；与前面的工序无父子继承关系。

它的功能和型腔铣中的拐角粗加工基本一致，由参考刀具限定加工空间范围。针对角陡峭部分的残料进行轮廓模式铣削；因此它不具有开粗功能。需要设置的参数也在切削参数的“空间范围”选项卡中，如图 3.117 所示，在参考刀具的深度拐角加工工序中一般需要设置一定的重叠距离：就是将当前工序的刀轨延伸至定义的距离，使其与另一工序的切削区域重叠。这样有利于消除残余高度，有利于保证接刀平滑，刀轨效果如图 3.118 所示。

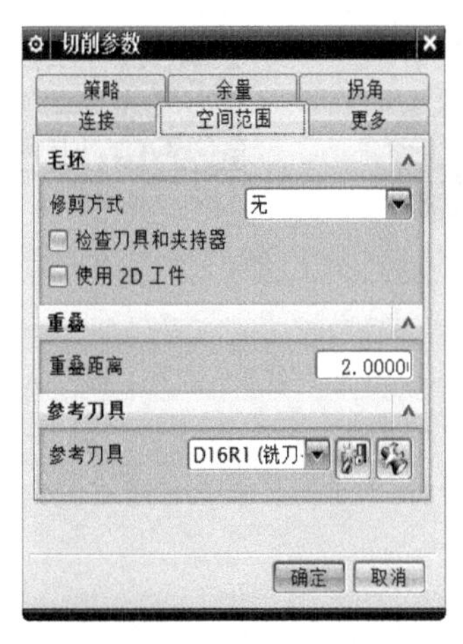

图 3.117 “空间范围”选项卡

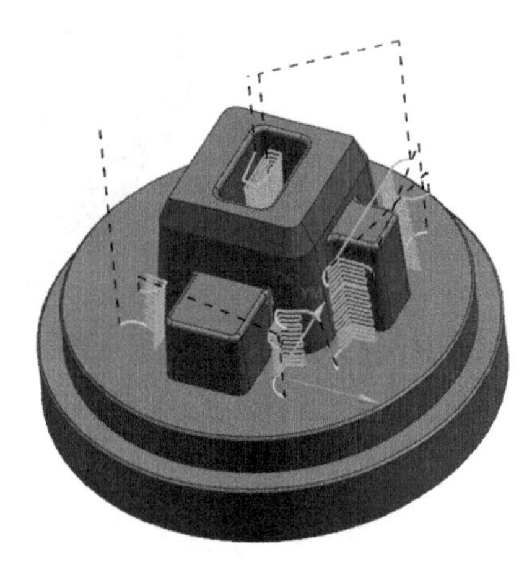

图 3.118 “使用基于层的”方式的剩余铣刀轨效果

练习与提高 2

请完成以下零件从开粗到精加工的所有铣削工序创建的设置。

（1）灯罩盖凸模，如图 3.119 所示。

扫一扫下载图 3.119 零件加工模型源文件

图 3.119 灯罩盖凸模

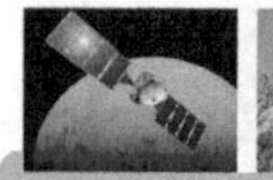

（2）十字件凸模，如图3.120所示。

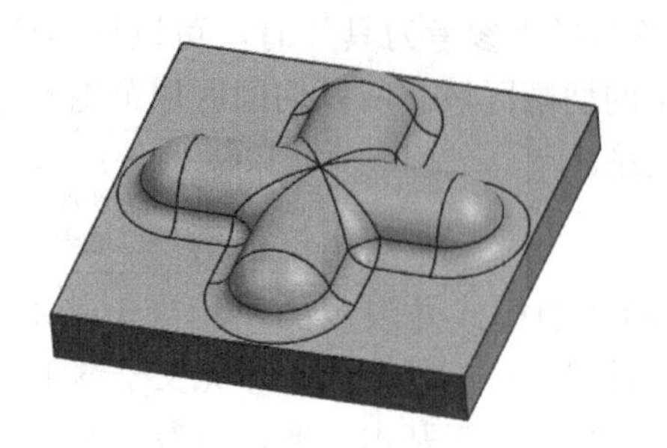

扫一扫下载图3.120零件加工模型源文件

图3.120　十字件凸模

（3）方形盖凹模，如图3.121所示。

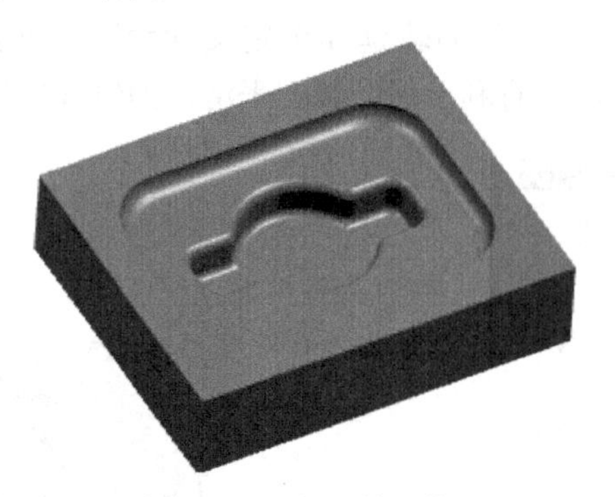

扫一扫下载图3.121零件加工模型源文件

图3.121　方形盖凹模

4 平面铣加工

学习导入

学习平面铣的各种加工方法，并基于梅花盘凸模制定零件加工工艺，正确运用各种平面铣加工方法，设置正确的加工参数，完成梅花盘凸模零件数控加工程序编制。其实施流程如图 4.1 所示。

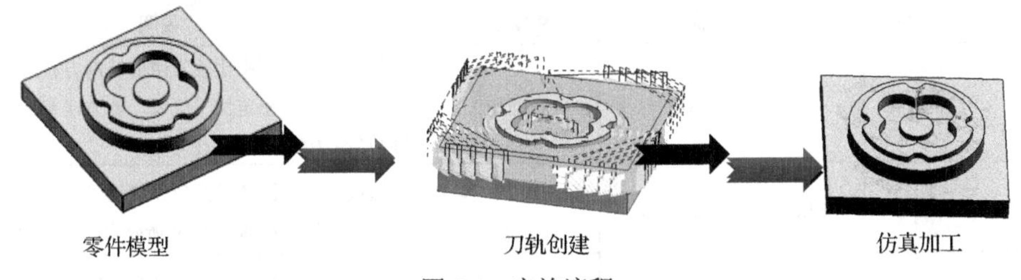

图 4.1　实施流程

学习目标

（1）了解平面铣的特点与应用场合。

（2）掌握平面铣的几何体类型及选择方法。

（3）掌握平面铣的切削深度设置方法。

（4）能够正确设置参数，创建平面铣工序。

（5）能够正确创建顶面加工的平面铣工序。

（6）能够创建侧面精加工的平面轮廓铣工序。

（7）能够制定平面类零件加工工艺。

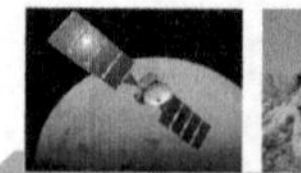

4.1 平面铣操作子类型及应用

扫一扫看平面铣操作子类型及应用微课视频

扫一扫下载平面铣操作子类型及应用模型源文件

平面铣泛指一切有关平面的粗加工和精加工的铣削功能，它平行于指定的底平面进行多层切削来去除材料。平面铣是一种 2.5 轴加工方式，它在加工过程中首先完成在水平方向的 *XY* 两轴联动，然后进行 *Z* 轴下的切削，完成零件加工。通过设置不同的切削方法，平面铣可以完成挖槽和轮廓形状的加工。

平面铣的特点如下：

（1）刀具轴垂直于 *XY* 平面，即在切削过程中机床两轴联动。

（2）通过边界来定义切削范围。

（3）调整方便，能很好地控制刀具在边界上的位置。

（4）既可用于粗加工，也可用于精加工。

在“创建工序”对话框中，“类型”选择为“mill_planar”，即平面铣，在其下方的“工序子类型”列表框中将出现 15 个操作子类型，如图 4.2 所示，其含义和说明如表 4.1 所示。

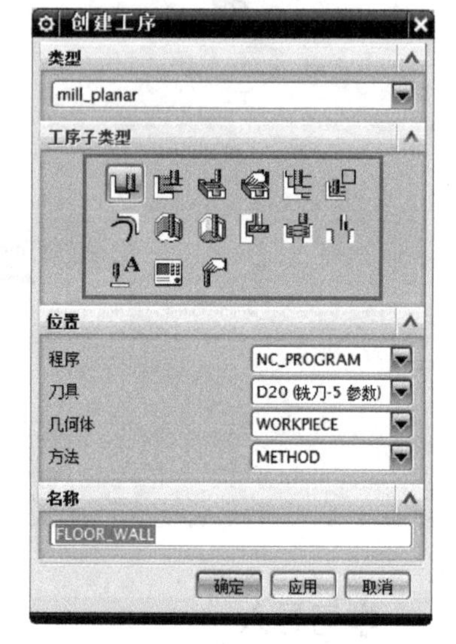

图 4.2 平面铣工序子类型

扫一扫看平面铣操作子类型及应用教学课件

表 4.1 平面铣工序子类型的名称及含义

序号	子类型图标	英文名称	中文含义	说明
1		FLOOR_WALL	底壁加工	是平面铣工序中比较常用的铣削方式之一，通过选择加工平面来指定加工区域。该方法替换之前版本的“FACE-MILLING-AREA”
2		FLOOR_WALL_IPW	带 IPW 的底壁加工	通过选择底面或壁几何体来创建工序，要移除的材料由所选的几何体和 IPW 所确定
3		FACE_MILLING	使用边界面铣削	选择面、曲线或点来定义与要切削层的刀轨垂直的平面边界，建议用于线框模型
4		FACE_MILLING_MANUAL	手工面铣削	选择部件上的面以定义切削区域，允许向定义的切削区域指派不同的切削模式。建议用于具有各种形状和大小区域的部件
5		PLANAR_MILL	平面铣	使用边界来创建几何体的平面铣削方式，通过产生多层刀轨逐层切削材料来完成，既可用于粗加工，也可用于精加工表面和垂直于底平面的侧壁，其应用广泛
6		PLANAR_PROFILE	平面轮廓铣削	与平面铣的轮廓铣削相同，不同之处在于其不需要指定切削驱动方式。多用于修边和精加工处理

续表

序号	子类型图标	英文名称	中文含义	说明
7		CLEANUP_CORNERS	清理拐角	用于切削大直径刀具粗加工后在小拐角处残留的余料。其使用时需要指定合适的参考刀具
8		FINISH_WALLS	精加工壁	用于侧壁加工的一种平面切削方式，要求侧壁和底平面相互垂直，加工的侧壁是加工表面和底面之间的部分
9		FINISH_FLOOR	精加工底面	用于底面的精加工，是一种只切削底平面的切削方式
10		GROOVE_MILLING	槽铣削	使用 T 型刀铣削单个线性槽。通过选择单个平面来指定槽几何体。其是 UG NX 10.0 新增加的加工功能
11		HOLE_MILLING	孔铣削	用于加工大直径的内孔或凸台，采用小直径面铣刀以螺旋的方式切削，效率高
12		THREAD_MILLING	螺纹铣削	用于较大直径的螺纹加工，采用螺纹铣刀可以加工内、外螺纹
13		PLANAR_TEXT	平面文本	将制图文本选择几何体来定义刀路，选择底面来定义要加工的面，编辑文本深度来确定切削的深度，对文字曲线进行雕刻加工
14		MILL_CONTROL	铣削控制	建立机床控制操作，添加相关后置处理命令
15		MILL_USER	用户定义的铣削	自定义参数建立操作

新手解惑 平面铣常用于直壁、底面为平面的零件加工，如型腔的底面、型芯的顶面、水平分型面、基准面和外形轮廓等。

4.2 平面铣几何体设置

扫一扫看基本平面铣工序设置 1 微课视频

扫一扫下载平面铣工序设置 1 模型源文件

平面铣不直接使用实体模型来定义加工几何，而是通过几何边界来定义切削范围，用底平面定义切削深度。边界几何体和底平面是平面铣操作的特有选项，刀具在它们限定的范围内进行切削。几何边界定义切削范围，底平面定义切削深度。

平面铣涉及的几何体如图 4.3 所示，包括“指定部件边界”、“指定毛坯边界”、“指定检查边界”、“指定修剪边界”、“指定底面”5 种，通过它们可以定义和修改平面铣操作中的加工区域。分别单击前面 4 种边界设置按钮，均会弹出如图 4.4 所示的“边界几何体”对话框。

（1）部件边界：部件边界用于描述完成的零件轮廓，它控制刀具的运动范围，可以选择面、点、曲线和永久边界来定义零件边界，如图 4.4 所示。

“曲线/边”是通过选择区域边线来获得铣削边界，将在后续章节进行详解。“边界”是

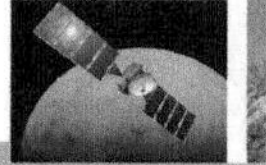

选择系统在前期工序中保留的未加工区域的 2D 轮廓，一般不使用。“面”的方式最简单，是直接选取要铣削的面。“点”的方式，是通过选择模型上的特征点或专门指定的点，来确定铣削的边界获得刀轨。

扫一扫看基本平面铣工序设置 1 教学课件

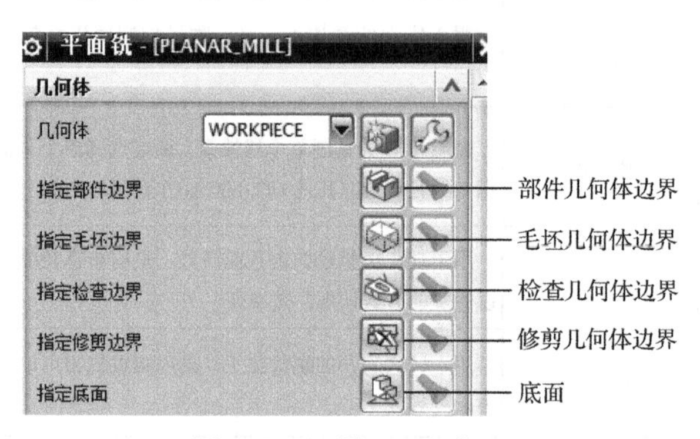

图 4.3　平面铣“几何体”

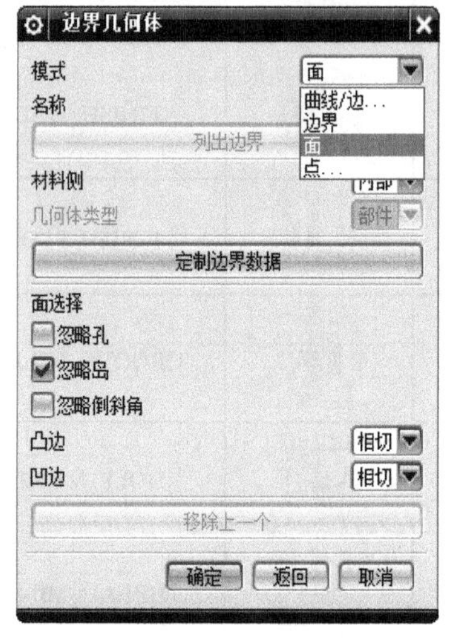

图 4.4　“边界几何体”对话框

在“面选择”模式下，如图 4.5 所示，在“面选择”方法中“忽略孔”“忽略岛”和“忽略倒斜角”复选框都不选中时，得到的边界将所有的岛屿和孔一起选择，如图 4.5（a）所示。当忽略孔时，得到的边界将忽略模型内部孔的区域；当忽略岛时，得到的边界将对模型中的岛屿进行忽略，在这些岛屿区域内将不产生刀轨，如图 4.5（b）所示。当不忽略倒角时，对模型中选取的面将按倒角后的实际面大小进行选择，如图 4.5（c）所示。

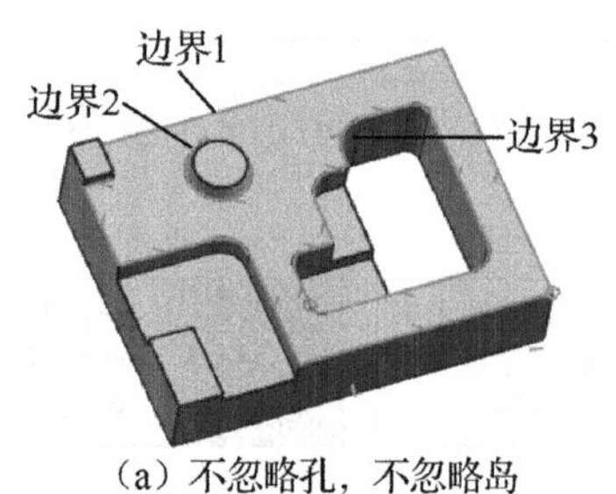

（a）不忽略孔，不忽略岛

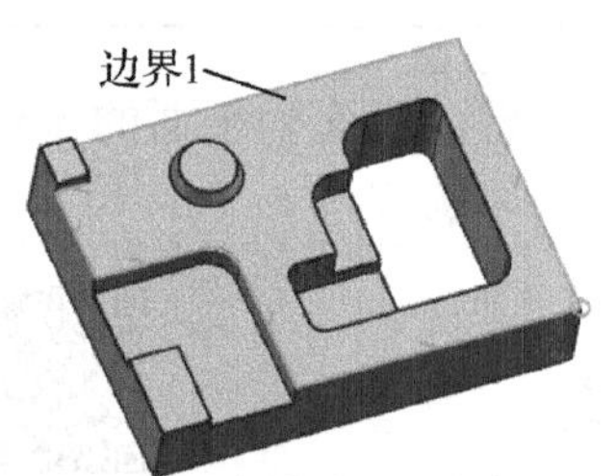

（b）忽略孔，忽略岛

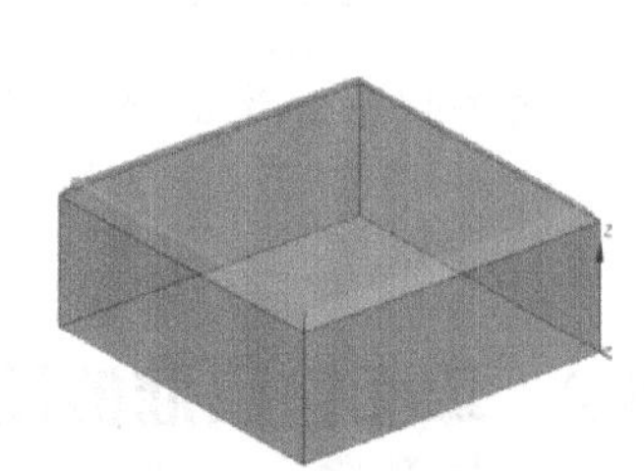

（c）不忽略倒斜角

图 4.5　“面选择”的几种方式

通过曲线或点定义的编辑有开放和封闭之分，开放边界的材料侧为左侧或右侧，封闭边界的材料侧为内部保留或外部保留。材料侧是指定材料在加工过程中工件材料被保留的一侧，相应地另一侧就是刀具的加工区域。对于“部件几何体”，此设置是为了指定边界哪一侧的材料在加工中要保留，哪一侧的材料在加工中要减除。若指定为内部，则内部的材料不进行切削，而另一侧是刀具加工区域，即要去除材料的一侧，如图 4.6（a）所示是零件几何体材料侧的设置，图 4.6（b）是按照该设置生成的对应刀轨。

（2）毛坯边界：毛坯边界用于描述将要被加工的材料范围。毛坯边界只能是封闭的，不能开放。毛坯边界不表示最终零件，但可以对毛坯边界直接进行切削或进刀。

（3）检查边界：检查边界用于描述刀具不能碰撞的区域，如夹具和压板等位置。检查边界的定义和毛坯边界的定义方法一样，检查边界也必须是封闭的。可以通过指定检查边界的余量来定义刀具离开检查边界的距离。

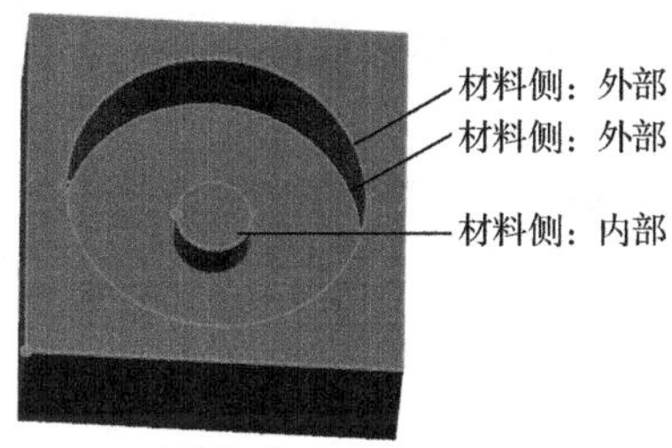

（a）材料侧设置

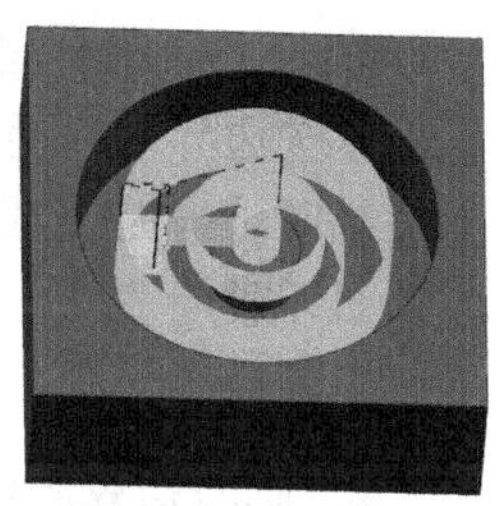

（b）生成的刀轨

图 4.6　零件材料侧设置及生成对应的刀轨

（4）修剪边界：修剪边界用于进一步控制刀具的运动范围，可以使用定义零件边界的方法来定义修剪边界。修剪边界可以对刀具路径进一步约束，通过指定修剪边界侧为内部或外部（对于封闭边界），或指定为左侧或右侧（对于开放边界），可以定义要从操作中排除的切削区域的面积。

（5）底面：在平面铣操作中，底平面用于指定平面铣加工的最低高度。每一个操作中只能有一个底平面，在下一个操作中，又要重新定义底平面。底平面必须定义，如果没有定义底平面，就不能生成刀具路径。

单击“底面”按钮后，弹出如图 4.7（a）所示的对话框。可以选取任意的水平面作为底面，并可以设置偏移距离，也可以通过“类型”构建一个新平面作为底面，如图 4.7（b）所示的“类型”选项。如图 4.7（c）所示的零件加工，在绘图区亮显的即为选定的底面。

（a）“刨”对话框

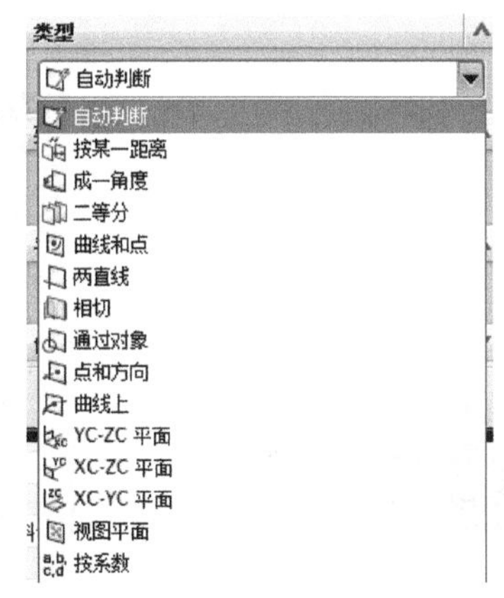

（b）“类型”对话框

（c）零件底面的选择

图 4.7　底面设置

4.3　边界几何体的设定

扫一扫看基本平面铣工序设置 2 微课视频

扫一扫下载平面铣工序设置 2 模型源文件

边界用于限定加工的范围，根据加工的对象，刀具可以加工边界的内侧或外侧。其可以通过面、边、曲线或点来进行定义。

扫一扫看基本平面铣工序设置 2 教学课件

1. 边界的种类

边界的设定可以用单个边界或几个边界的组合来实现。边界分为永久边界和临时边界。

永久边界就是固定不变的边界，如果创建了永久边界，那么，此边界就一直亮显于屏幕。永久边界可以循环利用。

临时边界是受限于所属的几何体的，在当前设置中，此边界是亮显的，当退出当前操作后显示便会消失，一旦几何体被修改，与之相关的临时边界也会随之改变。单击部件边界、毛坯边界、检查边界或修剪边界创建的都属于临时边界，其应用非常广泛。

2. 临时边界的创建

单击几何体边界，会弹出如图 4.4 所示的“边界几何体”对话框，可以对边界的模式、名称、材料侧、几何体类型及定制边界数据进行设置。

模式：为了创建边界，系统提供了 4 种创建模式，分别是“曲线/边”“边界”“面”及“点”。

名称：可以定义临时边界的名称，以便识别不同操作或不同几何体的边界，一般可不设置。

材料侧：此设置是为了指定临时边界哪一侧的材料在加工中要保留，哪一侧材料在加工中要减除的。当选择的几何体是修剪几何体，那么材料侧就改为修剪，例如，若材料侧设定为“内部”，则内部的刀轨将被修剪。如图 4.8 所示为修剪材料侧的设置及刀轨生成结果。

定制边界数据：在“边界几何体”对话框中单击[定制边界数据]按钮，即展开如图 4.9 所示的“边界几何体”对话框的数据定制模块。在其中可以对临时边界的公差、毛坯距离及切削进给率等进行设置。

扫一扫看基本平面铣工序设置 3 教学课件

扫一扫看基本平面铣工序设置 3 微课视频

扫一扫下载平面铣工序设置 3 模型源文件

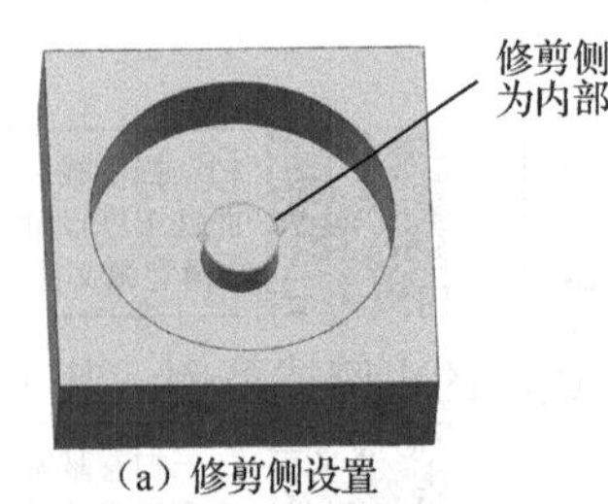

（a）修剪侧设置

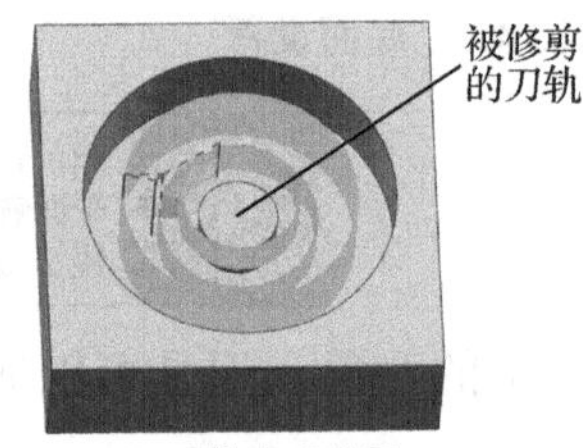

（b）刀轨生成结果

图 4.8　修剪材料侧的设置及刀轨生成结果

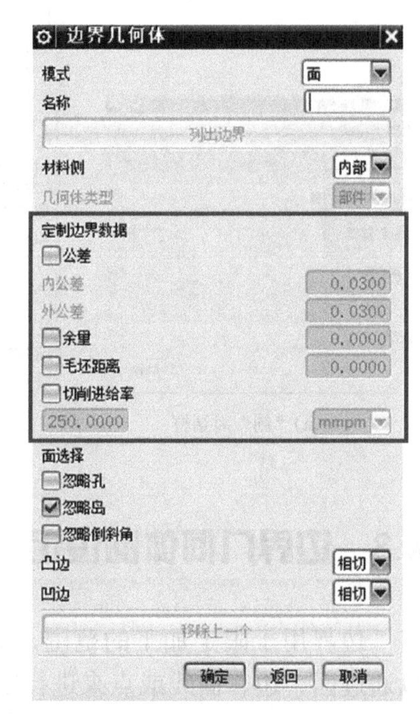

图 4.9 “定制边界数据”设置

由于边界模式的选择是平面铣加工中的关键步骤，因此有必要对其选项进行详细说明。边界模式包括“曲线/边”“边界”“面”“点”。

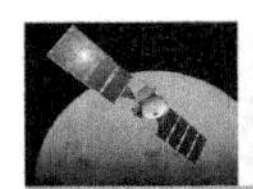

1）曲线/边

该选项创建边界时依赖于现成的曲线或边。选择“曲线/边”模式，弹出如图 4.10 所示的“创建边界”对话框，可以对边界的类型、所在平面、边界的材料侧，以及相对于边界的刀位进行设置。

图 4.10 “创建边界”对话框

（1）类型。边界类型有“封闭的”和“开放的”两种。“封闭的”是针对工件轮廓是封闭的临时边界的创建；而“开放的”是针对工件的加工采用“轮廓”或“标准驱动”的切削方式才起作用，否则，系统将打开的边界的首尾点连接起来以使边界成为封闭的边界。如图 4.11（a）所示的零件，其轮廓是开口的，在加工设置中，选用“开放的”类型，切削方式采用“轮廓”方式，生成的刀具轨迹如图 4.11（b）所示。如果选用“封闭的”类型，切削模式采用“轮廓”的方式，其刀具轨迹的效果如图 4.11（c）所示。

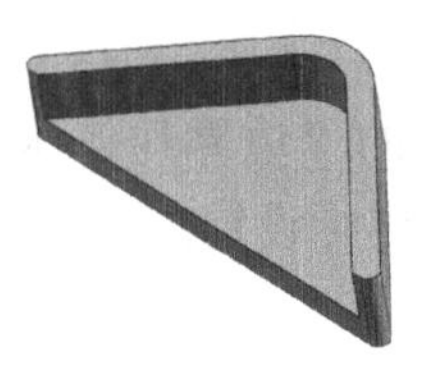

（a）零件形状

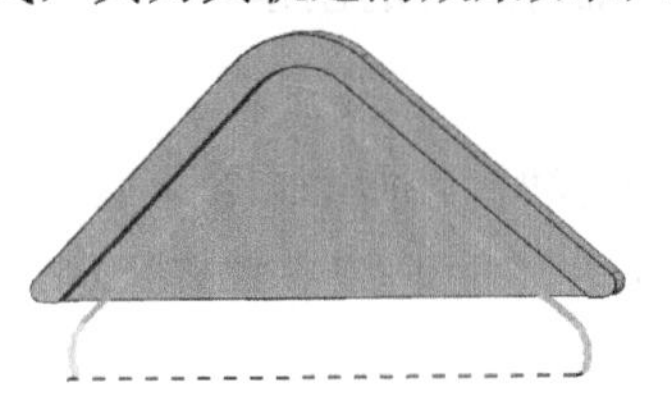

（b）开放的刀具轨迹

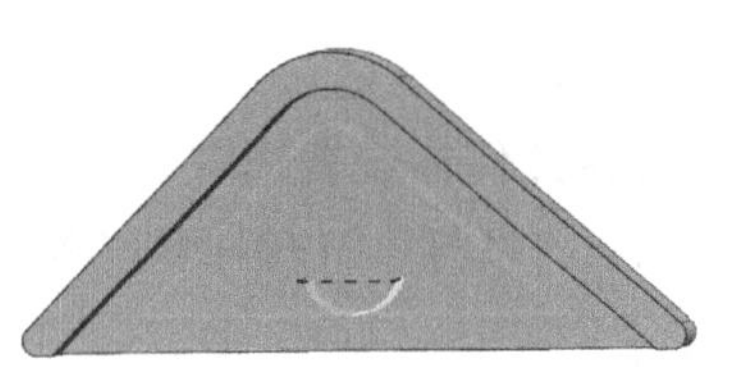

（c）封闭的的刀具轨迹

图 4.11 开口轮廓零件边界类型设置

行家指点 如果选用“跟随周边”的切削模式，那么无论工件轮廓开口与否，边界类型是“封闭的”或“开放的”，其结果一律使边界成为封闭的。

（2）刨。刨有两个选项，分别是“用户定义”和“自动”，用以指定几何体的投影面，同时也指定临时边界所在的平面。

“用户定义”：当选择“用户定义”时，弹出图 4.7（a）所示的“刨”对话框。利用如图 4.7（b）所示的多种平面指定方式，可以指定所需的几何体投影平面和临时边界所在的平面。

“自动”：在临时边界的平面选取中，如果通过线，那么是两条线相交或共面的直线所构成的面，如果通过点，那么必须是三个不共线且共面的点构成的平面。自动的作用是使得临时边界所在的平面受制于几何体，当几何体参数发生变化时，平面也相应地变动。

（3）材料侧。当边界类型是“封闭的”，材料侧有“外部”和“内部”两个选项；当边界类型是“开放的”，对应的材料侧选项有“左”“右”两个选项。

（4）刀具位置。刀具位置的设定可指定刀具相对于临时边界的位置。如图 4.12（a）所示，“刀具位置”下拉菜单中有“对中”和“相切”两个选项，分别用于指定刀具的中心位置在边界上或刀体与边界相切。通常“相切”应用比较普遍，“对中”选项主要用于键槽或流道的加工，如图 4.12（b）所示为刀具位置设置示例。

（5）定制成员数据。边界数据的定制可以对临时边界的公差、毛坯距离及切削进给率进行设置。

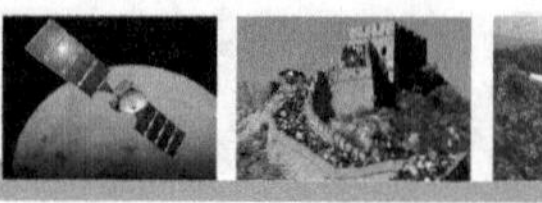

（a）“刀具位置”下拉菜单

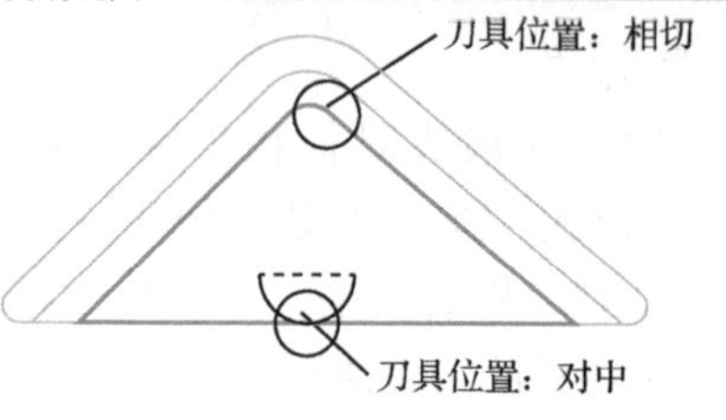

（b）刀具位置的设置

图 4.12　刀具位置的设置

（6）成链。该功能是对一组相互首尾相连的曲线进行选取，选择线组的首尾线元，便可以对整条曲线进行选取。

（7）移除上一个成员。当已经选取临时边界时，就会亮显该按钮，提示是否对之前选取的边界进行删除，如果单击该按钮，便删除上一个边界线元。

（8）创建下一个边界。当已经选取了临时边界时，就会亮显该按钮，提示是否继续创建临时边界，单击该按钮，便进行下一临时边界的创建。

2）边界

当边界几何体设置选取“边界”模式时，弹出如图 4.13 所示的“边界几何体”对话框，可以对“名称”“材料侧”“列出边界”“定制边界数据”这几项进行设置。

3）面

“面”模式边界是指那些作为外形边缘的面，必须是平面，不能是曲面。

4）点

选用该模式时边界的创建依赖于所选取的点。其操作与“曲线/边”的方式大同小异，不同的是系统提供了多种点的拾取方式，如图 4.14 所示。

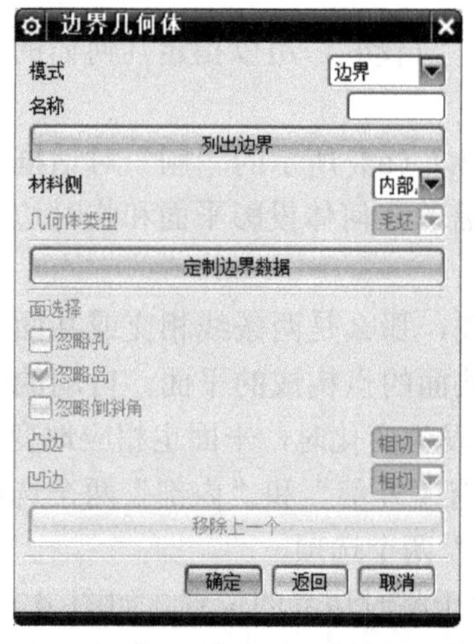

图 4.13　“边界”模式下的“边界几何体”对话框

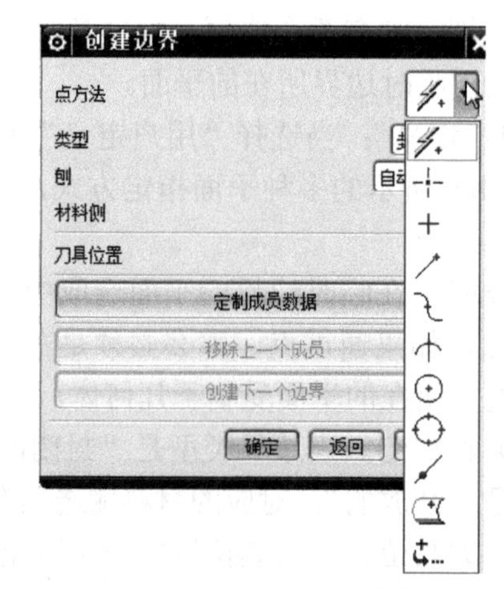

图 4.14　“点方法”下拉菜单

4.4　切削参数设置

扫一扫看平面铣切削参数余量设置教学课件

扫一扫看平面铣切削参数余量设置微课视频

扫一扫下载平面铣切削参数余量设置模型源文件

平面铣切削参数设置大部分与型腔铣切削参数设置相同，本节重点介绍在平面铣加工中应用更广泛的“余量”“连接”“更多”三个参数的设置及应用。

1.“余量”设置

余量是在完成当前操作后部件上剩余的材料量；相当于将当前的几何体进行偏置。“余量”选项通常可以在粗加工时为精加工保留余量，以及为检查几何体、修剪边界几何体保留足够的安全距离。在“余量”选项卡中还可以指定公差，用于限定加工后的表面精度。“余量”选项卡包含的内容及含义如图 4.15 所示。

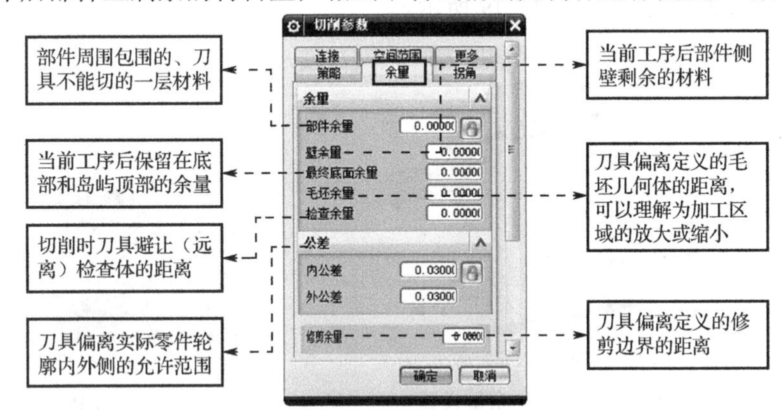

图 4.15 “余量”选项卡

1）最终底面余量

系统默认最终底面余量为 0 mm，选定加工区域后得到的刀轨中，对选定加工区域底部余量直接切削到 0 mm，用于精加工。若将底部余量设置为正值，则在指定的底面留有一层余量；若设置为负值，则将在底面过切指定的深度，如图 4.16 所示。

2）毛坯余量

当指定切削区域后，设定毛坯余量为 3 mm 的情况下，得到的刀轨中，区域毛坯将扩大 3 mm，当设定毛坯余量为-3 mm 时，得到的刀轨对选定的区域毛坯缩小 3 mm，得到的刀轨加工范围减少，如图 4.17 所示。

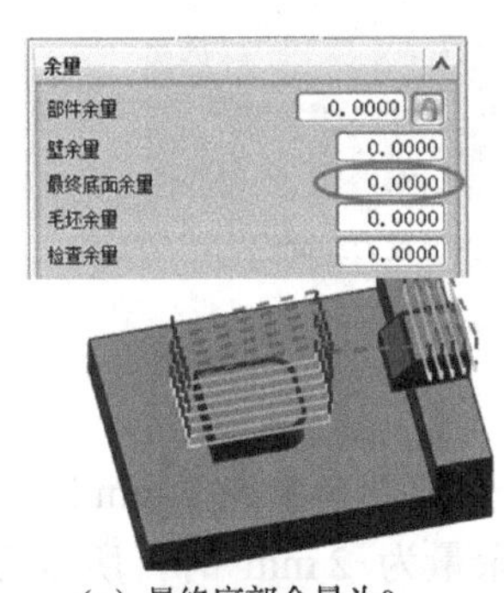

（a）最终底部余量为0

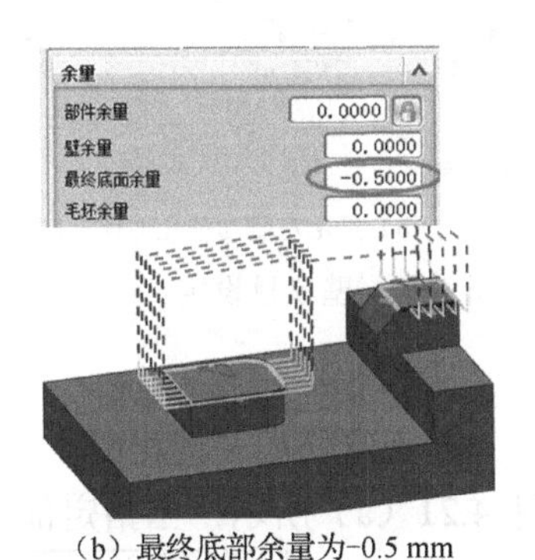

（b）最终底部余量为-0.5 mm

图 4.16 最终底部余量设定

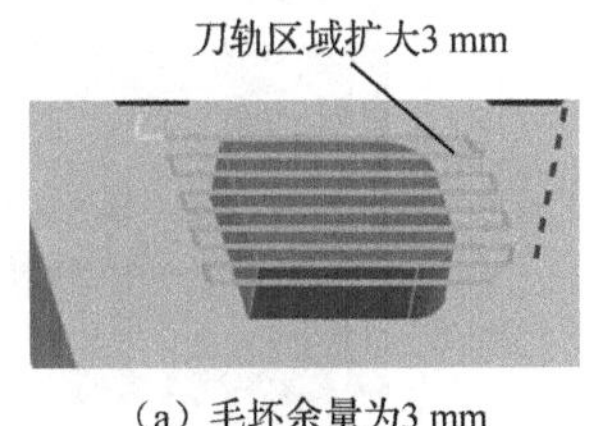

（a）毛坯余量为3 mm

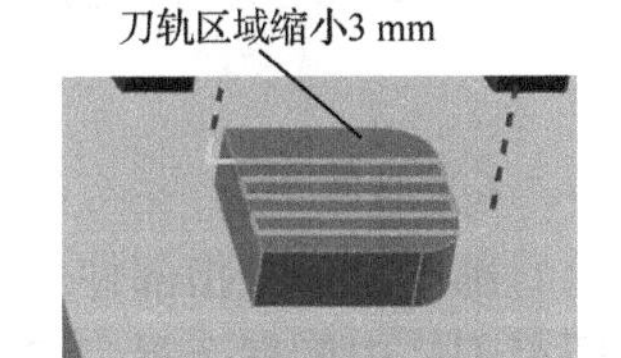

（b）毛坯余量为-3 mm

图 4.17 毛坯余量的设定

3）检查余量

在切削参数中，设置检查余量为一定数值时，系统将自动避让设定的距离，特别注意，为了加工安全，检查余量必须大于 0 mm，如图 4.18 所示。

4）修剪余量

在几何体中指定修剪边界后，系统默认修剪余量为 0 mm，得到的刀轨中，在区域内会有发生碰撞的危险，当指定修剪余量为 5 mm 时，得到的刀轨将自动避让修剪区域 5 mm，避免发生碰撞，如图 4.19 所示。

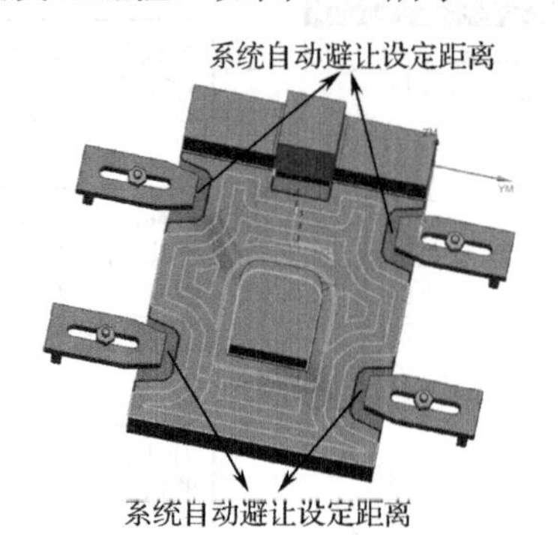

图 4.18　检查体余量设置

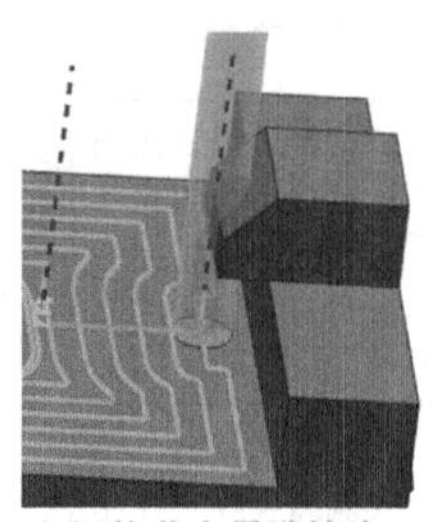

（a）修剪余量默认为0

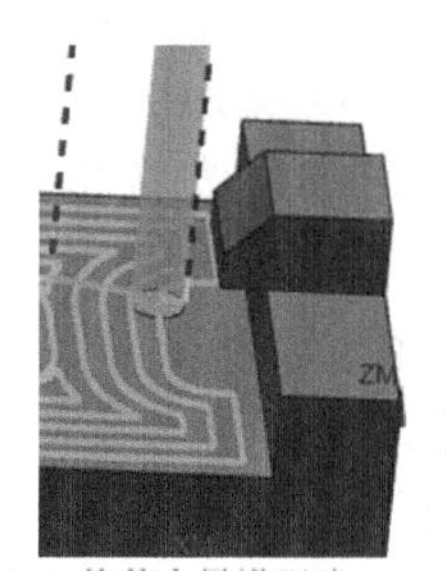

（b）修剪余量设置为5 mm

图 4.19　修剪余量设置

5）壁余量

当指定轮廓切削模式，壁余量设置为 0 时，得到的刀轨四周的侧壁余量都为 0，当壁余量设定为 2 mm 时，得到的刀轨四周的侧壁余量将扩大 2 mm。在模型中，指定某个侧壁进行余量设置时，得到的刀轨将对指定的壁余量扩大 2 mm，未指定的区域壁余量仍然为 0，因此，平面铣壁余量设置非常灵活，如图 4.20 所示。

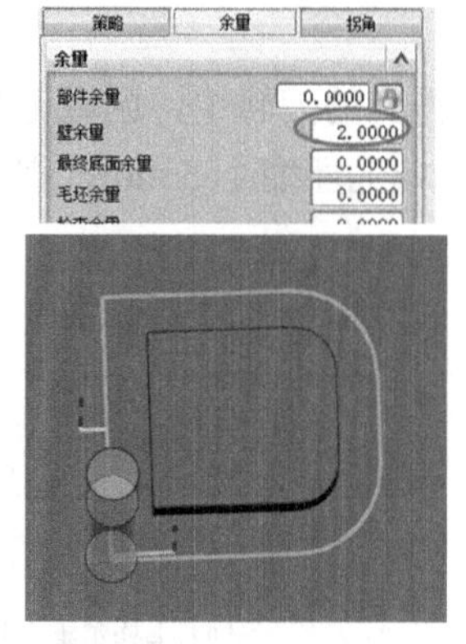

（a）无壁几何体，壁余量设置为2 mm

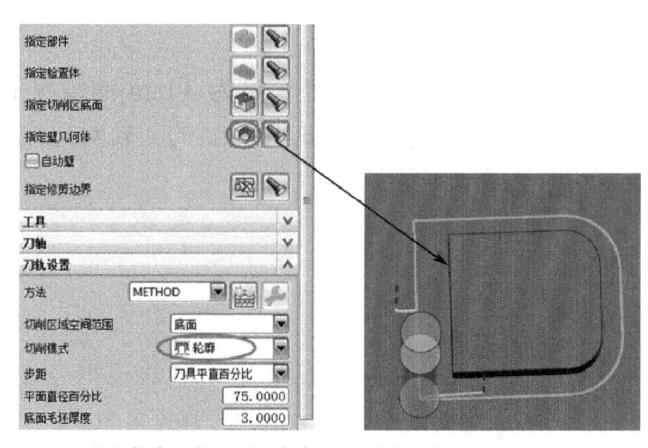

（b）指定左侧为壁几何体，同时壁余量设置为2 mm

图 4.20　壁余量设定

6）部件余量

部件余量是指部件周围包围的、刀具不能切的一层材料。当指定部件余量为 2 mm 时，所得刀轨中侧壁余量为 2 mm，如图 4.21（a）所示；当指定部件余量为-2 mm 时，所得刀轨中侧壁将过切 2 mm，如图 4.21（b）所示。

扫一扫看平面铣切削参数连接设置微课视频

扫一扫下载平面铣切削参数连接设置模型源文件

2. “连接”设置

在“切削参数”对话框中，“连接”选项卡用于设置切削运动间的运动方式，通过合理的连接选项设置可以缩短路径，提高切削效率。

扫一扫看切削参数连接设置教学课件

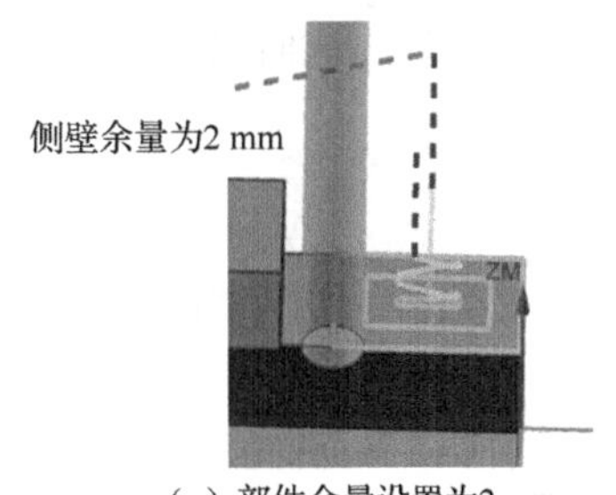

(a) 部件余量设置为2 mm

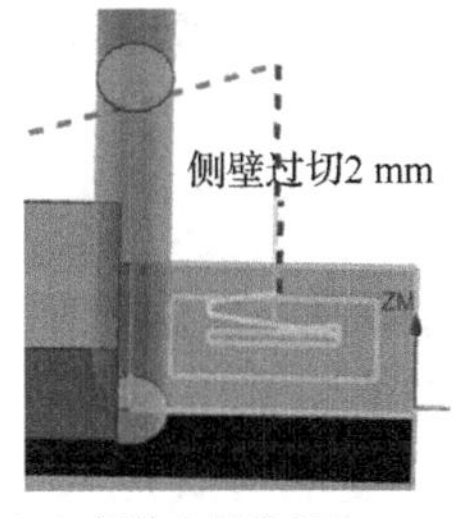

(b) 部件余量设置为-2 mm

图 4.21 部件余量的设定

行家指点 在“平面铣”对话框中，当选中“自动壁”复选框，在“余量”选项卡中同时设置部件余量和壁余量，所得刀轨将以壁余量为准，部件余量无效。

1）区域排序

区域排序是指用于指定多个切削区域的加工顺序，这是所有切削模式公用的选项，如图 4.22 所示。

区域排序有以下 4 种排序方式。

(1) 标准。它是指以零件创建的顺序来确定，实际应用中切削区域的顺序是任意的，因此效率低下，如图 4.23（a）所示。

(2) 优化。系统根据加工效率来决定切削区域的加工顺序，并且当从一个区域移到另一个区域时刀具的总移动距离最短，如图 4.23（b）所示。

(3) 跟随起点。它是指根据指定“切削区域起点”时所采用的顺序来确定切削区域的加工顺序，如图 4.23（c）所示。

(4) 跟随预钻点。它是根据指定“预钻进刀点”时所采用的顺序来确定切削区域的加工顺序，与跟随起点类似，如图 4.23（d）所示，模具零件加工中一般采用优化的排序方式。

图 4.22 区域排序

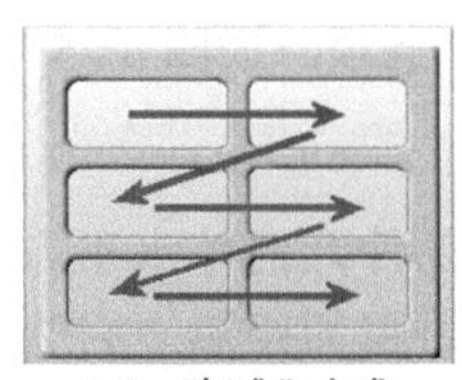

(a) “标准”方式

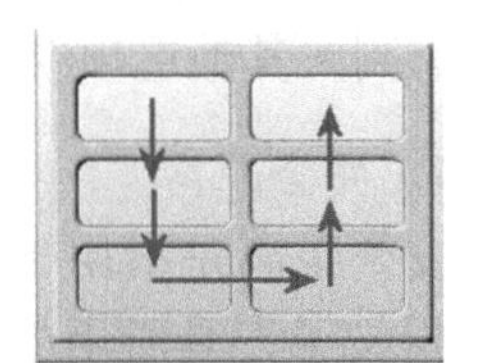

(b) “优化”方式

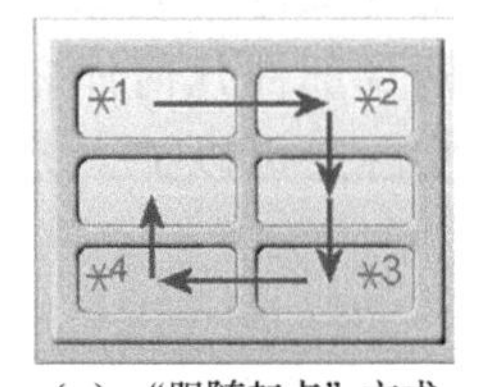

(c) “跟随起点”方式

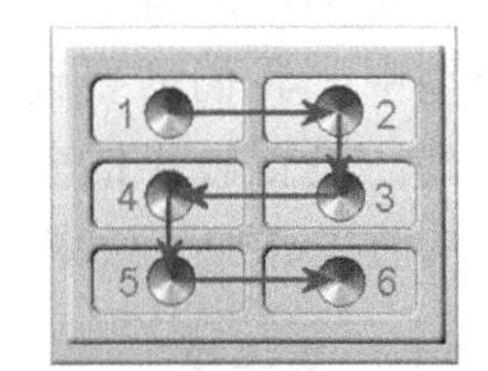

(b) “跟随预钻点”方式

图 4.23 .4 种排序方式

2）跟随检查体

跟随检查体是指确定刀具在遇到检查几何体时的运动方式，在实际加工中，由于夹具等实际检查体的存在，刀具将沿检查几何体进行切削，关闭该选项后，将多出进退刀路，并按照指定的避让参数进行避让。例如，在使用夹具，并且高度较高时，使用“跟随检查体”，将沿着检查几何体进行切削，而不出现抬刀，但是如果检查几何体面积较

大，那么沿检查几何体切削路径就会比较长，势必造成加工效率低下，这时应选择关闭该选项。

3）开放刀路

开放刀路仅应用于切削模式为跟随部件与轮廓铣削的刀路中。“保持切削方向”是使用单向的加工方式，完成一刀的加工后将抬刀到下一行的起点再进入切削，保持单一的顺铣或逆铣方向。“变换切削方向”是指以往复的方式进入下一行的切削加工，对允许顺铣和逆铣混合加工的部件，选择该方式可以减少大量的抬刀，提高加工效率，如图4.24所示。

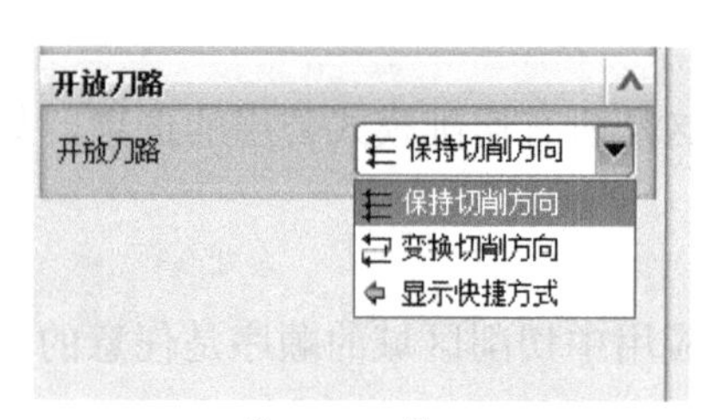

（a）“开放刀路”下拉菜单

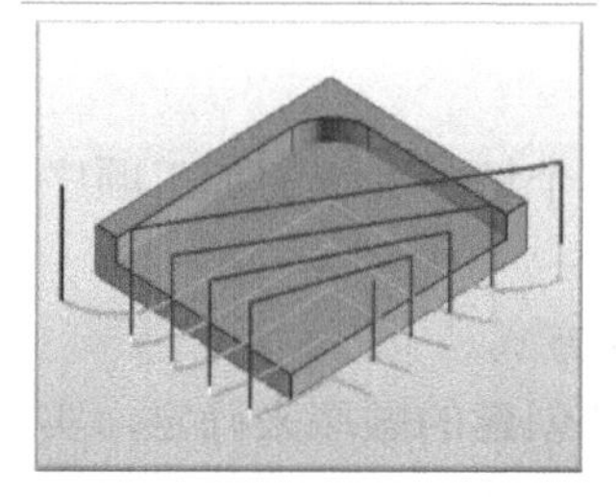

（b）保持切削方向

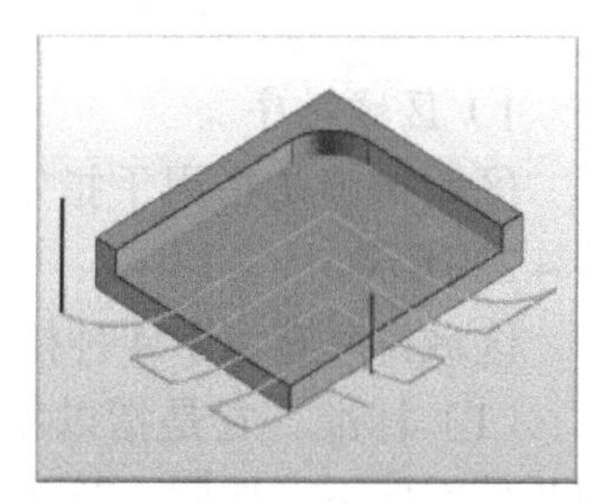

（c）变换切削方向

图4.24　开放刀路设置

行家指点　在模具铣削应用中，当切削模式为跟随部件时，“开放刀路”应该选择“变换切削方向”方式，以提高加工效率。

3. “更多”设置

扫一扫看切削参数更多设置微课视频

“更多”选项卡是用来列出一些与切削运动相关的，而又没有列入其他选项卡的部分选项，如图4.25所示。

1）安全距离

安全距离是指用于设置部件几何体水平方向的安全间隔，定义了刀具所用的自动进退刀距离。它为部件定义刀具夹持器不能触碰的扩展安全区域，一般保留默认设置，在模型中，我们需要设置刀柄到部件几何体之间的最小安全距离，设置较小的安全值实际上可以扩大刀具加工的范围，从而提高加工效率。

2）区域连接

在生成刀路过程中，刀轨可能会遇到诸如岛、凹槽或其他障碍物，此时刀路会将该切削层中的可加工区域分成若干个子区域，区域连接确定如何连接这些子区域并转换合并刀路。当关闭区域连接功能后，刀轨不会出现重叠或过切，但是会产生过多的抬刀，当打开区域连接功能后，系统将分割开来的区域连接起来一起加工，避免抬刀，从而提高加工效率，如图4.26所示。

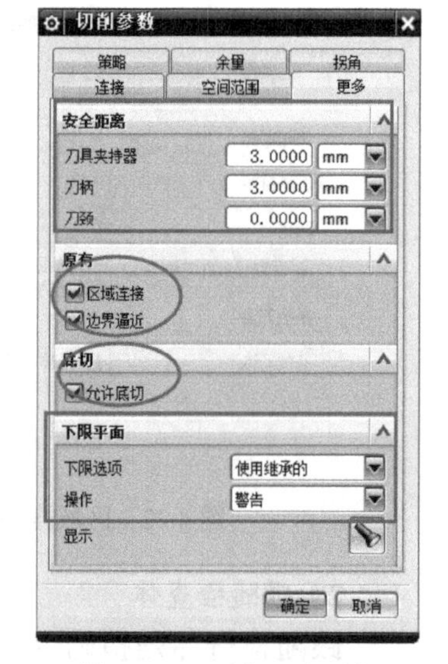

图4.25　“更多”选项卡

3）边界逼近

当边界逼近功能打开时，在远离轮廓时使用近似的边界，而不保证完全准确，刀轨以步距的一部分作为近似公差，允许刀具做更长的直线运动。尤其对于轮廓包含有二次曲线或样条线时，将用直线代替曲线，减小系统处理时间，如图4.27所示。

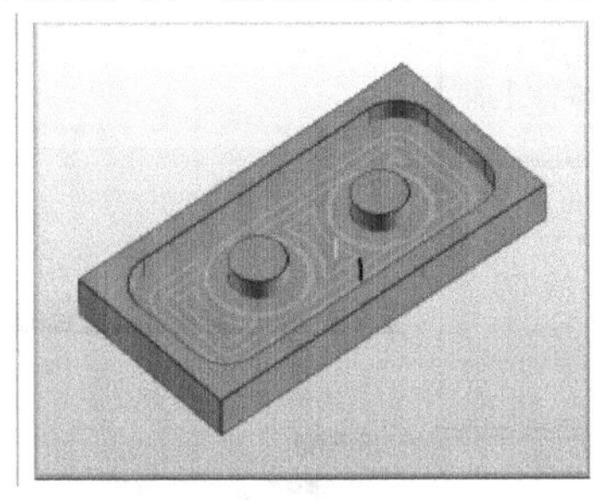

图4.26　区域连接

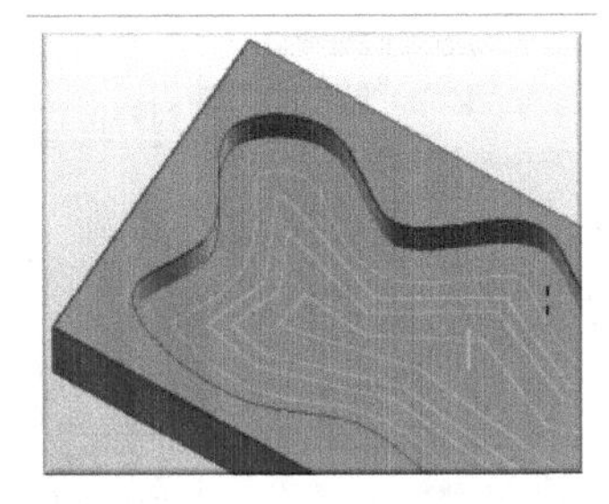

图4.27　边界逼近

扫一扫下载切削参数更多设置模型源文件

扫一扫看切削参数更多设置教学课件

4）允许底切

允许底切可使系统根据底切几何调整刀具路径，防止刀杆摩擦零件几何。在型腔铣中只有在关闭“容错加工”选项时，该选项才被激活。在模型示意图中，当选用T型槽刀加工时，关闭允许底切功能相当于防止底切，刀杆将避让凸台部分继续切削。当允许底切功能开启后，刀具将严格按模型倒头位进行加工，很可能造成刀具与部件发生干涉碰撞，如图4.28所示。

5）下限平面

下限平面是指定加工时刀具所能到的最低位置面，通常用于刀具长度不足时的限制设置，如图4.29和图4.30所示。

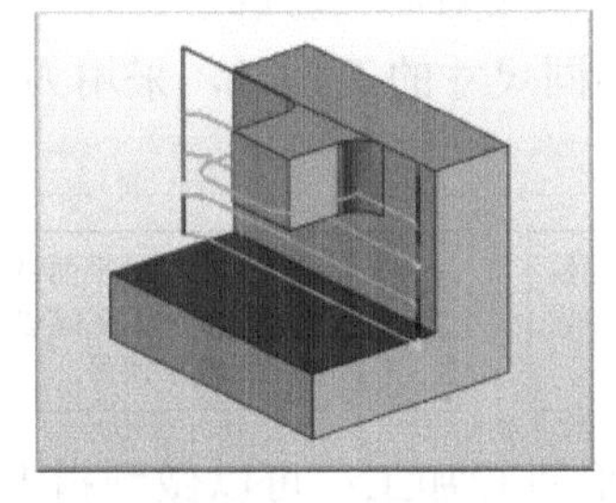

图4.28　允许底切

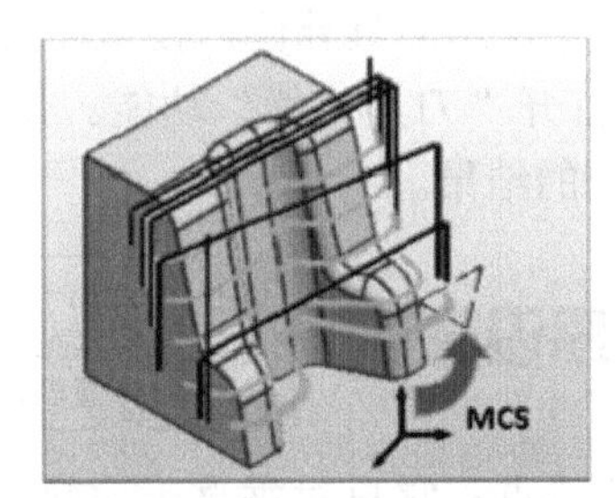

图4.29　使用继承的下限平面

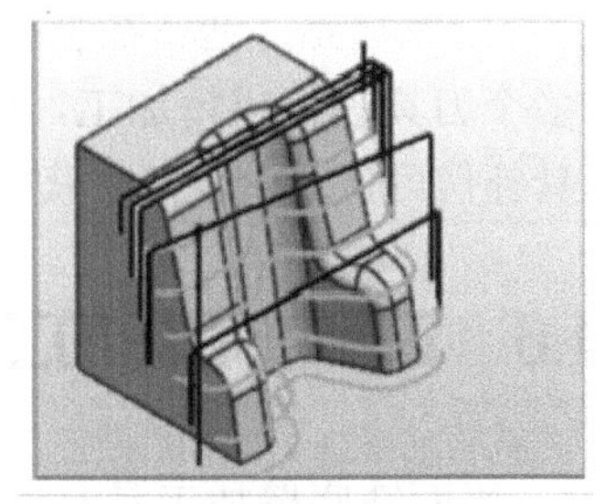

图4.30　无下限平面

4.5　其他非切削移动参数设置

扫一扫看其他非切削移动参数设置微课视频

扫一扫看其他非切削移动设置教学课件

非切削移动用于指定刀具在整个空间中的所有运动。非切削运动既可以是单一的进退刀，也可以是一系列定制的进退刀和转移运动。此前我们已经对“非切削移动”的大部分参数设置进行了介绍，本节中，重点介绍平面铣削时要用到的一些选项。

1. 避让

扫一扫下载其他非切削移动参数设置模型源文件

“避让”选项卡，包括如图4.31所示的4个类型的点，均可以用点构造器来定义。

2. 更多

在“更多”选项卡中，无论是平面铣还是型腔铣都会选中“碰撞检查”复选框，它的功能是检测刀具与部件几何体和检查几何体在进退刀时可能发生的碰撞或过切；如果取消选中该复选框，那么刀轨可能产生过切。

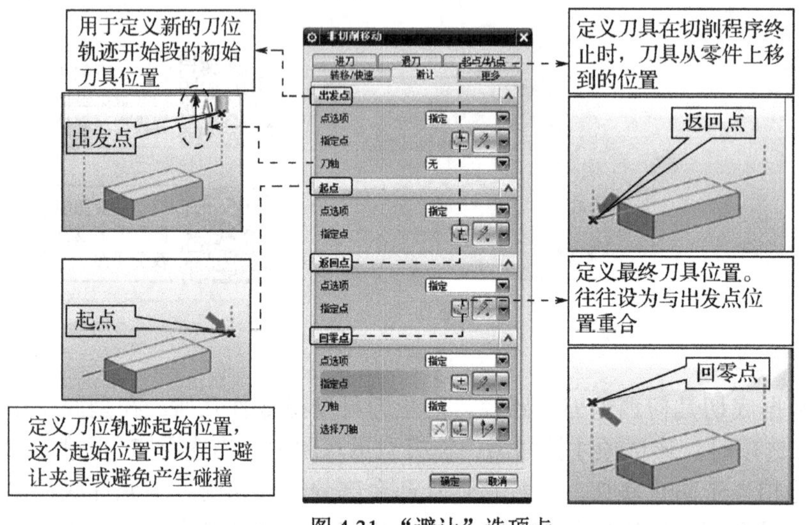

图 4.31 “避让”选项卡

图 4.32 “更多”选项卡

“刀具补偿”功能在型腔铣中基本不用，而在平面铣中，如果采用多把刀具进行加工同一位置时，可以打开“刀具补偿”功能。刀具补偿位置有三种，第一种“无”没有补偿，第二种“所有精加工刀路”将补偿所有加工刀路，第三种“最终精加工刀路”将对所有的精加工刀轨进行补偿。

行家指点 通常在型腔铣中不使用刀具补偿，在平面铣中，如果对同一轮廓进行使用多个刀具进行粗精加工，可以打开“刀具补偿”功能。使用不同尺寸的刀具时，采用刀具补偿可针对一个刀轨获得相同的结果。

4.6 平面铣底壁加工工序设置

扫一扫看平面铣底壁加工工序设置教学课件

平面铣底壁加工具有这样的特点：它只对垂直于刀轨的平面进行加工；可以做到指哪儿加工哪儿，操作快捷；也可控制拐角得到尖锐道路用于电极铣削；而且它的余量控制灵活，同时具有自动分层的功能，所以能用于开粗。

在平面铣“创建工序”对话框中，在“工序子类型”列表框中选择底壁加工（FLOOR_WALL），弹出如图 4.33 所示的“底壁加工”对话框。通常底壁加工只能加工底壁与侧壁成 90° 垂直的面，选择如图 4.34（a）所示的 5 个底面作为切削区底面，生成的刀轨如图 4.38（b）所示，在顶部的区域无刀轨生成，观察发现，顶面与刀轴不垂直，如图 4.34（c）所示，因而无法产生刀轨。

1. 底壁加工——“拐角”设置

在如图 4.35 所示的“切削参数”对话框的“拐角”选项卡中，拐角处的刀轨形状“凸角”包含三个选项：绕对象滚动、延伸并修剪、延伸。

图 4.33 “底壁加工”对话框

（a）指定底面

（b）生成的刀轨1

（c）生成的刀轨2

图 4.34 底壁加工刀轨设置

扫一扫下载平面铣底壁加工工序设置模型源文件

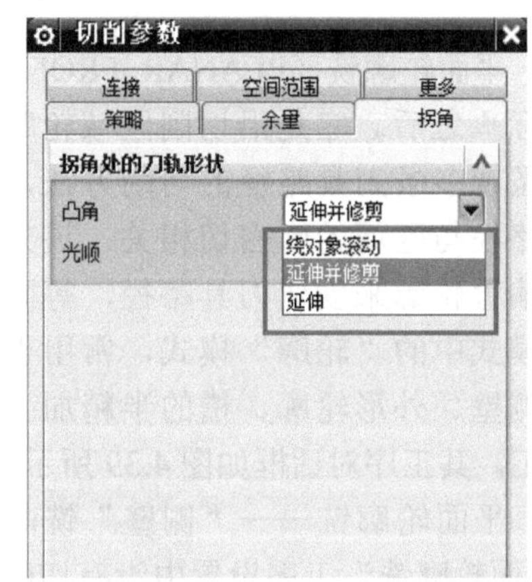

图 4.35 “拐角”选项卡

在零件顶部凸台有三个锐角，如图 4.36（a）所示。假设凸台是电极，需要得到完全尖锐的角，结合图 4.35 中的“拐角”设置，可以得到“绕对象滚动”的刀轨，如图 4.36（b）所示，这时的刀轨沿着尖角进行滚动，因此加工得到的尖角不完整。通过“延伸”在尖角处得到完整的尖角，如图 4.36（c）所示，但这样机床运动会出现急停，不利于生产。使用“延伸并修剪”的方法一方面可以保证尖角的完整，另一方面也利于机床的加工运行，加工完成后就可以得到完整的尖角，如图 4.36（d）所示。

2. 底壁加工——开粗功能实现

在图 4.34 的模型中，选择所有底面为加工区域，在“切削参数”对话框的“空间范围”选项卡中，设置“毛坯”为“毛坯几何体”，同时指定“切削区域空间范围”为“壁”，指定“每刀切削深度”为 1 mm，如图 4.37 所示，单击“生成刀轨”按钮，即可得到开粗刀轨，如图 4.38 所示。

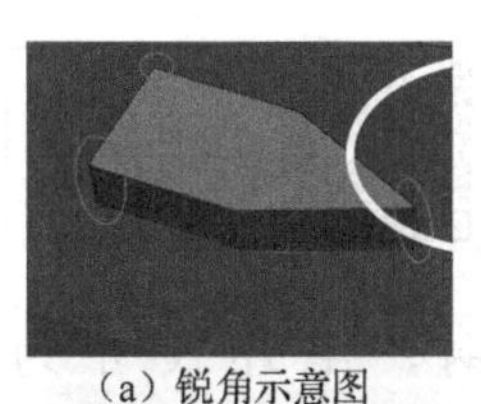

（a）锐角示意图

（c）延伸

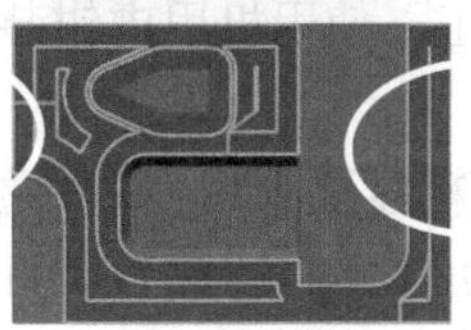

（b）绕对象滚动

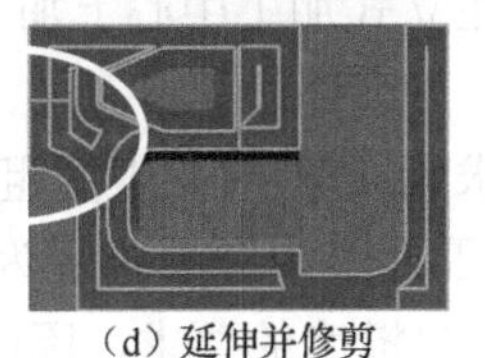

（d）延伸并修剪

图 4.36 不同拐角设置产生的刀轨

图 4.37 “空间范围”选项卡

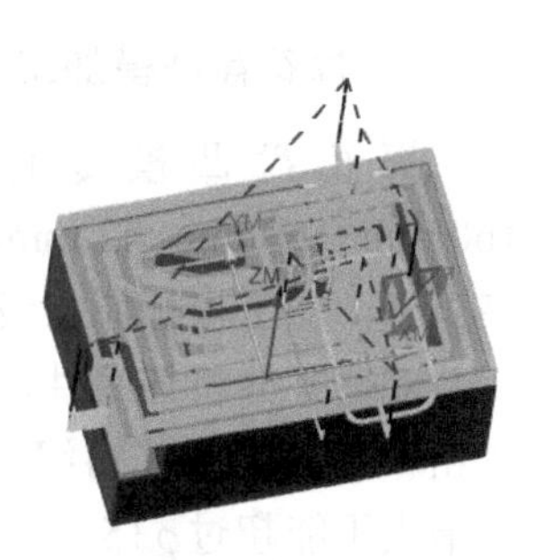

图 4.38 开粗刀轨

底壁加工工序要得到具有开粗功能的刀轨，最关键的参数是将“切削区域空间范围”指定为“壁”。

4.7 平面轮廓铣加工工序设置

扫一扫看平面轮廓铣加工工序设置微课视频

扫一扫下载平面轮廓铣加工工序设置模型源文件

平面轮廓铣（PLANAR_PROFILE）是平面铣的工序子类型，其图标位于基本平面铣图标之后。它是沿切削区域轮廓创建一条或多条刀具路径的切削方法，其切削路径与区域轮廓密切相关。该方法是按偏置轮廓来创建刀具路径，等同于切削模式中的“轮廓”模式，常用于零件的侧壁、外形轮廓、槽的半精加工或精加工。其工序对话框如图 4.39 所示。

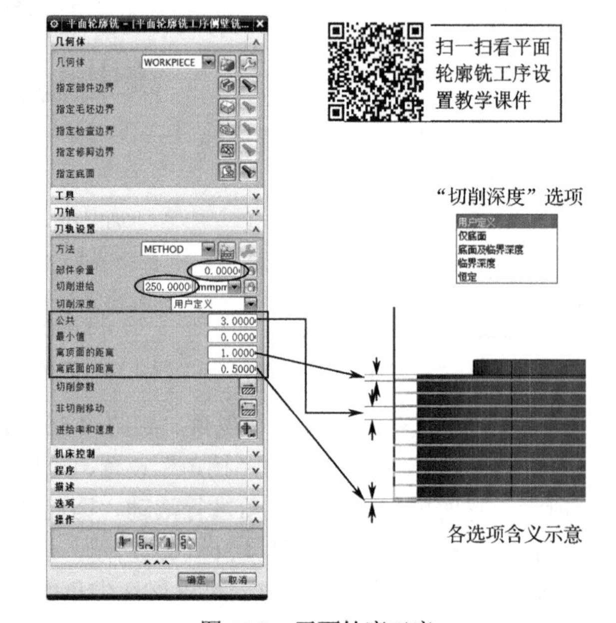

图 4.39　平面轮廓工序

平面轮廓铣——“侧壁”铣削：在“平面轮廓铣”工序设置中没有切削模式的选择，几何体指定方式与基本平面铣类似，也可以分层铣削并且可以指定空间范围。“平面轮廓铣”对话框中“几何体”的设置参考基本平面铣，“部件余量”等同于“切削参数”对话框中的“余量”设置，它专指部件的侧壁余量；“切削进给”等同于“进给率和速度”对话框中的“进给率”切削设置；“切削深度”等同于切削层的控制设置，有 5 种方式，如图 4.39 所示，默认的为“恒定”方式，通常情况下选择“用户定义”方式。

如图 4.39 所示，将刀轨中的“公共”设置为 3，是指每一刀铣削深度为 3 mm；“最小值”是指多个区域之间进行切削时，层之间最小的铣削深度；“离顶面的距离”是指从切削顶面往下 1 mm 开始切削，目的是防止第一刀切削过深；“离底面的距离”是指切削最后一刀的切削深度，目的也是减轻刀具最后一刀的负载。

案例 3　梅花盘凸模 CAM

扫一扫下载梅花盘凸模加工模型源文件

1. 梅花盘凸模加工工艺分析

梅花盘凸模零件图如图 4.40 所示，工件材料为 45 钢，毛坯尺寸为 160 mm×160 mm×42 mm，表面 2 mm 加工余量，在立式加工中心上加工，使用机用虎钳装夹工件，加工坐标原点设置在工件顶面中心。

观察并分析该零件，可以看出零件最高精度要求为 IT7 级，表面粗糙度要求为 3.2。通过粗→精加工工艺路线可以达到图样要求，考虑到零件最小圆弧半径为 $R7.5$，因此刀具直径最大不能超过ϕ15。另外，由于梅花盘顶面有表面粗糙度的要求，因此先采用ϕ40 的面铣

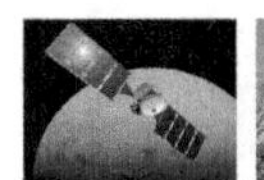

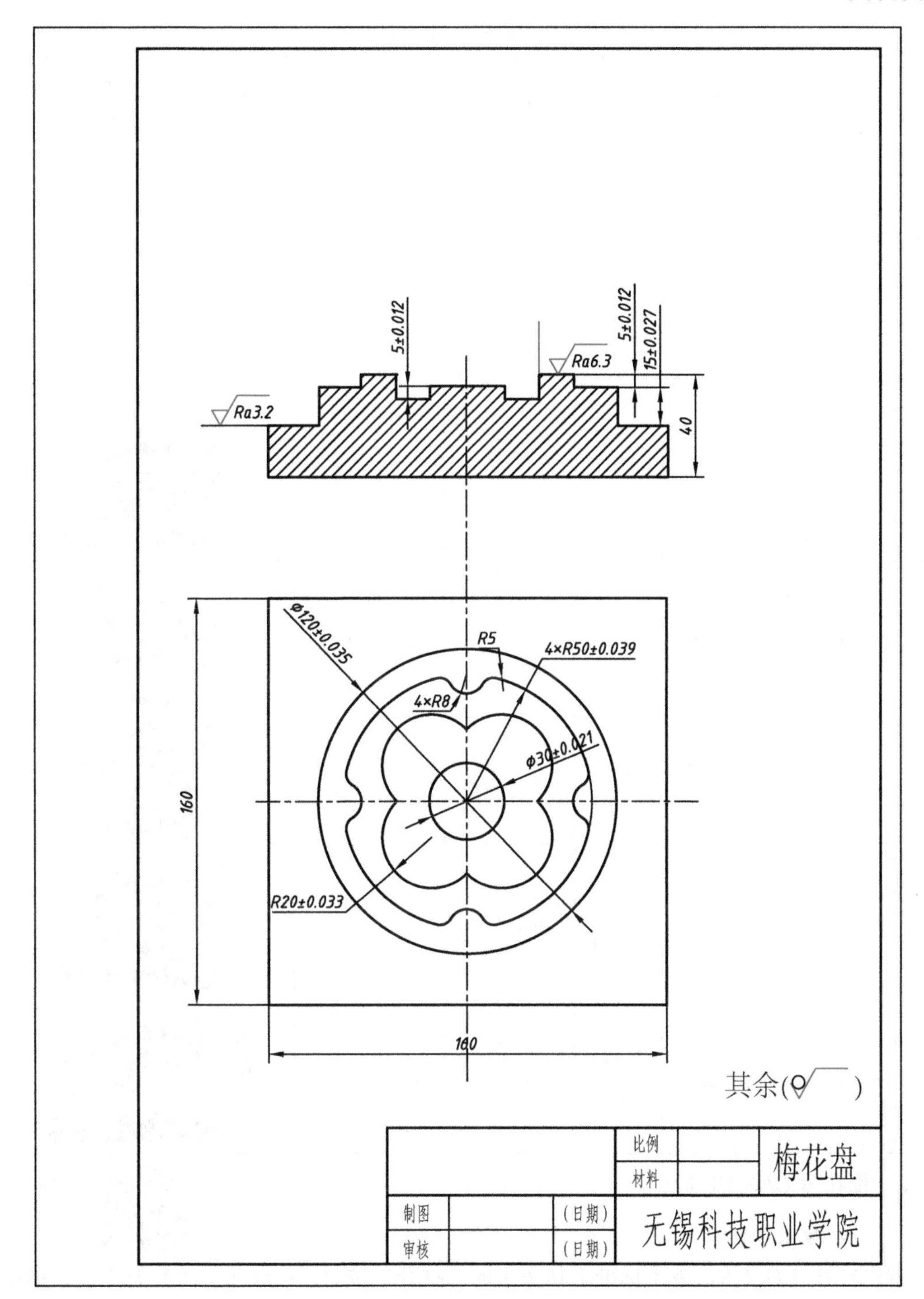

图 4.40　梅花盘凸模零件图

刀进行面铣加工以提高效率。粗加工时采用ϕ20R1 的圆角刀进行一次开粗，然后用ϕ12R1 的圆角刀进行清角加工。

其具体加工工艺及切削参数如表 4.2 所示。

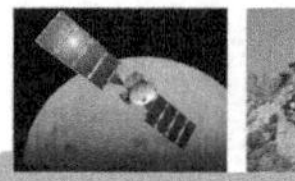

表4.2 梅花盘凸模加工工艺

数控加工工序卡						零件代号		零件名称	
								梅花盘	
材料名称	45钢	材料状态	调质		毛坯尺寸	160 mm×160 mm ×42 mm		坯料可制件数	1
设备名称	加工中心	设备型号	HASS VF-1			备注			
工步	工步内容	加工方式（轨迹名称）	刀具	主轴转速（r/min）	进给速度（mm/min）	切削深度（mm）	余量（mm）侧面	余量（mm）底面	图解
1	铣上表面	FACE_MILLING	D40盘铣刀	400	180	1.2	0	0	
2	粗加工	PLANAR_MILL	D20R1合金立铣刀	1500	1000	1	0.2	0.2	
3	清角粗加工	CLEANUP_CORNERS	D12R1合金立铣刀	1800	600	0.5	0.2	0.2	
4	各底面精加工	FLOOR_WALL	D12合金立铣刀	2500	500	0.2	0.2	0	
5	侧面精加工	FINISH_WALLS	D12合金立铣刀	2500	500	0.2	0	0	

2. 梅花盘CAM铣削准备

扫一扫看梅花盘CAM加工操作视频

1）打开模型文件

首先打开UG NX，单击标准工具条中的“打开”按钮，在弹出的“打开”对话框中选择xiangmu 4/meihuapan.prt，单击OK按钮，进入建模环境。

2）创建毛坯

（1）在“特征”工具条上单击“拉伸”按钮，弹出“拉伸”对话框，选择零件底面的4条边作为拉伸截面，“限制”开始距离为0（单位为软件默认设置，以下未标注时同

此)，结束距离为 42，“布尔”选项设置为无，单击确定按钮，结果如图 4.41 所示。

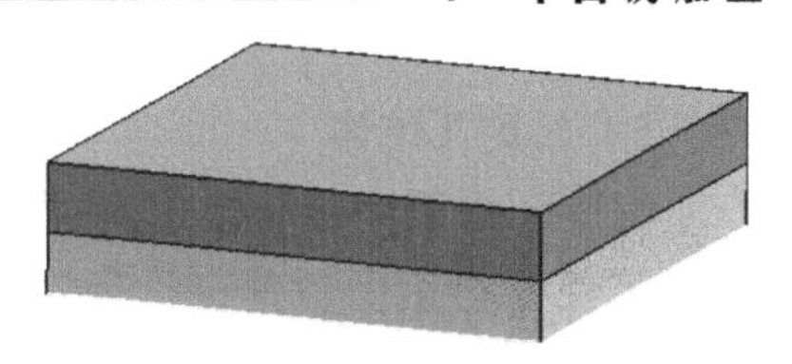

图 4.41 拉伸得到的毛坯

(2) 选择上一步拉伸实体，选择菜单栏中的“格式”→“移动至图层”命令，弹出“图层移动”对话框，如图 4.42 所示，在“目标图层或类别”文本框中输入 5，单击确定按钮，完成将毛坯移动到图层 5 的操作。

3) 加工环境初始化

选择标准工具栏中的“开始”→“加工”命令，进入加工模块，弹出“加工环境”对话框，如图 4.43 所示，在“要创建的 CAM 设置”列表框中选择“mill_planar”，单击确定按钮，完成加工环境的设置。

4) 加工坐标系及安全平面设定

(1) 单击“几何视图”按钮，将工序导航器切换到几何视图。

(2) 双击“MCS_MILL”节点，弹出“MCS 铣削”对话框，如图 4.44 所示，进行机床坐标系设定。单击按钮，弹出如图 4.45 所示的“CSYS”对话框，将“类型”设置为“自动判断”，选择毛坯顶面，系统自动跟踪捕捉毛坯顶面中心，单击确定按钮，返回“MCS 铣削”对话框。

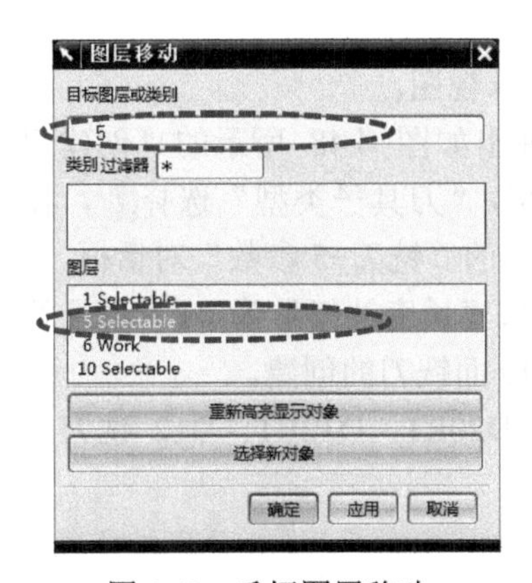

图 4.42 毛坯图层移动

图 4.43 加工环境初始化设置

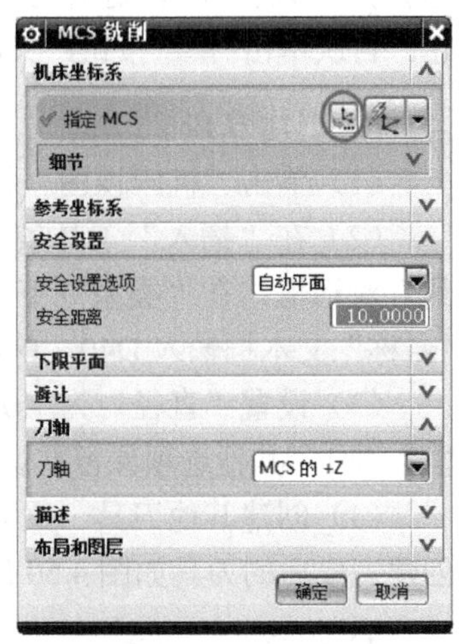

图 4.44 “MCS 铣削”对话框

(3) 在“安全设置”选项组中，将“安全设置选项”设置为“刨”选项，然后单击“安全面指定”按钮，弹出如图 4.46 所示的“刨”对话框，选取毛坯上表面，在“偏置”文本框中输入 10，单击确定按钮，返回“加工环境”对话框。此时图形上将有一个三角形显示安全平面的位置，单击确定按钮，完成设置。

(4) 选择菜单栏中的“格式”→“图层设置”命令，弹出“图层设置”对话框，取消选中“图层 5”复选框，单击关闭按钮，隐藏毛坯。

行家指点 梅花盘毛坯比较简单，也可以用自动块的方式设定，效果与建模命令得到的毛坯一样。对于复杂的毛坯则只能用建模的方式得到。

5）创建几何体

（1）在“工序导航器-几何”视图中，双击“WORKPIECE”节点，弹出如图4.47所示的“工件”对话框，单击“指定部件”按钮，弹出“工件几何体”对话框，选择工件实体，单击确定按钮，完成工件几何体的创建。

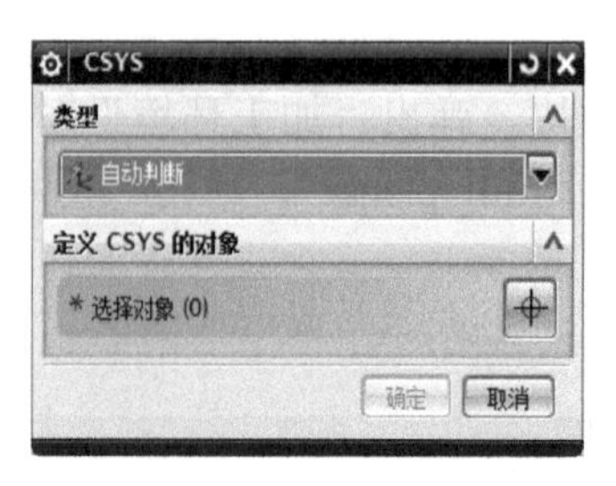

图4.45 “CSYS”对话框

图4.46 “刨”对话框

图4.47 “工件”对话框

（2）单击“指定毛坯”按钮，弹出“毛坯几何体”对话框，将图层5显示，“类型”选择为“几何体”，选择之前构建的长方体毛坯，单击确定按钮，完成毛坯几何体的创建。再次单击确定按钮，关闭“工件”对话框。隐藏图层5。

6）创建刀具

（1）单击“机床视图”按钮，将工序导航器切换到机床视图。

（2）在“插入”工具条中单击“创建刀具”按钮，弹出如图4.48所示的“创建刀具”对话框，在“类型”下拉菜单中选择“mill_planar”类型，“刀具子类型”选择，在“名称”文本框输入D40，单击确定按钮，弹出如图4.49所示的“铣刀-5参数”对话框。

（3）设置“直径”为40、“刀刃”为4、“刀具号”为1、“长度补偿”为1、“半径补偿”为1，其他选项保留默认设置，单击确定按钮，完成D40面铣刀的创建。

（4）创建其他刀具。重复（2）、（3）的操作，依次创建D20R1、D12R1、D12铣刀，创建完成后的刀具如图4.50所示。

7）创建加工方法

（1）在“工序导航器”工具栏中，单击“加工方法视图”按钮，将工序导航器切换到加工方法视图。双击“MILL_ROUGH”节点，弹出如图4.51所示的“铣削方法”对话框，设置“部件余量”为0.2、“公差”都为0.03，单击“进给”按钮，弹出如图4.52所示的“进给”对话框，根据所制定的加工工艺参数，进给率为180 mm/min，故将“切削”设置为180，单击确定按钮，再次单击确定按钮，完成粗加工方法的创建。

（2）利用同样的方法设置精加工参数，参数如下：“部件余量”为0、“公差”为0.01、“切削”为500。

3. 梅花盘顶面面铣加工

（1）在“插入”工具条中单击“创建工序”按钮，弹出如图4.53所示的“创建工

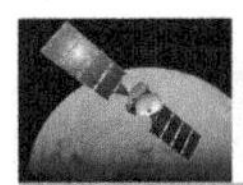

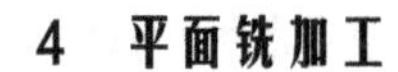

序”对话框，在“类型”下拉菜单中选择“mill_planar”类型，在“工序子类型”列表框中选择“FACE_MILLING”按钮，设置“程序”为 NC_PROGRAM、“刀具”为 MILL_D40、“几何体”为 WORKPIECE、“方法”为 METHOD，在“名称”文本框中输入 FACE_MILLING，单击确定按钮，弹出如图 4.54 所示的“面铣”对话框。

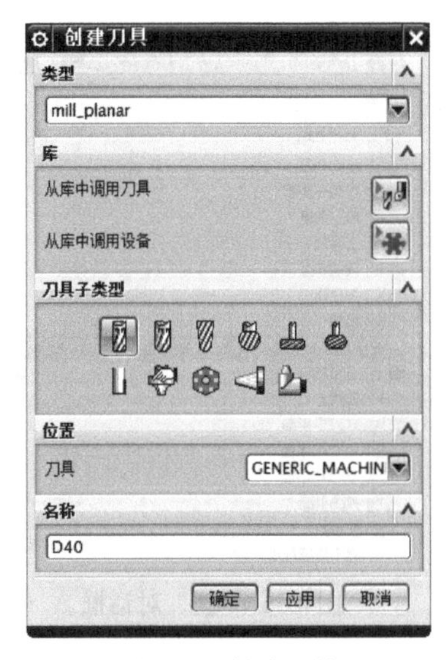

图 4.48　创建刀具

图 4.49　刀具参数设置

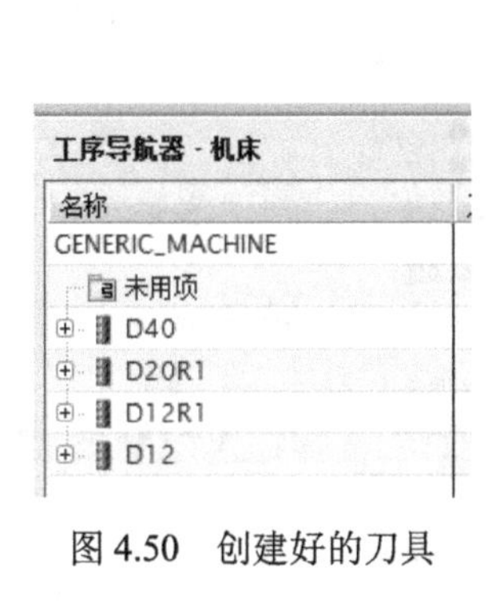

图 4.50　创建好的刀具

图 4.51　“铣削方法”对话框

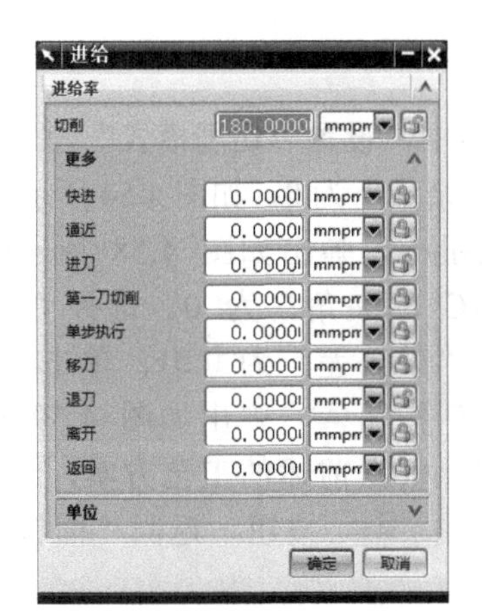

图 4.52　“进给”对话框

图 4.53　创建面铣操作

（2）在“面铣”对话框中，单击“指定面边界”按钮，弹出如图 4.55 所示的“毛坯边界”对话框，设置边界“选择方法”为“曲线”、“刨”为“指定”，单击“指定平面”按钮，弹出如图 4.56 所示的“刨”对话框，在“类型”下拉菜单中选择“通过对象”类型，然后选择梅花盘顶面平面，单击“确定”按钮，返回“毛坯边界”对话框，单击“选择曲线”按钮，然后依次选择 160×160 正方形的四条边，单击确定按钮，返回“面铣”对

话框，完成毛坯面边界的指定，单击“指定面边界”右侧的“显示”按钮，所指定的面边界如图4.57所示。

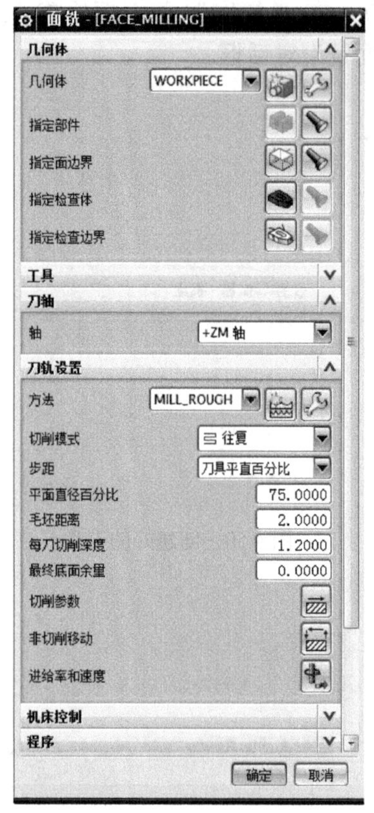

图4.54 “面铣”对话框

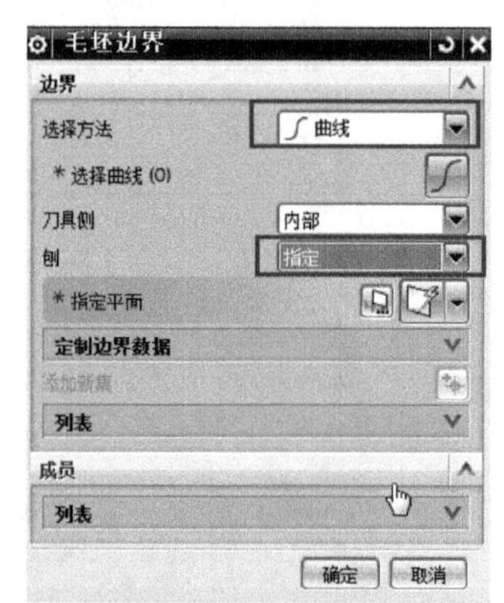

图4.55 毛坯边界设定

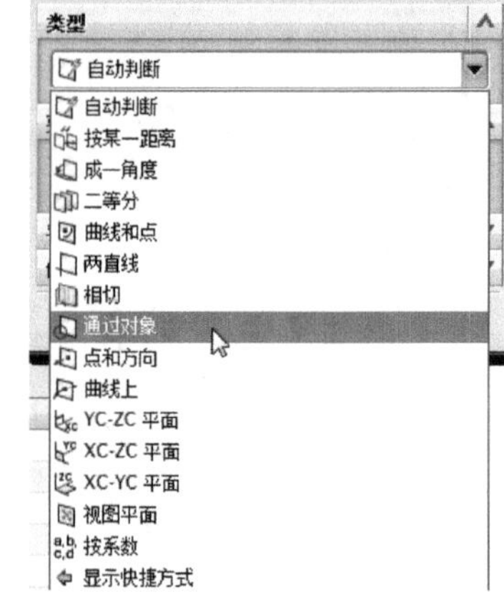

图4.56 “刨”对话框

（3）在“刀轨设置”选项组中，设置“切削模式”为“往复”、“毛坯距离”为2、“每刀切削深度”为1.2、“最终底面余量”为0，如图4.54所示。

（4）单击“切削参数”按钮，弹出如图4.58所示的“切削参数”对话框，选择“策略”选项卡，设置“与XC的夹角”为0。选择“余量”选项卡，设置“部件余量”为0、“内公差”为0.01、“外公差”为0.01，单击确定按钮，返回“面铣”对话框。然后单击“进给率和速度”按钮，弹出如图4.59所示的“进给率和速度”对话框，进行进给率和速度的设置，根据前述的工艺方案，设置“主轴速度”为400 r/min、“进给率”为180 mm/min，单击确定按钮，返回“面铣”对话框，其他参数采用默认设置。

（5）单击“生成”按钮，生成刀具轨迹，如图4.60所示。

（6）仿真刀位轨迹。单击“面铣”对话框底部的“确认”按钮，打开“刀轨可视化”对话框。选择“3D动态”选项卡，单击下面的“播放”按钮，系统以3D实体的方式进行切削仿真，通过仿真过程查看刀位轨迹是否正确，仿真结果如图4.61所示。

行家指点 如果“生成”时，弹出“毛坯边界不是从面创建的。不能应用‘垂直于第一个选定面刀轴’选项”错误提示，需要将“刀轴”修改为“+ZM轴”。

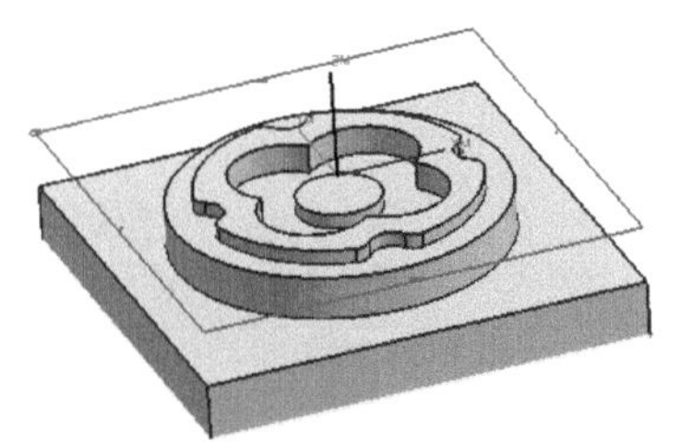

图 4.57 “指定面边界”结果

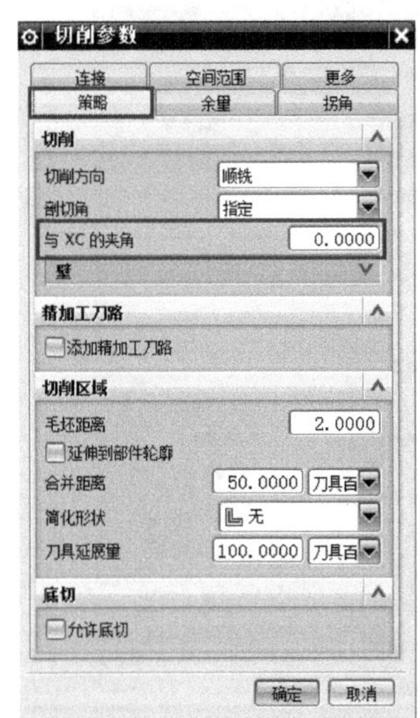

图 4.58 “切削参数”对话框

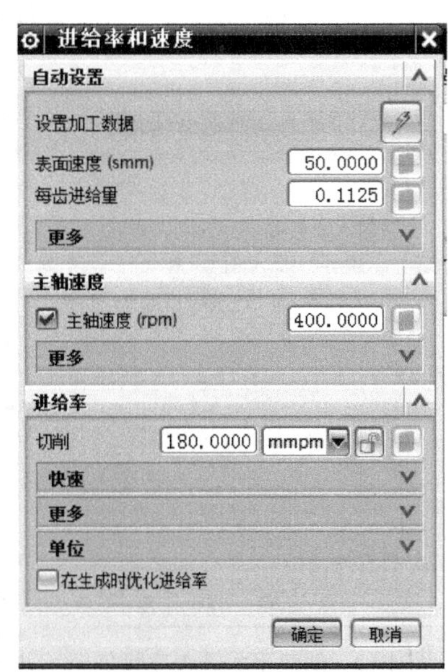

图 4.59 “进给率和速度”对话框

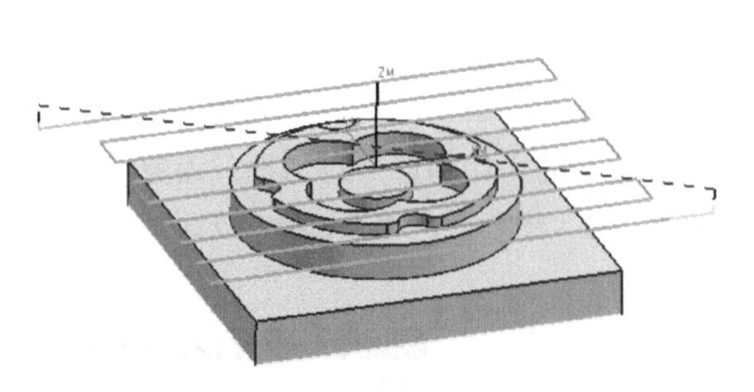

图 4.60 “面铣”生成的刀轨

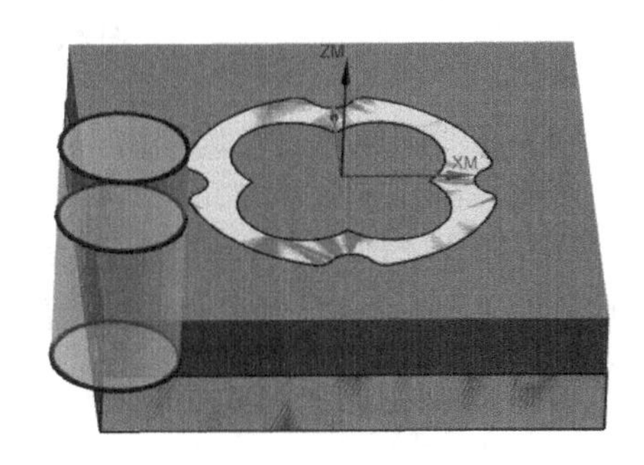

图 4.61 “3D 动态”仿真加工结果

4. 梅花盘凸模整体粗加工

（1）在“插入”工具条中单击“创建工序”按钮，弹出如图 4.62 所示的“创建工序”对话框，在“类型”下拉菜单中选择“mill_planar”类型，在“工序子类型”列表框选择“PLANAR_MILL”按钮，设置“程序”为 NC_PROGRAM、“刀具”为 D20R1、“几何体”为 WORKPIECE、“方法”为 MILL_ROUGH，在“名称”文本框中输入 PLANAR_MILL，单击确定按钮，弹出如图 4.63 所示的“平面铣”对话框。

2）单击“指定部件边界”按钮，弹出如图 4.64 所示的“边界几何体”对话框，采用默认参数设置，在绘图区中，依次选择如图 4.65 所示的 5 个平面，单击确定按钮。

（3）单击“指定毛坯边界”按钮，打开图层 5，在绘图区中选择图层 5 的长方体顶面，单击确定按钮，再次单击确定按钮，完成毛坯边界的设置。隐藏图层 5。

（4）单击“指定底面”按钮，弹出“刨”对话框，选择如图 4.66 所示的平面，单击确定按钮，完成底平面的创建。

图 4.62　创建平面铣工序操作

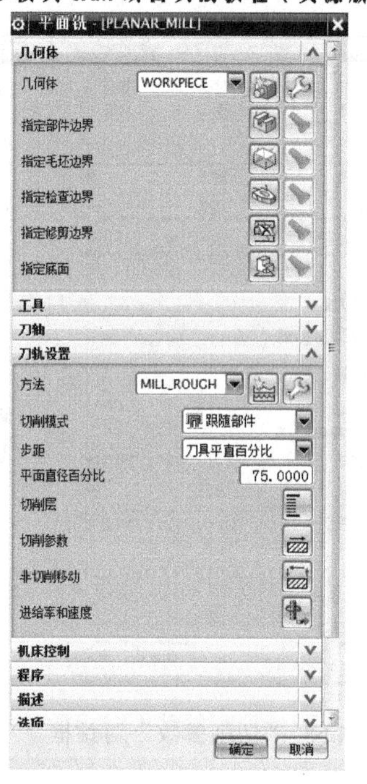

图 4.63　“平面铣”对话框

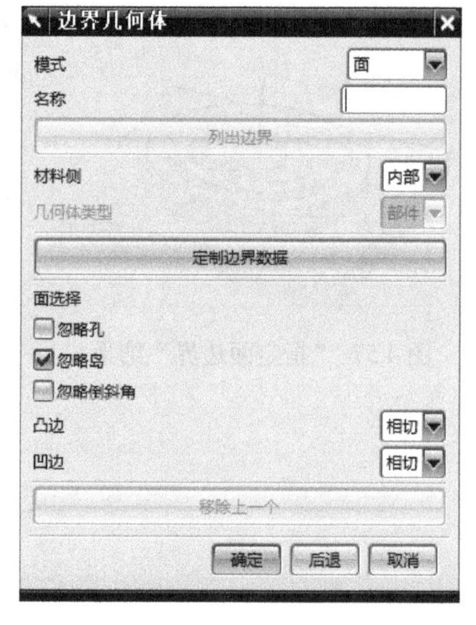

图 4.64　“边界几何体”设置

（5）在“刀轨设置”选项组中，设置“切削模式”为跟随周边、步距为刀具平直百分比、平面直径百分比为75。

（6）单击“切削层”按钮，弹出如图 4.67 所示的“切削层”对话框，设置“类型”为用户定义、“公共”为 1，选中“临界深度顶面切削”复选框，单击确定按钮，完成切削层参数的设置。

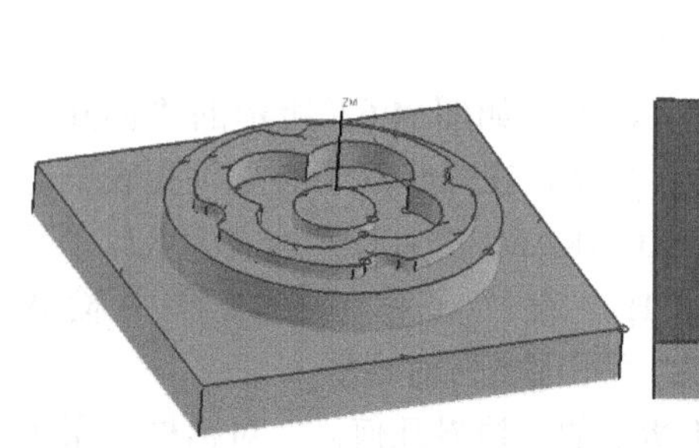

图 4.65　部件边界“面”的选择

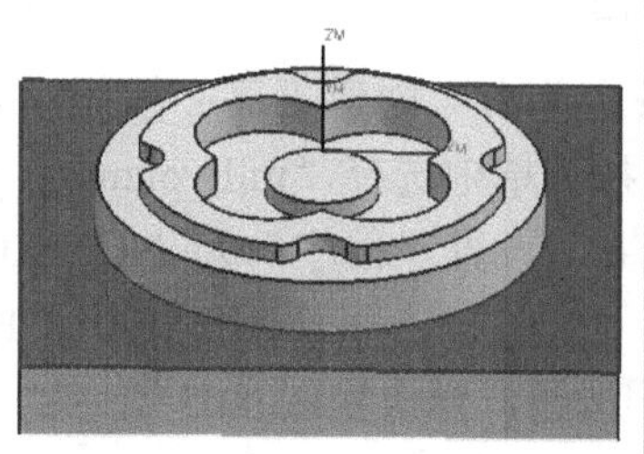

图 4.66　选择底面

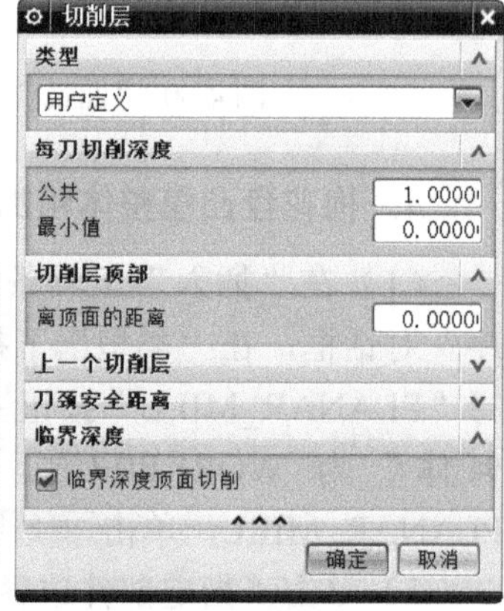

图 4.67　“切削层”对话框

（7）单击“切削参数”按钮，弹出“切削参数”对话框，选择“余量”选项卡，如图 4.68 所示，设置“部件余量”为 0.2、“最终底面余量”为 0.2、“内公差”为 0.03、“外公差”为 0.03。选择“策略”选项卡，如图 4.69 所示，设置“切削方向”为顺铣、“切削顺序”为深度优先、“刀路方向”为向内，单击确定按钮，返回“平面铣”对话框。然后单

击“进给率和速度”按钮，弹出“进给率和速度”对话框，进行进给率和速度的设置。根据前述的工艺方案，设置“主轴速度”为 1500 r/min、“进给率”为 1000 mm/min，单击确定按钮，返回“平面铣”对话框，其他参数采用默认设置。

（8）单击“生成刀轨”按钮，生成刀具轨迹，如图 4.70 所示。

（9）仿真刀位轨迹。单击“平面铣”对话框底部的“确认”按钮，弹出“刀轨可视化”对话框。选择“3D 动态”选项卡，单击下面的“播放”按钮，系统以 3D 实体的方式进行切削仿真，通过仿真过程查看刀位轨迹是否正确，仿真结果如图 4.71 所示。

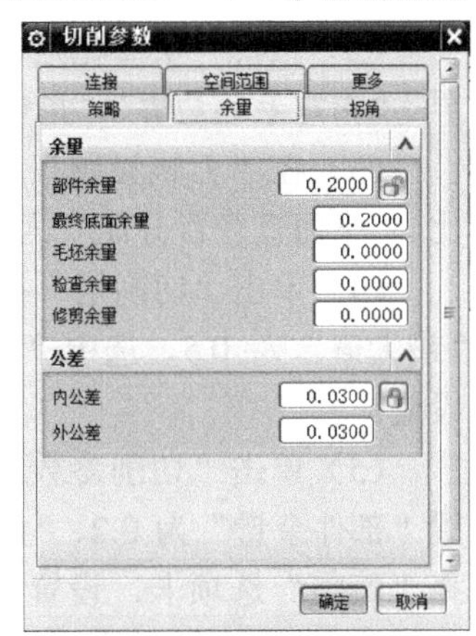

图 4.68 “余量”选项卡

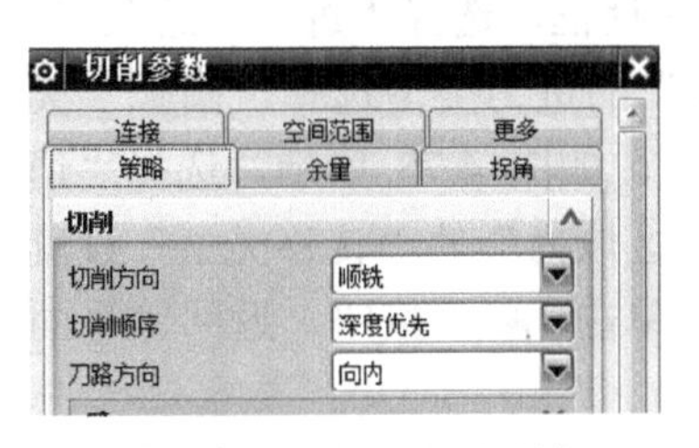

图 4.69 “策略”选项卡

图 4.70 粗加工刀轨

图 4.71 粗加工刀轨仿真结果

5. 梅花盘凸模清角粗加工

（1）在“插入”工具条中单击“创建工序”按钮，弹出如图 4.72 所示的“创建工序”对话框，在“类型”下拉菜单中选择“mill_planar”类型，在“工序子类型”列表框中选择“CLEANUP_CORNERS”按钮，设置“程序”为 NC_PROGRAM、“刀具”为 D12R1、“几何体”为 WORKPIECE、“方法”为 MILL_ROUGH，在“名称”文本框中输入 CLEANUP_CORNERS，单击确定按钮，弹出如图 4.73 所示的“清理拐角”对话框。

图 4.72 “创建工序”对话框

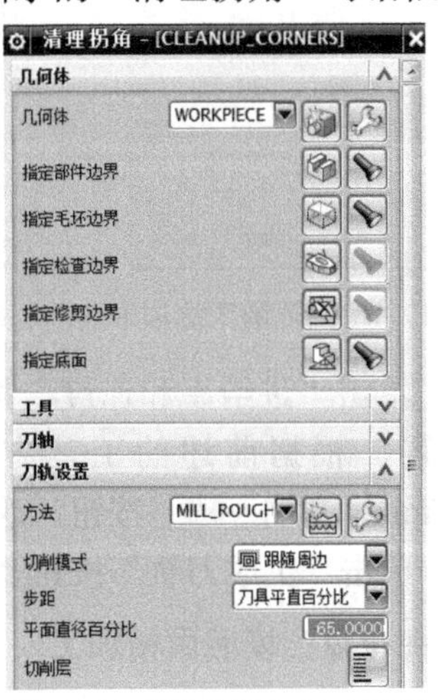

图 4.73 “清理拐角”对话框

（2）按照“4.梅花盘凸模整体粗加工”中的（2）、（3）、（4）步骤设置“指定部件边界”“指定毛坯边界”“指定底面”。

（3）在“刀轨设置”选项组中，设置“切削模式”为跟随周边、步距为刀具平直百分比、“平面直径百分比”为65。

（4）单击“切削层”按钮，在弹出的“切削层”对话框中设置“类型”为用户定义、“最大值”为 0.5，选中“临界深度顶面切削”复选框，单击按钮，完成切削层参数的设置。

（5）单击“切削参数”按钮，弹出“切削参数”对话框，选择“余量”选项卡，设置“部件余量”为 0.2、“最终底面余量”为 0.2、“内公差”为 0.03、“外公差”为 0.03。选择“策略”选项卡，设置“切削方向”为顺铣、“切削顺序”为深度优先、“刀路方向”为向内。选择“空间范围”选项卡，按图 4.74 所示进行设置，设置“处理中的工件”为使用参考刀具，“参考刀具”选择一次粗加工的所使用的 D20R1 铣刀，“重叠距离”设置为 2 mm，单击按钮，返回“清理拐角”对话框。

（6）单击“非切削移动”按钮，弹出“非切削移动”对话框，选择“进刀”选项卡，“封闭区域”的进刀类型设置为与开放区域相同，“开放区域”的进刀类型选择“圆弧”类型，“高度”设置为 0.5，选中“修剪至最小安全距离”复选框，如图 4.75 所示。选择“退刀”选项卡，设置与进刀相同；选择“转移/快速”选项卡，“区域内”的“转移类型”设置为“前一平面”，“安全距离”设置为 0.5，如图 4.76 所示。单击按钮，返回“平面铣”对话框。

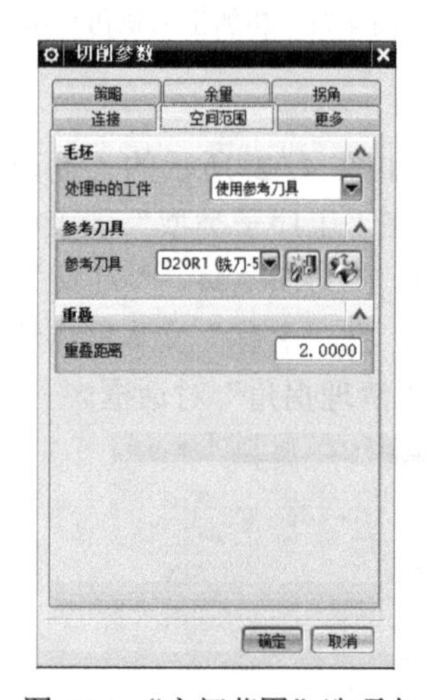

图 4.74 “空间范围”选项卡

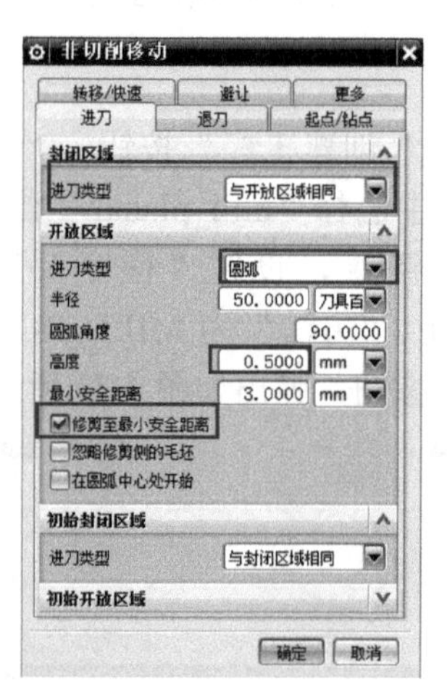

图 4.75 “进刀”选项卡

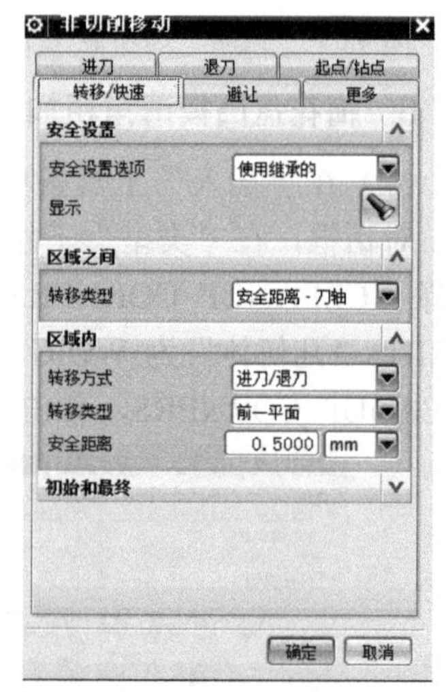

图 4.76 “转移/快速”选项卡

（7）单击“进给率和速度”按钮，弹出“进给率和速度”对话框，进行进给率和速度的设置，根据前述的工艺方案，设置“主轴速度”为 1800 r/min、“进给率”为 600 mm/min，单击按钮，返回“清理拐角”对话框，其他参数采用默认设置。

（8）单击“生成刀轨”按钮，生成刀具轨迹，如图 4.77 所示。

6. 梅花盘凸模底面精加工

（1）在“插入”工具条中单击“创建工序”按钮，弹出“创建工序”对话框，如

图 4.78 所示，在“类型”下拉菜单中选择“mill_planar”类型，在“工序子类型”列表框中选择“FLOOR_WALL”（底壁加工）按钮，设置“程序”为 NC_PROGRAM、“刀具”为 D12、“几何体”为 WORKPIECE、“方法”为 MILL_FINISH，在“名称”文本框中输入 FLOOR_WALL，单击确定按钮，弹出如图 4.79 所示的“底壁加工”对话框。

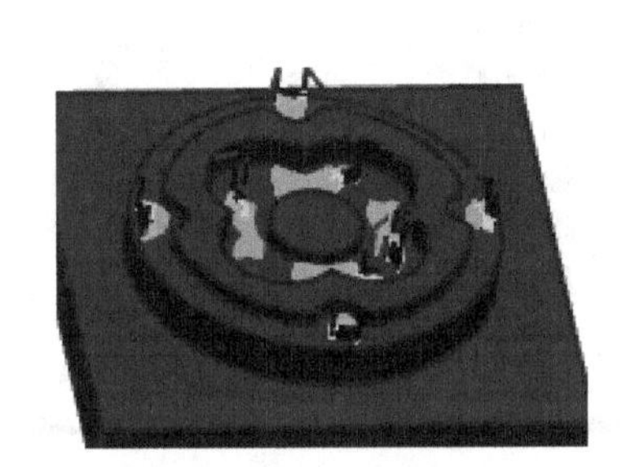

图 4.77 清理拐角刀轨

图 4.78 创建底壁加工工序

图 4.79 “底壁加工”对话框

（2）在“底壁加工”对话框中，单击“指定切削区底面”按钮，弹出“切削区域”对话框，选择如图 4.80 所示的 4 个底面，单击确定按钮，返回“底壁加工”对话框。

（3）在“刀轨设置”选项组中，设置 “切削模式”为跟随周边、“步距”为刀具平直百分比、“平面直径百分比”为 50、“毛坯距离”为 0.2、“每刀切削深度”0。

（4）单击“切削参数”按钮，弹出“切削参数”对话框，选择“余量”选项卡，设置“部件余量”为 0、“壁余量”为 0.2、“最终底面余量”为 0、“内公差”为 0.01、“外公差”0.01。选择“策略”选项卡，设置“刀路方向”为向内，选中“添加精加工刀路”复选框，如图 4.81 所示，单击确定按钮，返回“底壁加工”对话框。

（5）单击“非切削移动”按钮，弹出“非切削移动”对话框，选择“进刀”选项卡，“封闭区域”的进刀类型设置为“沿形状斜进刀”，“开放区域”的进刀类型设置为“圆弧”，具体参数设置如图 4.82 所示。选择“退刀”选项卡，设置与进刀相同；选择“转移/快速”选项卡，“区域内”的“转移类型”设置为“前一平面”，“安全距离”设置为 0.5，单击确定按钮，返回“底壁加工”对话框。

（6）单击“进给率和速度”按钮，弹出“进给率和速度”对话框，进行进给率和速度的设置，根据前述的工艺方案，设置“主轴速度”为 2500 r/min、“进给率”为 500 mm/min，单击确定按钮，返回“底壁加工”对话框，其他参数采用默认设置。

（7）单击“生成刀轨”按钮，生成刀具轨迹，如图 4.83 所示。

7. 梅花盘凸模侧面精加工

（1）在“插入”工具条中单击“创建工序”按钮，弹出“创建工序”对话框，在

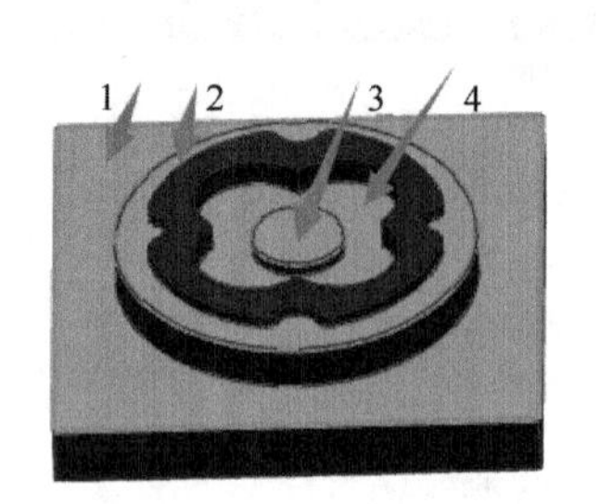

图 4.80 切削区域指定

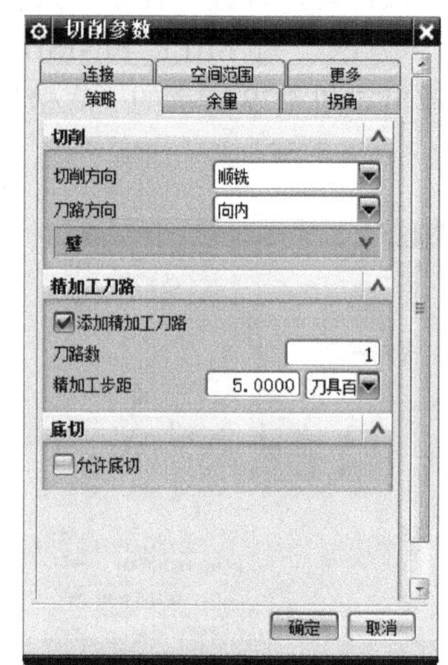

图 4.81 “策略”选项卡

图 4.82 “进刀”选项卡

“类型”下拉菜单中选择“mill_planar”类型，在“工序子类型”列表框中选择“FINISH_WALLS”（精加工壁）按钮，设置“程序”为 NC_PROGRAM、“刀具”为 D12、“几何体”为 WORKPIECE、“方法”为 MILL_FINISH，在“名称”文本框中输入 FINISH_WALLS，单击确定按钮，弹出如图 4.84 所示的“精加工壁”对话框。

（2）按照“4.梅花盘凸模整体粗加工”中的（2）、（3）、（4）步骤设置“指定部件边界”“指定毛坯边界”“指定底面”。

（3）在“刀轨设置”选项组中，设置“步距”为刀具平直百分比、“平面直径百分比”为 50。

（4）单击“切削层”按钮，在弹出的“切削层”对话框中设置“类型”为用户定义、“公共值”为 0.5，单击确定按钮，完成切削层参数的设置。

（5）单击“切削参数”按钮，弹出“切削参数”对话框，选择“余量”选项卡，设置“部件余量”为 0、“最终底面余量”为 0、“内公差”为 0.01、“外公差”为 0.01。选择“策略”选项卡，设置“切削方向”为顺铣、“切削顺序”为深度优先，单击确定按钮，返回“精加工壁”对话框。

（6）单击“非切削移动”按钮，弹出“非切削移动”对话框，选择“进刀”选项卡，“封闭区域”的进刀类型设置为与开放区域相同，“开放区域”的进刀类型设置为“圆弧”，“高度”设置为 0.5，选中“修剪至最小安全距离”复选框，如图 4.82 所示。选择“退刀”选项卡，设置与进刀相同；选择“转移/快速”选项卡，“区域内”的“转移类型”设置为“前一平面”，“安全距离”设置为 0.5，单击确定按钮，返回“精加工壁”对话框。

（7）单击“进给率和速度”按钮，弹出“进给率和速度”对话框，进行进给率和速度的设置，根据前述的工艺方案，设置“主轴速度”为 2500 r/min、“进给率”为 500 mm/min，单击确定按钮，返回“精加工壁”对话框，其他参数采用默认设置。

（8）在“精加工壁”对话框中单击“生成刀轨”按钮，生成如图 4.85 所示的刀具轨迹。

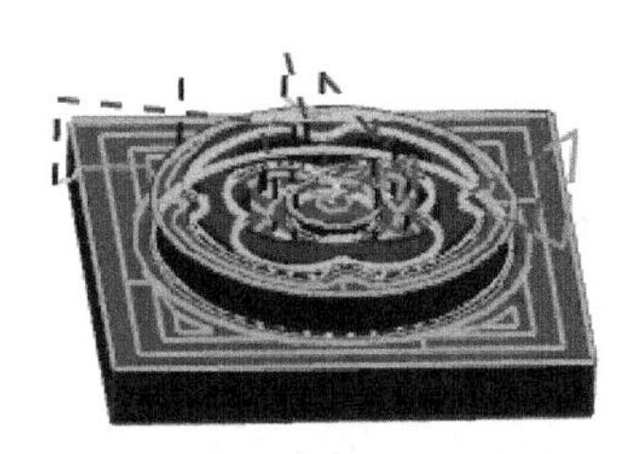

图 4.83　底面精加工刀轨

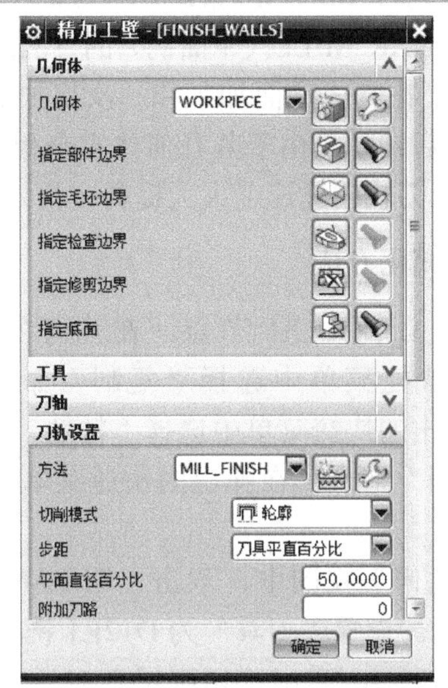

图 4.84　“精加工壁”对话框

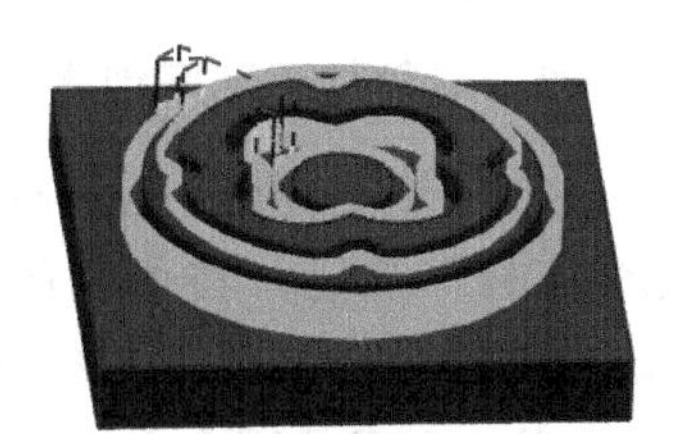

图 4.85　侧壁精加工刀轨

（9）仿真刀位轨迹。“3D 动态”仿真结果如图 4.86 所示，“按颜色显示厚度”结果如图 4.87 所示。

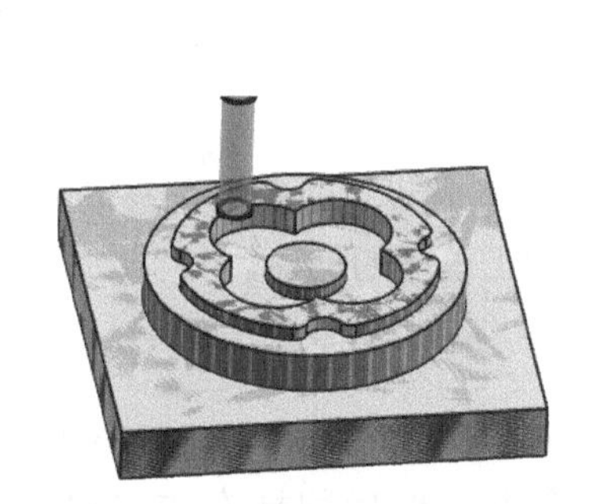

图 4.86　侧壁精加工仿真结果

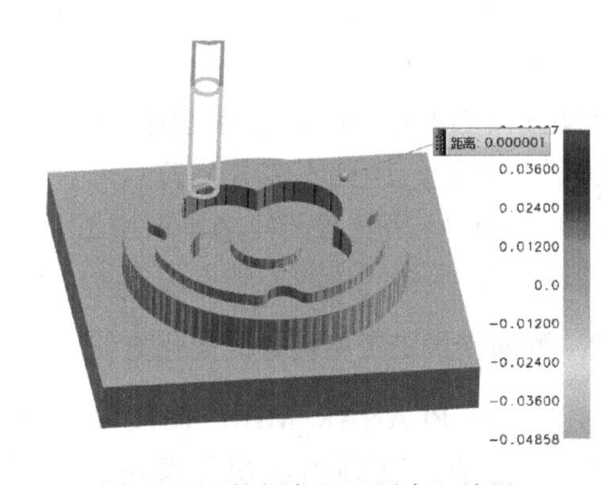

图 4.87　“按颜色显示厚度”结果

（10）单击“保存”按钮，保存文件。

知识拓展 2　平面铣加工方法的妙用

平面铣削的加工方法众多，其中最主要的加工方法是 PLANAR_MILL（平面铣）和 FLOOR_WALL（底壁加工）。其中，FLOOR_WALL（底壁加工）代替 UG 9.0 版本以前的 FACE_MILLING_AREA。

PLANAR_MILL（平面铣）加工方法通过修改不同的参数可以代替 PLANAR_PROFILE（平面轮廓铣）、CLEANUP_CORNERS（清理拐角）、FINISH_WALLS（精加工壁）、FINISH_FLOOR（精加工底面）。在实际使用过程中，由于 PLANAR_MILL（平面铣）与其他几种加工方法的绝大部分参数指定界面是相同的，尤其对于同一零件，其几何体完全相同，因

此我们可以通过灵活使用PLANAR_MILL（平面铣）的方法来达到快速完成刀轨的创建。

以梅花盘项目操作为例，在完成顶面加工和一次粗加工后，我们可以通过复制粗加工（PLANAR_MILL 加工），然后粘贴，由于其几何体完全相同，只要快速修改几项参数即可完成清角加工及侧壁精加工，刀轨创建速度大大提高。具体示例如下。

1. 清角加工工序创建的简化方法

（1）复制 PLANAR_MILL_ROUGH 节点。在几何视图中，右击“PLANAR_MILL_ROUGH”节点，在弹出的快捷菜单中选择“复制”命令，然后同样右击“PLANAR_MILL_ROUGH”节点，在弹出的快捷菜单中选择“粘贴”命令。重新命名复制的节点，右击“PLANAR_MILL_ROUGH”节点，在弹出的快捷菜单中选择“重命名”命令，输入名称CLEAN_CORNER即可。

（2）在“工序导航器-几何”视图中，双击“CLEAN_CORNER”节点，弹出“平面铣”对话框，对参数进行修改。设置“刀具”为D12R1铣刀。

（3）单击“切削层”按钮，弹出“切削层”对话框，在“最大值”文本框中输入0.5，单击确定按钮，完成切削层参数的设置。

（4）单击“切削参数”按钮，弹出“切削参数”对话框，在“空间范围”选项卡的“毛坯”选项组中设置“处理中的工件”为“使用参考刀具”，在下方的“参考刀具”下拉菜单中选择粗加工使用的D20R1刀具，设置“重叠距离”为2，其余采用系统默认的参数，单击确定按钮，完成切削参数的设置。其设置方法与使用的CLEANUP_CORNERS方法的切削参数“空间范围”的设置一致，但“余量”等选项卡由于同时粗加工，因此不需要修改。

（5）按照“5.梅花盘凸模清单粗加工”中的（6）、（7）步骤设置“非切削移动”和“进给率和速度”，单击“生成刀轨”按钮，至此完成清角加工工序的创建。

2. 侧面精加工工序创建的简化方法

（1）复制 PLANAR_MILL_ROUGH 节点。在几何视图中，右击“PLANAR_MILL_ROUGH”节点，在弹出的快捷菜单中选择“复制”命令，然后同样右击“PLANAR_MILL_ROUGH”节点，在弹出的快捷菜单中选择“粘贴”命令。重新命名复制的节点，右击“PLANAR_MILL_ROUGH”节点，在弹出的快捷菜单中选择“重命名”命令，输入名称PLANAR_MILL_FINISH即可。

（2）在“工序导航器-几何”视图中，双击“PLANAR_MILL_FINISH”节点，弹出“平面铣”对话框，对参数进行修改。设置“刀具”为D12R1铣刀，在“方法”下拉菜单中选择“MILL_FINISH”方法，在“切削模式”下拉菜单中选择“轮廓”模式。

（3）按照“7.梅花盘凸模侧面精加工”中的（3）～（8）的步骤依次完成“切削层”“切削参数”“非切削移动”“进给率和速度”的设置，即可完成侧面精加工工序的创建。

行家指点　以复制某一工序为基础的加工工序创建方法，减少了“几何体”的设置，包括“指定部件边界”“指定毛坯边界”“指定底面”等，另外“余量”等参数也不需设置，提高了创建工序的效率。

练习与提高 3

1．根据图 4.88 所示的零件模型，完成零件 UG CAM 刀轨的创建。

2．根据图 4.89 所示的零件模型，完成零件 UG CAM 刀轨的创建。

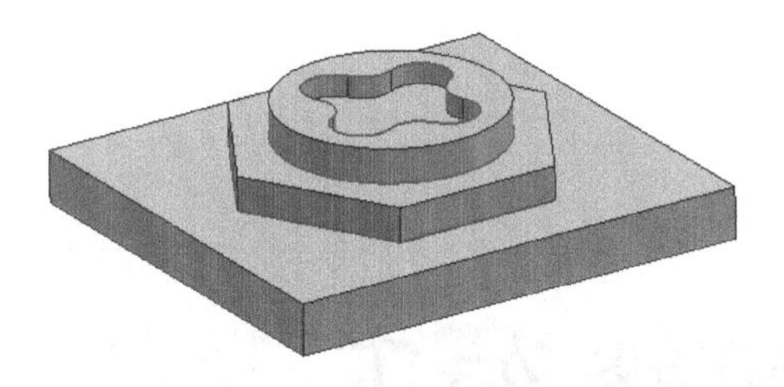

图 4.88 阶梯台零件模型

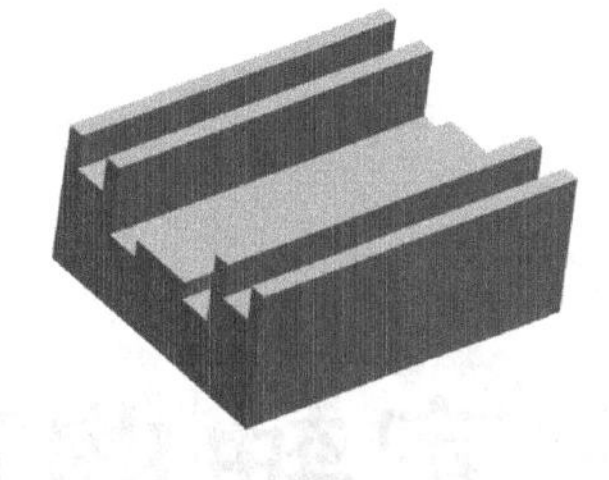

图 4.89 导槽零件模型

扫一扫下载图 4.88 习题模型源文件

扫一扫下载图 4.89 习题模型源文件

3．根据图 4.90 和图 4.91 所示的零件模型，完成零件 UG CAM 刀轨的创建。

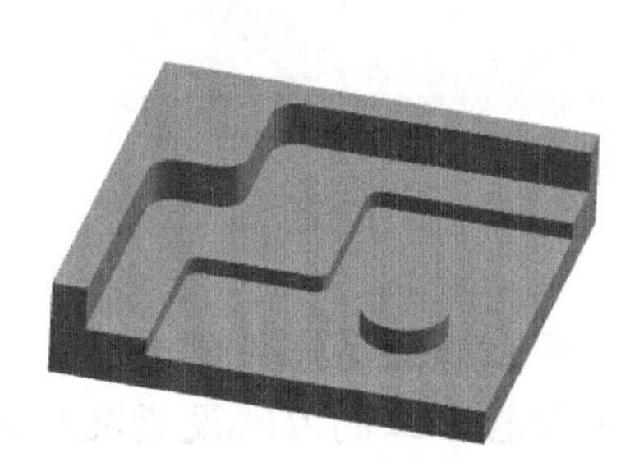

图 4.90 半开放槽零件模型

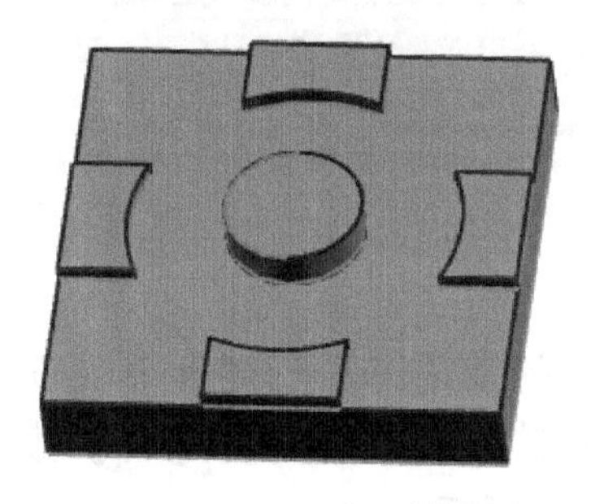

图 4.91 四耳凸台零件模型

扫一扫下载图 4.90 习题模型源文件

扫一扫下载图 4.91 习题模型源文件

5 固定轴曲面铣加工

学习导入

学习固定轴曲面铣的常用工序创建和参数设置，并基于护膝型芯零件制定铣加工工艺；运用固定轴曲面铣削的常用类型完成护膝型芯零件数控加工的刀轨设置及仿真加工。实施流程如图 5.1 所示。

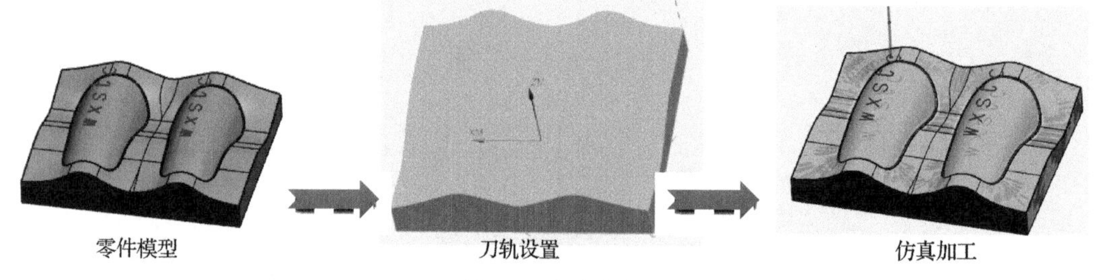

图 5.1 实施流程

学习目标

（1）了解固定轴曲面铣的特点与应用场合。

（2）掌握固定轴曲面铣刀轨的设置和驱动方法。

（3）掌握固定轴曲面铣的切削参数的设置方法。

（4）熟悉模具零件曲面铣加工工艺的方案规划。

（5）能够创建护膝型芯零件的固定轴曲面铣典型工序。

（6）掌握固定轴曲面铣驱动方法的参数设置及应用。

扫一扫看固定轴曲面铣子类型及应用微课视频

扫一扫下载固定轴曲面铣子类型及应用模型源文件

5.1 固定轴曲面铣工序的子类型及创建步骤

1. 固定轴曲面铣工序的子类型

固定轴曲面铣（固定轮廓铣）是UG NX中用于曲面精加工的主要加工方式。固定轴曲面铣可在复杂曲面上产生精密的刀具路径，其刀具路径是经由投影导向点到零件表面产生，其中导向点是经由点、曲线、边界与曲面等驱动几何图形按指定走刀产生的。UG NX软件的固定轴曲面轮廓铣可用于执行精加工程序，通过不同的驱动方法的设置，可以获得不同的刀轨形式，相当于其他CAM软件的沿面切削、外形投影、口袋投影、沿面投影及清角等工序，功能十分强大。UG NX 10.0版本的固定轮廓铣工序有12种子类型。全部子类型如图5.2所示，其名称及含义如表5.1所示。

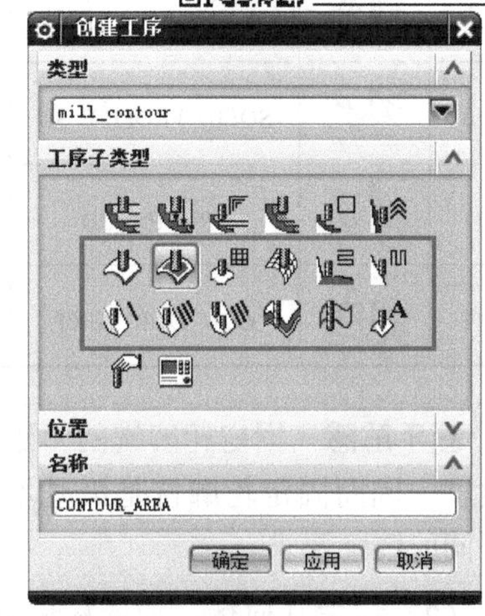

图5.2 固定轮廓铣工序的全部子类型

扫一扫看固定轴曲面铣子类型及应用教学课件

2. 固定轴曲面铣工序的创建步骤

创建一个曲面铣工序，通常需要以下几个步骤。

（1）创建工序：创建工序时，选择“mill_contour”类型，选择子类型为固定轮廓铣，如图5.3所示，单击“确定”按钮弹出“固定轮廓铣”对话框，如图5.4所示。

表5.1 固定轮廓铣削工序子类型名称及含义

序号	子类型图标	英文名称	中文含义	说明
1		FIXED_CONTOUR	固定轮廓铣	用于各种驱动方法，空间范围和切削模式对部件和切削区域进行轮廓铣。刀轴是+ZM
2		CONTOUR_AREA	区域轮廓铣	区域铣削驱动，用于以各种切削模式切削选定的面或切削区域。常用于精加工或半精加工
3		CONTOUR_SURFACE_AREA	曲面区域轮廓铣	曲面区域驱动，建议用于精加工包含顺序整齐的驱动曲面矩形栅格的单个区域
4		STREAMLINE	流线铣	跟随自动或用户定义流，以及交叉曲线切削面，建议用于精加工复杂形状，尤其是要控制光顺切削的流和方向
5		CONTOUR_AREA_NON_STEEP	非陡峭区域轮廓铣	与轮廓区域铣相同，但只切削非陡峭区域
6		CONTOUR_AREA_DIR_STEEP	陡峭区域轮廓铣	与轮廓区域铣相同，仅用于切削非陡峭区域
7		FLOWCUT_SINGLE	单刀路清根	用于对零件根部刀具未加工的部分进行铣加工，刀轨效果为单路径

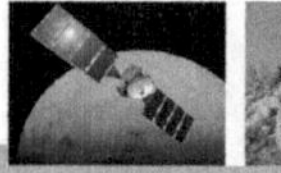

续表

序号	子类型图标	英文名称	中文含义	说明
8		FLOWCUT_MULTIPLE	多刀路清根	用于对零件根部刀具未加工的部分进行铣加工，刀轨效果为多路径
9		FLOWCUT_REF_TOOL	参考刀具清根	用于对零件根部未加工的部分进行铣加工，以参考刀具确定加工范围生成清根刀具路径
10		SOLID_PROFILE_3D	实体轮廓3D	与参考刀具清根相同，只是平稳进刀、退刀和移刀，用于高速加工
11		PROFILE_3D	轮廓3D	特殊三维轮廓铣，常用于修边
12		CONTOUR_TEXT	轮廓文本	切削文字，用于三维雕刻

新手解惑 固定轮廓铣的“驱动方法”有10种方式，可以对应到表5.1的所有工序子类型，因而固定轮廓铣是最基本的曲面轮廓铣削方法，实际使用时，两种方法均可达到相同的铣削要求。

（2）指定几何体：曲面轮廓铣工序的几何体选择，可以指定几何体组参数，也可以不设置几何体直接指定部件、检查切削区域和修剪边界。如图5.5所示，不设置几何体而直接选择整个零件为部件，再选择下凹部分的成型面为切削区域。曲面加工工序设置中系统认的是面或曲线，可以忽略几何体设置。

图5.3 “创建操作”对话框

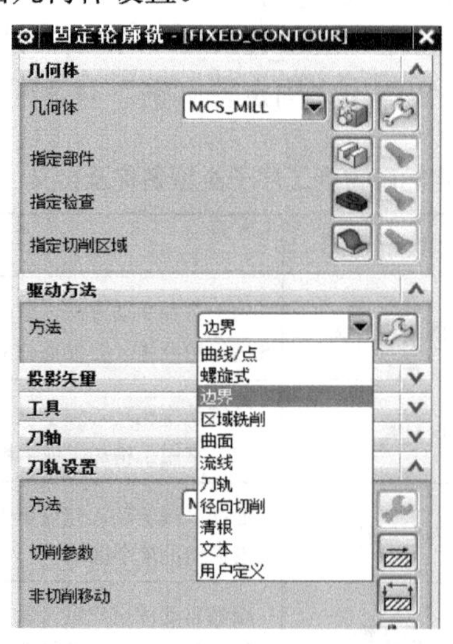

图5.4 “固定轮廓铣”对话框

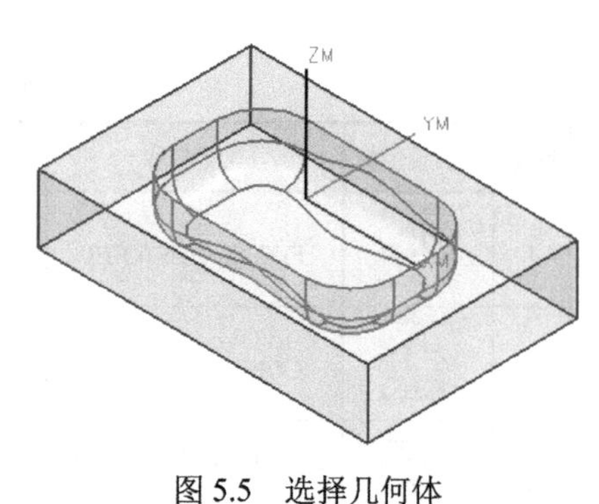

图5.5 选择几何体

（3）刀具创建：在刀具组中可以选择已有的刀具，也可以创建一把新的刀具作为当前工序使用的刀具。

（4）选择驱动方法并设置驱动参数：在曲面铣工序中，一个最重要的设置就是选择驱动方法，并且根据不同的铣削方式设置其驱动参数。在驱动方法对话框中设置驱动方法参数，不同驱动方法的参数差异很大。某些驱动方法需要选择驱动几何体。

（5）设置工序选项：在工序对话框打开参数组进行各选项参数的设置，图5.6所示的对话框是对驱动方法进行设置。

（6）生成工序并检验：在工序对话框中指定了所有的参数后，单击对话框底部的“生成刀轨”按钮，用来生成刀轨。如图 5.7 所示为生成的一个固定轮廓铣示例。确认生成的刀轨后，单击“确定”按钮关闭对话框，完成曲面铣工序的创建。

5.2　固定轮廓铣削

固定轮廓铣的“驱动方法”有 10 种方式，可以对应到表 5.1 的所有工序子类型，下面介绍几种驱动方法，而最常见的几种驱动方法将在后面固定轴曲面铣相应的工序子类型中进行介绍。

1. 曲线/点驱动方法

曲线/点驱动方法通过指定点和曲线来定义驱动几何体。驱动曲线可以是敞开的或是封闭的，连续的或是非连续的，平面的或是非平面的。曲线/点驱动方法最常用于在曲面上雕刻图案或文字。在图 5.4 中的“驱动方法”选项组的“方法”下拉菜单中选择“曲线/点”方法，弹出如图 5.8 所示的“曲线/点驱动方法”对话框。

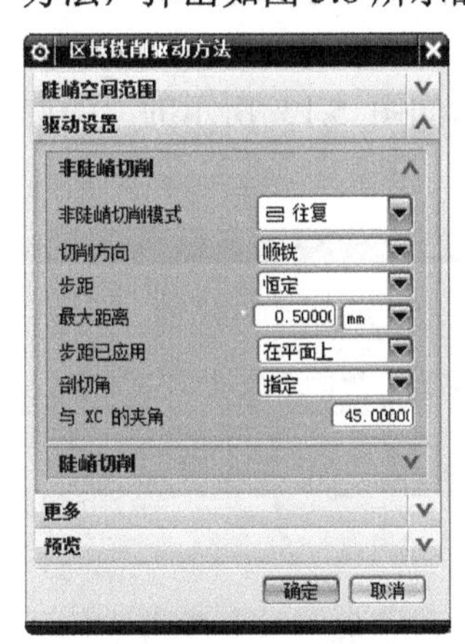

图 5.6　驱动方法设置

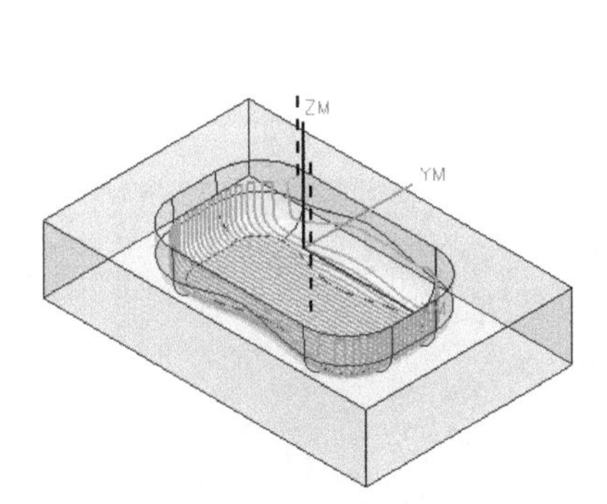

图 5.7　固定轮廓铣刀轨

图 5.8　“曲线/点驱动方法”对话框

1）驱动几何体选择

（1）点方式：在图形中依次指定所需选择的点，选择点为驱动几何体时，在所指定顺序的两点间以直线段连接生成轨迹。依序拾取 A、B、C 三个点，生成的刀轨如图 5.9 所示。

（2）曲线方式：当选择曲线作为驱动几何体时，将沿着所选择的曲线生成驱动点，刀具依照曲线的指定顺序，依序在各曲线之间移动形成驱动点，并可以选择“反向”来调整方向。选择多条曲线时，可以设置起始端。如图 5.10 所示为选择曲线生成的刀轨。

2）添加新集

同一驱动组刀轨之间是连接的，如图 5.11 所示。添加新集后选择的曲线将成为下一驱动组，驱动组之间将以区域间传递方式连接，也就是说在前一组曲线的终点退刀，到下一组曲线起始端进刀，如图 5.12 所示。

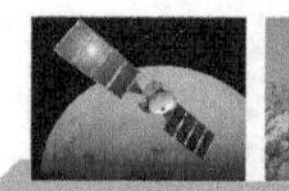

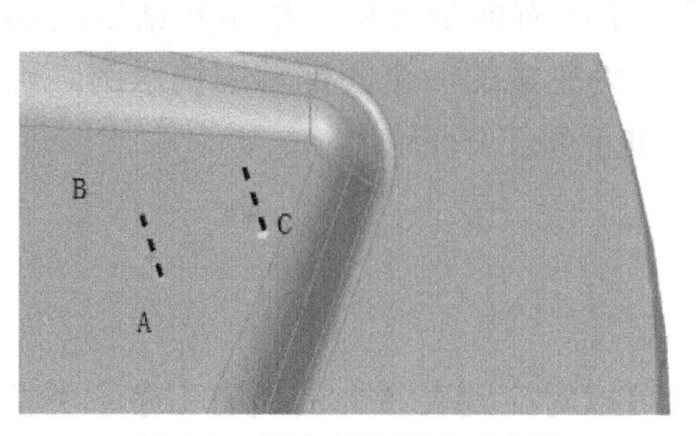

图5.9　指定点为驱动几何体

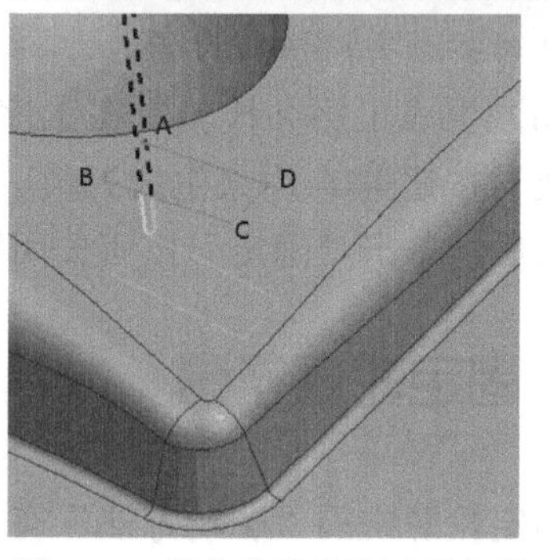

图5.10　指定曲线为驱动几何体

行家指点　“曲线/点”的驱动方法可以用来进行流道加工。将流道中心线指定为驱动曲线，零件面的余量设置为负值，刀具可以在低于零件面处铣削出一条槽，配合驱动几何体中的“数量”和“刀具接触偏移”即可分层加工出流道。

2. 螺旋式驱动方法

螺旋式驱动默认是从一个指定的中心点向外作螺旋线而生成驱动点的驱动方法。螺旋式驱动方法没有行间的转换，它的步距移动是光滑的，保持恒量向外过渡。螺旋式驱动方法一般只用于圆形零件。在驱动方法中选择“螺旋式”方法，弹出如图5.13所示的“螺旋式驱动方法”对话框。

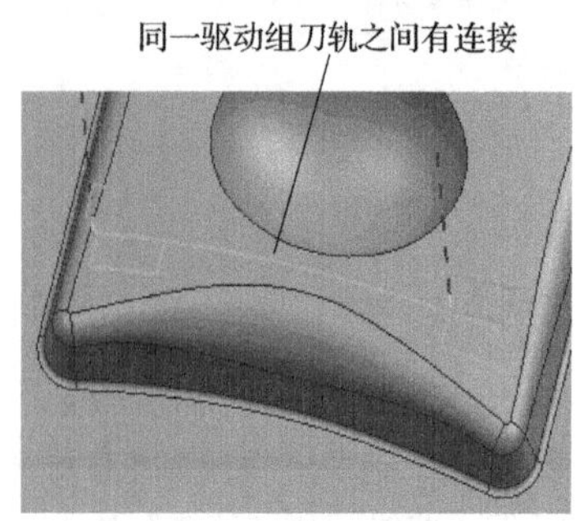

图5.11　只有一个集

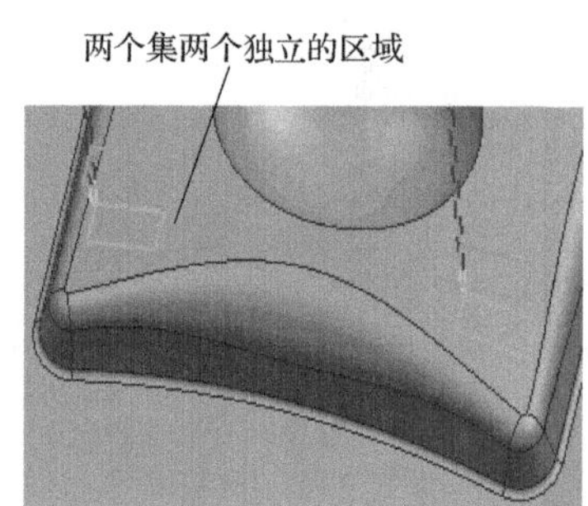

图5.12　添加新集

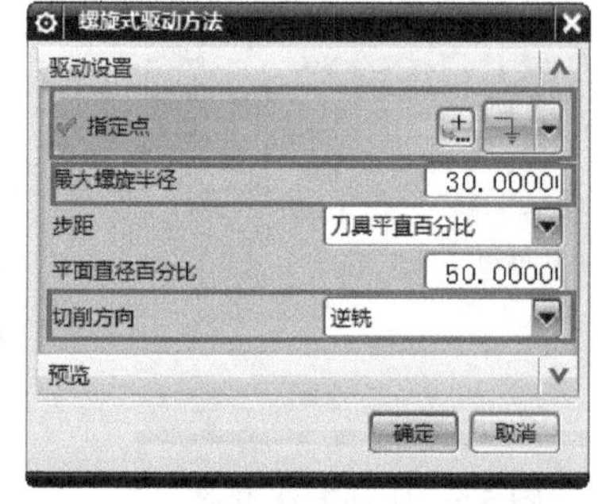

图5.13　“螺旋式驱动方法”对话框

1）指定点

指定点用于定义螺旋的中心位置，也定义了刀具的开始切削点，如图5.14所示为不同螺旋中心点生成的刀轨示例。

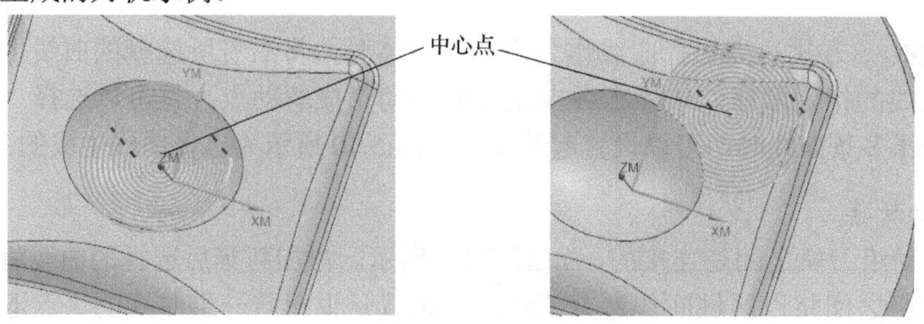

图5.14　螺旋中心点不同的刀轨对比

2）最大螺旋半径

最大螺旋半径用于限制加工区域的范围，螺旋半径在垂直于投影矢量的平面内进行测量，如图 5.15 所示。

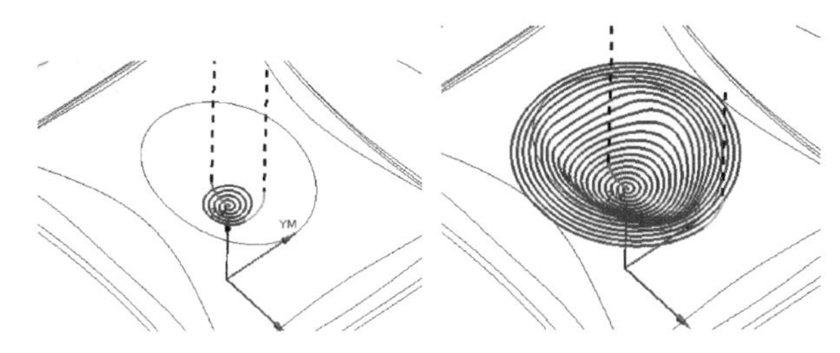

图 5.15 不同最大螺旋半径的对比

3）切削方向

切削方向与主轴旋转方向相关，它们共同定义驱动螺旋的方向是顺时针还是逆时针方向。其包含“顺铣”与“逆铣”两个选项，如图 5.16 所示。

3. 边界驱动方法

边界驱动方法可指定以边界或空间范围来定义切削区域。根据边界及其圈定的区域范围按照指定的驱动设置产生驱动点，再沿投影向量投影至零件表面，定义出刀具接触点与刀具路径。“边界驱动方法”对话框如图 5.17 所示，需要对如下参数进行设置。

驱动几何体：单击“指定驱动几何体”按钮，弹出“边界几何体”对话框，边界几何体的选择方法及选项与平面铣相同，最常用的选择模式为“曲线/边”。驱动几何体的边界，其刀具位置有三个选项，分别为“相切”“对中”“接触”，与“对中”或“相切”不同，“接触”点位置根据刀尖沿着轮廓曲面运动时的位置而改变。刀具沿着曲面前进，直到它接触到边界。在轮廓曲面上，刀尖处的接触点位置不同，当刀具在部件另一侧时，接触点位于刀尖另一侧。

公差：驱动几何体选择后，设置边界的内公差与外公差。

偏置：边界偏置可以对边界进行向内或向外的偏移。

空间范围：空间范围是利用沿着所选择的零件表面的外部边缘生成的边界线来定义切削区域，环与边界同样定义切削区域。

驱动设置：驱动设置是边界驱动方法的重要参数，包括对“切削模式”“刀路方向”“切削方向”“步距”“最大距离”等参数的设置，随着“切削模式”选择的不同，驱动设置参数略有不同。

1）切削模式设置

切削模式限定了走刀路径的图样和切削方向，与平面铣中的切削模式有点类似。与平面铣切削模式不同的是固定轮廓铣中所有的切削刀路是投影到曲面上，而不一定在一个平面上。如图 5.18 所示为切削模式选项，可以选择的切削模式有 15 种之多，除了在平面铣中介绍过的几种模式以外，另外还增加了同心与径向的两种图样，每一图样又有单向、往复、单向轮廓、单向步进 4 种走刀方式。

（1）跟随周边：跟随周边产生环绕切削的刀轨。需要指定加工方向——向内或向外，如图 5.19 所示为跟随周边的刀轨示例。

（2）轮廓（配置文件）：轮廓切削是沿着切削区域的周边生成轨迹的一种切削模式。可以用附加轨迹选项使刀具逐渐逼近切削边界，如图 5.20 所示为轮廓切削示例。

（3）标准驱动：标准驱动与轮廓相似，但允许自相交。

（4）单向：创建单向的平行刀位轨迹，如图 5.21 所示。此选项能始终维持一致的顺

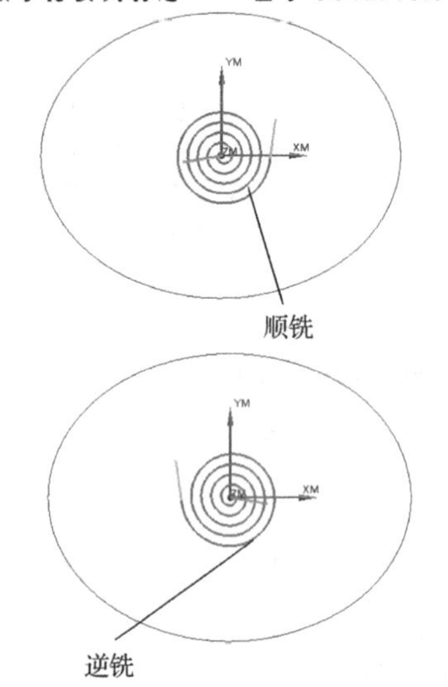

图5.16　切削方向对比

图5.17　“边界驱动方法”对话框

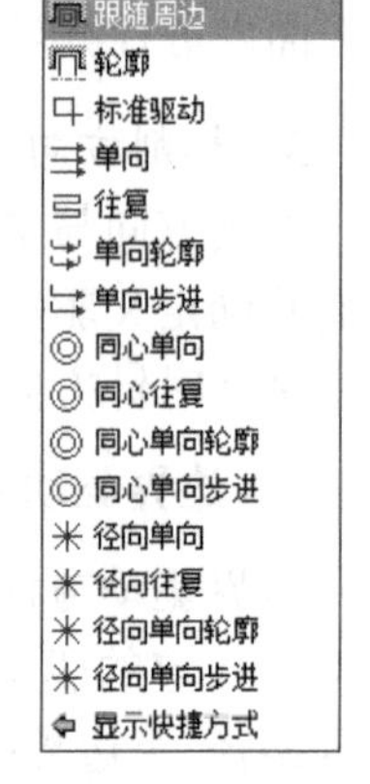

图5.18　切削模式选项

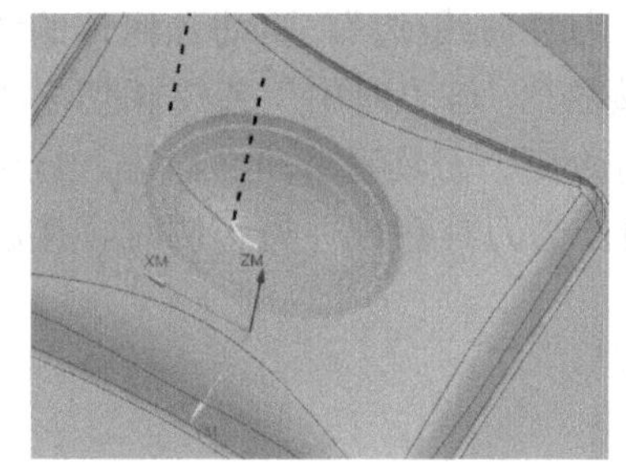

图5.19　跟随周边模式

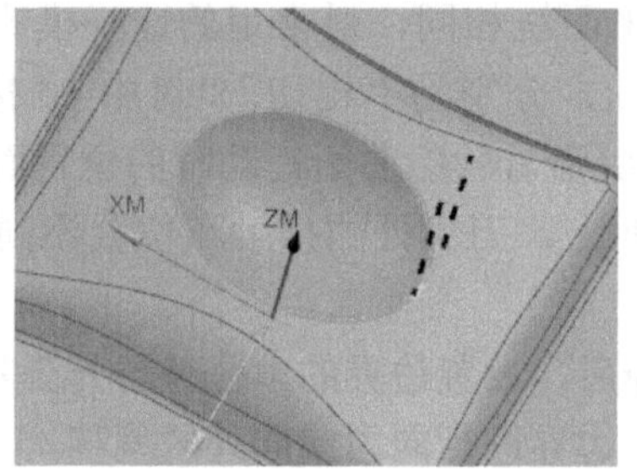

图5.20　轮廓模式

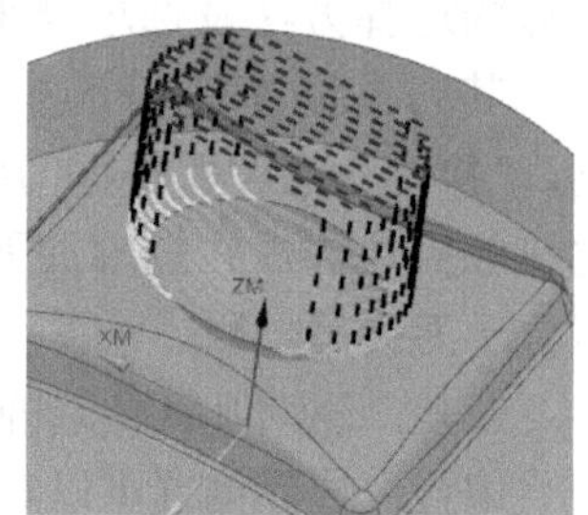

图5.21　单向模式

铣或逆铣切削。

（5）往复：创建双向的平行切削刀轨，加工刀轨如图5.22所示。

（6）单向轮廓：相对于单向切削，此方式进刀及退刀时将沿着轮廓到前一行的起点或终点，如图5.23所示。

（7）单向步进：用于创建单向的、在进刀侧沿着轮廓而在退刀边直接抬刀的刀位轨迹，如图5.24所示。

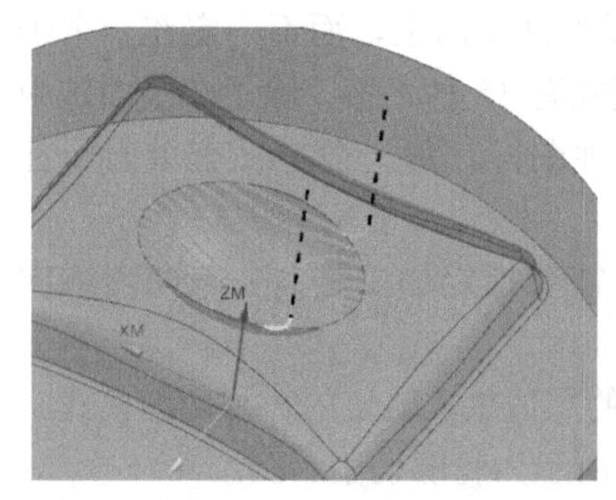

图5.22　往复模式

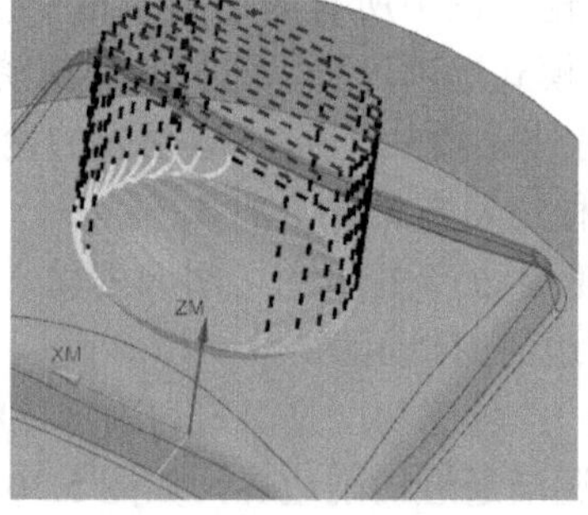

图5.23　单向轮廓模式

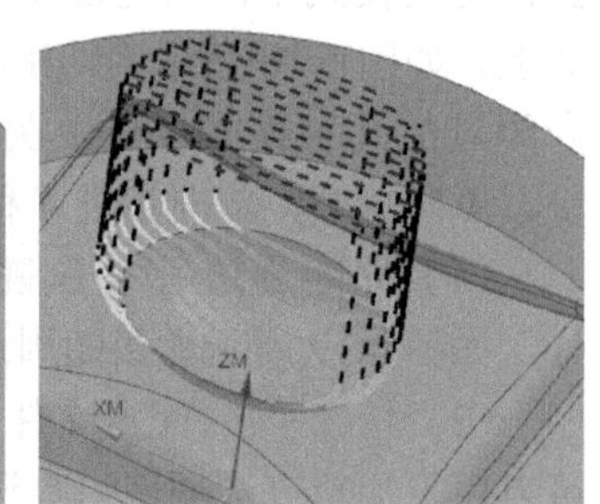

图5.24　单向步进模式

（8）同心◎：同心切削从用户指定的或系统计算出来的优化中心点生成逐渐增大或逐

渐缩小的圆周切削模式，并且其切削类型也可以分为单向、往复、单向轮廓与单向步进方式。如图 5.25 所示为同心切削路径示例。

（9）径向✳：径向产生放射状切削路径，由一个用户指定的或系统计算出来的优化中心点向外放射扩展而成；同样也分为单向、往复、单向轮廓与单向步进方式，如图 5.26 所示为径向切削路径的示例。在径向线模式下，步距长度是沿着离中心最远的边界点上的弧长进行测量的。另外在步进选项中，可以指定角度进给，这是径向线切削路径模式独有的设置参数。

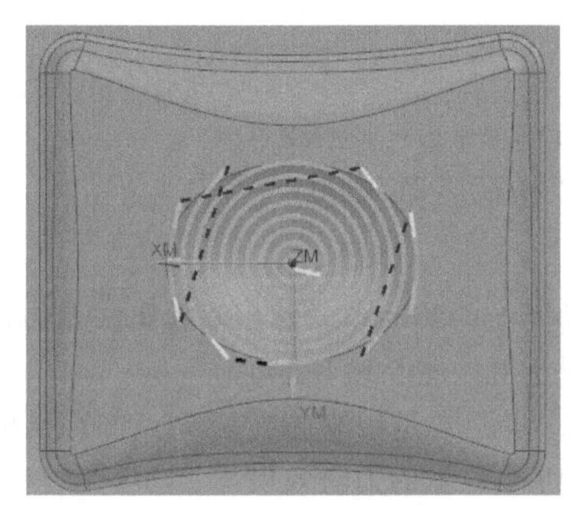

图 5.25　同心单向模式

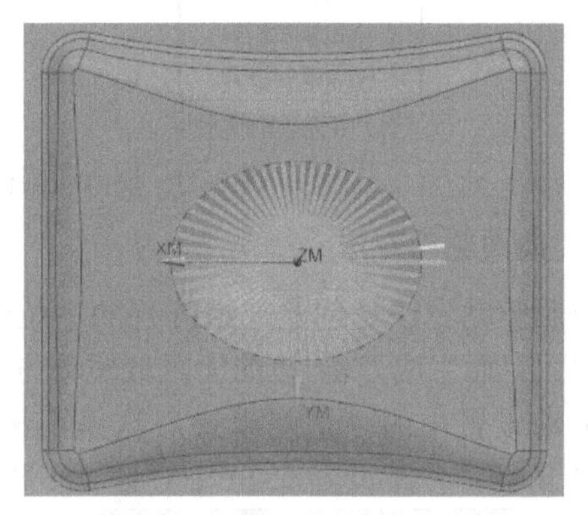

图 5.26　径向往复模式

2）刀路方向

图样（刀路）方向，用来指定由内向外或由外向内产生刀具路径。它只在跟随边界、同心圆、径向线路径模式下才激活。如图 5.27 所示为不同图样方向的刀具路径示例。

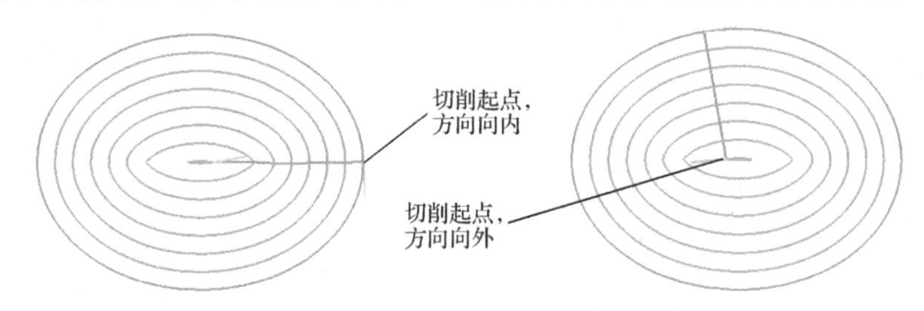

图 5.27　图样方向向内、向外的对比

3）切削角

切削角也叫切削角度，用于指定平行线切削路径模式中刀具路径的角度。切削角包括自动、指定与矢量三个选项。当选择“矢量”选项时，可以在下方的“角度”文本框中输入角度值。如图 5.28 所示为指定不同角度生成的刀具路径。

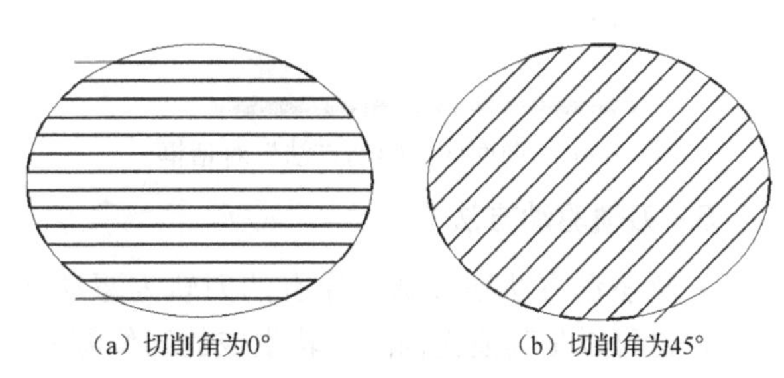

图 5.28　切削角度为 0° 和 45° 的对比

4）步距

步距用于指定相邻两道刀具路径的横向距离，即切削宽度。步距设定可以选择恒定、

残余高度、刀具平面直径百分比、多个等选项，与平面铣中对应的方式相同。当切削模式选择图 5.29（a）所示的径向切削模式时，“步距”将出现“角度”的方式，它是通过指定一个角度来定义一个恒定的步进，如图 5.29（b）所示。它不考虑在径向线外端的实际距离。

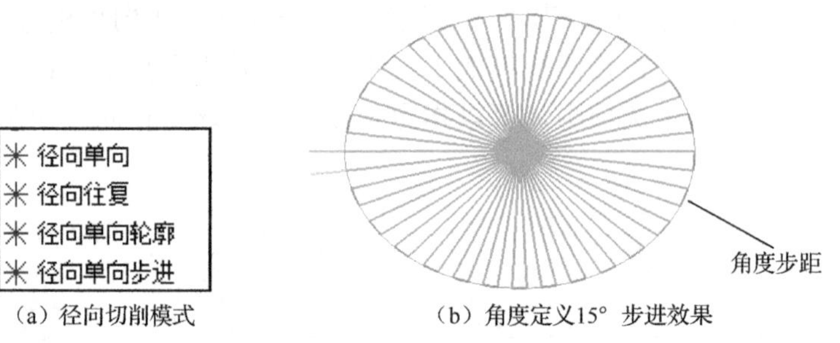

（a）径向切削模式　　（b）角度定义15°步进效果

图 5.29　径向切削模式下“角度”步距的使用

4. 曲面驱动方法

曲面驱动方法是创建一组阵列的、位于驱动面上的驱动点，然后沿投影矢量方向投影到零件面上而生成刀轨。“曲面区域驱动方法”对话框如图 5.30 所示。

驱动设置中的“切削模式”这里不再复述，步距数是用来指定驱动点的距离的，如图 5.31 所示，步距设置是 20 个数量、步长设置 10 个数量的刀轨效果。

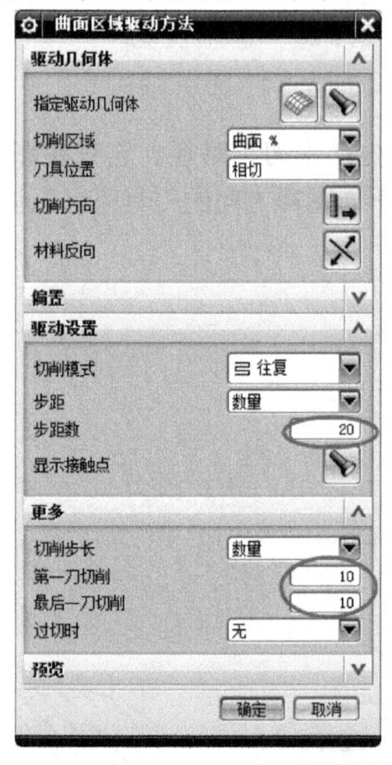

图 5.30 “曲面区域驱动方法”对话框

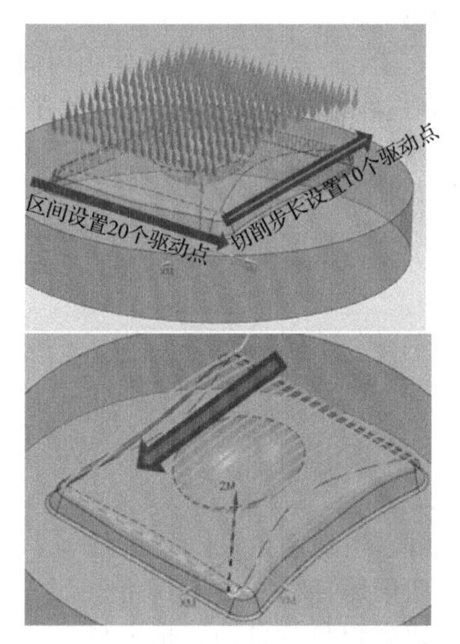

图 5.31　步距及步长设置的刀轨效果

5. 刀轨驱动方法

刀轨驱动方法通过制定原有的刀轨为驱动几何体来生成刀轨。刀轨可以是当前这一文档的，也可以是其他文档的刀轨生成的刀位源文件——CLSF 文件。

1）CLSF 中的刀轨

在一个 CLSF 文件中，可以包含多个刀轨，此时可以选择其中的刀轨作为驱动刀轨。

对于选择的刀轨，还可以采用重播方式将其显示在屏幕上，或者选择列表功能显示文件。

2）按进给率划分的运动类型

在一个刀轨中，可以按进给率划分的运动类型选择是否作为驱动刀轨的一部分投影到曲面上。

如图 5.32 所示为一个原刀轨的回放，如图 5.33 所示为使用刀轨驱动方法在底面生成的刀轨。

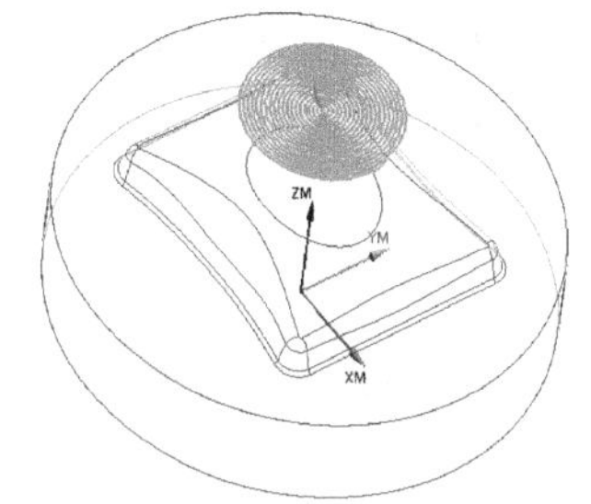

图 5.32　原刀轨

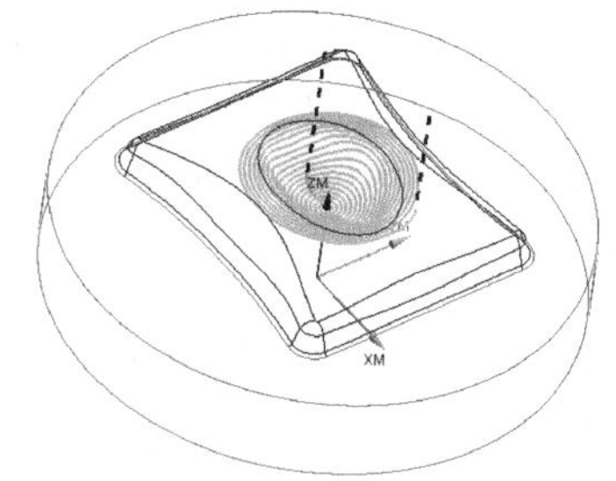

图 5.33　刀轨驱动得到的新刀轨

6. 径向切削驱动方法

径向切削驱动方法允许使用指定的“步距”“带宽”“切削类型”生成沿着并垂直于给定边界的“驱动轨迹”。径向切削驱动曲面铣可以创建沿一个边界向单边或双边放射的刀轨，特别适用于环形区域的清角加工。在曲面铣工序对话框中选择驱动方法为“径向切削”，弹出“径向切削驱动方法”对话框，如图 5.34 所示。

（1）驱动几何体：单击“指定驱动几何体”按钮，选择“驱动几何体”选项，弹出如图 5.35 所示的“临时边界”对话框。创建临时边界的方法与平面铣中创建边界的方法是一致的。

（2）切削类型：切削类型可以选择单向或往复。

（3）步距：径向切削驱动的步距有 4 种设置方法，分别为“恒定”“残余波峰高度”“刀具直径”和“最大”。“最大”选项用于定义水平进给量的最大距离，选择该选项时，可在其下方的文本框输入最大距离值。这种方式用于有向外放射特征的加工区域最为合适。如图 5.36 所示为使用“恒定”与使用“最大”两种方式以同样距离产生的刀轨对比。

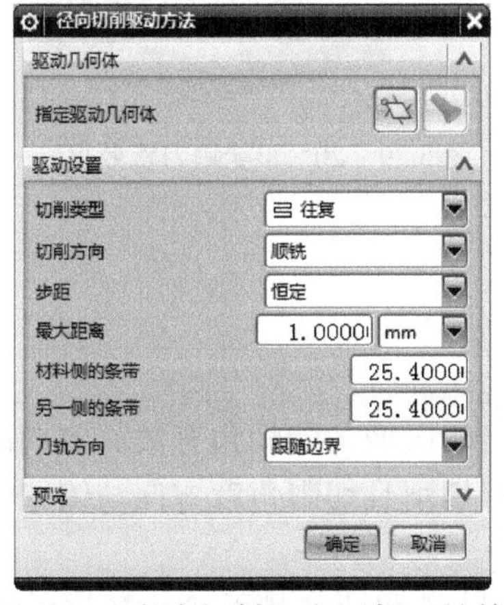

图 5.34 “径向切削驱动方法”对话框

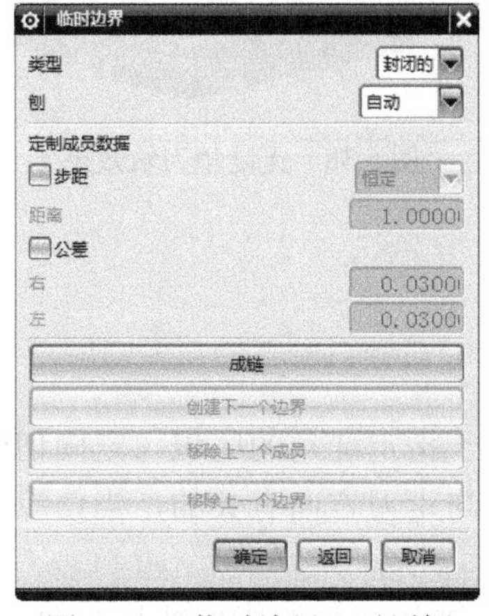

图 5.35 “临时边界”对话框

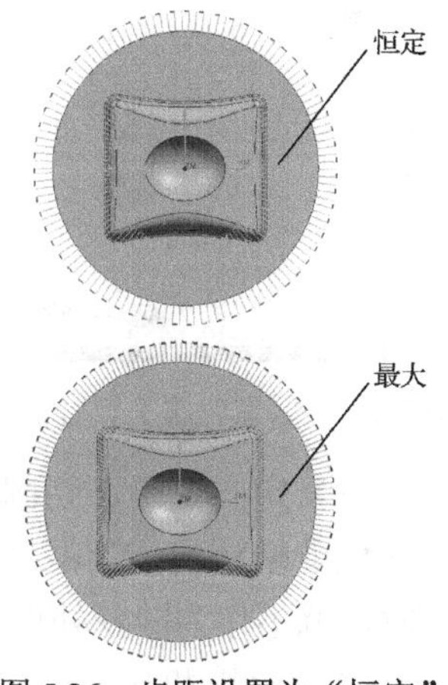

图 5.36　步距设置为“恒定”和“最大”的效果对比

（4）刀轨方向：可以选择“跟随边界”，沿边界进行横向进给，“边界反向”则与选择边界指示方向的相反方向进行横向进给。

5.3　区域铣削

扫一扫看区域铣削微课视频

扫一扫下载区域铣削模型源文件

区域铣削驱动曲面铣是最常用的一种精加工工序方式。区域铣削驱动与边界驱动生成的刀轨有点类似，但是其不需要选择驱动几何体，同时创建的刀轨可靠性更好，并且可以有陡峭区域判断及步距应用于部件上的功能，建议“驱动方法”设置优先选用区域铣削。“区域轮廓铣”对话框如图 5.37 所示。

1. 陡峭空间范围

陡峭空间范围可以指定的陡角将切削区域分隔为陡峭区域与非陡峭区域，而加工时可以只对其中某个区域进行加工。在陡峭空间范围中共有以下 4 个方法。

（1）无：切削整个区域。不使用陡峭约束，加工整个工件表面，无陡峭设置 45° 切削方向的刀轨效果如图 5.38 所示。

（2）非陡峭：切削平缓的区域，而不切削陡峭区域，通常可作为等高轮廓铣的补充，设置 20° 非陡峭角、45° 切削方向的刀轨效果如图 5.39 所示。

图 5.37　“区域轮廓铣”对话框

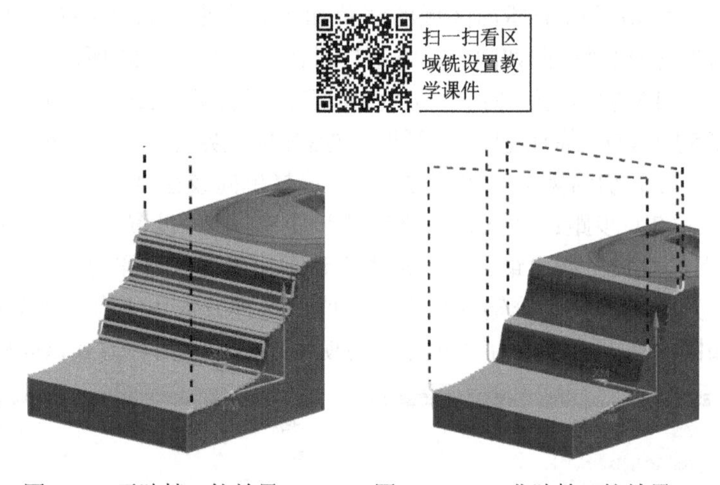

图 5.38　无陡峭刀轨效果

图 5.39　20° 非陡峭刀轨效果

（3）定向陡峭：切削大于指定陡角的区域。定向切削陡峭区域与陡峭角有关。定向陡峭区域陡峭边的切削区域是与走刀方向有关的，当使用平行切削且切削角度方向与侧壁平行时，就不作为陡壁处理。

（4）陡峭和非陡峭：通过陡峭角的指定将区域划分为陡峭和非陡峭两个大的区域范围，由于曲面的特点可能会有多个不连续的陡峭和非陡峭区域。按照如图 5.40 所示的设置

参数，在相同的区域范围内按照陡峭和非陡峭的不同设置生成刀轨，刀轨效果如图 5.41 所示。

2. 切削模式

在区域铣削驱动方法的切削模式与边界驱动方法有相同的选项，只增加了一个选项：往复上升。相对于往复切削，往复上升在步距间转换时向上提升以保持连续的进给运动，如图 5.42 所示为往复与往复向上的刀轨对比。

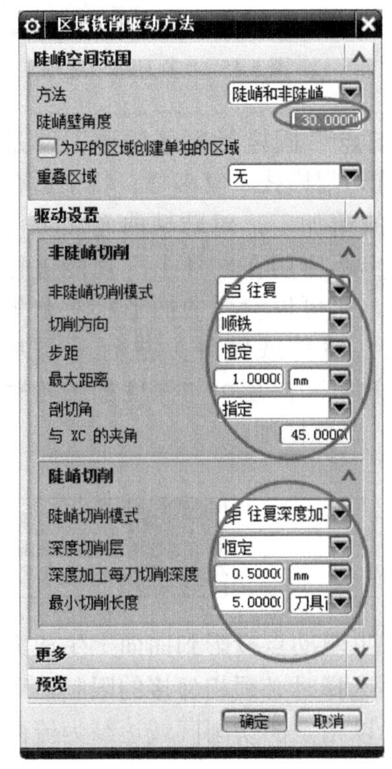

图 5.40 陡峭和非陡峭切削参数的设置

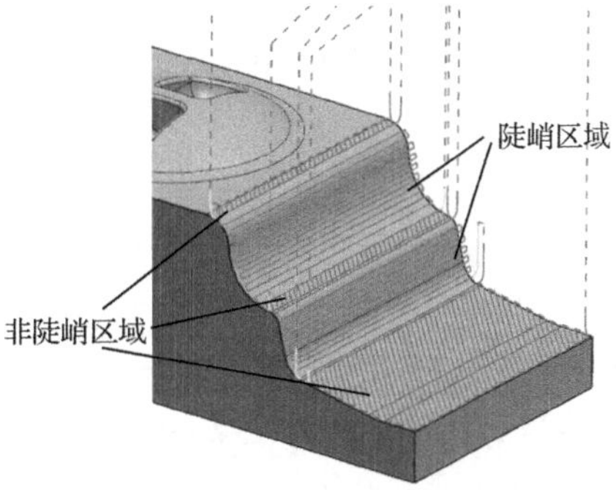

图 5.41 陡峭和非陡峭的刀轨效果

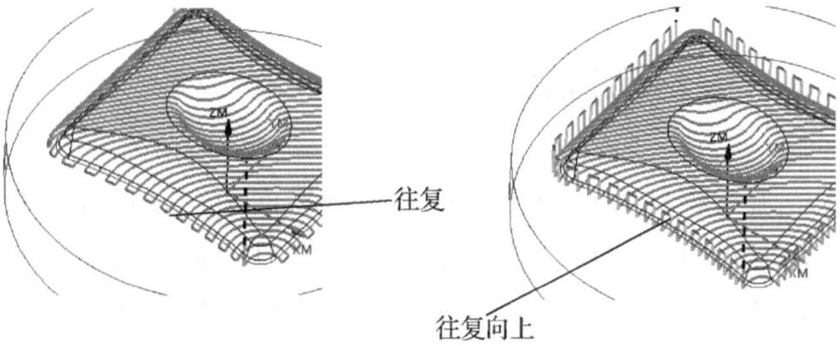

图 5.42 往复与往复上升的刀轨对比

3. 步距已应用

当区域铣削驱动方法的陡峭空间范围“方法”设置为“无”时，驱动设置为“步距已应用”可以选择“在平面上”或“在部件上”的方式来应用步距。“在平面上”步进是在垂直于刀具轴的平面上即水平面内测量的 2D 步距，产生的刀轨如图 5.43 所示，它适用于坡度改变不大的零件加工。“在部件上”步进是沿着部件测量的 3D 步距，如图 5.44 所示。其可以实现对部件几何体较陡峭的部分维持更紧密的步距，以实现陡峭切削区域的切削，残料量相对均匀。

4. 多刀路切削参数设置

多刀路切削可应用于铸件的开粗或半精加工，它通过对图 5.45 所示的部件余量偏置进行设置，再对部件余量通过选定刀路数进行分层，得到如图 5.46 的多刀路刀轨：10 mm 高度分 3 层（假设不计余量），那每一层的深度就是 3.33 mm；如果带余量为 1 mm，则 10 mm 减去余量 1 mm 后再平均分配 3 层，每层深度为 3 mm。

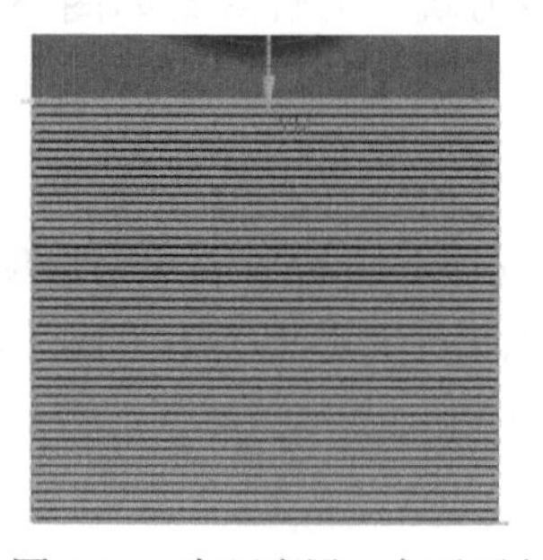

图 5.43　步距应用：在平面上

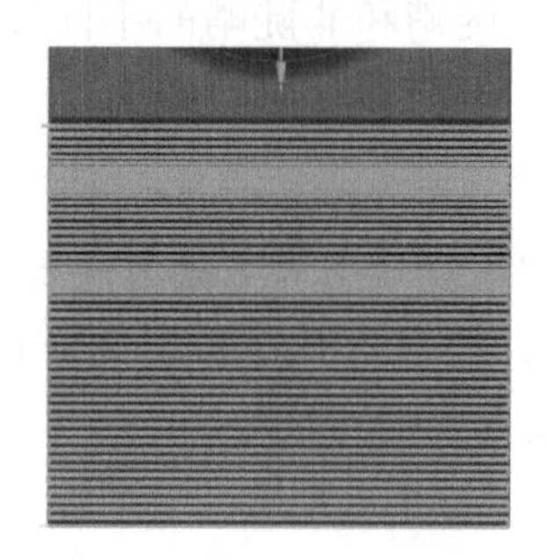

图 5.44　步距应用：在部件上

图 5.45　“多刀路”选项卡

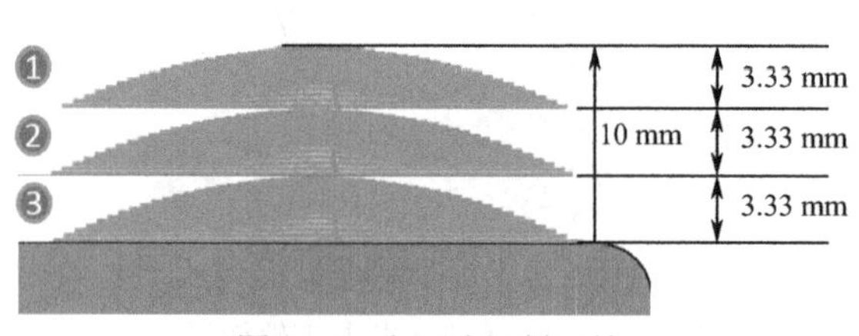

图 5.46　多刀路切削刀轨

行家指点　固定轴区域铣削刀路是3D的，且切削模式丰富多样。特别适合平坦曲面的精加工，对陡峭曲面加工可以通过“步距应用在部件上”功能进行适当弥补。它可以参考曲面形状对余量均匀毛坯（铸件或锻件）进行分层加工，加工效率高；还可与深度加工轮廓结合使用，避免插削。

5.4　流线驱动铣削

扫一扫看流线驱动铣削微课视频

流线驱动方法通过构建一个网格曲面，在以其参数来产生驱动点投影到曲面上生成刀轨。它可以用曲线、边界来定义驱动几何体，并且不受曲面选择时必须相邻接的限制，可以选择有空隙的面；同时流线铣可以指定切削区域，并自动以指定的切削区域边缘为流曲线与交叉曲线作为驱动几何体。

流线铣削的特点：①刀路的形状与流线形状一致；②可以指定恒定步距；③刀路不受曲面质量影响，只受曲线质量影响；④主要用于曲面铣无法实现的特殊曲面。

创建流线铣工序时，在工序对话框的驱动方法下拉菜单中选择“流线”方法，弹出如图 5.47 所示的“流线驱动方法”对话框。对话框的上半部分为驱动几何体指定，下半部分为驱动设置。

1. 驱动曲线选择

如图 5.47 所示，对话框的上半部分的“驱动曲线”用于指定驱动几何体，可使用“自动”方式或“指定”方式。使用“自动”方式，系统将自动根据切削区域的边界边缘生成流曲线集和交叉曲线集，并且忽略小的缝隙与孔。使用“指定”方式，手动选择流曲线与交叉曲线的方法来创建网格曲面，选择曲线时需要注意选择曲线的方向，以及在何时添加新集。切削方向的设置有 8 个方向，手动选择其中一个方向即可完成设置，如图 5.48 所示是两个不同切削方向的刀轨对比。

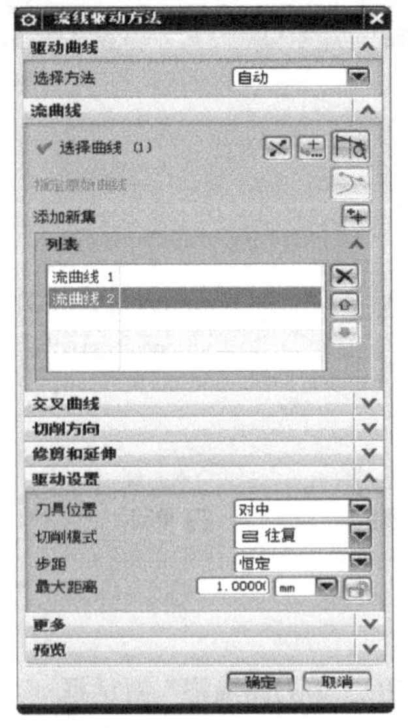

图 5.47 “流线驱动方法”对话框

扫一扫看流线铣工序设置教学课件

扫一扫下载流线铣削设置模型源文件

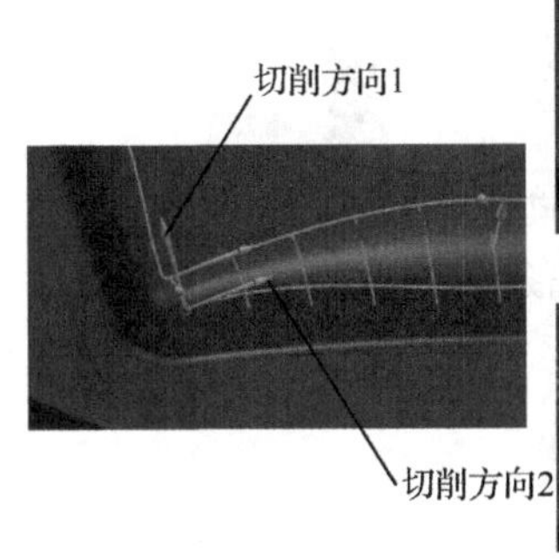

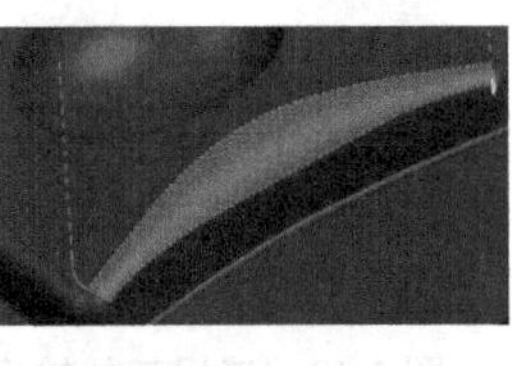

图 5.48 流线驱动方法切削方向对比

2. 驱动设置

选择驱动几何体后可以进行驱动几何体的参数设置与驱动设置，“驱动设置”选项的大部分选项与区域铣削驱动方式相同，这里不做解释。

“裁剪和延伸”相当于在切削区域中指定百分比方式。“步距”可以使用数字或最大值的方式进行定义。

5.5 清根铣削

扫一扫看清根铣削微课视频

扫一扫看固定轴清根铣工序设置教学课件

扫一扫下载清根铣模型源文件

清根切削沿着零件面的凹角和凹谷生成刀具路径。它常用来加工前期使用了较大刀具造成凹部区域的剩余残料，在模具零件铣削中其用于半精、精光加工。清根铣削工序一般使用球头刀。

固定轴清根铣工序的特点：①单条刀路清根，刀具 R 必须大于等于模型需要加工处的圆角 R；②参考刀具清根对加工刀具 R 没有要求，但是对参考的刀具有要求；③通过陡峭设置能有效地控制插铣刀路的产生；④指定切削区域可以实现有针对性的清根。

清根刀轨输出的必要条件是有双切点接触，继而产生双清根线限定参考加工的区域，如图 5.49 所示。

在“固定轮廓铣”驱动方式设置为清根类型后，在清根驱动方法的驱动设置中，可以选择以下 3 种方式。

1. 单刀路

单刀路是指沿着凹角与沟槽产生一条单一刀具路径，“单刀路清根”对话框如图 5.50 所示。使用单刀路清根的刀轨效果如图 5.51。

2. 多刀路

多刀路是指通过指定偏置数目及步距，在清根中心的两侧产生多道切削刀具路径。选

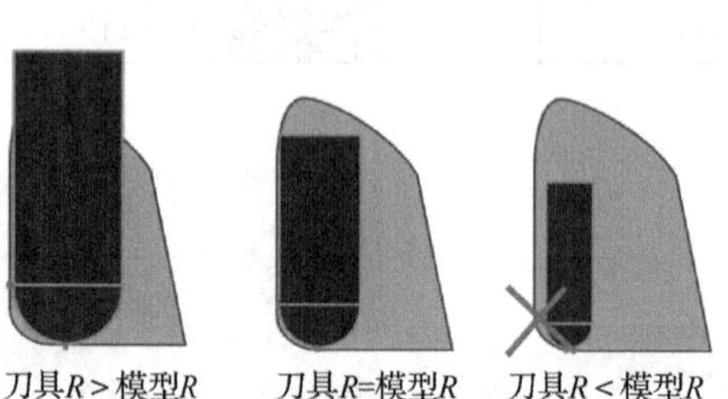

图 5.49　清根刀轨输出条件 R 判定示意图

图 5.50　“单刀路清根”对话框

择多个偏置后的驱动设置选项如图 5.52 所示，生成的刀路如图 5.53 所示。

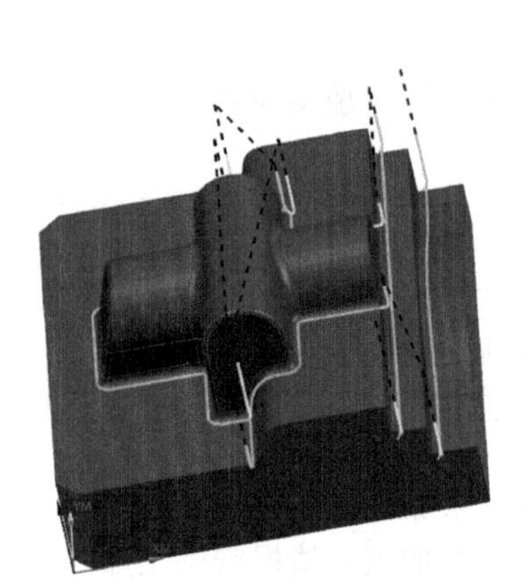

图 5.51　单刀路清根效果

图 5.52　“多刀路清根”对话框

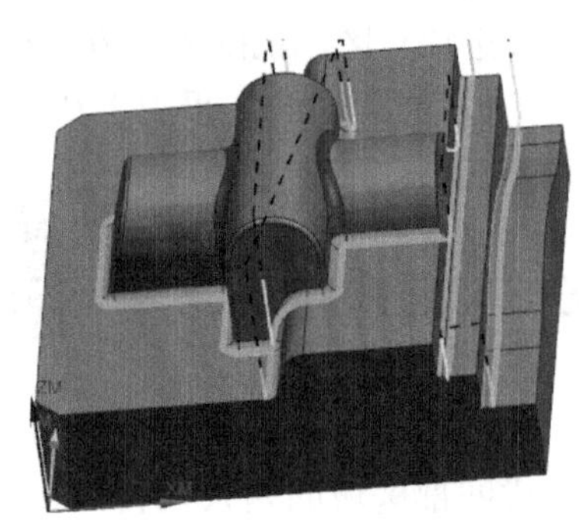

图 5.53　多刀路清根效果

3. 参考刀具偏置

参考刀具驱动方法通过指定一个参考刀具直径来定义加工区域的总宽度，并且指定该加工区域中的步距，在以凹槽为中心的任意两边产生多条切削轨迹。可以用“重叠距离”选项，沿着相切曲面扩展由参考刀具直径定义的区域宽度。选择参考刀具偏置后的驱动设置选项如图 5.54 所示，生成的刀路如图 5.55 所示。

参考刀具清根的切削模式多了：单向由高到低切削、单向由低向高切削、往复由高向低切削和往复由低向高切削 4 种，其切削刀轨如图 5.56 所示。

4. 清根刀轨的其他参数

（1）驱动几何体：驱动几何体通过参数设置的方法来限定切削范围。

① 最大凹腔：决定清根切削刀轨生成所基于的凹角。刀轨只有在那些等于或小于最大凹角的区域生成。当刀具遇到那些在零件面上超过了指定最大值的区域，刀具将回退或转移到其他区域。

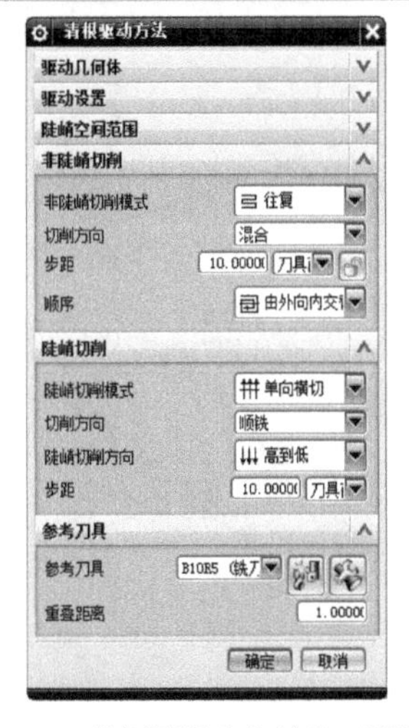

图 5.54　“清根驱动方法”对话框

图 5.55　参考刀具清根效果

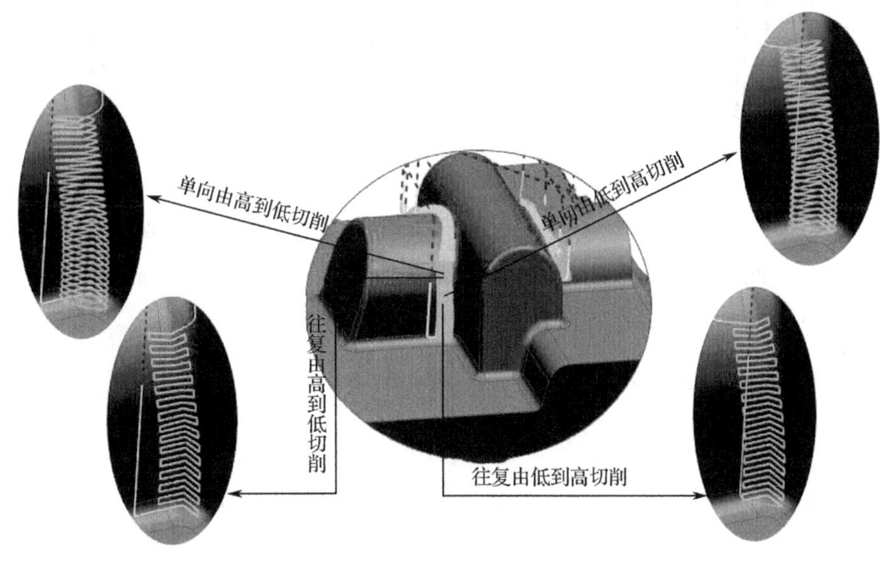

图 5.56　参考刀具清根的切削模式

② 最小切削长度：当切削区域小于所设置的最小切削长度，那么在该处将不生成刀轨。这个选项在排除圆角的交线处产生非常短的切削移动是非常有效的。

③ 连接距离：将小于连接距离的、断开的两个部分进行连接，两个端点的连接是通过线性地扩展两条轨迹得到的。

（2）陡峭：陡峭选项与等高轮廓铣相同，区分陡峭程序来决定是否生成刀轨。在清根切削中还可以为陡峭切削指定切削顺序。“陡峭空间范围”可以区分陡峭程度来决定是否生成刀轨，可以选择“无”“陡峭”“非陡峭”3 个选项。如图 5.57 所示为指定角度为 45°时，选择不同的空间范围选项生成的刀轨效果。

（3）非陡峭切削顺序：决定切削轨迹被执行的次序。顺序有以下 6 个选项，不同顺序选项生成的刀轨如图 5.58 所示。

① 由内向外：刀具由清根切削刀轨的中心开始，沿凹槽切第一刀，步距向外一侧移

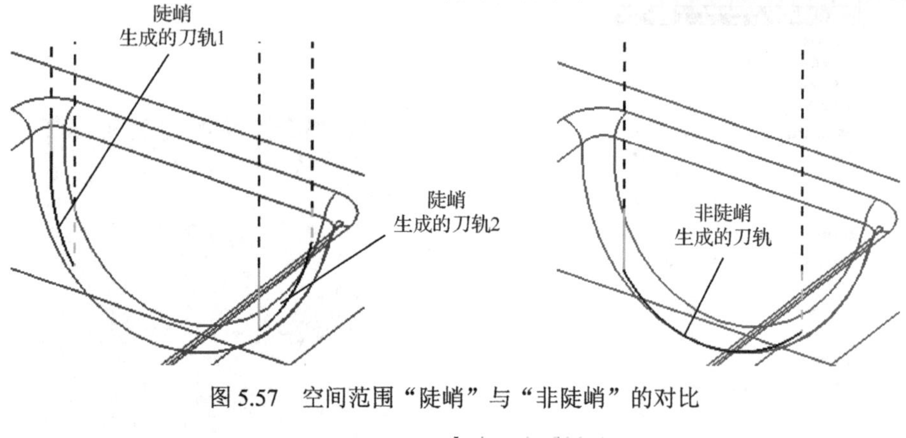

图5.57　空间范围“陡峭”与“非陡峭”的对比

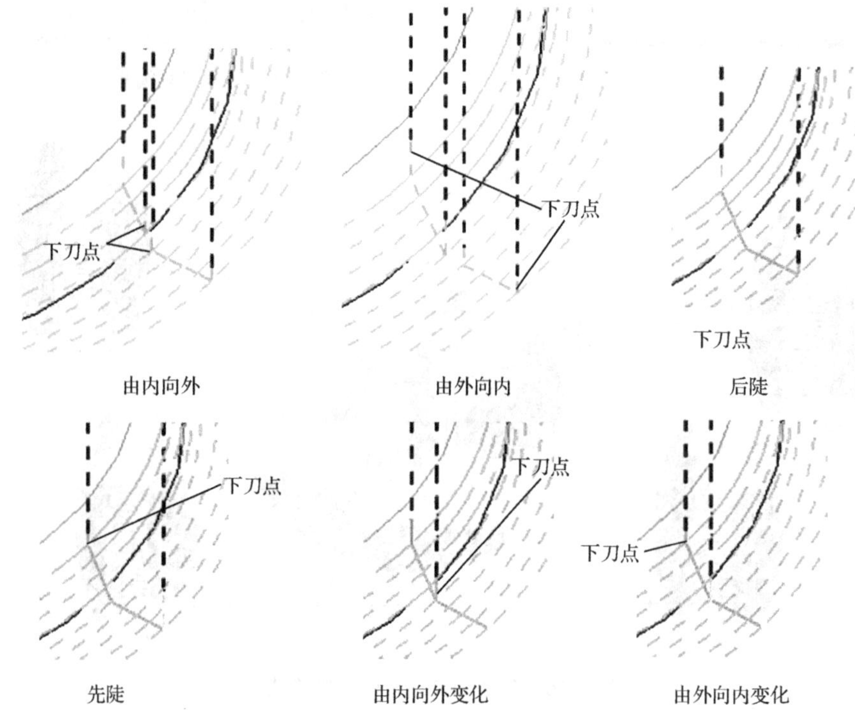

图5.58　不同切削顺序的刀轨效果对比

动，然后刀具在两侧间交替向外切削。

② 由外向内：刀具由清根切削刀轨的侧边缘开始切削，步距向中心移动，然后刀具在两侧间交替向内切削。

③ 后陡：是一种单向切削，刀具由清根切削刀轨的非陡壁一侧移向陡壁一侧，刀具穿过中心。

④ 先陡：是一种单向切削，刀具由清根切削刀轨的陡壁一侧移向非陡壁一侧处。

⑤ 由内向外变化：刀具由清根切削刀轨的中心开始，沿凹槽切第一刀，再向两边切削，并交叉选择陡峭方向与非陡峭方向。

⑥ 由外向内变化：刀具由清根切削刀轨的一侧边缘开始切削，再切削另一侧，类似于环绕切削方式切向中心。

5.6 刻字加工

文本驱动方法直接以注释文本为驱动几何体，生成刀位点并投影到部件曲面生成刀轨。其与平面铣中的平面文本铣削的区别在于，曲面铣中的文本将被投影到曲面上用以加工曲面。“轮廓文本”对话框如图 5.59 所示。

（1）文本几何体：文本驱动的“轮廓文本”对话框中将出现“指定制图文本”按钮 A，单击该按钮，弹出如图 5.60 所示的“文本几何体”对话框，在图形上拾取注释文字。选择完成后单击“确定”按钮返回“轮廓文本”对话框。

（2）文本深度：在“轮廓文本”对话框的刀轨设置中直接设置文本深度，或者在“切削参数”对话框中设置文本深度以控制加工深度，如图 5.61 所示。

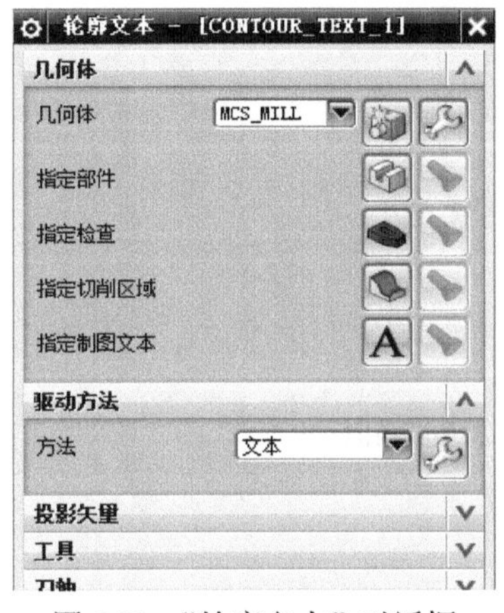

图 5.59 “轮廓文本”对话框

图 5.60 选择文本

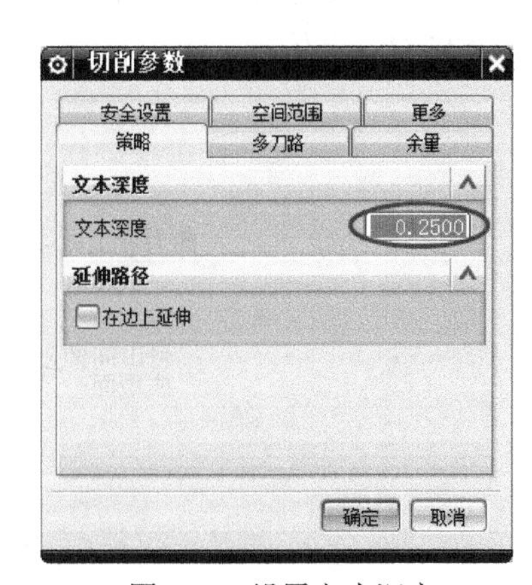

图 5.61 设置文本深度

文本深度是指文切削后的“字”的深度，相应的余量设置如图 5.62 所示；当深度较大时，应该进行多层的切削，可以在“多刀路”选项卡（图 5.63）中进行设置。部件余量的偏置表示刀具距离模型表面开始切削的高度，多重切削的步进方法一般选择“刀路”模式，根据切削深度来设置刀路数。轮廓文本刀轨效果如图 5.64 所示。

图 5.62 设置相应的余量

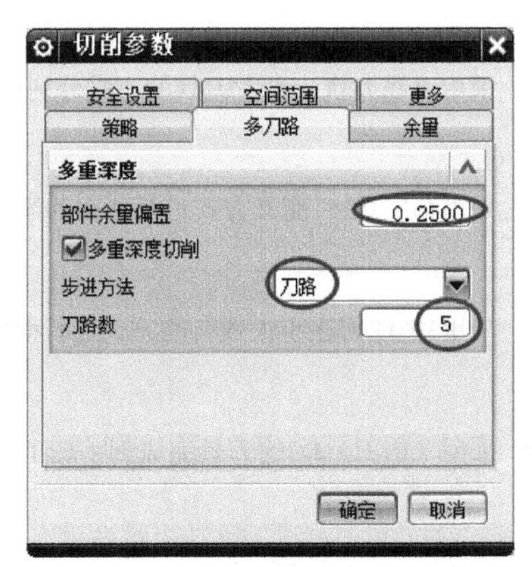

图 5.63 “多刀路”选项卡

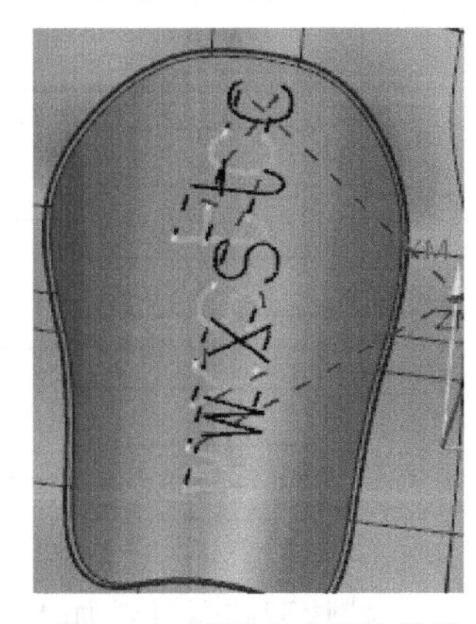

图 5.64 轮廓文本刀轨效果

案例4 护膝型芯零件CAM

1. 护膝型芯零件铣加工工艺

护膝型芯零件数字化模型如图 5.65 所示，分型面是光滑过渡的曲面，成型表面是两个大的自由曲面和圆角面，结构上采用一模两腔出两件。本案例需要加工的是护膝型芯零件的曲面整体加工。坯料采用精坯料，高度可以有一定的余量。开粗安排 D32R1 的圆角刀，再用 B16R8 的球头刀二次补开，由于成型的圆角曲面半径只有 1.5 mm，再安排一把 B10R5 的球头刀补开成型圆角面；由于成型的圆角面呈流线型，建议这个部分的补开刀轨设置成流线走刀方式，分别用 B6R3 和 B3R1.5 的球刀完成加工；成型圆角面精加工采用两次参考刀具清根完成；曲面的加工采用 B16R8 的球刀粗精加工该面；最后进行刻字加工完成“WXSTC”字体。

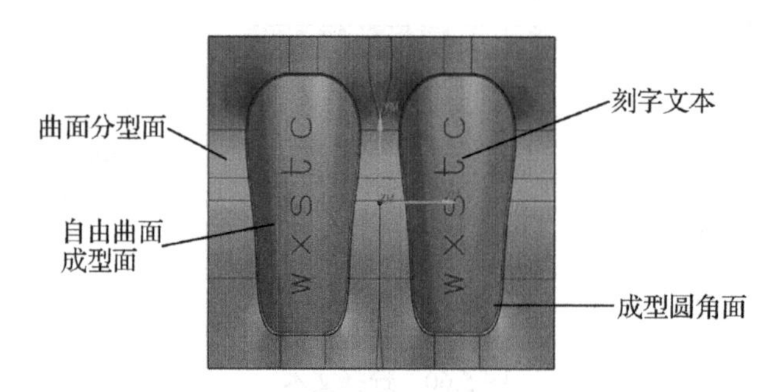

图 5.65 护膝型芯零件数字化模型

护膝型芯零件数控铣削的加工工艺路线如下：

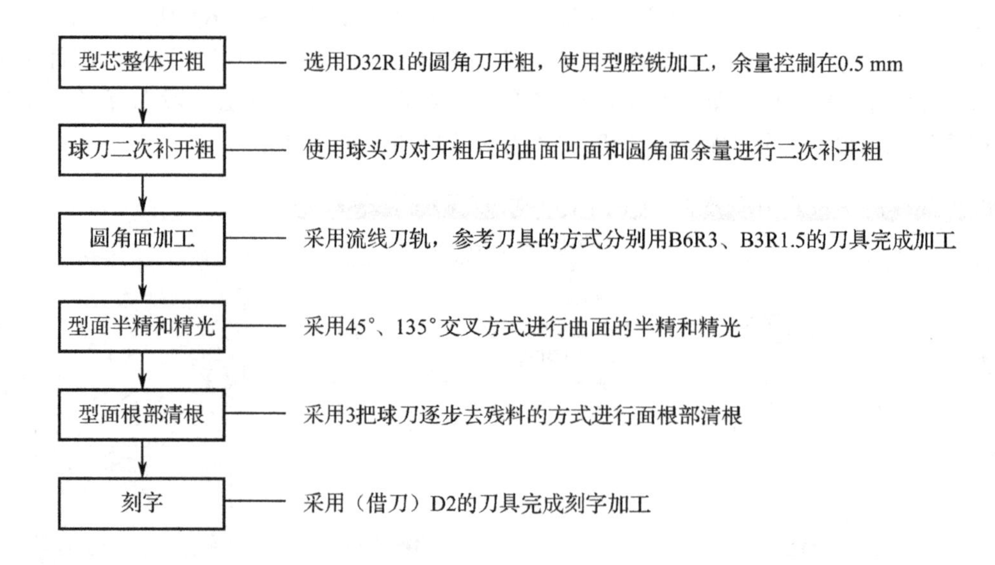

护膝型芯零件铣加工工序卡如表 5.2 所示。

表 5.2 护膝型芯零件铣加工工艺卡

工步	工步内容	加工方式（轨迹名称）	刀具	主轴转速（r/min）	进给速度（mm/min）	切削深度（mm）	余量（mm）		图解
							侧面	底面	
1	整体粗加工	CAVITY	D32R1	3000	2000	0.5	0.5	0.5	
2	整体二次补粗加工	CAVITY	B16R8	3500	2000	0.3	0.5	0.5	
3	局部圆角面二次补开粗	CAVITY	B10R5	3500	2000	0.2	0.5	0.5	
4	型面半精	CONTOUR	B16R8	4000	1500	0.1	0.1	0.1	
5	型面精光	CONTOUR	B16R8	4000	800	0.1	0	0	
6	圆角面一次清根	FLOWCUT	B10R5	5500	2000	0.35	0.1	0.1	
7	圆角面二次清根	FLOWCUT	B6R3	8000	800	0.1	0	0	
8	圆角面三次清根	FLOWCUT	B3R1.5	15000	600	0	0	0	
9	刻字	CONTOUR	B3R1.5	15000	600	0	0	−0.25	

2. 护膝型芯 CAM 准备

扫一扫看护膝型芯零件开粗加工操作视频

1）模型导入

选择“启动”→“加工”命令，弹出“加工环境”对话框进入加工环境。单击 按

钮，在弹出的“打开”对话框中根据文件存放路径选择“护膝型芯”文件后单击OK按钮导入护膝型芯零件数字模型，如图5.66所示。

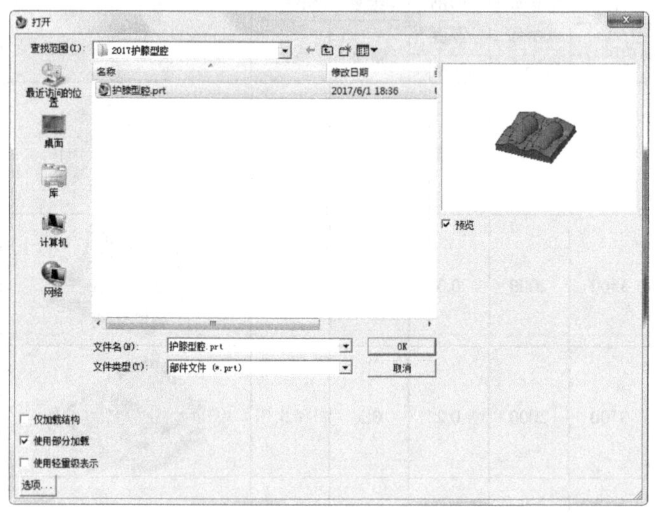

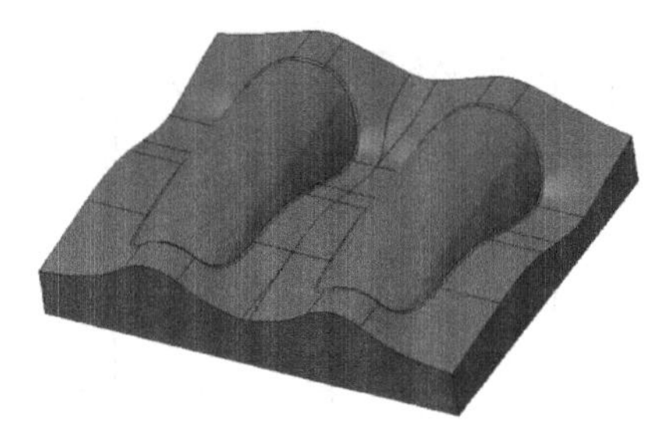

图5.66　导入护膝型芯模型

2）创建“MCS”及几何体

进入加工环境，单击按钮，工序导航器显示几何视图，双击MCS_MILL节点弹出“MCS铣削”对话框，在“安全设置”选项组的“安全距离”文本框中输入30；通过“点”对话框选取模型底面的两对角点来构建MCS（加工坐标系），如图5.67所示，设置后的MCS坐标系效果如图5.68所示。

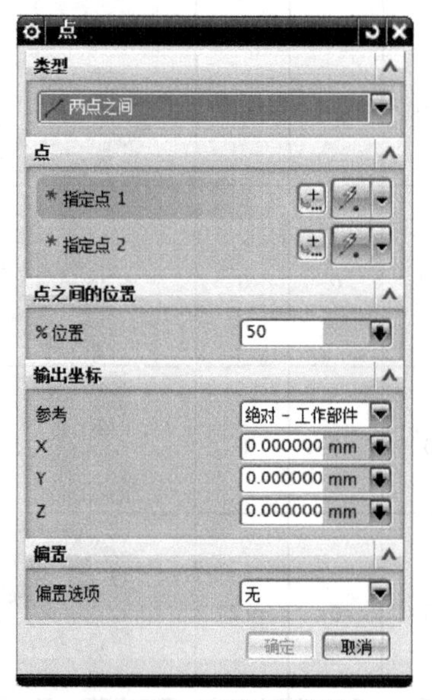

图5.67　“点”对话框

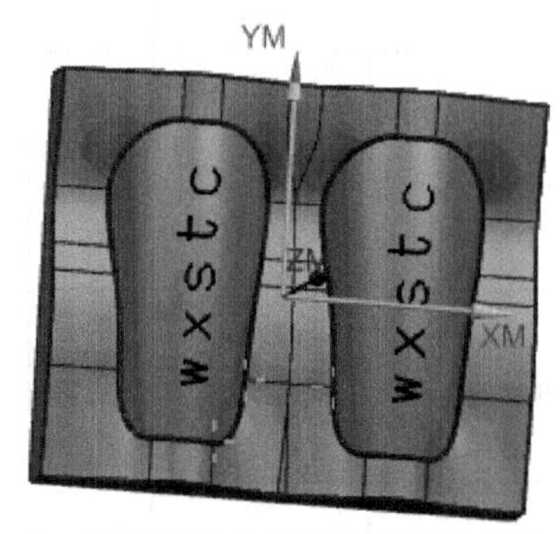

图5.68　用“两点之间”的方法设置加工原点

双击WORKPIECE节点，弹出“工件”对话框，单击“指定部件”按钮，弹出“部件几何体”对话框，选中“护膝型芯模型”后单击确定按钮完成部件几何的设置，设置效果如图5.69所示。

单击“指定毛坯”按钮，弹出“毛坯几何体”对话框，在“类型”下拉菜单中选择“几何体”类型，选择前期创建的实体方块作为毛坯，效果如图 5.70 所示。本案例毛坯为六面精磨毛坯（注：也可用包容块的方法来指定毛坯几何体）。

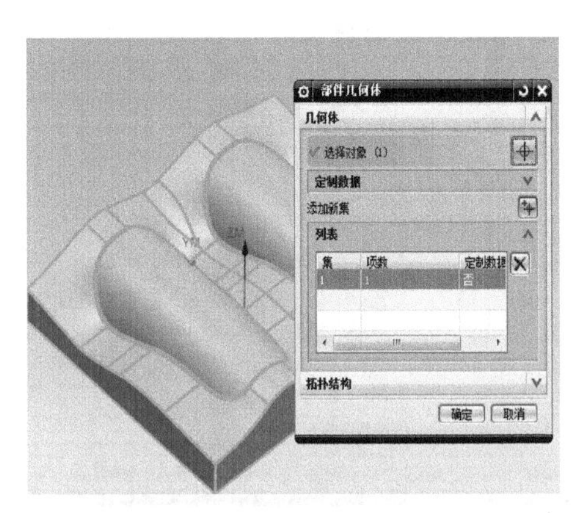

图 5.69　部件几何体的设置效果

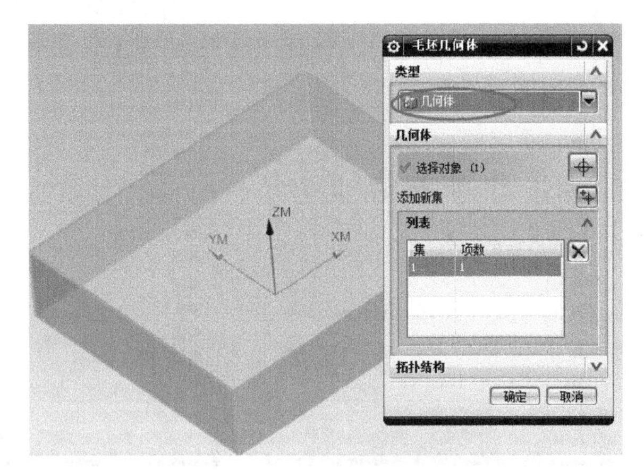

图 5.70　毛坯几何体的设置效果

至此，我们就完成了 MCS 和几何体的创建。

行家指点　一旦指定了需要加工的模型部件和坯料的模型，CAM 系统即已经确认将要被铣加工的多余材料。也就是说后续的刀轨只能在坯料和模型部件相差的部分产生。

3）创建刀具

单击按钮，工序导航器显示机床（刀具）视图，双击“创建刀具”图标按钮，弹出“创建刀具”对话框，如图 5.71 所示。在“类型”下拉菜单中选择“mill_contour”类型，在“刀具子类型”列表框中选择，在“名称”文本框中输入 D32R1，单击确定按钮弹出“铣刀-5 参数”对话框，如图 5.72 所示。

在“直径”文本框中输入刀具的直径 32，在“下半径”文本框中输入 1，单击“确定”按钮完成 D32R1 刀具的创建。使用同样的方法分别创建：B16R8、B10R5、B6R3、B3R1.5 的球头铣刀。注意：球头铣刀在创建时“刀具子类型”选择（球头刀具）。

3. 护膝型芯零件开粗加工

1）创建护膝型芯零件整体开粗工序

单击按钮，在如图 5.73 中的“创建工序”对话框中选择型腔铣的子类型，“刀具”选择 D32R1 的圆角刀，“几何体”选择 WORKPIECE，其他参数不变，单击确定按钮，弹出如图 5.74 所示的“型腔铣”对话框。在“刀轨设置”选项组中，“切削模式”设置为跟随周边，在“平面直径百分百”文本框中输入 65（%），在“最大距离”文本框中输入 0.5。单击“切削参数”按钮，弹出“切削参数”对话框，如图 5.75 所示。

在“策略”选项卡（图 5.75）中，“切削顺序”选择“深度优先”的顺序，“刀路方向”选择“向内”，选中“岛清根”复选框，对壁的清理采用“自动”模式。在“余量”选项卡（图 5.76）中，选中“使底面余量与侧面余量一致”复选框，在“部件侧面余量”文本框中输入 0.5，然后单击确定按钮。

图5.71 “创建刀具”对话框及设置

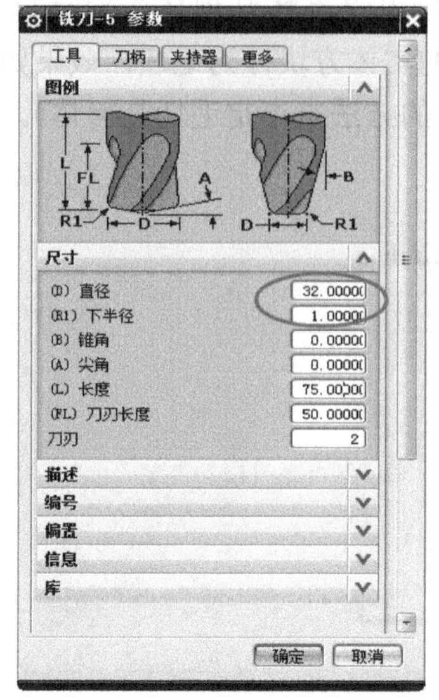

图5.72 “铣刀-5参数”对话框及设置

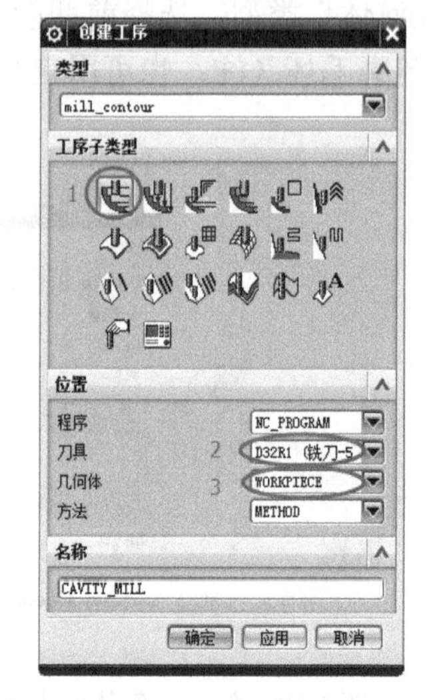

图5.73 “创建工序”对话框及设置

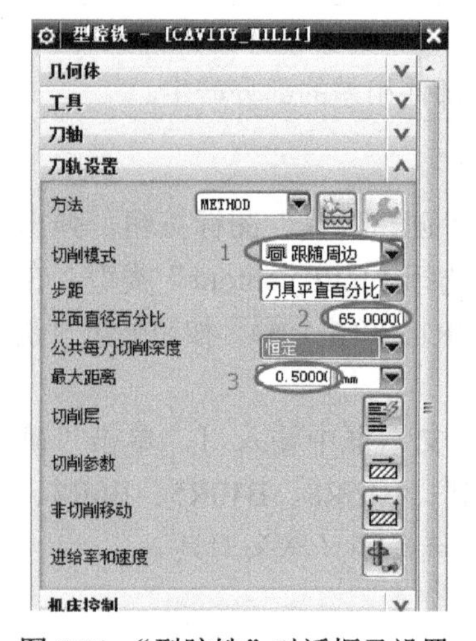

图5.74 “型腔铣”对话框及设置

图5.75 切削参数-策略设置

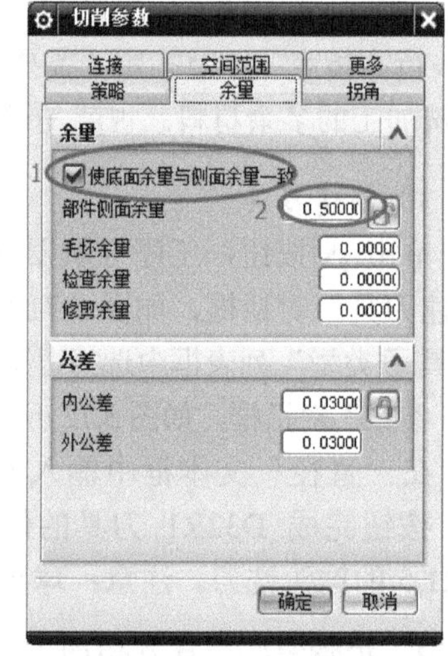

图5.76 切削参数-余量设置

在“非切削移动”对话框中，对“进刀”选项卡参数设置，如图5.77所示。退刀设置与进刀方式一致。在“转移/快速”选项卡（图5.78）中，区域内外的转移类型都选择“毛坯平面”作为安全平面，距离保持默认的3 mm，单击确定按钮，完成非切削移动参数的设置。

在“进给率和速度”对话框中，选中“主轴速度”复选框，在文本框中输入2000，单击“计算”按钮系统自动计算出当前刀具的线速度和每齿进给量。对“进给率”的切削速度进行设置，在文本框中输入3000，如图5.79所示，单击确定按钮，完成进给率和速度参数的设置。返回“型腔铣”对话框，单击“生成刀轨”按钮，得到如图5.80所示的护膝型芯零件开粗刀轨。

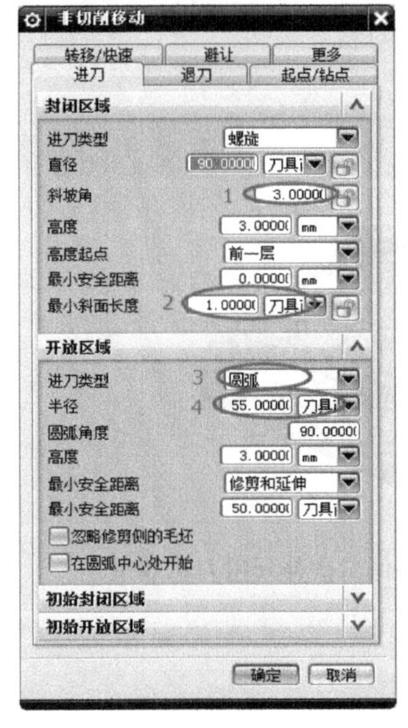

图 5.77 非切削移动-进刀设置

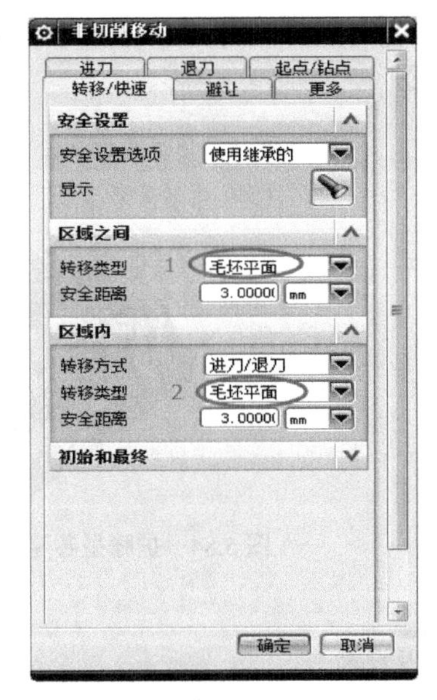

图 5.78 非切削移动-转移/快速设置

图 5.79 “进给率和速度”对话框

2）创建护膝型芯零件整体二次补开工序

选择上一步骤创建的开粗工序 CAVITY_MILL 右击，在弹出的快捷菜单中选择“复制”命令；再次选择这个工序右击，在弹出的快捷菜单中选择“粘贴”命令，完成开粗工序的复制工序，如图 5.81 所示。双击复制好的工序，弹出对话框后进行如图 5.82 所示的设置。“刀具”设置为 B16R8 的球头刀进行整体二次补开，“公共每刀切削深度”设置为 0.3 mm。

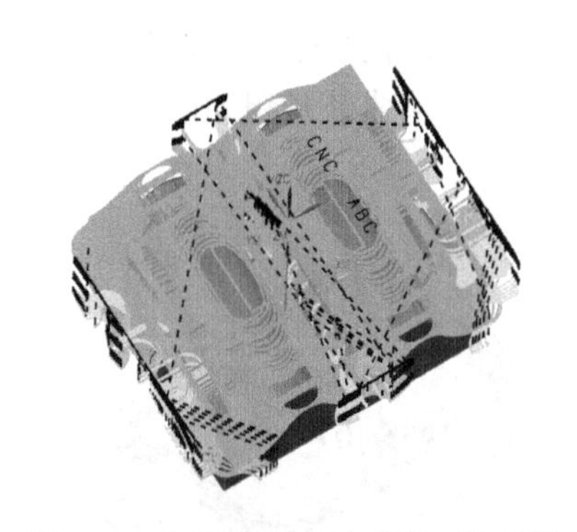

图 5.80 护膝型芯零件开粗刀轨效果

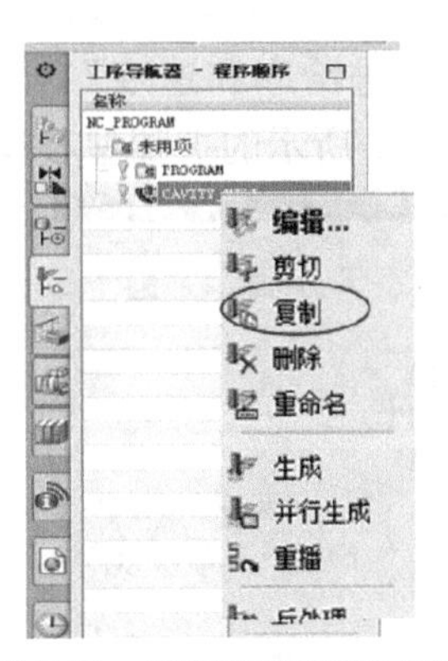

图 5.81 复制粘贴开粗工序

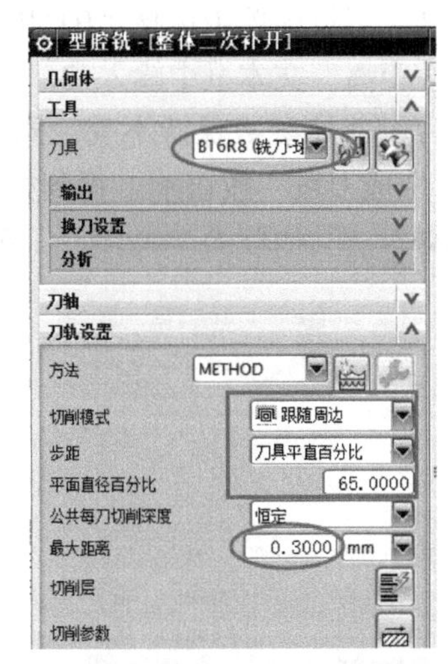

图 5.82 “型腔铣”对话框设置

单击“切削参数”按钮，弹出“切削参数”对话框，如图 5.83 所示，在“参考刀具”下拉菜单中选择 D32R1 刀具作为参考刀具来确定整体二次补开的切削范围，在“重叠距离”文本框中输入 2，单击 确定 按钮，完成切削参数的设置。返回“型腔铣”对话框后，其他参数保持不变，“进给率和速度”可以在实际加工中进行倍率调整。单击“生成刀

轨”按钮，得到如图5.84所示的护膝型芯零件二次整体补开粗刀轨。

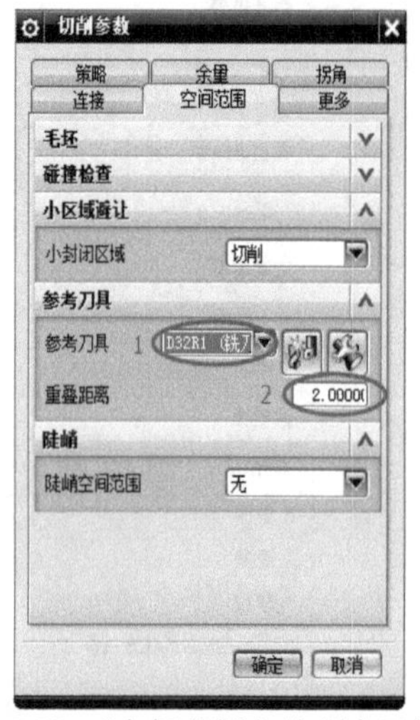

图5.83 “空间范围”选项卡及设置

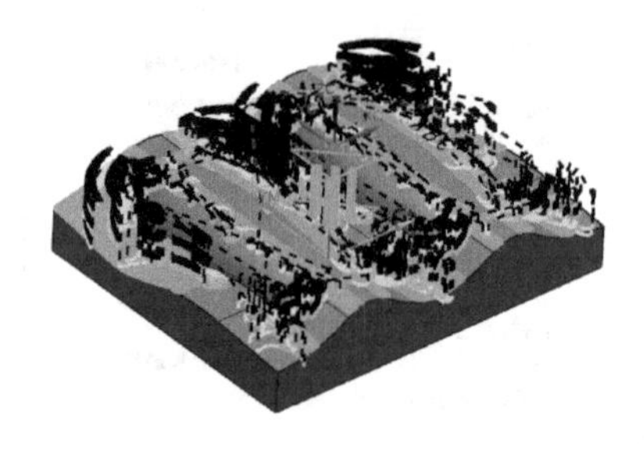

图5.84 护膝型芯零件整体二次补开粗刀轨效果

3）创建护膝型芯零件局部圆角面二次补开工序

选择上一工序创建的工序 CAVITY_MILL_COPY，右击后在弹出的快捷菜单中选择“复制”命令；再次选择这个整体二次补开粗工序右击，在弹出的快捷菜单中选择“粘贴”命令，完成工序的复制。双击 CAVITY_MILL_COPY_COPY 这一复制好的工序，弹出如图5.85所示的“型腔铣”对话框。“刀具”设置为B10R5的球头刀，进行根部二次补开粗，“公共每刀切削深度”设置为0.2 mm。

单击“切削参数”按钮，弹出如图5.86所示的“切削参数”对话框，在“参考刀具”下拉菜单中选择“B16R8”刀具作为参考刀具来确定根部二次补开的切削范围，在“重叠距离”文本框中输入2，单击确定按钮，完成切削参数的设置。返回“型腔铣”对话框后，其他参数保持不变。同样，“进给率和速度”可以在实际加工中进行倍率调整。单击“生成刀轨”按钮，得到如图5.87所示的护膝型芯零件根部二次整体补开粗刀轨。

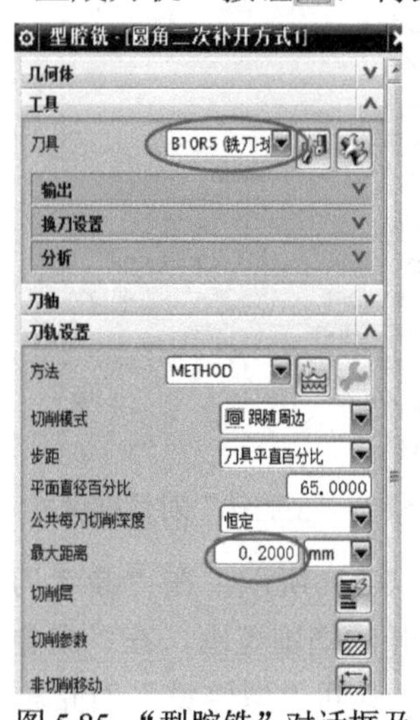

图5.85 “型腔铣”对话框及参数设置

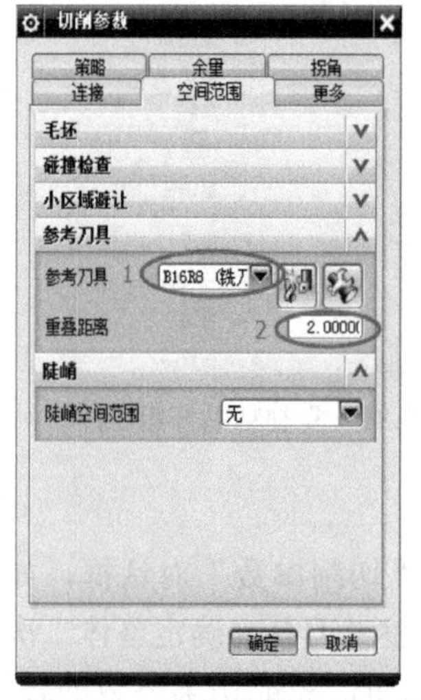

图5.86 “空间范围”选项卡

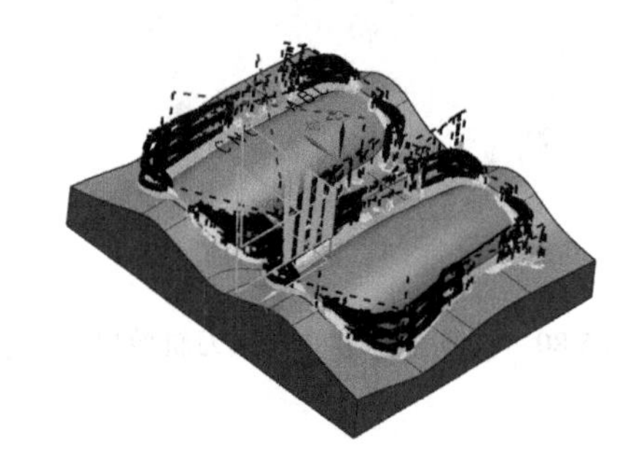

图5.87 护膝型芯局面圆角面二次补开粗刀轨效果

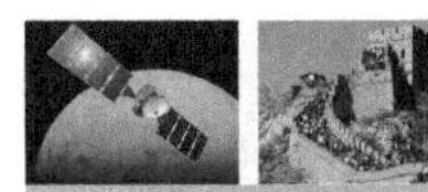

4）护膝型芯零件粗加工刀轨仿真

确认刀轨后，按住 Shift 键选择三个开粗刀轨，单击工具栏中的“确认刀轨”按钮，进行刀轨仿真，如图 5.88 所示为 2D 动态可视化刀轨的效果。

4. 护膝型芯零件曲面半精加工

1）护膝型芯零件曲面半精工序创建

单击“创建工序”按钮，弹出“创建工序”对话框，如图 5.89 所示。在对话框中选择“CONTOUR_AREA”子类型，在“刀具”下拉菜单中选择“B16R8”球头刀用于铣削曲面，“几何体”选择“WORKPIECE”；程序名称默认不变，单击确定按钮，弹出“区域轮廓铣”对话框，单击按钮，通过框选选择所有曲面作为切削区域，如图 5.90 所示的区域。

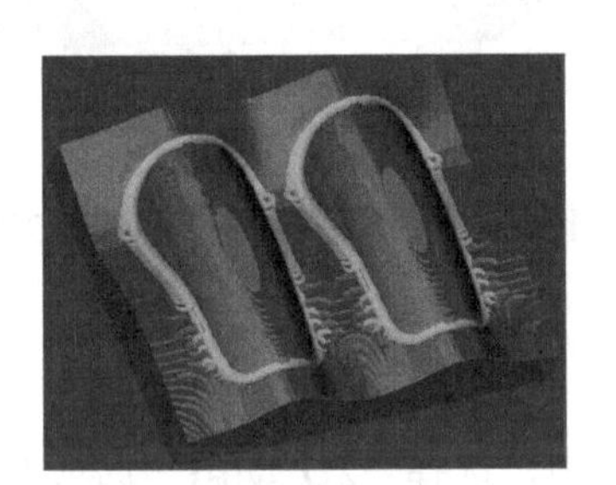
图 5.88 护膝型芯零件开粗刀轨仿真

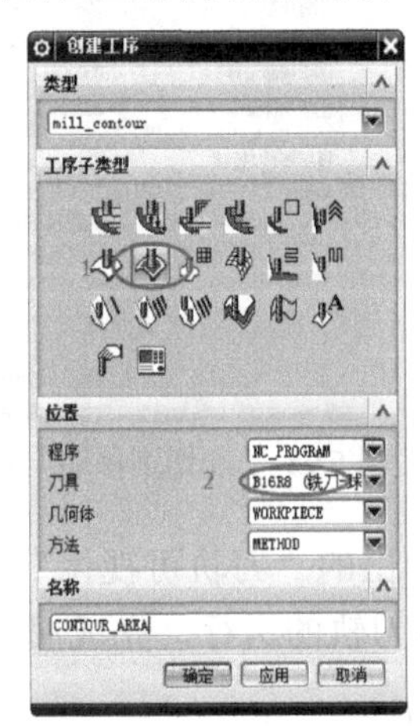

图 5.89 “创建工序”对话框

扫一扫看护膝型芯零件曲面半精加工操作视频

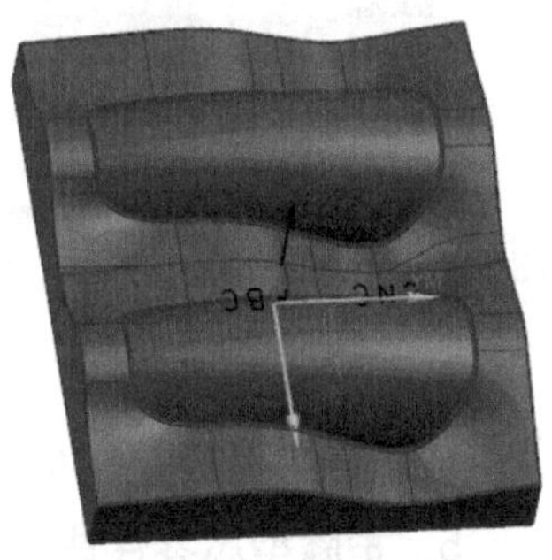
图 5.90 选择切削区域

新手解惑 通常，程序名称保持默认不变，目的是在以后的程序检查中能通过程序名称判断出铣削工序的子类型。

2）护膝型芯零件曲面半精加工驱动方法设置

在“区域轮廓铣”对话框中，单击“编辑”按钮，弹出“区域铣削驱动方法”对话框，如图 5.91 所示。在“驱动设置”选项组中设置“非陡峭切削模式”为往复、“切削方向”为顺铣、“步距”为最大步距 0.5 mm、“剖切角指定”为 45°，单击确定按钮，完成驱动方法的设置。

3）护膝型芯零件曲面半精工序切削参数设置

单击“切削参数”按钮，弹出“切削参数”对话框，在“余量”文本框中输入 0.1，其他参数保持不变，单击确定按钮，完成切削参数的设置。

4）护膝型芯零件曲面半精非切削移动设置

单击“非切削移动”按钮，弹出“非切削移动”对话框，进刀设置如图 5.92 所示，退刀设置与进刀方式一致。

5）护膝型芯零件曲面半精进给率和速度设置

单击“刀轨设置”选项组中的“进给率和速度”按钮，弹出“进给率和速度”对话

框，设置“主轴速度”为4000 r/min、切削“进给率”为1500 mm/min。

6）护膝型芯凸模侧壁半精加工刀轨生成与仿真

单击“固定轮廓铣”对话框最底部的“生成刀轨”按钮，系统自动完成刀轨的计算，得到如图 5.93 所示的护膝型芯零件曲面半精刀轨。确认刀轨后单击“固定轮廓铣”对话框底部的“确定”按钮接收刀轨并关闭对话框。

图 5.91 “区域铣削驱动方法”对话框

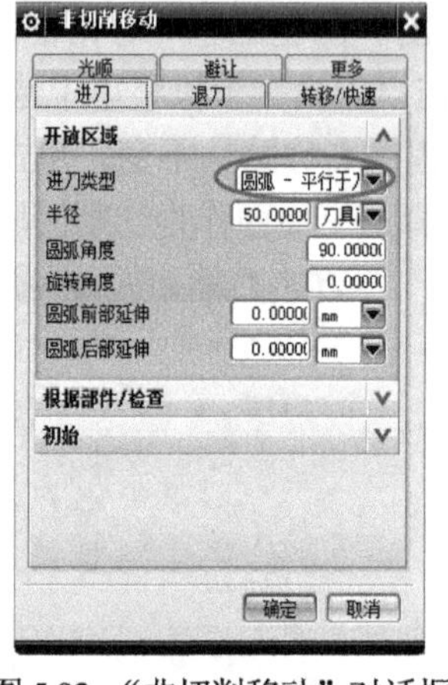

图 5.92 “非切削移动”对话框

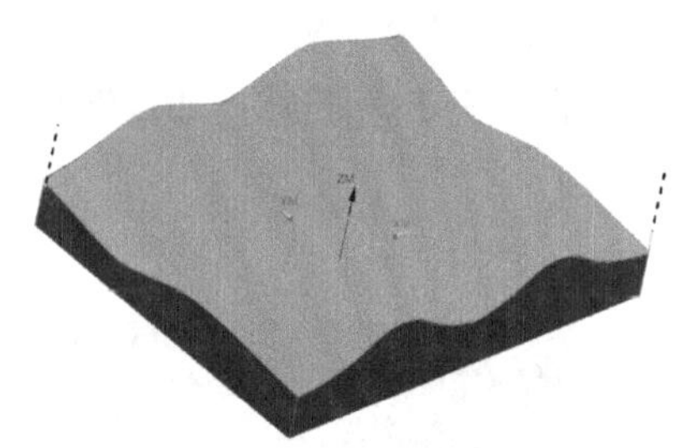

图 5.93 护膝型芯零件曲面半精刀轨

单击“确认”按钮，在弹出的“刀轨可视化”对话框中，选择“2D 动态”选项卡，单击“播放”按钮，即可演示刀轨的运行，完成演示的模型如图 5.94 所示。

5. 护膝型芯零件曲面精加工

扫一扫看护膝型芯零件曲面精加工操作视频

1）护膝型芯零件曲面精加工工序创建

选择上一工序创建的工序 CONTOUR_AREA，右击，在弹出的快捷菜单中选择“复制”命令；再次选择这个半精加工工序右击，在弹出的快捷菜单中选择“粘贴”命令，完成半精加工工序的复制工序，如图 5.95 所示。双击复制好的工序，弹出“固定轮廓铣”对话框。

2）护膝型芯零件曲面精加工区域铣削驱动方法设置

在“区域轮廓铣”对话框中对“驱动方法”进行设置：单击“编辑”按钮，弹出“区域铣削驱动方法”对话框，如图 5.96 所示。在“驱动设置”选项组中设置“步距”为“最大距离”0.2 mm、“剖切角”指定为 135°，其他参数不变；单击 确定 按钮完成驱动方法的设置。

3）护膝型芯零件曲面精加工工序切削参数设置

单击“切削参数”按钮，弹出“切削参数”对话框，在“余量”文本框中输入 0，其他参数保持不变，单击 确定 按钮，完成切削参数的设置。“非切削移动”与“进给率和速度”保持不变。

4）护膝型芯凸模侧壁精加工加工刀轨生成与仿真

单击“固定轮廓铣”对话框最底部的“生成刀轨”按钮，系统自动完成刀轨的计算。得到如图 5.97 所示的护膝型芯零件曲面精加工刀轨。

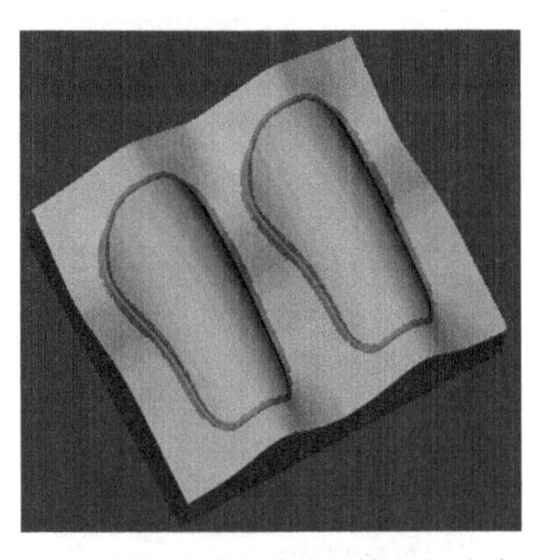

图 5.94 护膝型芯零件半精刀轨仿真

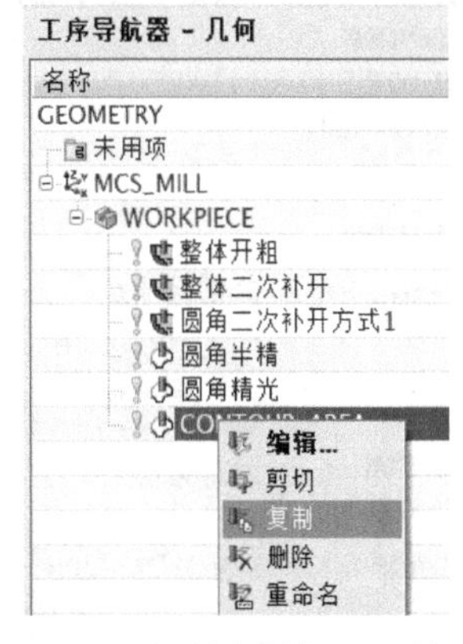

图 5.95 复制半精加工刀轨

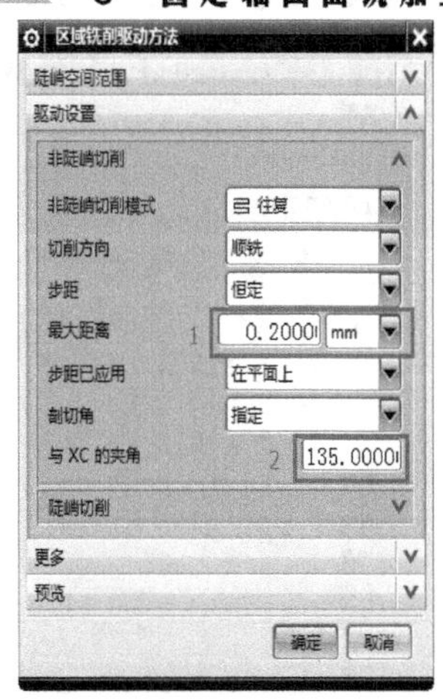

图 5.96 “区域铣削驱动方法”对话框

单击“确认”按钮，在弹出的“刀轨可视化”对话框中，选择“2D 动态”选项卡，完成演示的模型如图 5.98 所示。

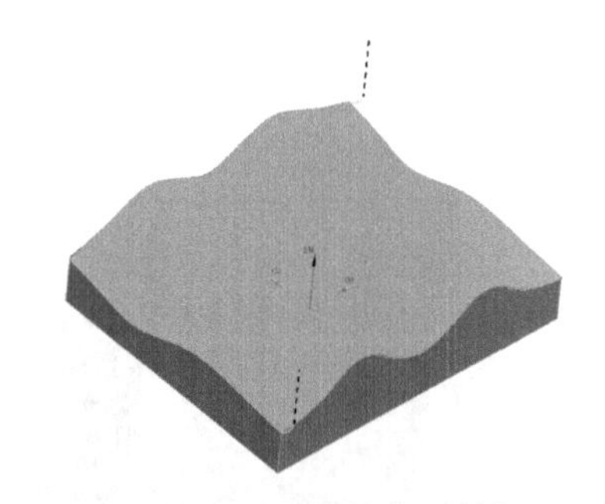

图 5.97 护膝型芯零件曲面精加工刀轨

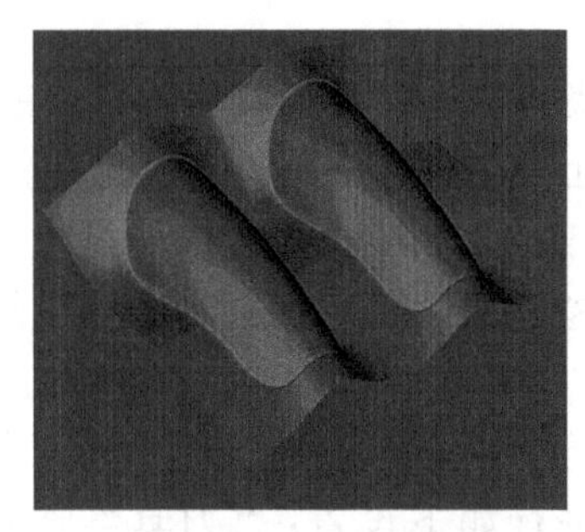

图 5.98 护膝型芯零件精加工刀轨仿真

6. 护膝型芯零件清根加工

扫一扫看护膝型芯零件圆角清根加工操作视频

1）护膝型芯零件根部一次清根工序创建

单击按钮，在弹出的“创建工序”对话框中，选择“固定轴曲面铣”的子类型，“刀具”选择 B10R5 的球头刀，“几何体”选择 WORKPIECE，其他参数不变，如图 5.99 所示。单击“编辑”按钮，弹出“清根驱动方法”对话框，如图 5.100 所示。“陡峭壁角度”保持默认的 65° 不变，在“非陡峭切削”选项组中，设置“非陡峭切削模式”为往复，在“步距”文本框中输入 0.5，设置“顺序”为由外向内；在“参考刀具”选项组中设置“参考刀具”为 B16R8，在“重叠距离”文本框中输入 2；单击确定按钮，完成清根方法的设置。

返回“清根参考刀具”对话框后，单击“切削参数”按钮，弹出“切削参数”对话框。在“余量”选项卡中设置与原来相同的余量 0.1 mm，其他参数不变。设置“进给率”和“主轴速度”参数，如图 5.101 所示。单击“固定轮廓铣”对话框最底部的“生成刀轨”按钮，系统自动完成刀轨的计算，得到如图 5.102 所示的护膝型芯零件根部清根刀轨。这个刀轨明显要比上一个参考刀具的“CAVITY”二次根部补开要优化得多，刀路光顺表面质量高、跳刀少、效率高。

图 5.99 “创建工序”对话框及设置

图 5.100 护膝型芯零件清根驱动方法的设置

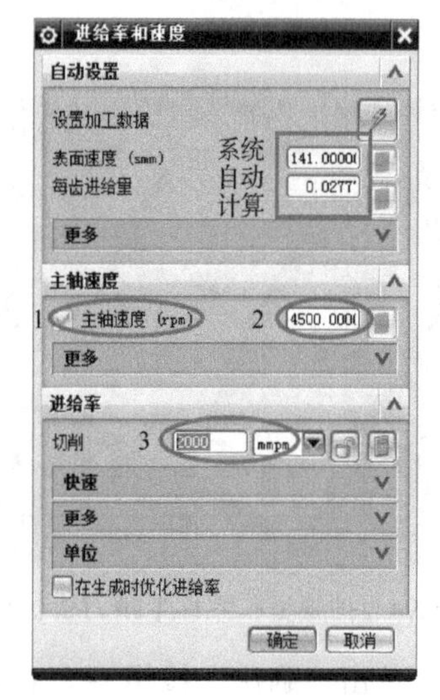

图 5.101 进给率和速度设置

2）护膝型芯零件根部二次清根工序创建

选择上一清根工序 FLOWCUT_REF_...，右击，在弹出的快捷菜单中选择“复制”命令；再次选择这个清根工序右击，在弹出的快捷菜单中选择“粘贴”命令，完成清根工序的创建。双击复制好的工序弹出“清根参考刀具”对话框后进行如下设置：“刀具”选择 B6R3 的球头刀，单击“编辑”按钮，弹出“清根驱动方法”对话框中，如图 5.103 所示，在“步距”文本框中输入 0.3，“参考刀具”设置为 B10R5，单击 确定 按钮，完成清根方法的设置。

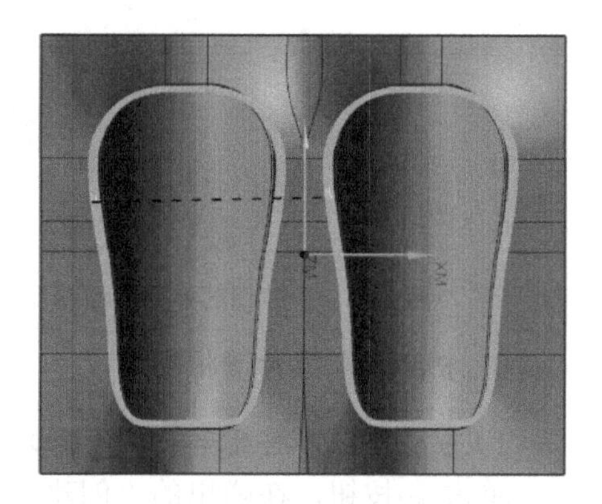

图 5.102 护膝型芯零件根部一次清根刀轨

在“切削参数”对话框中设置“余量”为 0.05，其他参数保持不变，单击“固定轮廓铣”对话框最底部的“生成刀轨”按钮，系统自动完成刀轨的计算，得到如图 5.104 所示的护膝型芯零件根部清根刀轨。

3）护膝型芯零件根部三次清根工序设置

选择二次清根的工序 FLOWCUT_REF_...，右击，在弹出的快捷菜单中选择“复制”命令；再次选择这个清根工序右击，在弹出的快捷菜单中选择“粘贴”命令，完成三次清根工序的创建。双击复制好的工序，弹出“清根参考刀具”对话框后进行如下设置：“刀具”选择 B3R1.5 的球头刀，进行三次清根。

单击“编辑”按钮，弹出“清根驱动方法”对话框。“参考刀具”设置为 B6R3，在“步距”文本框中输入 0.1，单击 确定 按钮，完成参数的设置。

图 5.103 “清根驱动方法”对话框

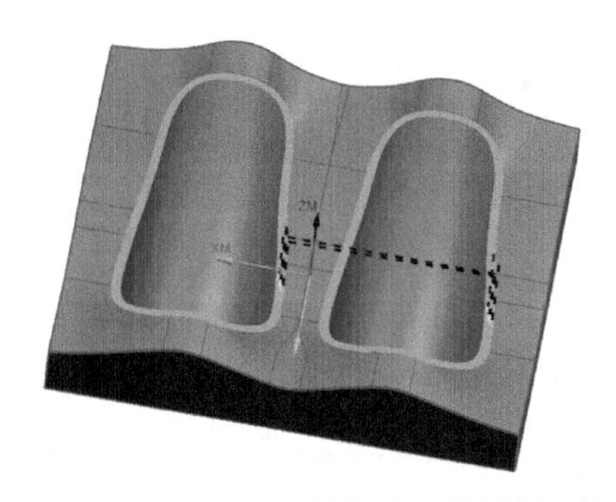

图 5.104 护膝型芯零件根部二次清根刀轨

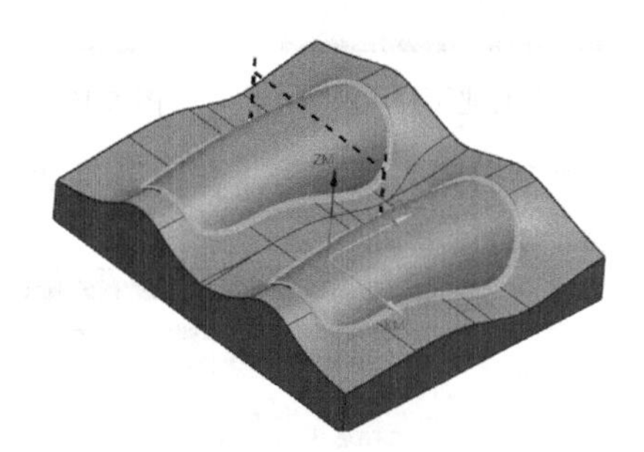

图 5.105 根部三次清根刀轨

在“切削参数”对话框中设置“余量”为 0，其他参数保持不变，单击“固定轮廓铣”对话框最底部的“生成刀轨”按钮，系统自动完成刀轨的计算，得到如图 5.105 所示的护膝型芯零件根部清根刀轨。

4）护膝型芯零件清根工序刀轨仿真

确认刀轨后按住 Shift 键选中所有的清根刀轨，单击工具栏中的“确认刀轨”按钮，进行确认检验，如图 5.106 所示为 2D 动态可视化刀轨的结果。

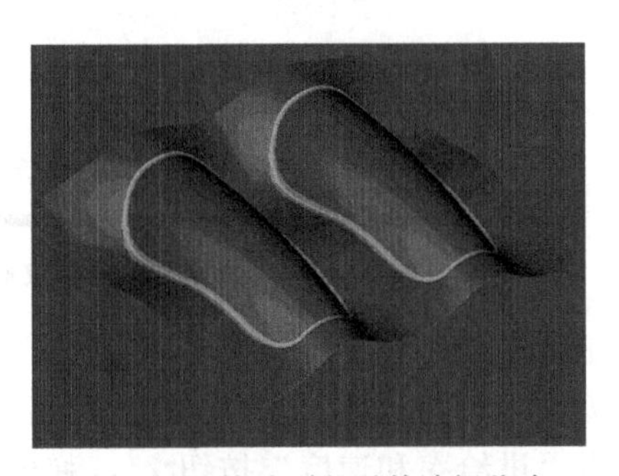

图 5.106 护膝型芯零件清根仿真

扫一扫看护膝型芯零件刻字加工操作视频

7. 护膝型芯零件刻字加工

单击“创建工序”按钮，在弹出的“创建工序”对话框中选择“固定轴曲面铣”的子类型，“刀具”选择 B3R1.5 球头刀，“几何体”选择 WORKPIECE，其他参数不变，如图 5.107 所示，单击“确定”按钮，弹出“轮廓文本”对话框，如图 5.108 所示。在“轮廓文本”对话框中，单击“指定制图文本”按钮，弹出如图 5.109 所示的“文本几何体”对话框，选择如图 5.110 所示的注释文本。

在图形上拾取注释文字，单击按钮，返回“轮廓文本”对话框。

单击“切削参数”按钮，弹出“切削参数”对话框。在“策略”选项卡的“文本深度”文本框中输入 0.25，如图 5.111 所示。

图 5.107 “创建工序”对话框

图 5.108 “轮廓文本”对话框

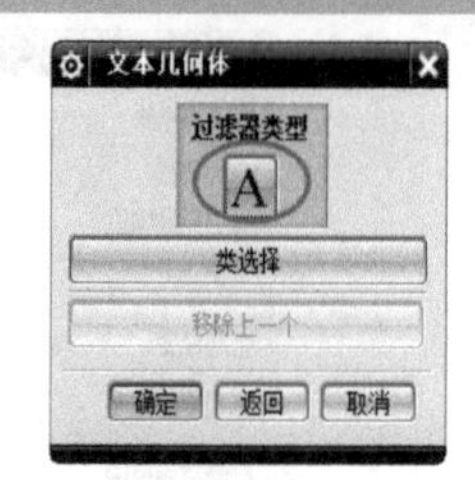

图 5.109 “文本几何体”对话框

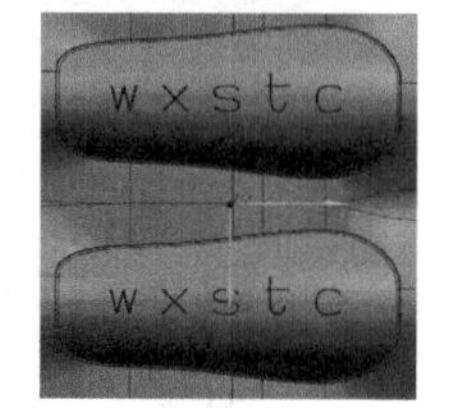

图 5.110 选取文本

选择“多刀路”选项卡，参数设置如图 5.112 所示，完成之后，单击【确定】按钮，返回“轮廓文本”对话框。

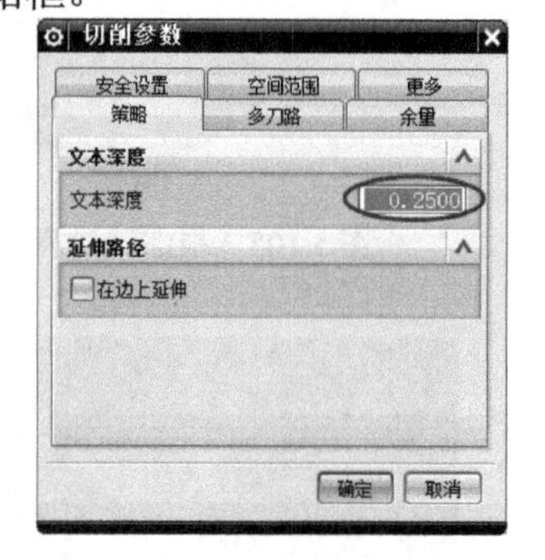

图 5.111 “策略”选项卡设置

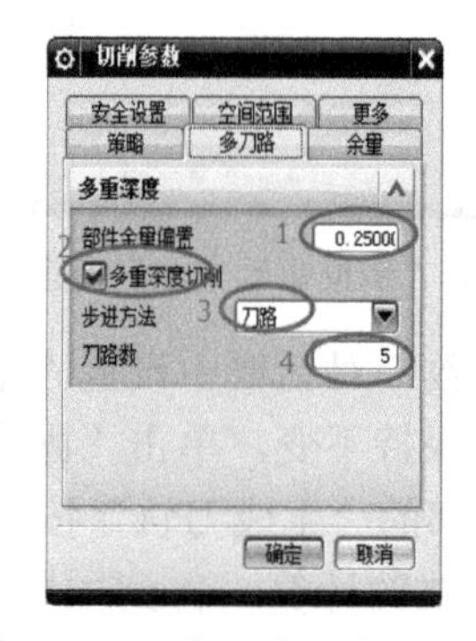

图 5.112 “多刀路”选项卡设置

单击“非切削移动”按钮，弹出“非切削移动”对话框。在“进刀”选项卡中，设置“进刀类型”为插削、进刀位置“距离”为 3 mm。

单击“进给率和速度”按钮，弹出“进给率和速度”对话框，设置“主轴速度”为 15000 r/min、切削“进给率”为 600 mm/min，单击【确定】按钮，返回“轮廓文本”对话框。

单击“生成刀轨”，计算生成的刀路轨迹。产生的刀路轨迹如图 5.113 所示。单击“确认”按钮，在弹出的“刀轨可视化”对话框中选择“2D 动态”选项卡，演示刀轨的运行，完成演示的模型如图 5.14 所示，仿真完成后单击两次【确定】按钮，完成工序。

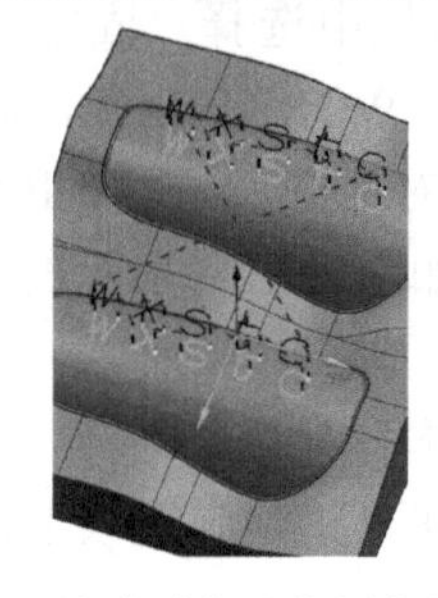

图 5.113 护膝型芯零件刻字加工刀轨

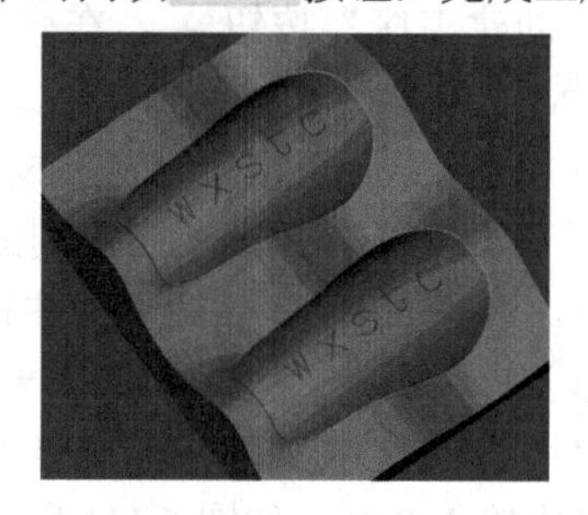

图 5.114 护膝型芯零件刻字加工刀轨仿真

练习与提高 4

请完成如图 5.115、图 5.116、图 5.117 所示的零件从开粗到精加工的所有铣削工序创建的设置。

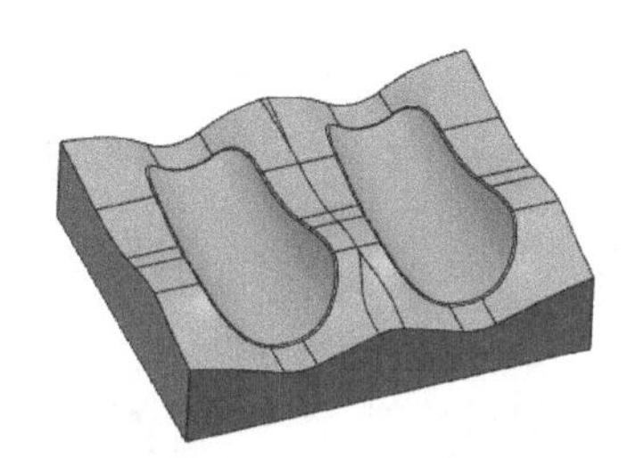

图 5.115　护膝型腔

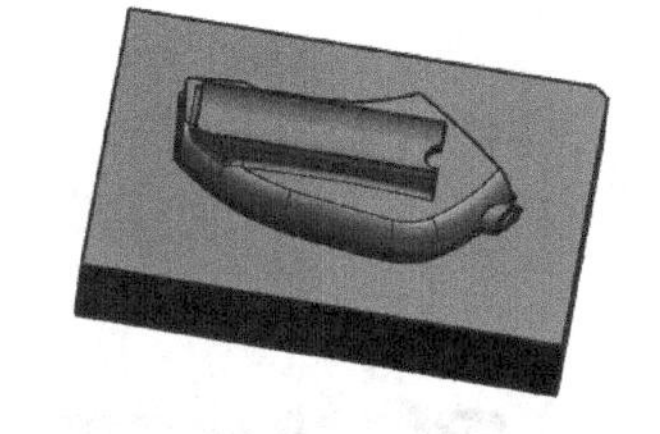

图 5.116　机罩壳型芯

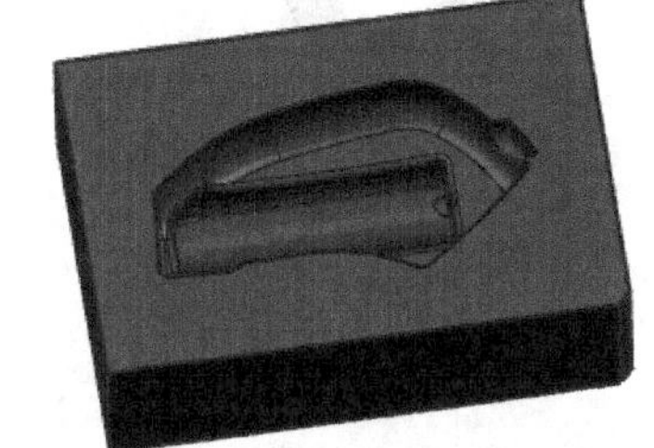

图 5.117　机罩壳型腔

扫一扫下载图 5.115 习题模型源文件

扫一扫下载图 5.116 习题模型源文件

扫一扫下载图 5.117 习题模型源文件

6 孔加工

学习导入

学习钻孔的常用工序创建和参数设置，并基于灯罩盖模架定模板（A 板）零件制定铣加工工艺；运用钻孔工序完成 A 板零件上各个孔位的数控加工刀轨设置及仿真加工，实施流程如图 6.1 所示。

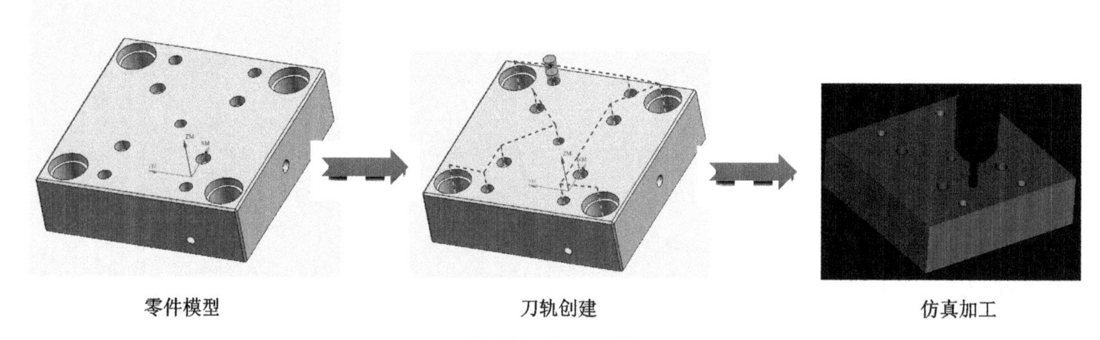

图 6.1　实施流程

学习目标

（1）了解 UG NX 10.0 孔加工的特点与应用场合。
（2）掌握孔加工的切削模式及常规参数设置方法。
（3）能够正确创建孔加工典型工序。
（4）熟悉模架零件孔加工工艺方案规划。
（5）掌握 A 板零件的孔加工工序的创建过程，并完成 CAM 设置。

6.1 钻孔加工的子类型

扫一扫看钻孔加工微课视频

扫一扫下载钻孔加工模型源文件

在加工中心机床上进行钻孔加工，它的刀轨运动由三部分组成：首先是刀具快速定位在加工位置上，然后切入零件，最后完成切削退回起始点。每个部分的轨迹移动可以定义不同的运动方式，因而就有不同的钻孔指令，如 FANUC 系统中的常规孔加工指令 G71-G89。使用 CAM 软件进行钻孔程序的编制，可以直接生成完整程序。在孔的数量较大时自动编程有明显的优势；另外对孔的位置分布较复杂的工件，使用 UG NX 10.0 可以一次生成完成所有孔加工的轨迹，而使用手工编程的方式较难实现。NX 的钻孔加工可以创建钻孔、攻螺纹、镗孔、平底扩孔、铣孔等工序的刀轨。

钻孔工序主要包含了如表 6.1 所示的 12 种子类型，我们可以根据不同的需求选择不同的工序子类型来进行刀轨生成，完成工件加工。

扫一扫看钻孔加工工序教学课件

表 6.1 孔加工类型的名称及含义

序号	子类型图标	英文名称	中文含义	说明
1		SPOP_FACING	锪孔	用铣刀在零件表面上扩孔
2		SPOP_DRILLNG	定心钻	用中心钻钻出定位孔
3		DRILLNG	钻孔	普通的钻孔
4		PEAK_DRILLNG	啄孔	啄式钻孔
5		BREAKCHIP_DRILLNG	断屑钻	断屑钻孔
6		BORINGR	镗孔	用镗刀将孔镗大
7		REAMING	铰孔	用铰刀铰孔
8		COUNTERBORING	沉头孔加工	沉孔锪平
9		COUNTERSINKING	钻埋头孔	钻锥形沉头孔
10		TAPPING	攻丝	用丝锥攻螺纹
11		HOLE_MILLNG	孔铣	用铣削方法加工孔
12		THREAD_MILLNIG	螺纹铣	用螺纹铣刀在铣床上铣螺纹

6.2 钻孔加工的几何体设置

扫一扫看钻孔加工几何体设置微课视频

扫一扫下载钻孔加工几何体设置模型源文件

钻孔工序几何体的设置与其他工序的几何体设置是不同的，钻孔工序需要确定孔中心的位置及其起始位置与终止位置。钻孔工序几何体的设置，包括几何体组的选择、孔、加工表面和加工底面。其中，孔位是必选的，而加工表面和加工底面是可选项，我们可以通

过不同的需求来选择是否选择加工表面和加工底面。

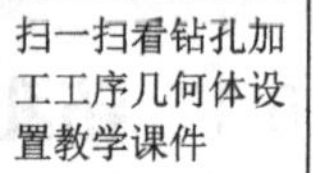

扫一扫看钻孔加工工序几何体设置教学课件

1. 钻孔点

在“钻孔”对话框中，单击“指定孔”按钮，弹出如图6.2所示的“点到点几何体”对话框。利用此对话框中的相应选项可指定钻孔加工的加工位置、优化刀具路径、指定避让选项等。

1）选择

选择是为了指定孔中心位置，UG NX 10.0提供多种选择方法来选择孔位点。在图6.2所示的对话框中单击“选择”按钮，弹出如图6.3所示的选择加工位置对话框。选择钻孔点时可以直接在图形上选择，可选择圆柱孔、圆锥形孔、圆弧或点作为加工位置。此时可以直接在图形上选择孔、圆弧或点作为钻孔点，完成选择后单击“确定”按钮退出，在孔位将显示序号，如图6.4所示。也可以指定选项进行孔的选择。接下来对图6.3中的重要选项进行介绍。

图6.2 “点到点几何体”对知框

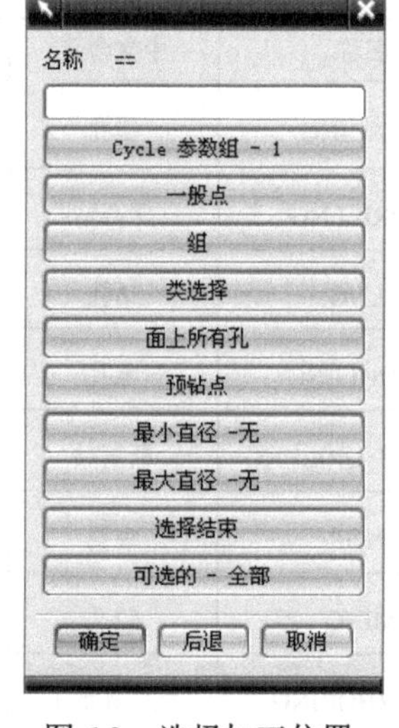

图6.3 选择加工位置

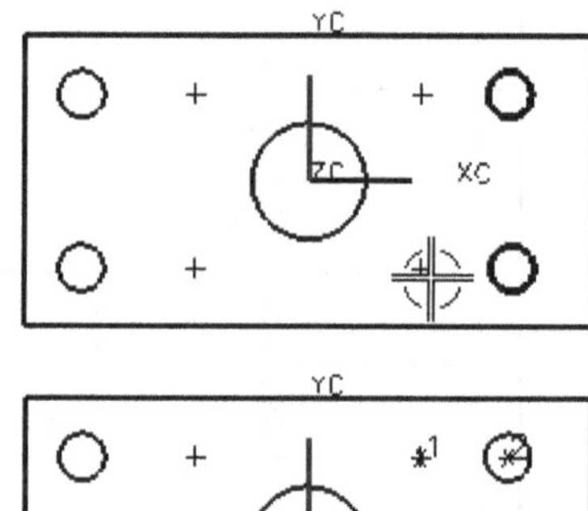

图6.4 选择钻孔点

（1）Cycle 参数组-1：选择当前点所使用的参数组，指定不同的参数组可以对应于不同的循环参数。对于多个具有不同深度的钻孔点，将相同深度的点作为一组。

（2）一般点：单击“一般点”按钮，将弹出“点”对话框，通过在图形上拾取特征点或直接指定坐标值来指定一点作为加工位置。如图6.5所示，零件进行钻孔加工时，可以在“点”对话框中指定圆心点方式，再拾取各个圆心点。

（3）面上所有孔：选择该选项，可以指定其直径大小范围，直接在模型上选择表面，则所选表面上各孔的中心指定为加工位置点，如图6.6所示。

（4）预钻点：指定在平面铣或型腔铣中产生的预钻进刀点作为加工位置点。

2）附加

选择加工位置后，可以通过“附加”按钮来添加加工位置。附加的选择方式与选择点相同。

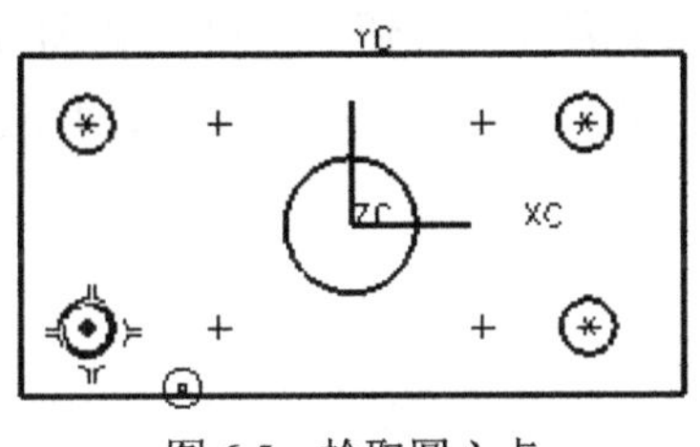

图 6.5　拾取圆心点

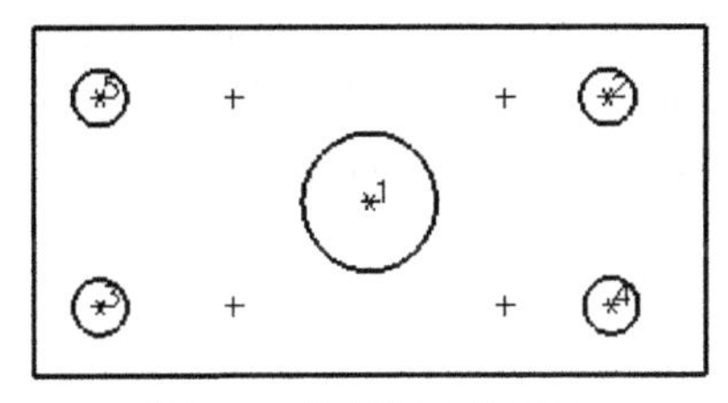
图 6.6　选择面上所有孔

3）省略

省略选项允许用于忽略先前选定的点。生成刀轨时，系统将不考虑在省略选项中选定的点。

4）优化

优化刀具路径，是重新指定所选加工位置在刀具路径中的顺序。通过优化可得到最短刀具路径或按指定的方向排列。如图 6.7 所示，分别是按最短路径优化、按水平条带优化、按竖直条带优化进行钻孔顺序的安排。

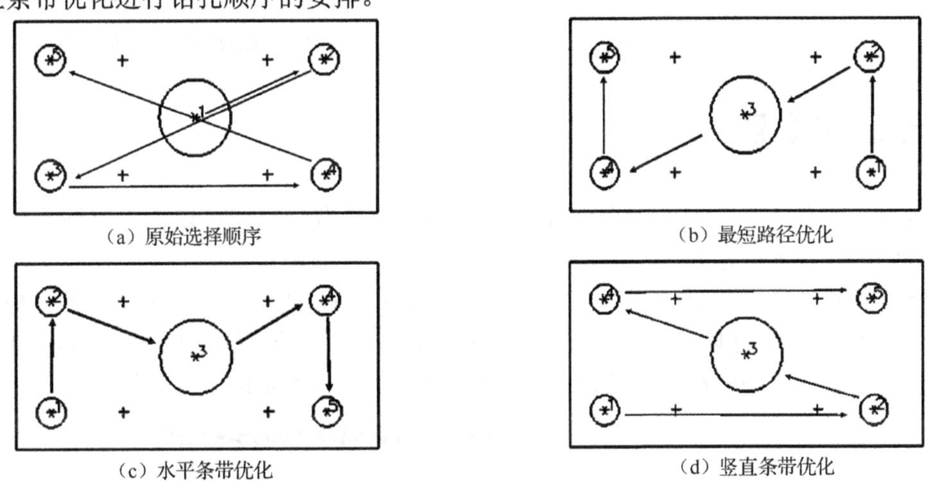
（a）原始选择顺序　（b）最短路径优化

（c）水平条带优化　（d）竖直条带优化

图 6.7　路径优化对比

5）显示点

显示点允许用户在使用包含、忽略、避让或优化选项后验证刀轨点的选择情况。系统按新的顺序显示各加工点的加工顺序号。

6）避让

避让用于设置加工位置间传递的高度。该方式通常用于保证钻孔过程中的传递安全。

2. 部件表面和加工底面

指定钻孔点时，默认的起始高度为点所在的高度，当需要从统一高度开始加工时，可以使用部件表面指定起始位置。指定底面则可以指定最低表面，当钻孔的深度选项设置为“穿过底面”时，需要以底面为参考。

1）指定顶面

顶面是刀具进入材料的位置，也就是指定钻孔加工的起始位置。选择的点将沿刀轴方向投影到部件表面上。在“钻孔”对话框中单击“指定加工表面”按钮，弹出如图6.8所示的“顶面”对话框。可以选择零件的“面”、“刨”（平面）、“ZC 常数”作为钻孔起始面或选择“无”不使用平面。

2）底面

底面指定钻孔加工的结束位置，在“钻孔”对话框中单击“底面”按钮，弹出与“顶面”对话框中的选项相同的“底面”对话框，也有“面”“刨”“ZC 常数”“无”4种指定方法。当选择钻孔类型为“穿过底面”时，必须要指定底面。如图6.9所示，为选择了空间的点，再选择部件表面与底面生成的刀路示例。

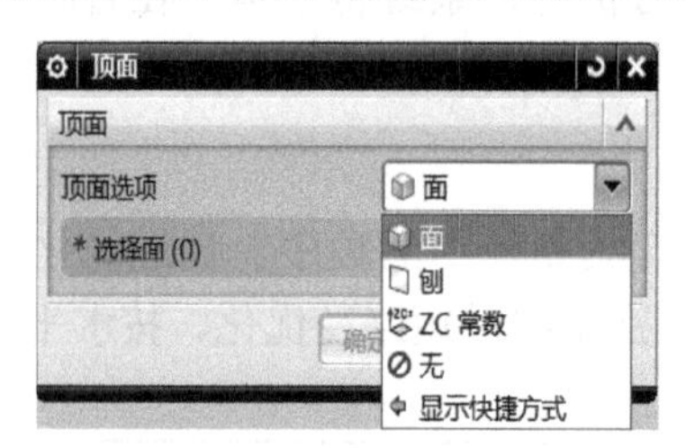

图6.8　顶面设置

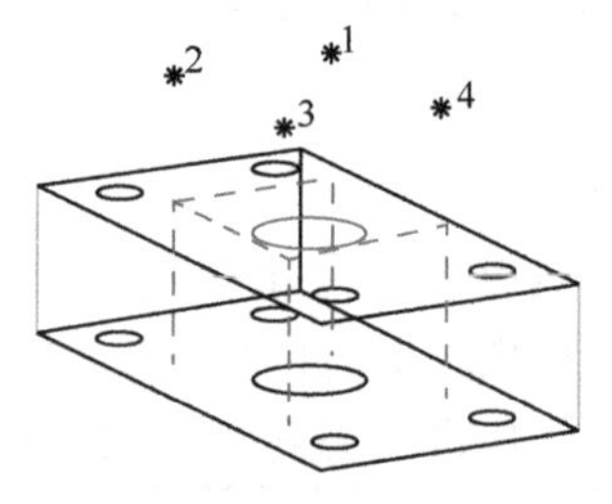

图6.9　选择部件表面的刀轨

6.3　钻孔加工的刀具

钻孔加工所使用的刀具与铣加工不同，按照钻孔类型的不同可以使用的钻孔刀具包括中心钻、钻刀、铰刀、镗刀、丝攻、铣刀等。

选择“新建刀具”，刀具类型为“drill”，如图6.10所示为创建钻孔加工用的各种刀具。各种钻孔刀具的参数类似，主要涉及刀具直径（*D*）与刀尖角度（*PA*）的参数，如图6.11所示为钻刀主要尺寸中的部分参数设置，表6.2所示为钻刀参数的含义。

图6.10　创建刀具

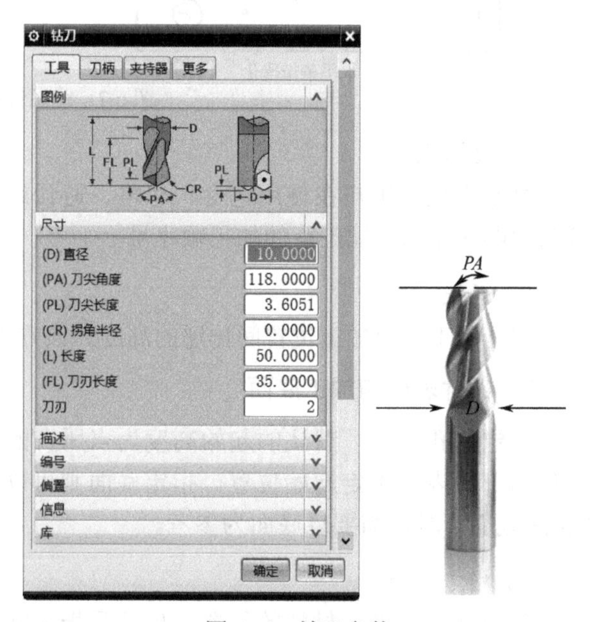

图6.11　钻刀参数

钻孔加工的刀具根据钻孔类型的不同，分为中心钻、钻刀、铰刀、丝攻和铣刀。

表 6.2　钻刀的直径及刀尖角度的含义

名称	含义
直径（*D*）	钻刀的直径，指刀具的完整切削加工部分的直径
刀尖角度（*PA*）	刀具顶端的角度。这是一个非负角度，测量经过刀具端点并且垂直于刀轴的直线角度，它将使钻刀的最底端是一个尖锐角，通常设置为 118°

6.4　钻孔循环类型及参数设置

扫一扫看钻孔加工循环参数设置微课视频

扫一扫看钻孔加工循环参数设置模型源文件

1. 循环类型

在“钻孔”对话框的“循环类型”下拉菜单中有 14 种循环类型，如图 6.12 所示。有关循环选项的说明可以参看图 6.13。

扫一扫看看钻孔加工循环参数设置教学课件

2. 循环参数

设置多个循环参数组允许将不同的“循环参数”值与刀轨中不同的点或点群相关联。这样就可以在同一刀轨中钻不同深度的多个孔，或者使用不同的进给速度来加工一组孔，以及设置不同的抬刀方式。

选择如图 6.14 所示的循环类型后，单击“编辑”按钮，进行循环参数的设置。首先设定参数组的个数，如图 6.15 所示；然后为每个参数组设置相关的循环参数，设置第一个循环参数组中的各参数，单击“确定”按钮将进入下一组参数的设置，如图 6.16 所示。

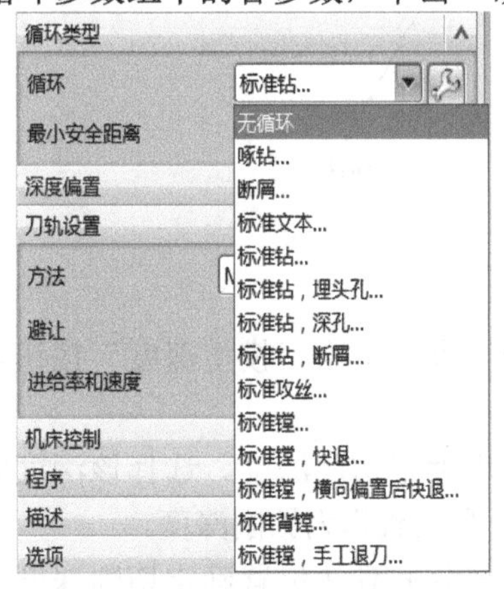

图 6.12　孔加工的循环类型

选项	标准指令
无循环	取消循环
啄钻	用 G00、G01 不使用循环指令
断屑	
标准文本	
标准钻	G81
标准钻，埋头孔	G81
标准钻，深孔	G73
标准钻，断屑	G83
标准攻丝	G84
标准镗	G85
标准镗，快退	G86
标准镗，横向偏置后快退	G76
标准背镗	G87
标准镗，手工退刀	G88

图 6.13　各循环类型对应的编程标准指令

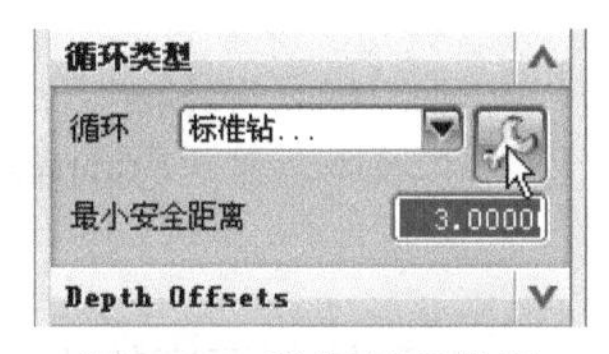

图 6.14　选择循环类型

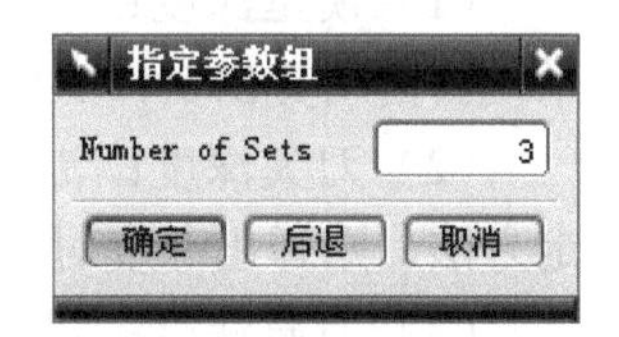

图 6.15　指定参数组

循环参数包括深度增量、进给速度、暂停时间等。所选择的循环类型不同，所需要设置的循环参数也略有差别。

1）深度 Depth

在循环参数设置对话框中单击“Depth-模型深度”按钮，弹出如图 6.17 所示的对话框。其中提供了 6 种确定钻削深度的方法，如图 6.18 所示为各种深度应用的示意图，如

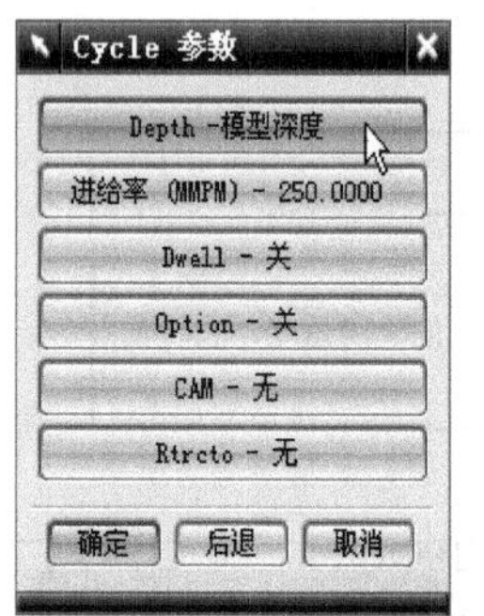

图 6.16　设置循环参数

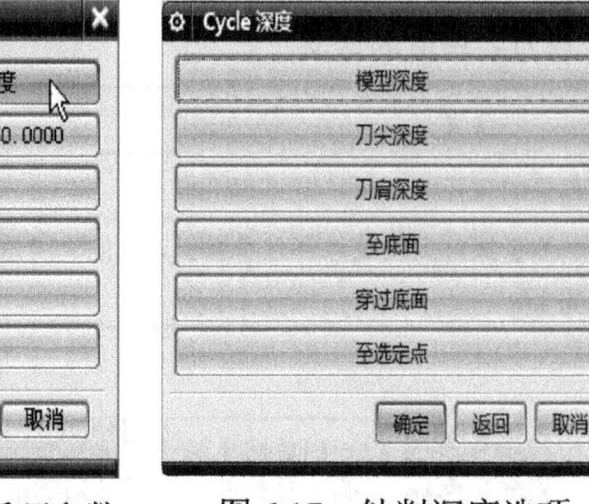

图 6.17　钻削深度选项

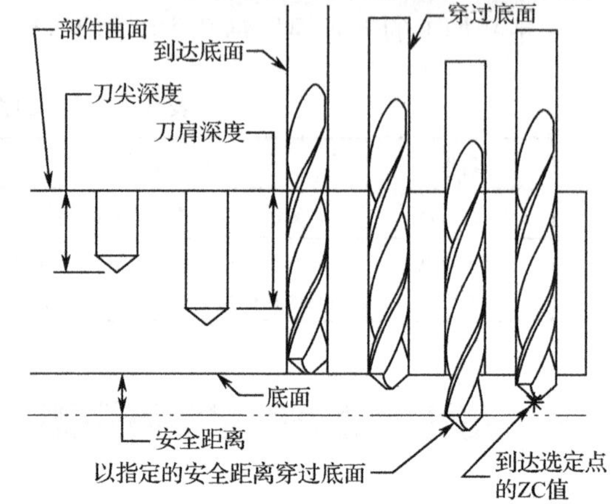

图 6.18　钻削深度示意图

图 6.19 所示为同一组钻孔点使用不同的深度定义方式生成的刀轨示例。

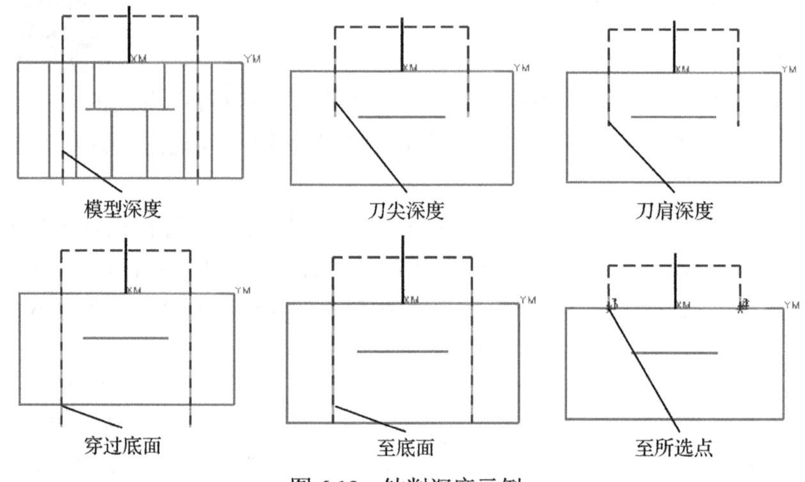

图 6.19　钻削深度示例

各种钻削深度的定义方法说明如下。

（1）模型深度：该方法指定钻削深度为实体上的孔的深度。单击“模型深度”按钮，系统会自动算出实体上的孔的深度，作为钻削深度。

（2）刀尖深度：沿刀轴方向，按加工表面到刀尖的距离确定钻削深度。选择该深度确定方法，则弹出深度对话框，可在对话框的文本框中输入一个正数作为钻削深度。

（3）刀肩深度：沿着刀轴方向，按刀肩（不包括尖角部分）到达位置确定切削深度。使用该方式加工的深度将是完成直径的深度。

（4）至底面：该方法沿刀轴方向，按刀尖刚好到达零件的加工底面来确定钻削深度。

（5）穿过底面：如果要使刀肩穿透零件加工底面，可在定义加工底面时，用 Depth Offset 选项定义相对于加工底面的通孔穿透量。

（6）至选定点：该方法沿刀轴方向，按零件加工表面到指定点的 ZC 坐标之差确定切削深度。

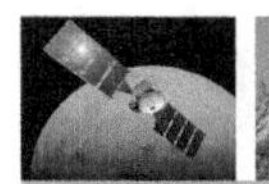

2）进给率

进给率设置刀具钻削时的进给速度，对应于钻孔循环指令中的 F。在循环参数设置对话框中单击“进给率”按钮，弹出如图 6.20 所示的对话框。在文本框中重新输入进给速度。并且可用“切换单位至 MMPR”按钮来改变进给速度单位为 mm/min（毫米每分钟）或 mm/r（毫米每转）（攻丝必用）。

3）暂停 Dwell

暂停时间是指刀具在钻削到孔的最深处时的停留时间，对应于钻孔循环指令中的 P。

在循环参数设置对话框中单击“Dwell”按钮，弹出如图 6.21 所示的对话框，各选项的说明如下。

（1）关：该选项指定刀具钻到孔的最深处时不暂停。

（2）开：该选项指定刀具钻到孔的最深处时停留指定的时间，它仅用于各类标准循环。

（3）秒：该选项指定暂停时间的秒数。

（4）转：该选项指定暂停的转数。

4）Rtrcto（退刀至）

Rtrcto（退刀至）表示刀具钻至指定深度后，刀具回退的高度。它有 3 个选项：距离、自动、设置为空，如图 6.22 所示。

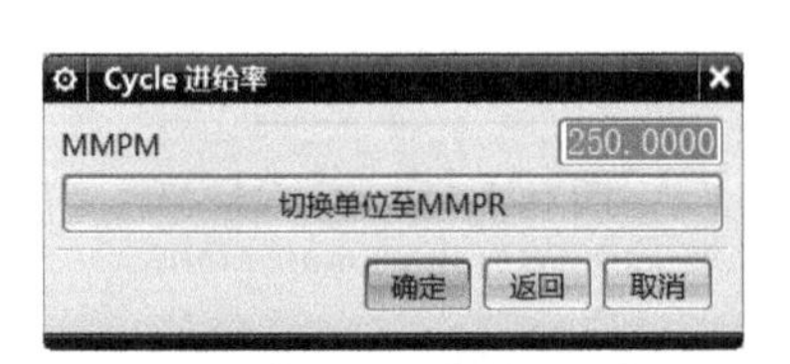

图 6.20　进给率

图 6.21　暂停时间

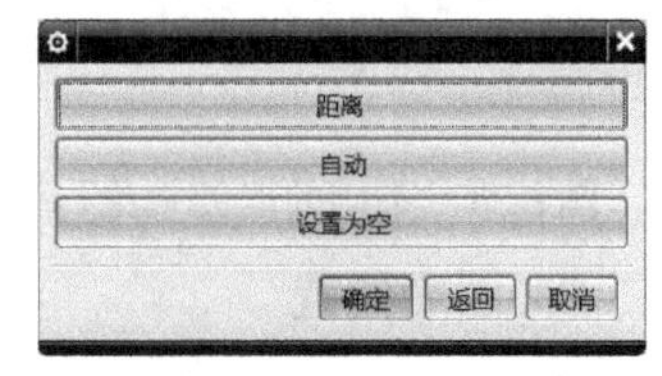

图 6.22　退刀至选项

（1）距离：可以将退刀距离指定为固定距离。

（2）自动：可以退刀至当前循环之前的上一位置。

（3）设置为空：退刀到安全间隙位置。

设置回退高度时必须考虑其安全性，避免在移动过程中与工件或夹具产生干涉。

如图 6.23 所示为将 Rtrcto 设置为不同的选项时，退刀效果示例。

5）STEP 值（步进）

该值仅用于钻孔循环为“标准钻，断屑”或“标准钻，深孔”方式，表示每次攻进的深度值，对应于钻孔循环指令中的 Q 值。

6）复制上一组参数

设置多个循环参数时，在后一组参数设置时将可以通过“复制上一组参数”来延用上一组的深度、进给率、退刀等参数，再根据需要进行修改。

6.5　钻孔其余参数设置

“钻孔”对话框除了几何体、刀具、循环类型、机床、程序、选项等组以外，钻孔加工

的参数设置还包括刀轴、深度偏置、刀轨设置参数组，如图6.24所示。

1. 刀轴

刀轴设置是为刀具轴指定一个矢量（从刀尖到刀夹），还允许通过使用“垂直于部件表面”选项在每个Goto点处计算出一个垂直于部件表面的“刀具轴”。

在3轴钻孔加工中，通常使用“+ZM轴”。

2. 最小安全距离

最小安全距离指定转换点，刀具由快速运动或进刀运动改变为切削速度运动。该值即是指令代码中的R值。如图6.25所示为最小安全距离的示意图。

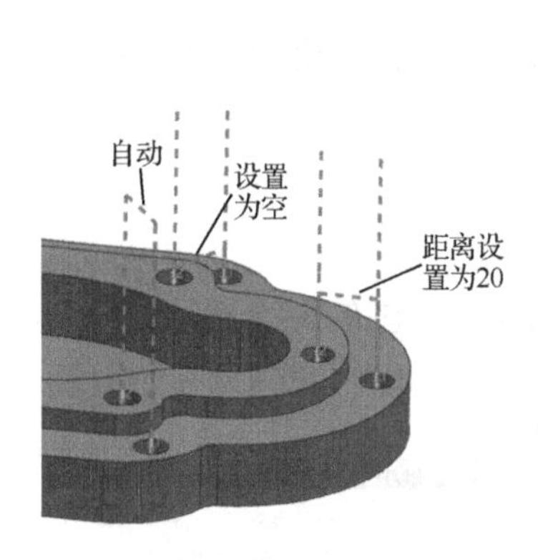

图6.23　不同的退刀效果

工具
刀轴
轴　+ZM 轴
循环类型
深度偏置
通孔安全距离　1.5000
盲孔余量　2.0000
刀轨设置
方法　DRILL_METH
避让
进给率和速度

图6.24　“钻孔”对话框

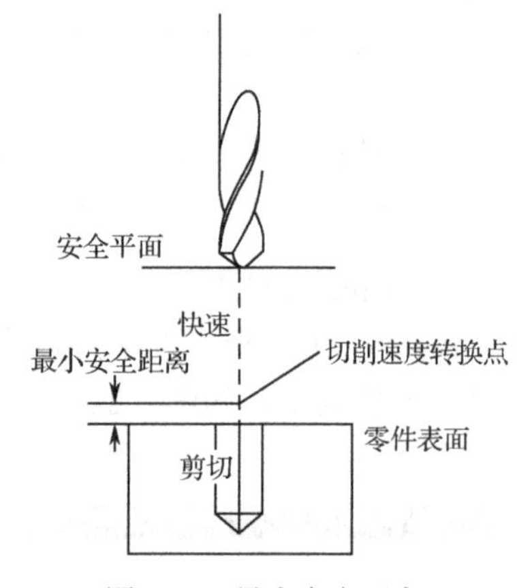

图6.25　最小安全距离

3. 深度偏置

盲孔余量是指定钻盲孔时孔的底部保留的材料量；通孔安全距离设置刀具穿过加工底面的穿透量，以确保孔被钻穿，如图6.26所示。

4. 避让

避让是指定一定的非切削的运动。避让选项如图6.27所示，包括有从点（From点）、起始点（Start Point）、返回点（Return Point）、终止点（Gohome点）、安全平面（Clearance Plane）、低限平面（Lower Limit Plane）等选项。通常只需要设置安全平面选项。

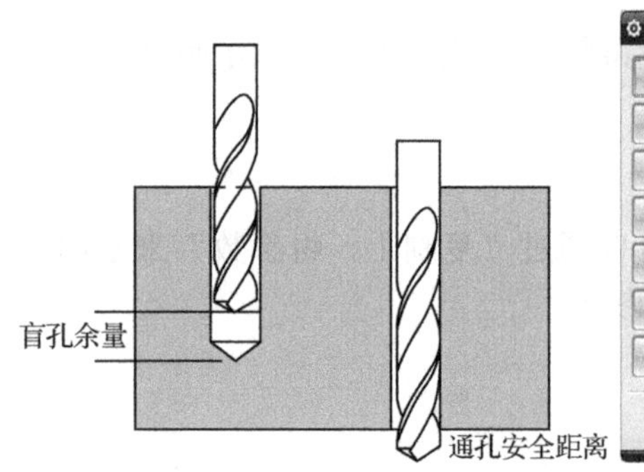

图6.26　深度偏置

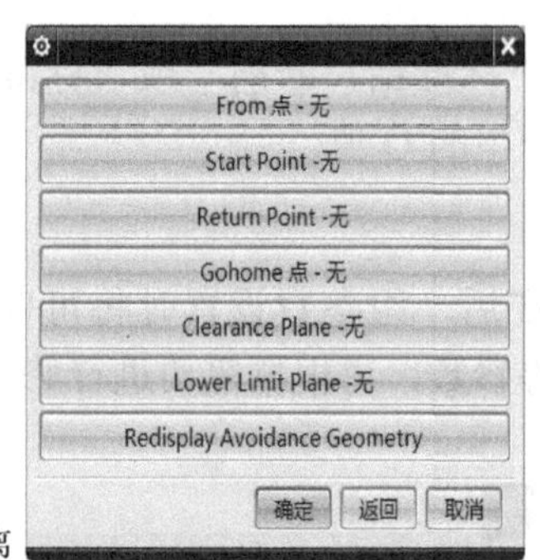

图6.27　避让选项

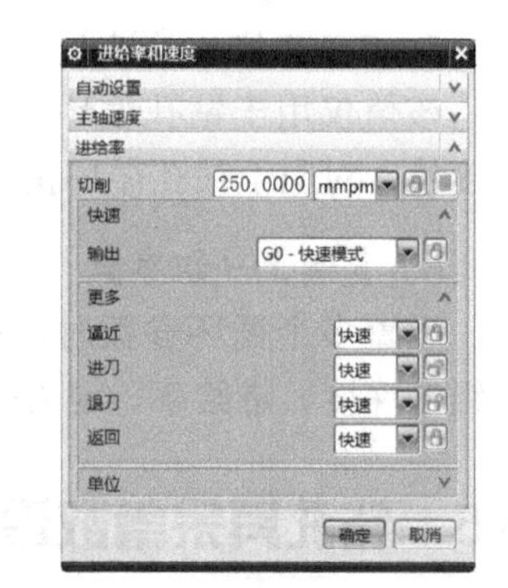

图6.28　钻孔加工的“进给率”选项组

5. 进给率

设置钻孔加工的主轴速度与进给率。在“进给率”选项组中，由于钻孔加工运动相对简单，所以在“进给率”选项组中相对平面铣工序要少，没有第一刀切削及初始切削进给选项，如图 6.28 所示为钻孔加工的“进给率”选项组。

案例 5 灯罩盖 A 板钻孔 CAM

1. 灯罩盖 A 板孔加工工艺

灯罩盖 A 板（又叫定模板）3D 模型效果如图 6.29 所示，材料为 45 钢，热处理硬度为 HRC 28～32。该零件需要综合加工，包含铣削、钻孔和磨削加工。

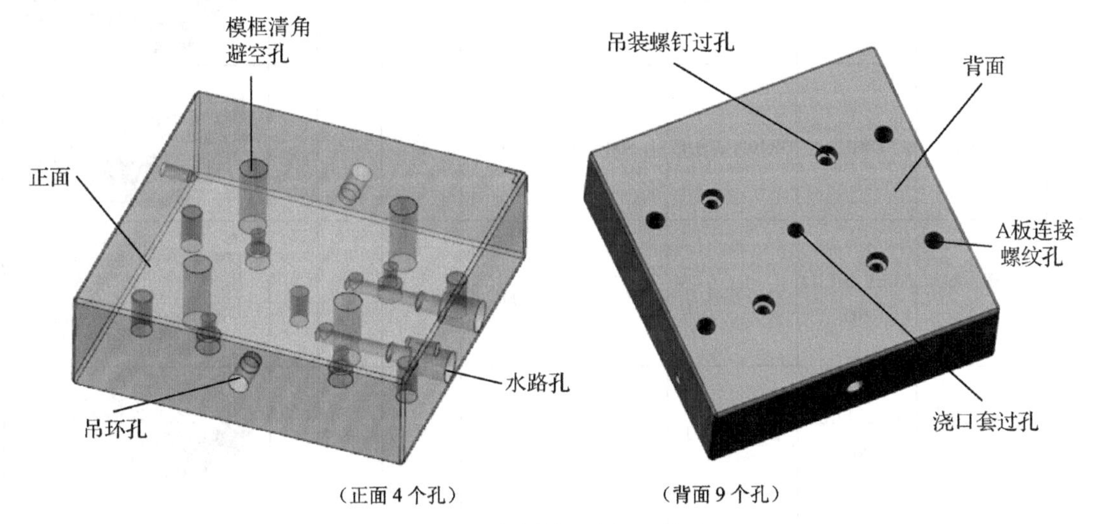

图 6.29 灯罩盖 A 板 3D 模型

本案例将针对该模具的 A 板孔位进行钻孔加工，制定钻孔加工工艺路线，如下，钻孔铣加工工艺卡如表 6.3 所示。

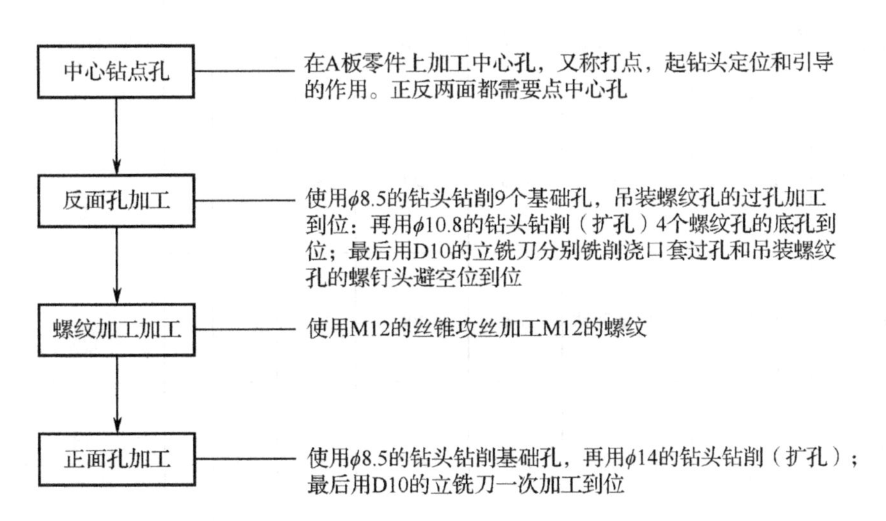

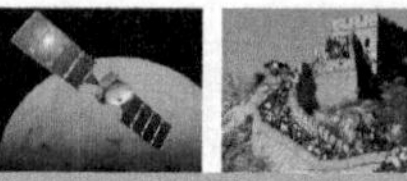

表6.3　A板零件钻孔铣加工工艺卡

工步	工步内容	加工方式（轨迹名称）	刀具	主轴转速（r/min）	进给速度（mm/min）	切削深度（mm）	余量（mm）		图解
							侧面	底面	
1	反面点孔	SPOT_DRILLING	DD3.15 中心钻	2000	80	5	—	—	
2	反面钻基础孔	DRILL	DR8.5 麻花钻	800	200	20.5	—	—	
3	反面扩孔	DRILL	DR10.8 扩孔钻	800	200	23	—	—	
4	反面铣孔粗加工	HOLE_MILLING	D10 面铣刀	2000	600	9	0.1	0	
5	反面铣孔精加工	HOLE_MILLING	D10 面铣刀	2500	500	9	0	0	
6	反面螺纹加工	TAPPING	D12 丝攻	800	1.25（r/min）	9	—	—	
7	正面点孔	SPOT_DRILLING	DD3.15 中心钻	2000	80	5	—	—	
8	正面钻基础孔	DRILL	DR8.5 麻花钻	800	200	39.5	—	—	
9	正面扩孔	DRILL	DR14 扩孔钻	500	300	39.5	—	—	
10	正面铣孔粗加工	HOLE_MILLING	D10 面铣刀	2000	600	39.5	0.1	—	

续表

工步	工步内容	加工方式（轨迹名称）	刀具	主轴转速（/min）	进给速度（mm/min）	切削深度（mm）	余量（mm）		图解
							侧面	底面	
11	正面铣孔精加工	HOLE_MILLING	D10 面铣刀	2500	500	9	0	—	

2. 灯罩盖 A 板 CAM 准备

扫一扫下载灯罩盖 A 板数字化模型源文件

1）模型导入

选择“启动”→“加工”命令进入加工环境。单击按钮，根据文件存放路径选择“灯罩盖 A 板钻孔源模型”文件后，单击 OK 按钮，导入灯罩盖 A 板数字模型，如图 6.30 所示。

扫一扫看灯罩盖 A 板模型处理及反面点孔加工操作视频

2）灯罩盖 A 板 CAM 模型处理

该模型钻孔需进行正反面加工，由于只进行孔加工，因此我们需要对模型进行处理。主要模型主要删除框、铲基位及导柱孔。完成删除后得到的零件如图 6.31 所示。

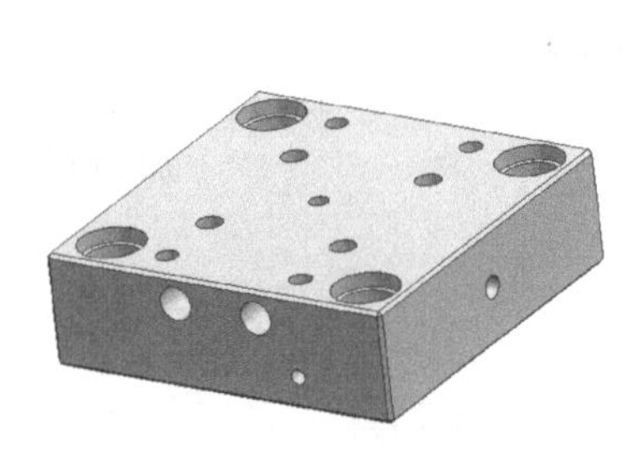

图 6.30　导入的灯罩盖 A 板模型

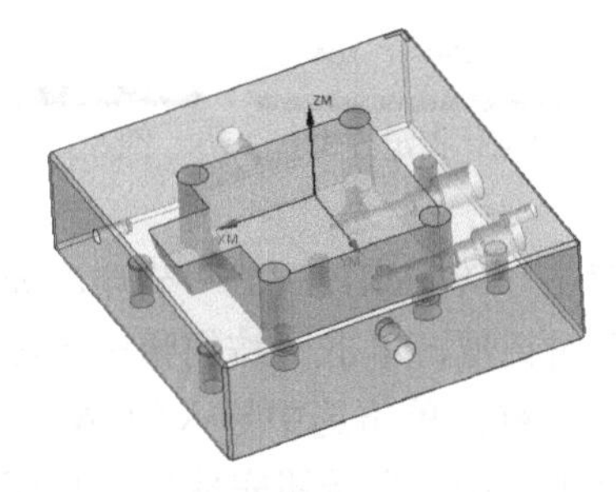

图 6.31　处理完成后的灯罩盖 A 板模型

该模型分为正面和反面，我们首先加工反面，反面需要加工的孔共 9 个，分别为 4 个 A 板吊装螺钉孔、4 个吊装螺钉过孔及 1 个浇口套过孔。吊环孔、水路孔及锁模座孔则通过钳工配打完成。正面需要加工的是 4 框体避空孔，其余孔同样通过钳工配打完成。零件孔位分布如图 6.32 所示。

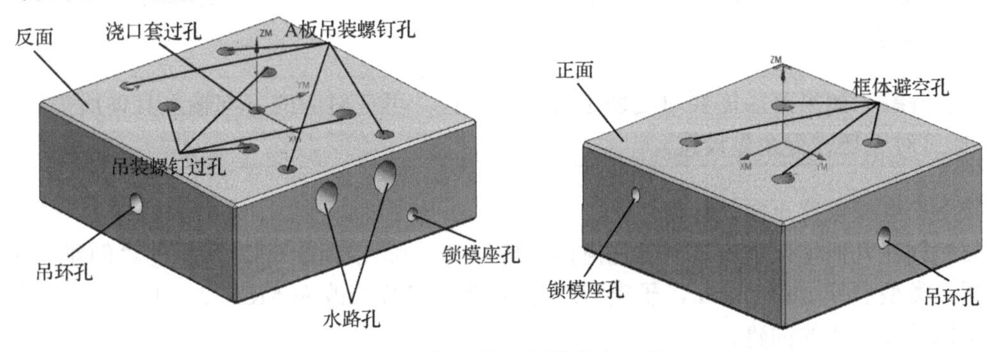

图 6.32　灯罩盖 A 板孔位分布图

3）灯罩盖 A 板 CAM 几何体创建

由于需要进行正反面加工，因此我们需要创建两个几何体。首先创建反面几何体。

（1）在工序导航器工具条中单击“几何”按钮，导航器切换到几何视图。双击导航器中的“MCS_1”节点，弹出如图 6.33 所示的“MCS 铣削”对话框。在“指定 MCS”选项后单击按钮，弹出如图 6.34 所示的“CSYS”对话框，在“控制器”选项组中单击“指定方位”后的“点构造器”按钮，在“类型”下拉菜单中选择“两点之间”的方式构建 MCS 坐标原点在顶面中心，如图 6.35 所示。“安全距离”设置为 10 mm。

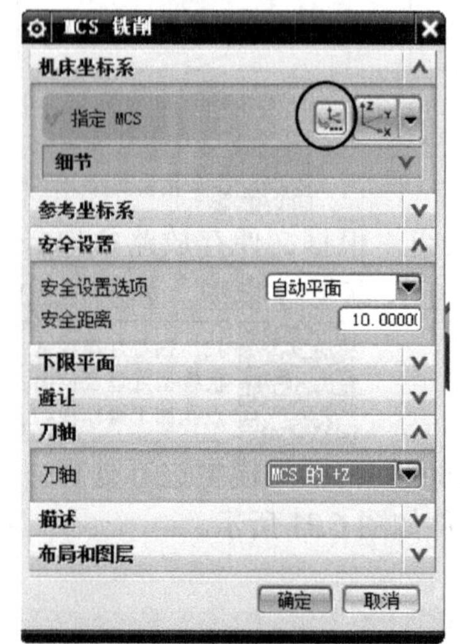

图 6.33　坐标几何体指定方式

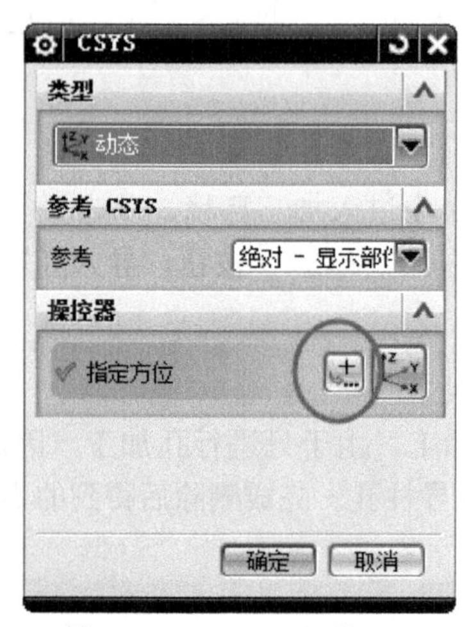

图 6.34　“CSYS”对话框

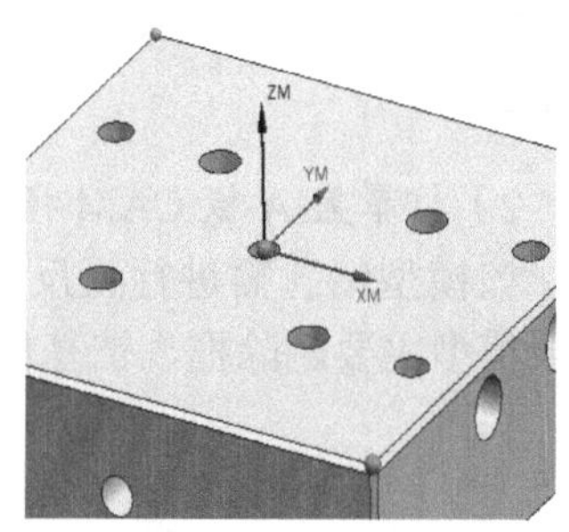

图 6.35　用“两点之间”方法设置加工原点

（2）双击“WORKPIECE”节点，弹出“工件”对话框，单击按钮弹出“部件几何”对话框，单击选中导入的 A 板模型后，单击“确定”按钮完成部件几何的设置。单击按钮弹出“毛坯几何体”对话框，在“类型”下拉菜单中选择“包容块”。对其进行毛坯设置，由于毛坯为六面精磨毛坯，因此可以不放任何余量，直接对其进行铣削。包容块形状如图 6.36 所示。

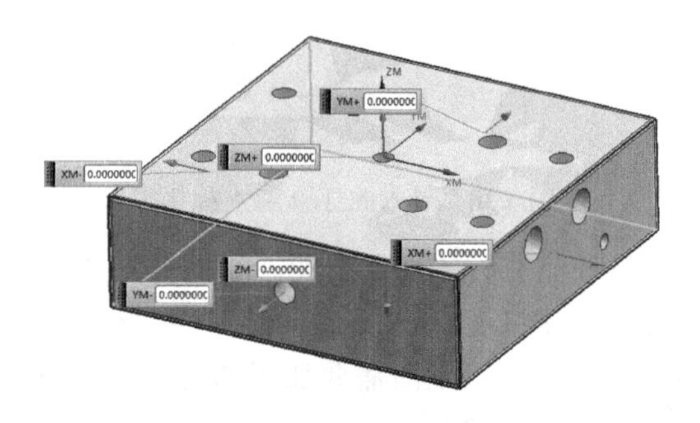

图 6.36　包容块大小

新手解惑　如果产品需要对毛坯进行设定余量，可在对应的方向输入具体所需的余量值，即可对毛坯进行余量设置。

接下来继续设置正面的几何体。

（3）创建几何体：单击“创建几何体”按钮，弹出如图 6.37 所示的“创建几何体”对话框，类型选择 mill_planar，子类型选择 MCS，名称修改为 MCS_2，单击“确定”按钮完成坐标系几何体的创建。

（4）单击“创建几何体”按钮，弹出如图 6.38 所示的“创建几何体”对话框，类型选择 mill_planar，子类型选择 WORKPIECE，名称修改为 WORKPIECE_1，单击“确定”按钮完成部件几何体的创建。

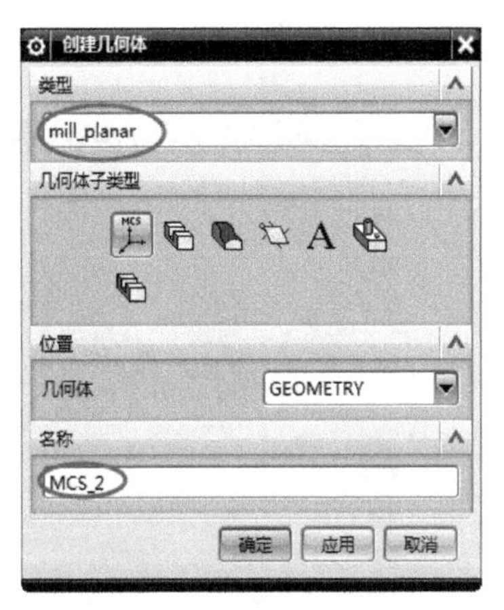

图 6.37 创建“坐标系”几何体

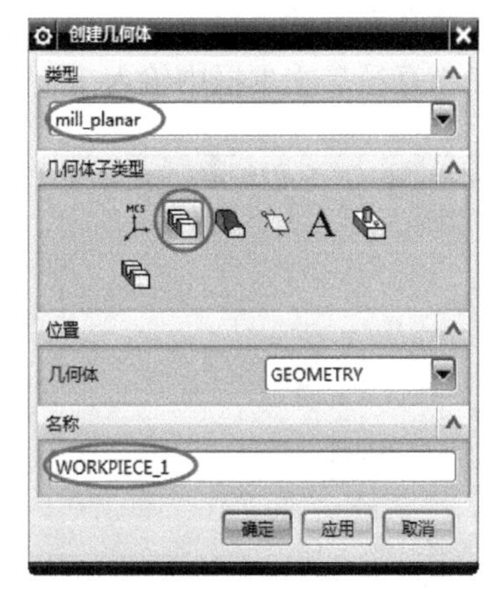

图 6.38 创建“部件”几何体

（5）双击导航器中的“MCS_2”节点，弹出“MCS 铣削”对话框，按照 MCS_1 相同的设置方法，将坐标原点放在反面的中心，同时注意坐标系的 *X* 轴设置为长方向，*Y* 轴设置为短方向，如图 6.39 所示。并采用与 MCS_1 相同的方法在铣削对话框中进行安全设置。

接下来按照创建反面几何体即本节（2）中类似的方法，设置部件几何体和毛坯几何体，在此不做讲解。

4）灯罩盖 A 板 CAM 刀具创建

（1）在工序导航器工具条中单击“机床视图”按钮，将导航器切换到机床视图。

（2）单击工具条中的“创建刀具”按钮，弹出“创建刀具”对话框。根据铣削工艺方案创建一支“DR8.5”的麻花钻，参数设置如图 6.40（a）所示。

（3）根据工艺需求，用同样的方法，创建“DR10.8”“DR14”的麻花钻和“D10”的立铣刀各一支，如图 6.40（b）所示。

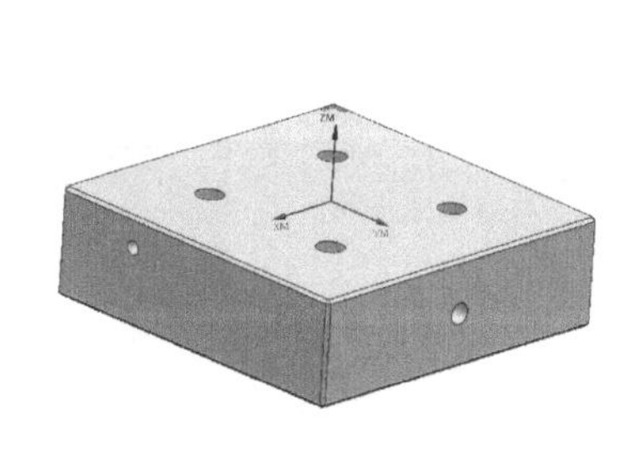

图 6.39 正面坐标系构建

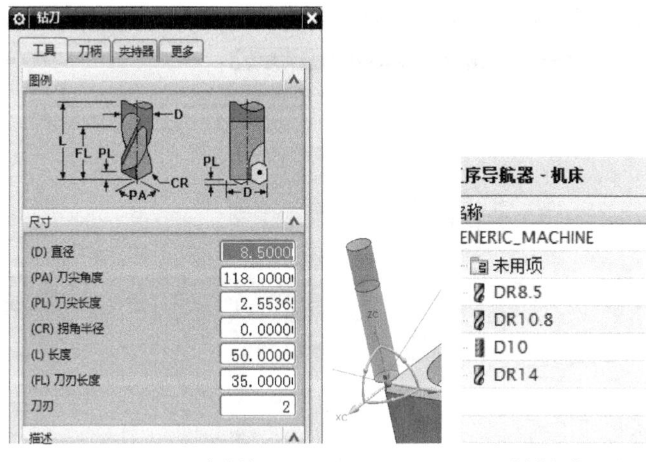

（a）“DR8.5”麻花钻　（b）创建好的刀具

图 6.40 刀具创建

（4）通过刀库调取标准丝锥：单击工具条中的“创建刀具”按钮，弹出“创建刀具”对话框。单击“库”选项组中的“从库中调用刀具”按钮，弹出如图 6.41 所示的“库类选择”对话框。

选择“钻孔”下的“丝锥”选项，单击确定按钮，弹出如图 6.42 所示的“搜索准则”对话框，在“直径”文本框中输入 12。

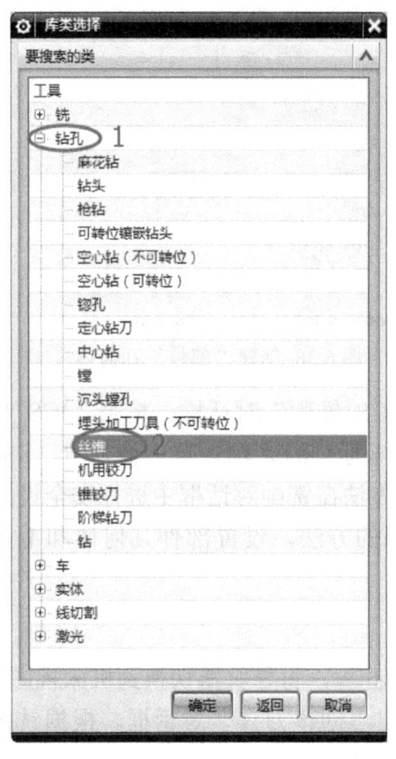

图 6.41 “库类选择”对话框

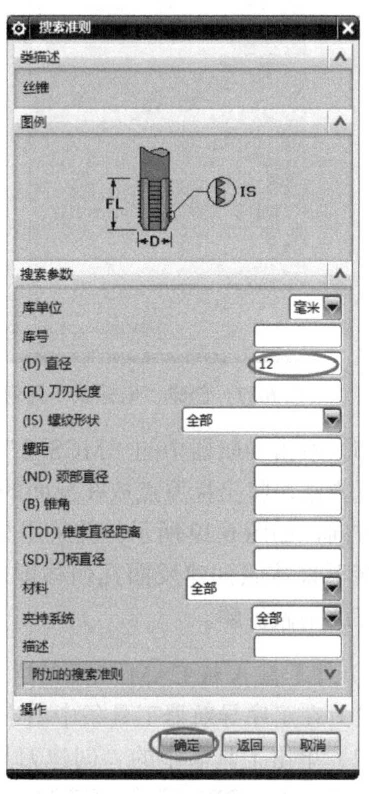

图 6.42 “搜索准则”对话框

单击确定按钮，弹出如图 6.43 所示的“搜索结果”对话框。根据螺距选择需要的丝锥，单击确定按钮，完成刀具的调用，并得到如图 6.44 所示的标准丝锥刀具。

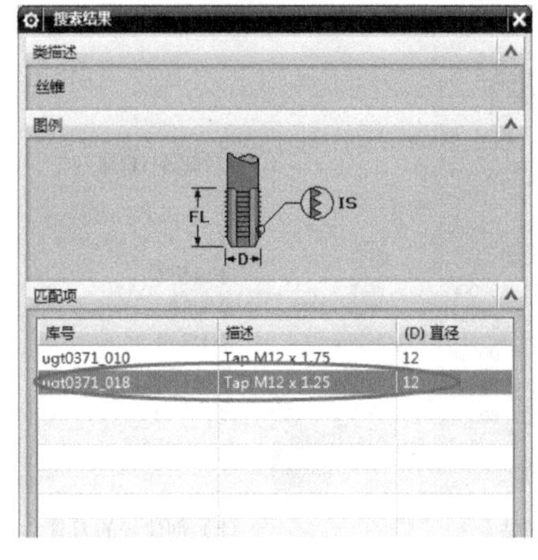

图 6.43 丝锥“搜索结果”对话框

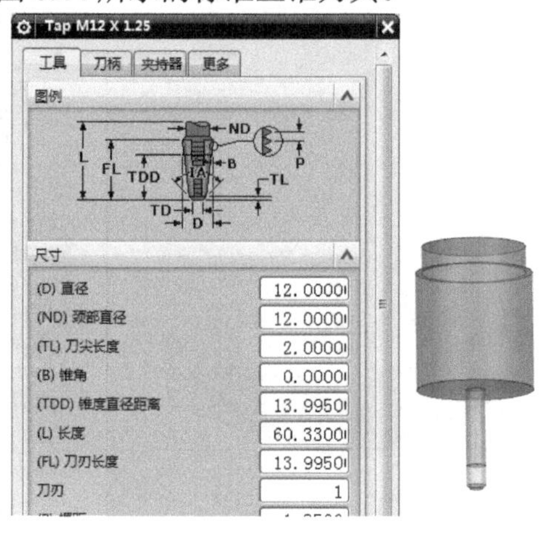

图 6.44 标准 M12×1.25 丝锥

（5）通过刀库调取中心钻：单击工具条中的“创建刀具”按钮，弹出“创建刀具”对话框。单击“库”选项组中的“从库中调用刀具”按钮，弹出“库类选择”对话框。

选择“钻孔”下的“中心钻”选项，单击确定按钮，弹出“搜索准则”对话框。在“直径”文本框中输入 3.15，单击确定按钮，弹出如图 6.45 所示的“搜索结果”对话框，选择需要的“中心钻”，单击确定按钮，完成刀具的调用，并得到如图 6.46 所示的中心钻刀具。

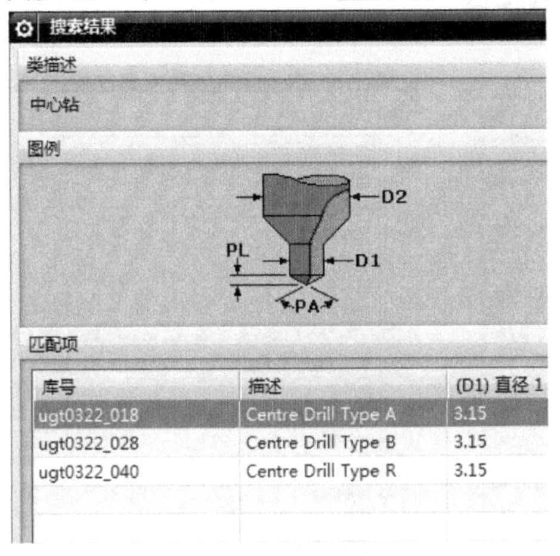

图 6.45　中心钻“搜索结果”对话框

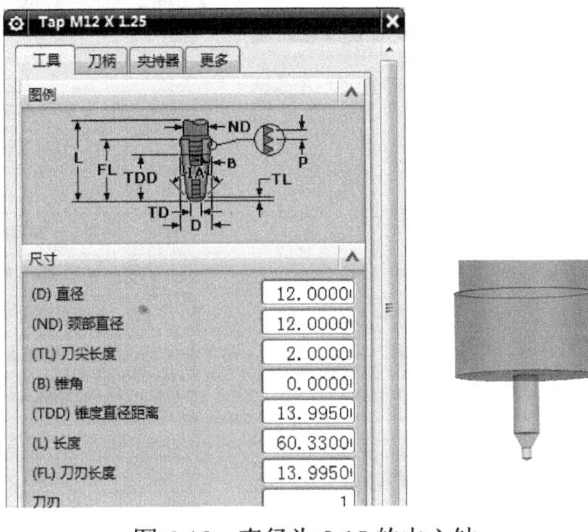

图 6.46　直径为 3.15 的中心钻

3. 灯罩盖 A 板反面钻孔加工

1）灯罩盖 A 板反面整体点孔工序创建

（1）单击“插入”工具条中的“创建工序”按钮，弹出“创建工序”对话框，如图 6.47 所示。选择“类型”为 drill，“工序子类型”选择，“刀具”选择 DD3.15，“几何体”选择 WORKPIECE，单击“确定”按钮，弹出如图 6.48 所示的“定心钻”对话框。

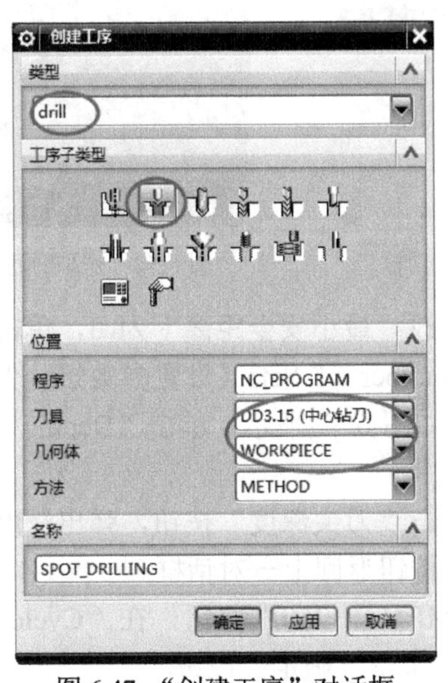

图 6.47　“创建工序”对话框

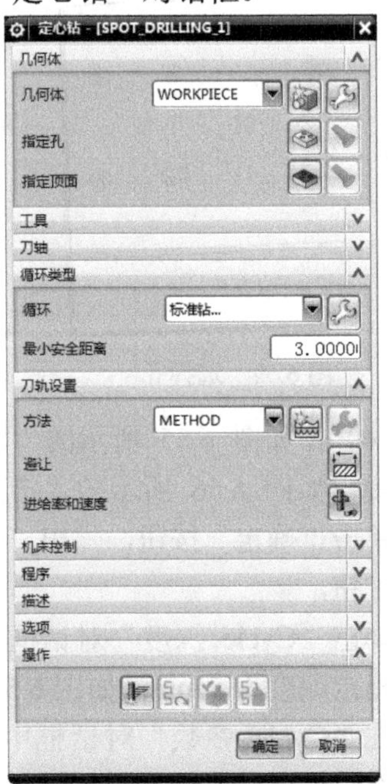

图 6.48　“定心钻”对话框

（2）单击“定心钻”对话框中的“指定孔”按钮，以设定钻孔加工的位置。

弹出如图 6.49 所示的“点到点几何体”对话框，单击“选择”按钮，弹出如图 6.50 所示的选择方式对话框，单击“一般点”按钮，弹出如图 6.51 所示的“点”对话框，选择类型为“圆弧中心”，选取如图 6.52 所示反面的 9 个孔的中心。

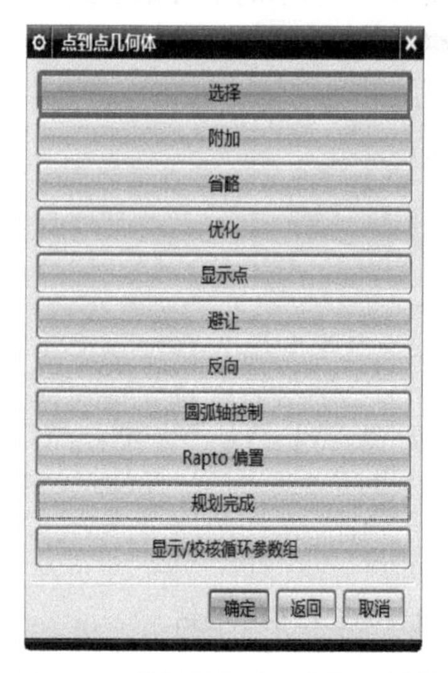

图 6.49 “点到点几何体”对话框

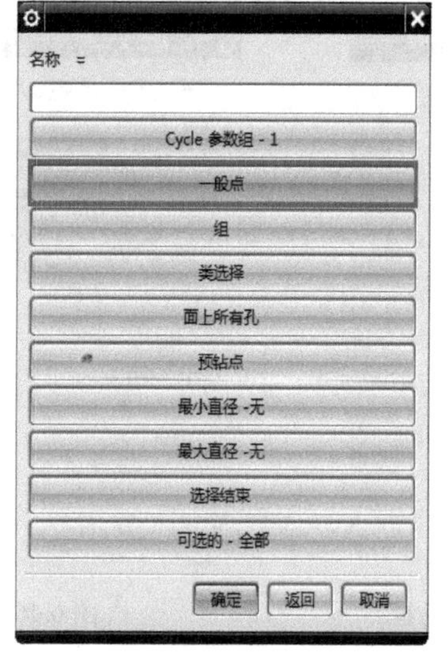

图 6.50 选择方式对话框

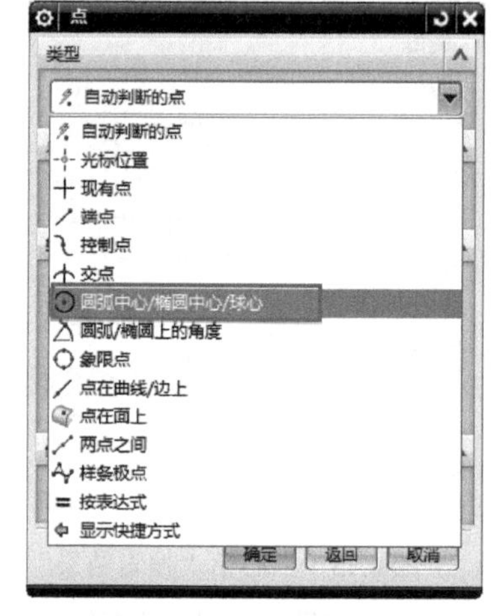

图 6.51 “点”对话框

（3）指定顶面：单击“定心钻”对话框中的“指定顶面”按钮，弹出如图 6.53 所示的“顶部曲面”对话框，在图形上选取反面顶面，如图 6.54 所示，单击顶面，确定顶面选择。

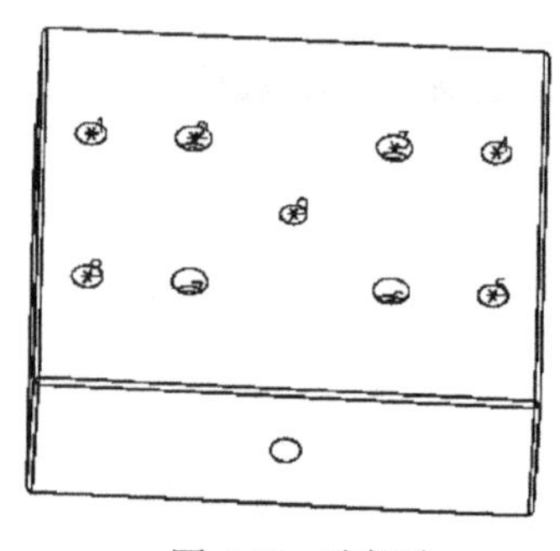

图 6.52 选择孔

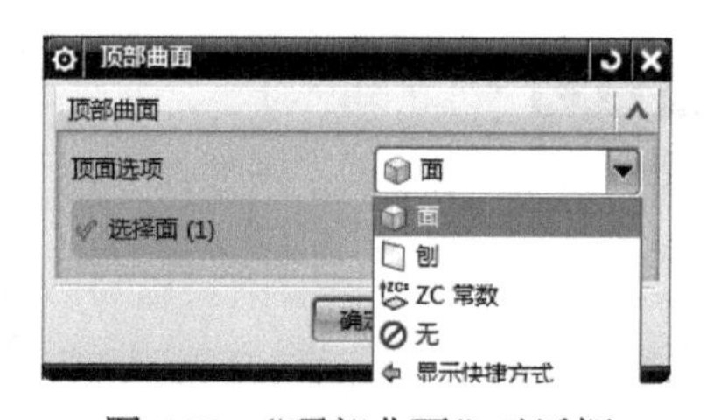

图 6.53 “顶部曲面”对话框

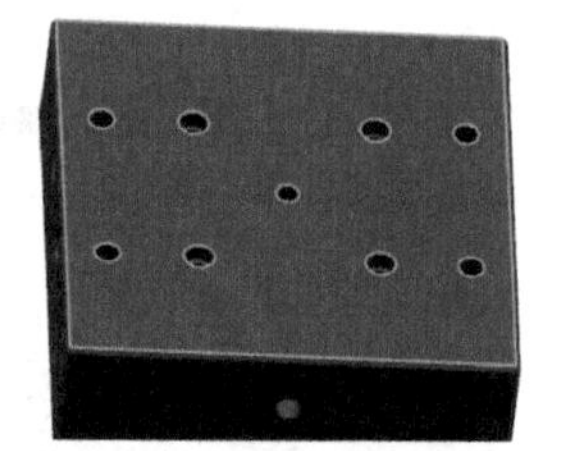

图 6.54 选取顶面

（4）在如图 6.55 所示的“定心钻”对话框中，修改“最小安全距离”为 3，单击按钮，弹出如图 6.56 所示的“指定参数组”对话框，Number of Sets（设置参数组）保持不变。单击“确定”按钮，弹出“Cycle 参数”对话框，如图 6.57 所示，单击“Depth-模型深度”按钮。

弹出“Cycle 深度”对话框，如图 6.58 所示，单击“刀尖深度”按钮，弹出深度对话框，指定深度为 5 mm，如图 6.59 所示，单击“确定”按钮返回上一对话框。

在“Cycle 参数”对话框中，单击“进给率（MMPM）-250”按钮，在“Cycle 进给率”对话框设置进给率为 80 mm/min，如图 6.60 所示，单击“确定”按钮。

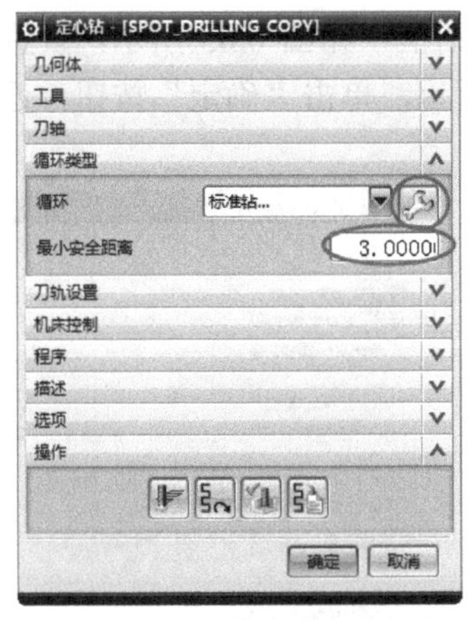

图 6.55　钻孔加工操作对话框

图 6.56　“指定参数组”对话框

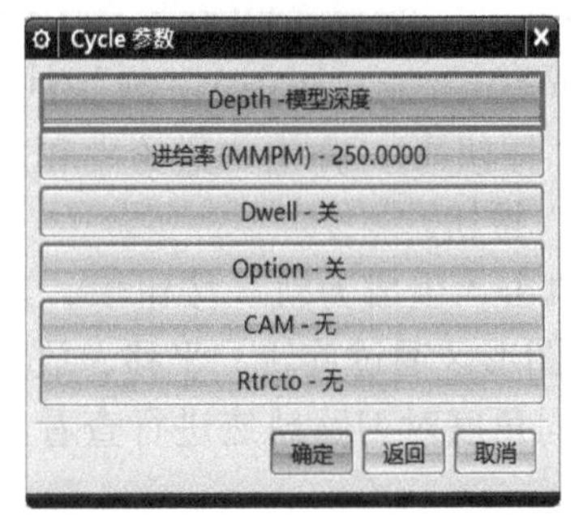

图 6.57　循环参数

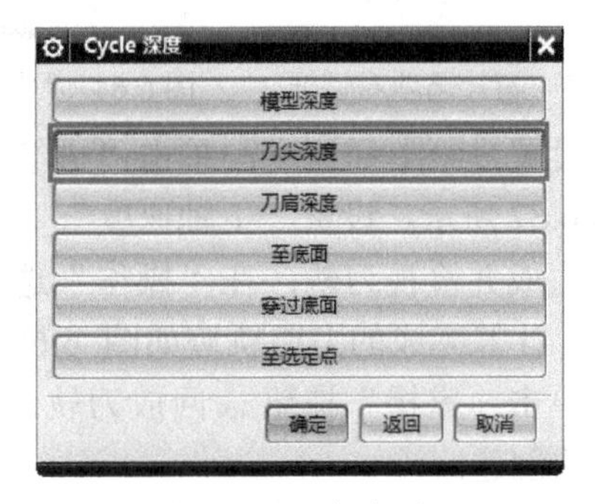

图 6.58　深度选项

单击图 6.57 中的“Rtrcto”按钮，弹出如图 6.61 所示的退刀至选择对话框，单击“距离”按钮，弹出如图 6.62 所示的距离对话框，设置退刀至距离为 20 mm。

图 6.59　设置深度

图 6.60　设置进给率

图 6.61　退刀至选择

图 6.62　距离选项

（5）避让设置：在“定心钻”对话框中，单击“避让”按钮，弹出避让选项对话框，如图 6.63 所示。单击“Clearance Plane”（安全平面）按钮，弹出“安全平面”对话框

框，如图 6.64 所示。单击“指定”按钮，弹出“刨”对话框，如图 6.65 所示，设置安全平面为距离反面顶面“50”，安全平面位置显示如图 6.66 所示，单击“确定”按钮，返回“定心钻”对话框。

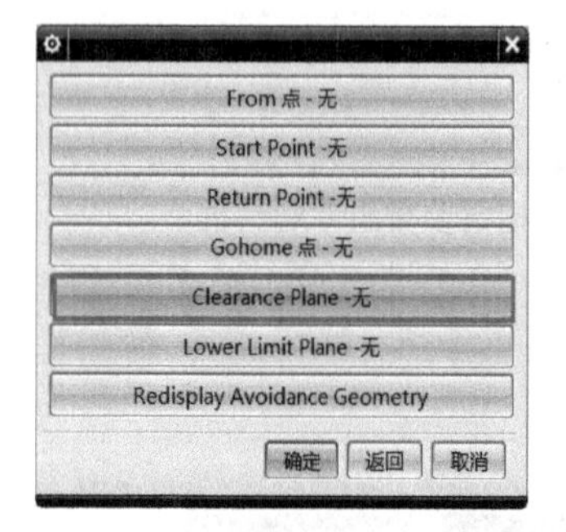

图 6.63　避让选项对话框

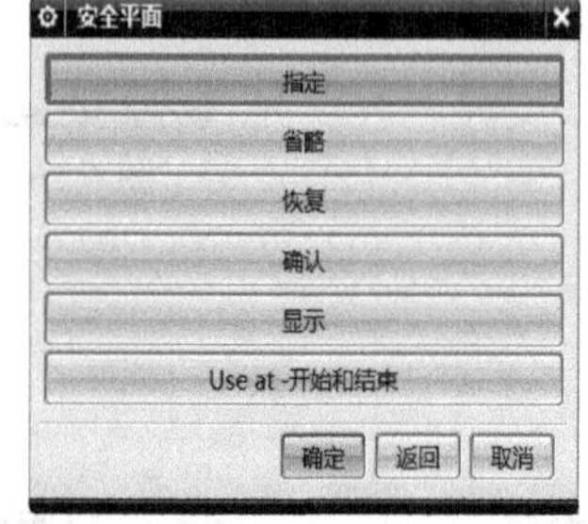

图 6.64　“安全平面”对话框

图 6.65　“刨”对话框

（6）设置进给率和速度：单击“进给率和速度”按钮，弹出“进给率和速度”对话框，如图 6.67 所示，设置“主轴速度”，单击“确定”按钮。

（7）生成并检视刀轨：在“操作”选项组中，单击“生成刀轨”按钮，计算生成的刀路轨迹。计算完成的刀路轨迹如图 6.68 所示。在图形区通过旋转、平移、放大视图转换视角，再单击“重播”按钮回放刀轨。可以从不同角度对刀路轨迹进行查看，此至完成钻孔工序的创建。

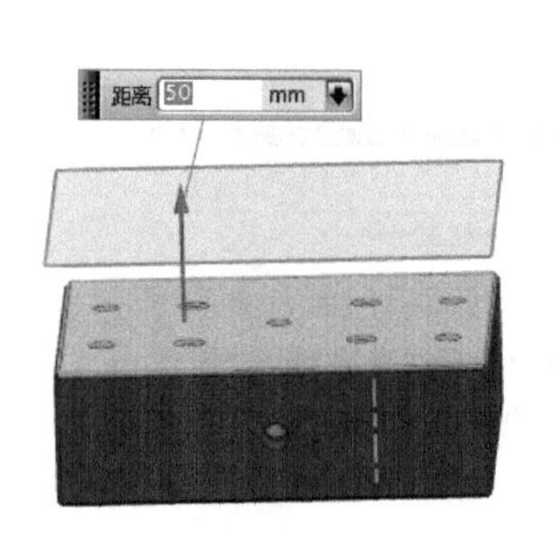

图 6.66　安全平面显示

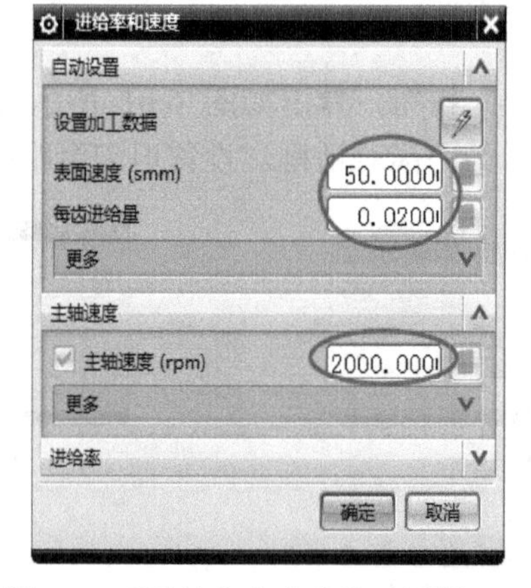

图 6.67　“进给率和速度”对话框

图 6.68　反面点孔刀轨

2）灯罩盖 A 板反面整体钻孔工序创建

（1）创建工序，单击“插入”工具条中的“创建工序”按钮，弹出“创建工序”对话框，如图 6.69 所示。选择“类型”为 drill，“工序子类型”选择（钻孔），“刀具”选择 DR8.5，“几何体”选择 WORKPIECE。确认各选项后单击“确定”按钮，弹出“钻孔”对话框。

（2）指定孔：由于这 9 个孔的孔深不同，根据孔深对这 9 个孔进行分类：4 个 A 板吊装螺钉孔为参数组 1，其余 5 个孔设置为参数组 2，用于控制循环参数设置。单击“钻孔”

对话框中的“指定孔”按钮，弹出“点到点几何体”对话框，单击“选择”按钮，弹出如图 6.70 所示的选择方式对话框。单击“Cycle 参数组-1”按钮，弹出循环参数组对话框，如图 6.71 所示。单击“参数组 1”按钮，系统自动返回如图 6.70 所示的选择方式对话框，单击“一般点”按钮，弹出“点”对话框，将“类型”设置为圆弧中心/椭圆中心/球心，选取反面的 4 个 A 板吊装螺钉孔为参数组 1，孔位如图 6.72 所示。

扫一扫看灯罩盖 A 板反面钻基础孔加工操作视频

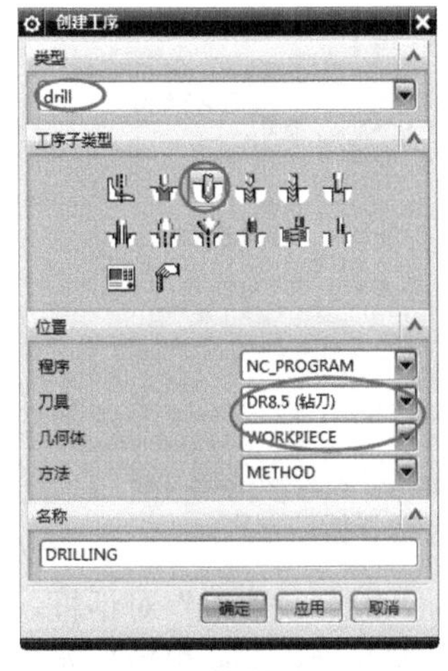

图 6.69 创建钻孔工序对话框

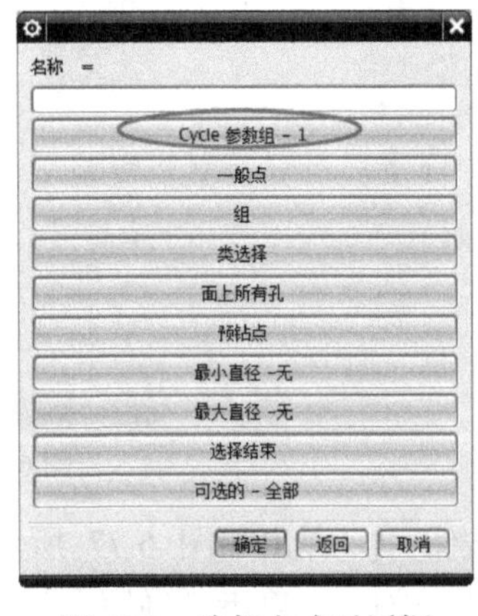

图 6.70 选择方式对话框

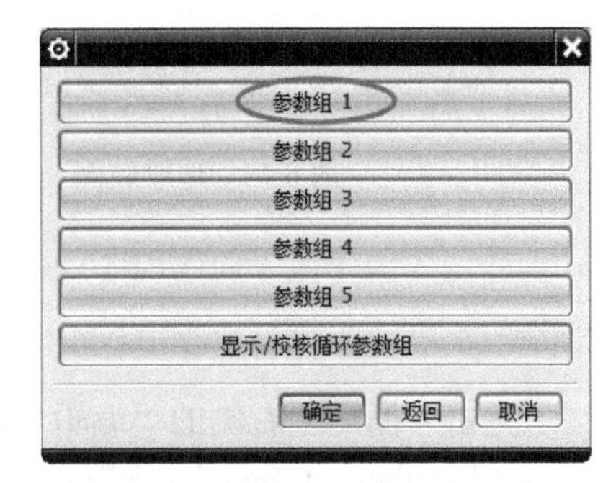

图 6.71 循环参数组对话框

单击“确定”按钮，返回选择方式对话框。再次单击“Cycle 参数组-1”按钮，再次弹出如图 6.71 所示的参数组选择对话框，此时单击“参数组 2”按钮，以相同的方法指定孔，指定好的 5 个孔位如图 6.73 所示。

（3）指定顶面：单击“钻孔”对话框中的“指定顶面”按钮，弹出“顶部曲面”对话框，在图形上选取反面的顶面，如图 6.74 所示，确定顶面选择。

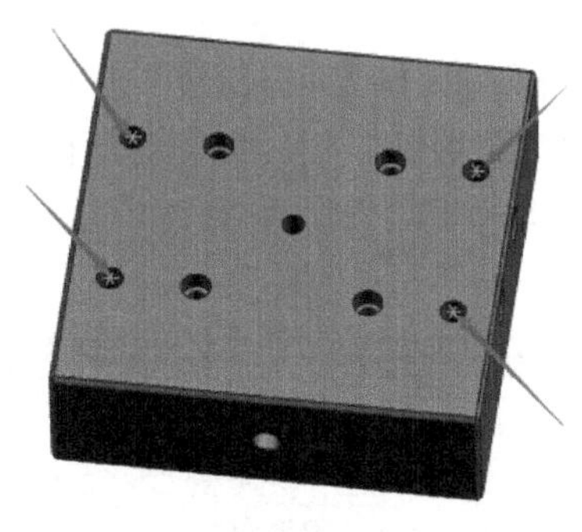

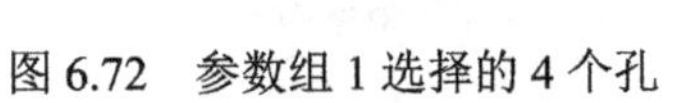

图 6.72 参数组 1 选择的 4 个孔

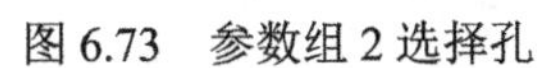

图 6.73 参数组 2 选择孔

图 6.74 选取顶面

（4）指定底面：单击“钻孔”对话框中的“指定底面”按钮，弹出“底面选项”对话框，在图形上选取其中一个吊装螺钉孔的底面，如图 6.75 所示，单击“确定”按钮，完成底面选择。

（5）循环类型设置：在“钻孔”对话框中，在“循环类型”选项组中的“循环”下拉菜单中选择“标准钻，深孔”，如图 6.76 所示，并设置“最小安全距离”为 5 mm、“通孔安全距离”为 2 mm、“盲孔余量”为 0。

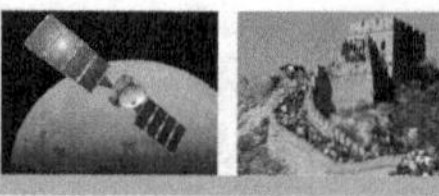

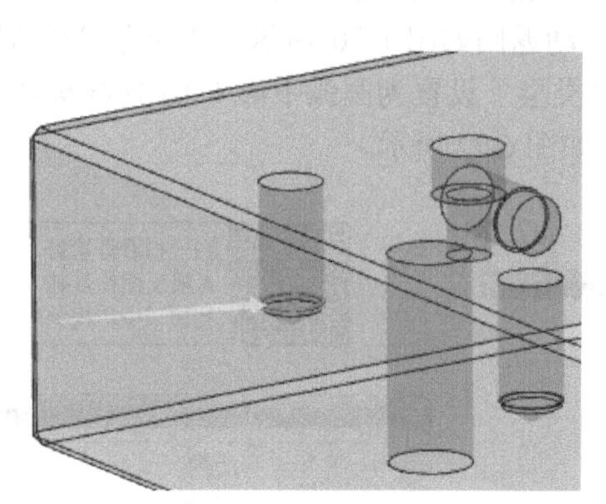

图 6.75　选取底面

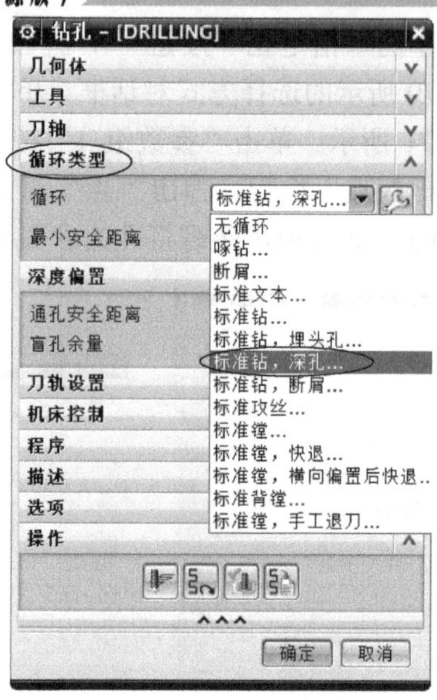

图 6.76　选择循环方式

单击“循环”右侧的“编辑”按钮，弹出如图 6.77 所示的“指定参数组”对话框，修改“Number of Sets”（设置参数组）为 1，单击“确定”按钮，弹出“Cycle 参数”对话框，如图 6.78 所示，单击“Depth-Thru Bottom”按钮，弹出“Cycle 深度”对话框，单击“穿过底面”按钮，然后单击“确定”按钮，返回“Cycle 参数”对话框。继续进行进给率设置，单击“进给率（MMPM）-200”按钮，将进给率设置为 200；单击“Rtrcto”按钮，在弹出的退刀对话框中，单击“距离”按钮，并设置退刀距离为 20；最后单击“Step 值”按钮，在弹出的对话框中的“step#1”文本框中输入 3，即每次进给深度为 3，单击“确定”按钮，返回“Cycle 参数”对话框。单击“确定”按钮后对参数组 2 进行 Cycle 参数设置，如图 6.79 所示。

单击“Depth-模型深度”按钮，弹出“Cycle 深度”对话框，单击“刀肩深度”按钮，在弹出的距离对话框中，输入深度数值为 20.5 mm。单击“确定”按钮，返回上一对话框，按照与参数组 1 相同的方法对“进给率（MMPM）”“Rtrcto”“Step 值”进行设置。

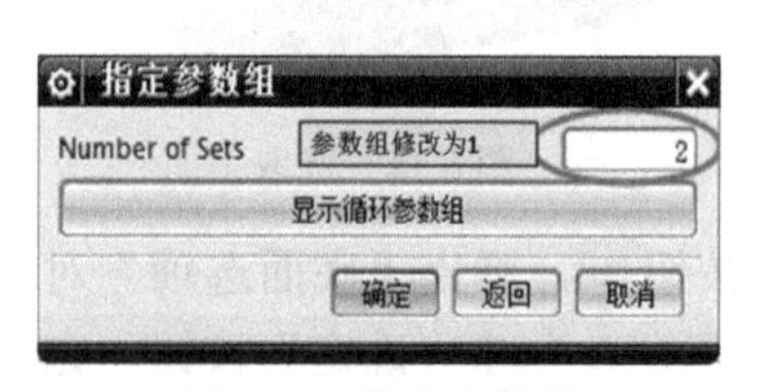

图 6.77　指定参数组

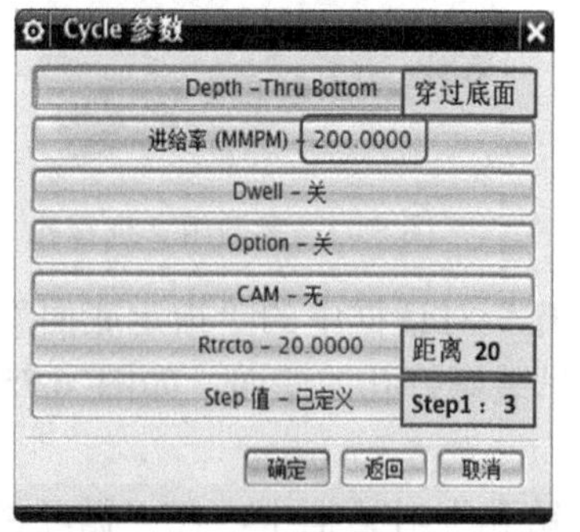

图 6.78　Cycle 参数设置

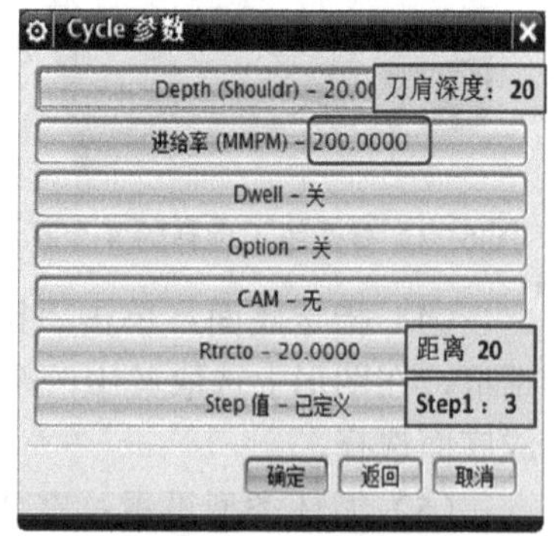

图 6.79　Cycle 参数设置

（6）避让设置：按照与上一节中 A 板反面整体点孔的方法将避让安全平面设置在距离反面顶面 50 mm 的平面。

（7）设置进给率和速度：单击“进给率和速度”按钮，弹出“进给率和速度”对话框，设置“主轴速度”为 800 r/min，单击“确定”按钮返回“钻孔”对话框。

（8）生成并检视刀轨：在“操作”选项组中，单击“生成刀轨”按钮，计算生成的刀路轨迹，计算完成的刀路轨迹如图 6.80 所示。可以从不同角度对刀路轨迹进行查看，如图 6.80 右图所示为前视图下重播的刀轨。至此，完成钻孔工序的创建。

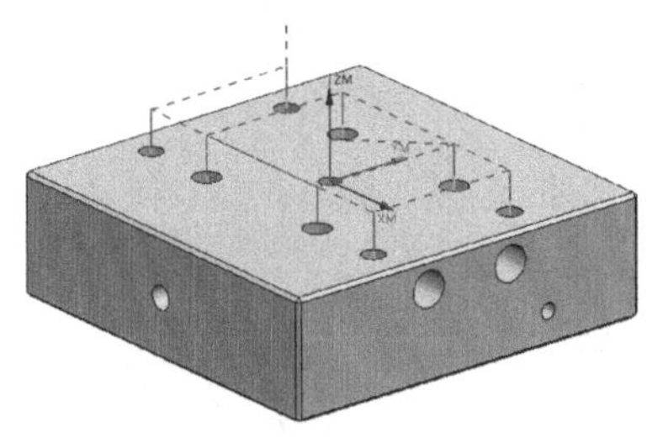
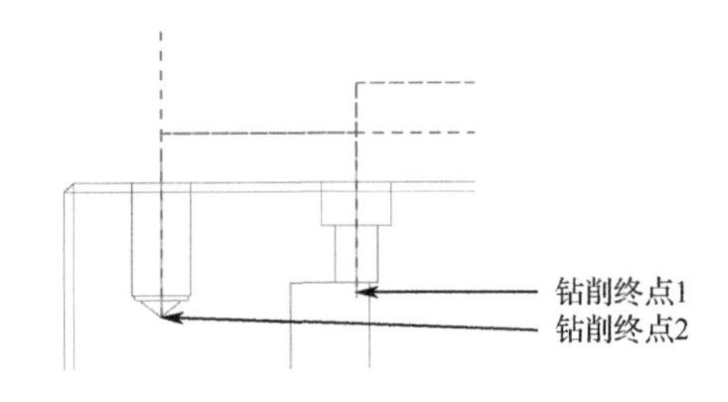

图 6.80 钻孔刀轨

3）灯罩盖 A 板反面螺纹底孔扩孔工序创建

（1）在如图 6.81 所示的工序导航器中，右键复制整体钻孔工序，用于螺纹底孔钻孔。

（2）在“钻孔”对话框的“工具”选项组中，将刀具改为“DR10.8”的麻花钻。

（3）重新指定孔：选择 4 个 A 板吊装螺钉孔，如图 6.82 所示。

（4）单击“循环类型”选项组中的“编辑”按钮，弹出“指定参数组”对话框，将“Number of Sets”（设置参数组）修改为 1，单击“确定”按钮，弹出“Cycle 参数”对话框，将“Depth-模型深度”修改为“穿过底面”，其他参数保持不变，生成刀轨并检视刀轨，如图 6.83 所示，完成螺纹底孔钻孔的加工。

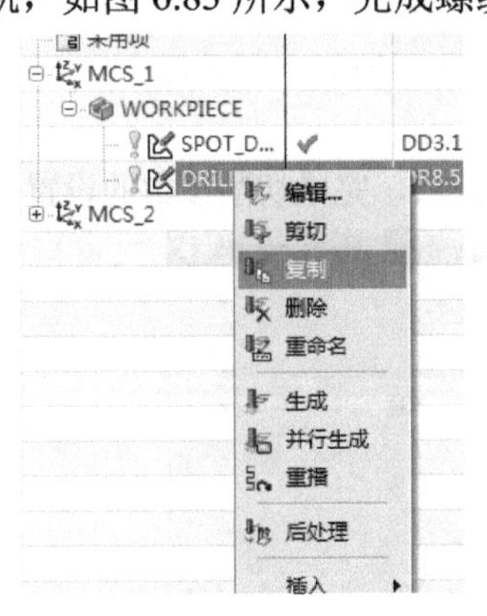

图 6.81 创建钻螺纹底孔工序

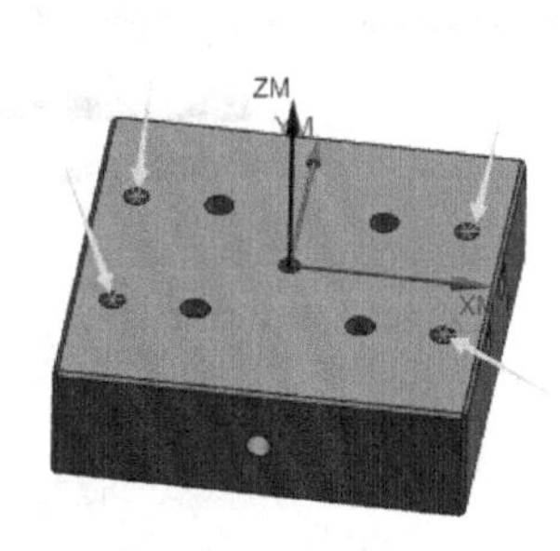

图 6.82 选择“螺纹底孔”

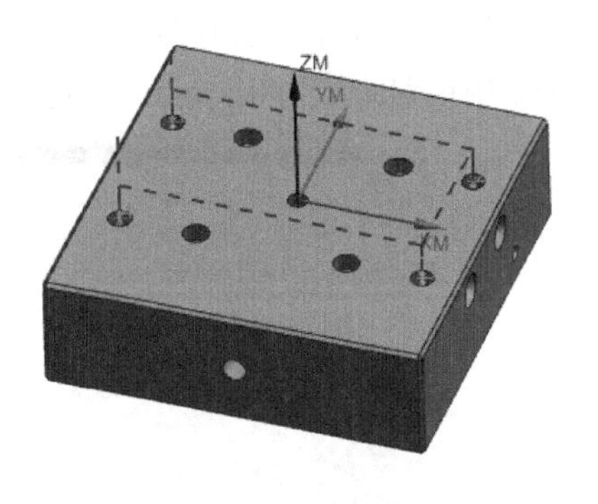

图 6.83 螺纹底孔钻削刀轨

4）灯罩盖 A 板反面螺纹过孔沉头孔及浇口套过孔孔铣粗加工工序创建

（1）单击“插入”工具条中的“创建工序”按钮，弹出“创建工序”对话框，如图 6.84 所示。选择“类型”为 drill，“工序子类型”选择（孔铣），“刀具”选择 D10，“几何体”选择 WORKPIECE，单击“确定”按钮，弹出如图 6.85 所示的“孔铣”对话框。

（2）单击“孔铣”对话框中的“指定特征几何体”按钮，以设定孔铣加工位置。弹

出如图 6.86 所示的“特征几何体”对话框，单击“选择”按钮，选择图 6.87 中需要加工的几何体特征。

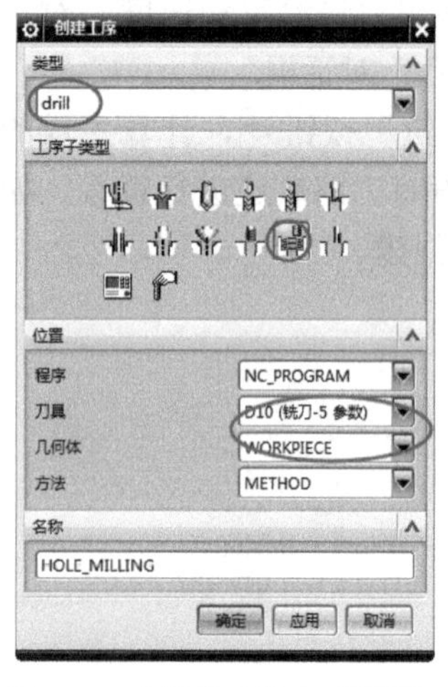

图 6.84 “创建工序”对话框

图 6.85 “孔铣”对话框

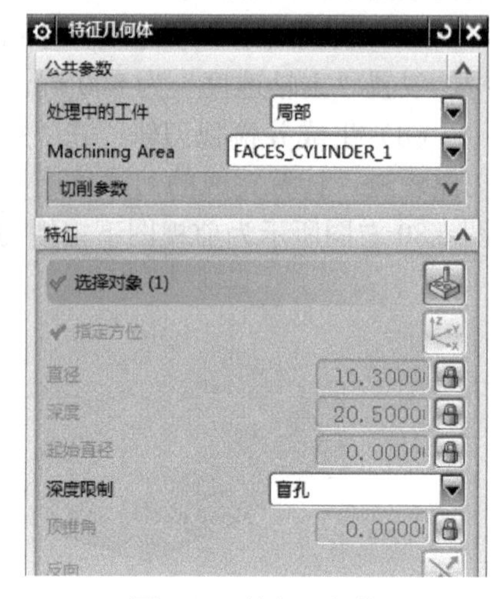

图 6.86 特征几何体

（3）切削模式设置，在图 6.88 所示的“孔铣”对话框中，设置“切削模式”为螺旋、“斜坡角”为 3°、“刀路数”为 1、“径向步距”为恒定、“最大距离”为 1 mm，其他参数保持不变，单击“确定”按钮，完成孔切削模式的设置。

（4）单击“切削参数”按钮，弹出“切削参数”对话框，如图 6.89 所示，在“策略”选项卡中选中“添加清理刀路”复选框，设置“顶偏置”为 0.5 mm。在“余量”选项卡中设置余量为 0.1 mm，其他参数保持不变，单击“确定”按钮，完成切削参数的设置。

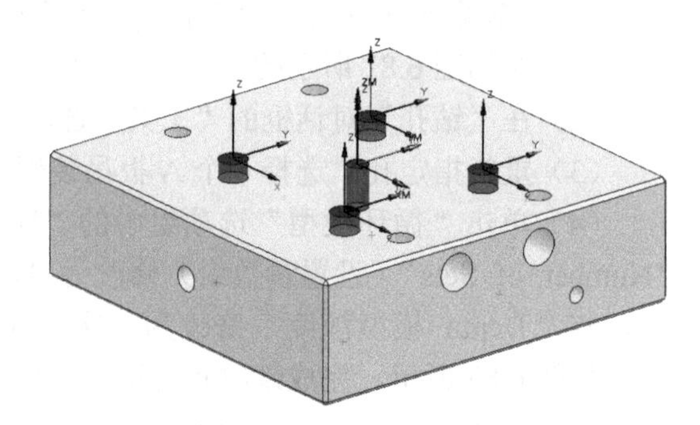

图 6.87 选择几何体特征

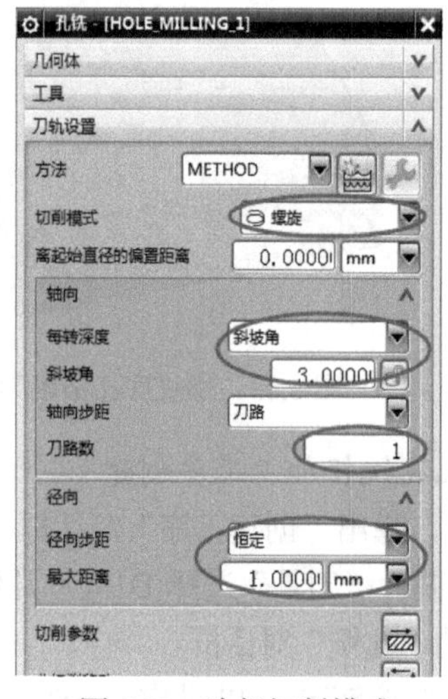

图 6.88 选择切削模式

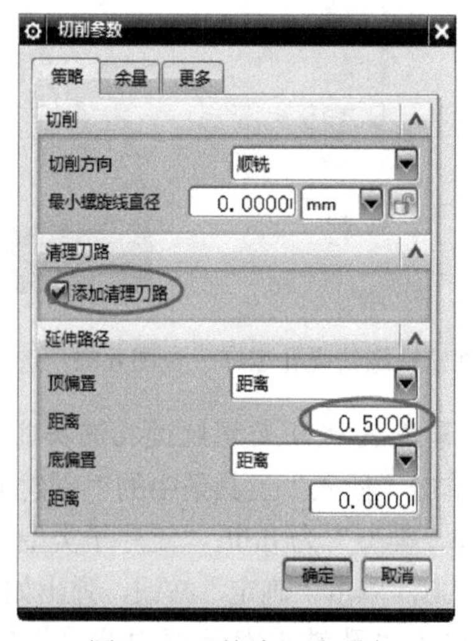

图 6.89 “策略”选项卡

（5）单击“进给率和速度”按钮，弹出“进给率和速度”对话框，设置主轴速度为2000 r/min、切削进给率为600 mm/min，单击“确定”按钮。

（6）在“操作”选项组中，单击“生成刀轨”按钮，计算生成的刀路轨迹。计算完成的刀路轨迹如图6.90所示。

新手解惑 孔铣程序是通过走螺旋线进行加工的，在刀轨生成时，刀轨由多段直线生成刀轨，刀轨显示并非完全的螺旋，我们只需要将模型放大，然后重播刀轨即可得到完全的螺旋显示。

5）灯罩盖A板反面螺纹过孔沉头孔及浇口套过孔孔铣精加工工序创建

（1）在工序导航器中，右键复制孔铣粗加工工序，并粘贴在其下方，用于孔铣精加工工序。

（2）在“孔铣”对话框中，将“径向”的“最大距离”修改为0。

（3）单击“切削参数”按钮，在“余量”选项卡中设置余量为0 mm，内外公差修改为0.01 mm，其他参数保持不变，单击“确定”按钮完成切削参数的设置。

（4）单击“进给率和速度”按钮，弹出“进给率和速度”对话框，设置“主轴速度”为2500 r/min、进给率为500 mm/min，单击“确定”按钮。

（5）在“操作”选项组中，单击“生成刀轨”按钮，计算生成的刀路轨迹。计算完成的刀路轨迹如图6.91所示。

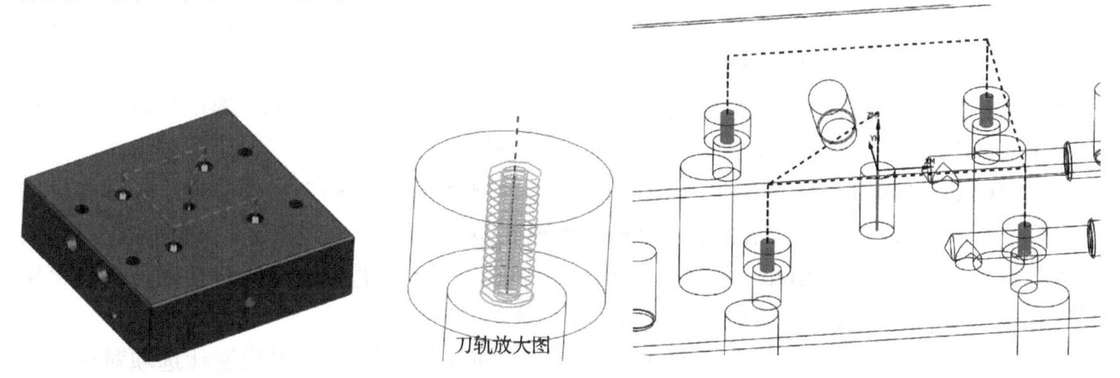

图6.90 孔铣粗加工刀轨

图6.91 孔铣精加工刀路

6）灯罩盖A板反面螺纹加工工序创建

反面螺纹加工工序创建的步骤与第2）节“反面整体钻孔工序创建”的方法相似，主要是指定孔和循环类型发生变化，所以大家可以参照第2）节完成。

（1）单击“插入”工具条中的“创建工序”按钮，弹出“创建工序”对话框，如图6.92所示。选择“类型”为drill，“工序子类型”选择（攻丝），“刀具”选择UGT0371_018，“几何体”选择WORKPIECE，单击“确定”按钮，弹出如图6.93所示的“攻丝”对话框。

（2）单击“攻丝”对话框中的“指定孔”按钮，以设定钻孔加工位置。选择2）中图6.72所示的4个A板吊装螺钉孔为参数组1，孔位如图6.72所示。

（3）指定顶面，单击“钻孔”对话框中的“指定顶面”按钮，弹出“顶部曲面”对话框，选取反面顶面作为“指定顶面”，完成顶面选择。

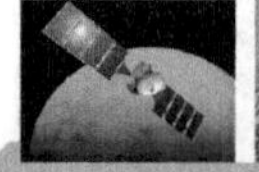

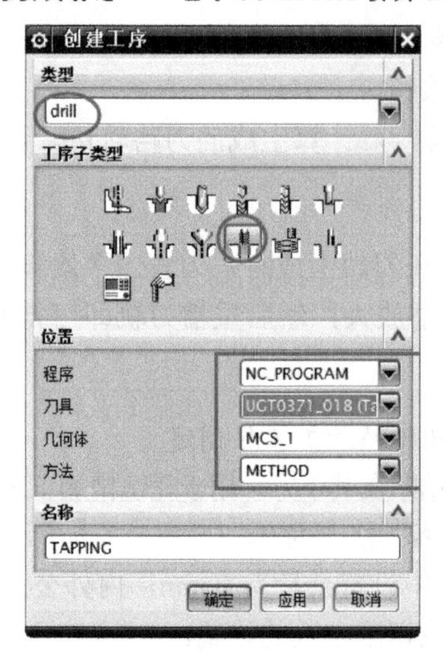

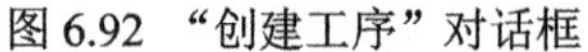

图 6.92 “创建工序”对话框

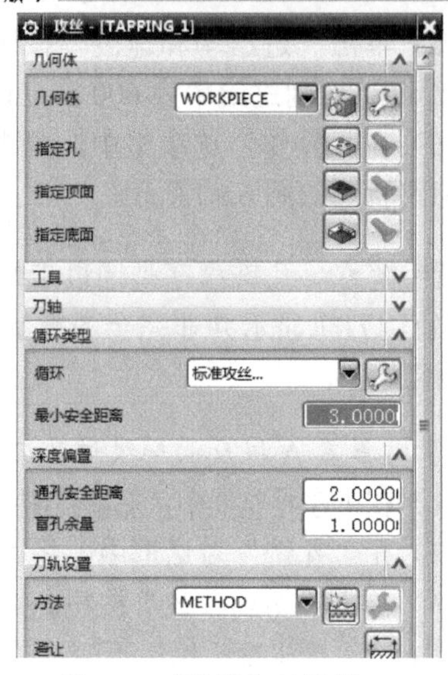

图 6.93 “攻丝”对话框

（4）指定底面，单击“钻孔”对话框中的“指定底面”按钮，弹出“底面选项”对话框，按2）中图6.75所示选取螺钉孔底面，完成底面选择。

（5）在“攻丝”对话框中，修改“最小安全距离”为3 mm，同时修改“通孔安全距离”为2 mm、“盲孔余量”为2 mm。单击“循环类型”选项组中的“编辑”按钮，弹出“指定参数组”对话框，“Number of Sets”（设置参数组）保持不变，单击“确定”按钮，弹出“Cycle 参数”对话框。单击“Depth-模型深度”按钮，弹出“Cycle 深度”对话框，单击“至底面”按钮，单击“确定”按钮返回上一对话框。

在“Cycle 参数”对话框中，单击“进给率（MMPM）-250”按钮，在“Cycle 进给率”对话框中设置进给率为1.25毫米每转，如图6.94所示，单击“确定”按钮返回“Cycle 参数”对话框。单击“Rtrcto”按钮，弹出如图6.61所示的退刀至选择对话框，单击“距离”按钮，弹出“距离”对话框，设置退刀至距离为20 mm。

（6）避让设置，在“钻孔”对话框中，单击“避让”按钮，弹出避让选项对话框，单击“Clearance Plane”（安全平面）按钮，弹出“安全平面”对话框，单击“指定”按钮，弹出“刨”对话框，设置安全平面为距离加工顶面为“50”，单击“确定”按钮，返回“攻丝”对话框。

（7）设置进给和速度，单击“进给率和速度”按钮，弹出“进给率和速度”对话框，设置“主轴速度”为800 r/min，单击“确定”按钮。

（8）生成刀轨，在“攻丝”对话框中，单击“生成刀轨”按钮，计算生成的刀路轨迹。计算完成的刀路轨迹如图6.95所示。

图 6.94　设置进给率

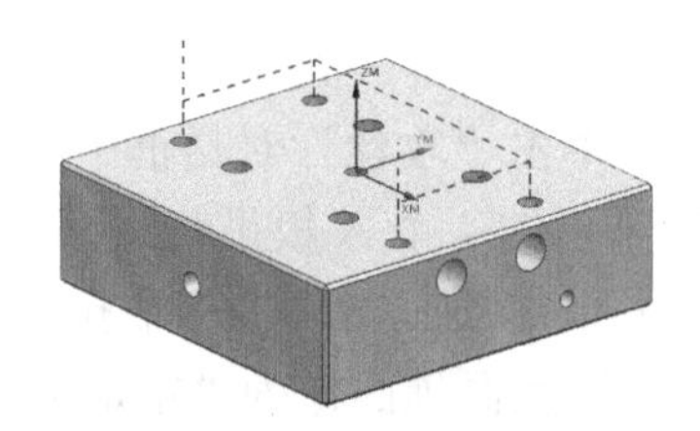

图 6.95　攻丝刀轨

行家指点 在攻丝时，进给率应设置为螺距大小，若选择的丝锥的螺距为 1.25，则进给率设置为 1.25 毫米每转。

4. 灯罩盖 A 板正面钻孔加工

灯罩盖 A 板正面钻孔加工步骤与上一节中（也就是 3.灯罩盖 A 板反面钻孔）对应的加工工序创建方法相同，大家可以参照前面的步骤完成。如图 6.96～图 6.100 是各工序创建生成的刀轨。

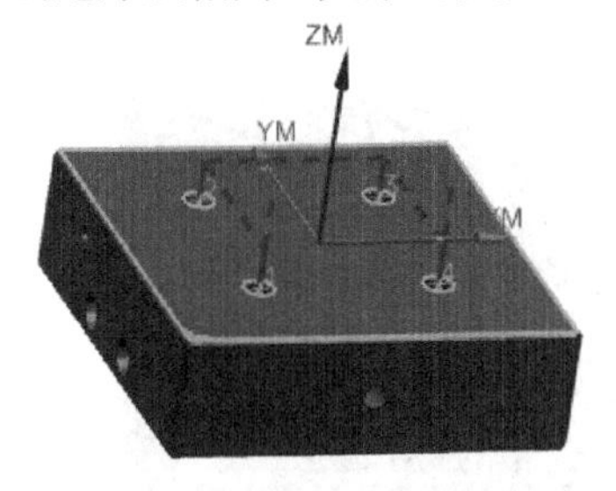

图 6.96　正面整体点孔刀轨

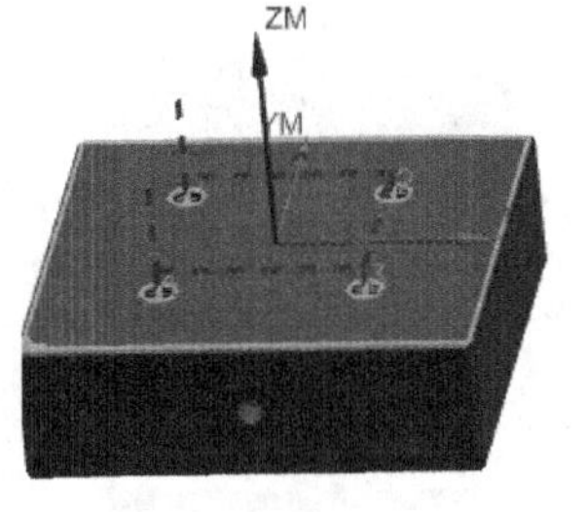

图 6.97　正面整体钻孔刀轨

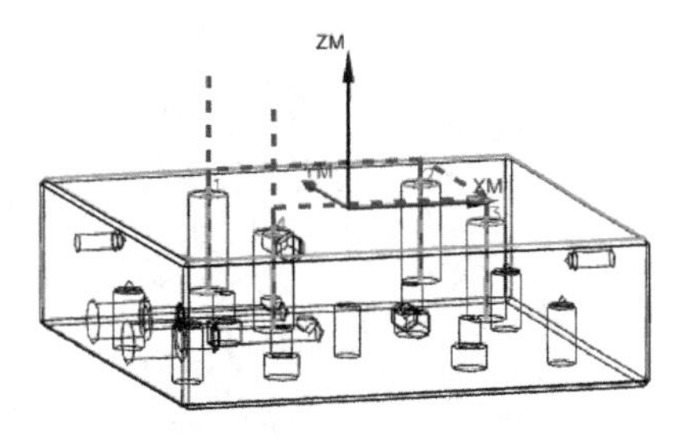

图 6.98　正面扩孔刀轨

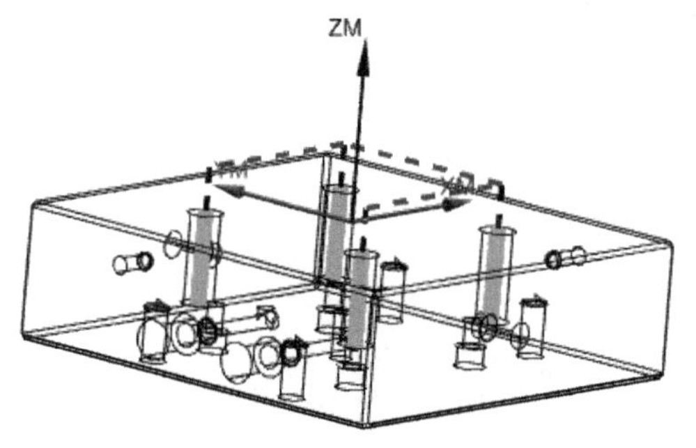

图 6.99　正面孔铣粗加工刀轨

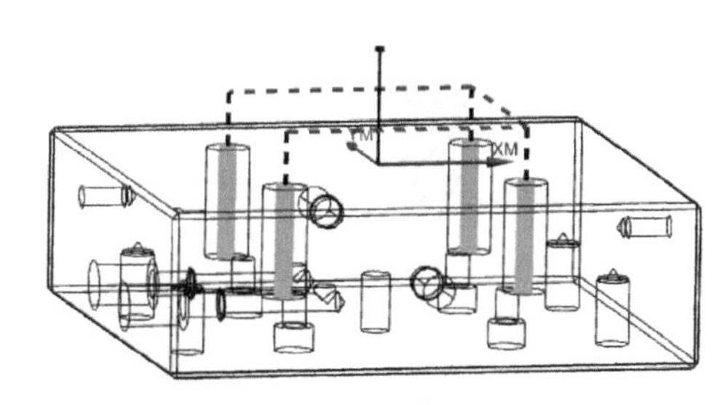

图 6.100　正面孔铣精加工刀轨

5. 灯罩盖 A 板刀轨仿真

扫一扫看灯罩盖 A 板孔仿真加工操作视频

通过 UG NX 10.0 对刀轨进行仿真，确认刀轨的正确性。

（1）在“工序导航器-程序顺序“视图下全选反面所有加工程序右击，在弹出的快捷菜单中选择“刀轨仿真确认”命令，系统播放所有反面刀轨模拟切削过程动画，如图 6.101 所示。

（2）单击 按颜色显示厚度 按钮，弹出“厚度-按颜色”对话框。可以通过指定点的方式来侦测余量厚度，如图 6.102 所示。

（3）在“工序导航器-程序顺序“视图下全选正面所有加工程序右击，在弹出的快捷菜单中选择“刀轨仿真确认”命令，系统播放所有正面刀轨模拟切削过程动画，如图 6.103 所示。

（4）在“刀轨可视化”对话框中可以选择生成 IPW，在“生成 IPW”（过程工件毛坯）选项组中选择 IPW 的显示精细程度，一般选择“中等”（对显卡要求不高）。如果单击 创建 按钮，系统将创建一个“三角片体集中”的 IPW。

（5）单击 按颜色显示厚度 按钮，弹出“厚度-按颜色”对话框。可以通过指定点的方式来侦测余量厚度，如图 6.104 所示。

反面整体点孔工序

反面整体钻孔工序

反面螺纹底孔扩孔工序

反面孔铣粗加工工序

反面孔铣精加工工序

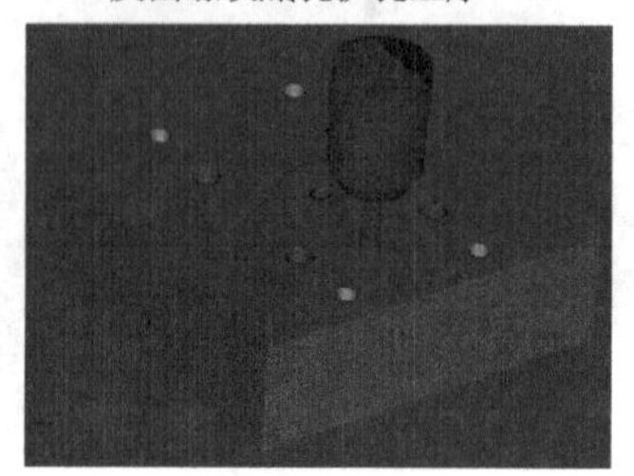

反面螺纹加工工序

图 6.101　灯罩盖 A 板反面钻削工序刀轨仿真

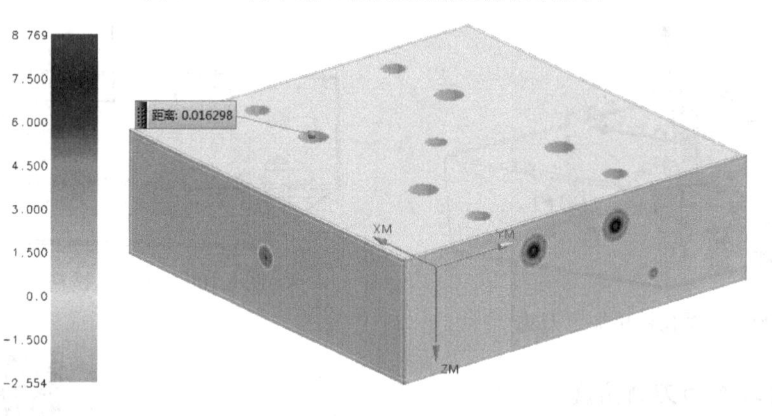

图 6.102　反面按颜色显示厚度

鞋正面整体点孔工序

正面整体钻孔工序

正面孔扩孔工序

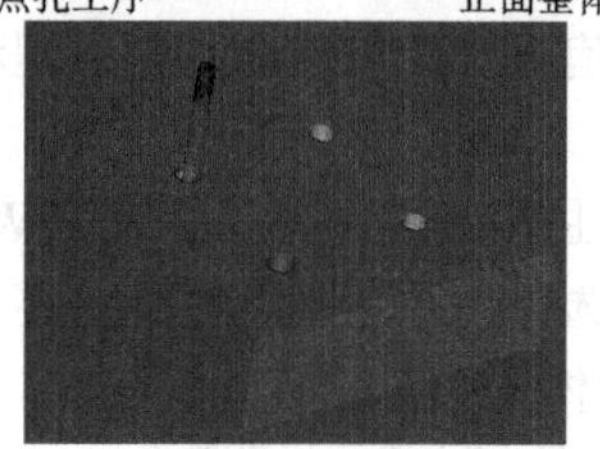

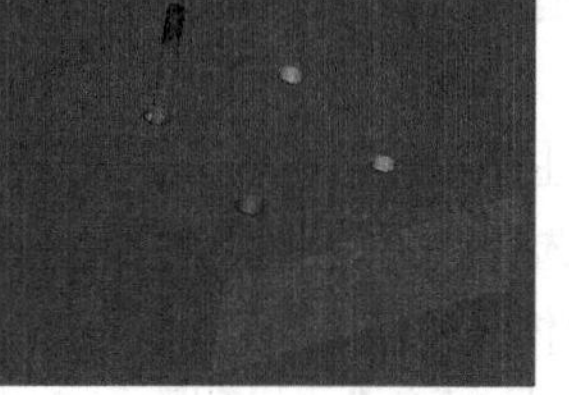

正面孔铣粗加工工序

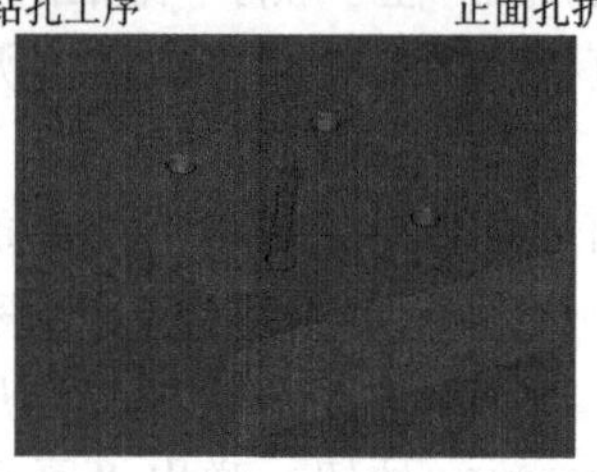

正面孔铣精加工工序

图 6.103　灯罩盖 A 板正面钻削工序刀轨仿真

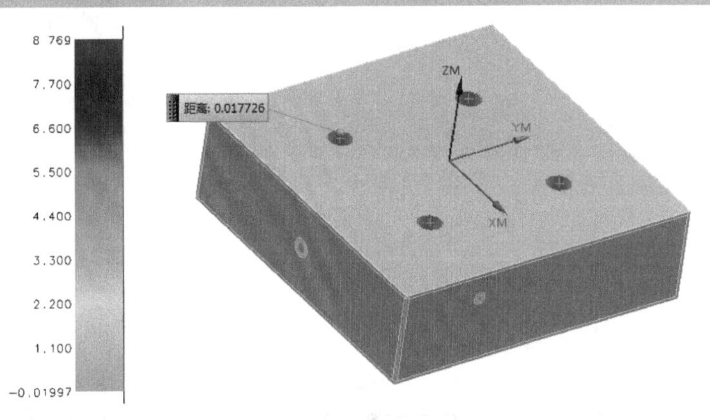

图 6.104　正面按颜色显示厚度

练习与提高 5

请完成如图 6.105～图 6.109 所示的零件钻孔加工工序的创建。

图 6.105　灯罩盖 B 板模型

图 6.106　推杆底板

图 6.107　阶梯孔板

图 6.108　铰链

图 6.109　蝶板

扫一扫下载图 6.105 习题模型源文件

扫一扫下载图 6.106 习题模型源文件

扫一扫下载图 6.107 习题模型源文件

扫一扫下载图 6.108 习题模型源文件

扫一扫下载图 6.109 习题模型源文件

7 综合案例：充电器座型芯零件的数字化制造

学习导入

下面以充电器座型芯零件为例介绍模具型芯零件的一般加工方法，并专门讲解NC助理分析的一些功能和在本案例中的应用。项目流程如图7.1所示。

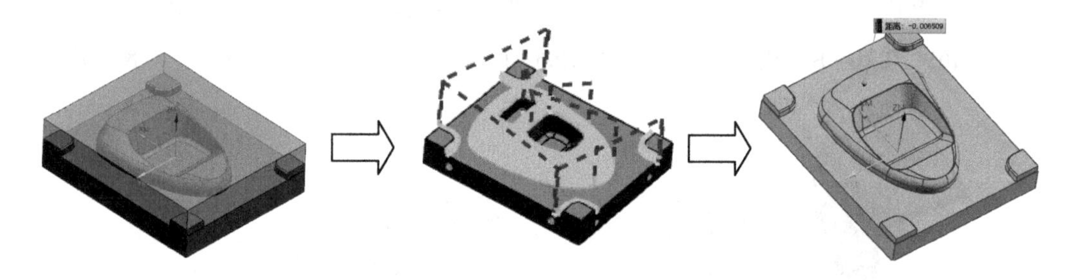

图7.1　项目流程

学习目标

（1）复习和掌握模具型芯零件的铣削工艺规划。

（2）掌握各个工序之间的余量设置关系。

（3）掌握各个工序的切削参数设置方法。

（4）掌握充电器座型芯零件的CAM参数设置及应用。

数控加工的工作实质是通过特定处理方式的数字信息（不连续变化的数字量）自动控制机械装置动作。

7.1 NC 助理分析

扫一扫看 NC 助理分析微课视频

扫一扫下载 NC 助理分析模型源文件 1

扫一扫下载 NC 助理分析模型源文件 2

通常在进行 CAM 规划加工之前，需要对加工模型的结构进行分析：零件深度是多少，哪些是平面，哪些是曲面，拔模角度是多少，拐角或圆角半径是多少等。只有通过一定的分析并结合实际硬件条件，才能制定更好、更有针对性的加工方案。例如，对于最常见的拐角，分析后才能确定使用多大直径的刀加工效率更高；如果是倒圆角半径，那么需要确认倒圆角半径值才能确定用多大的 R 圆角刀才能把圆角清出来。

UG NX 10.0 在加工环境下，“分析”菜单栏中的“NC 助理”提供了如图 7.2 所示的 4 种分析类型，帮助我们完成对模型的层、拐角、圆角、拔模的分析。“NC 助理”是一个特定的分析工具（特定 CAM 环境内），它位于“分析”菜单中的最后一项，分析的对象针对我们选定的面，分析结果可以显示为图形和文本，这些数据为我们选择刀具提供一些必要的支持。

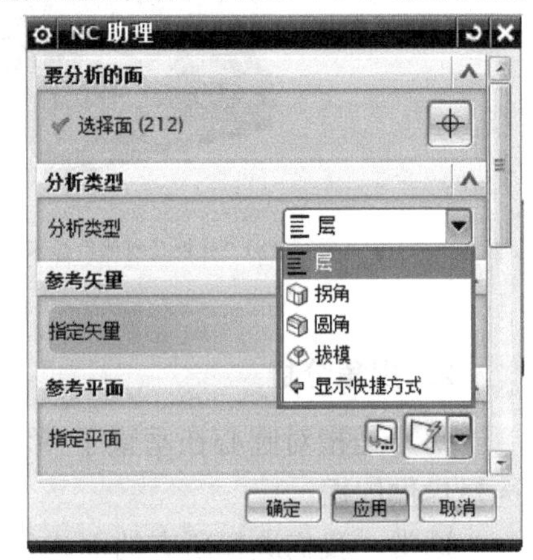

图 7.2 “NC 助理”对话框 1

1. 层分析

通过层分析可以得到加工几何体相对基准平面的高度或者说是深度数据，此信息为选择刀具长度作为参考。对话框中参考矢量的设置一般选择刀轴或+ZC 轴；在分析前需要定义一个参考的基准平面，分析的结果是相对这个基准的距离。如果没有定义参考面，则默认工作坐标系的 XY 平面为参考基准面。

本案例中，选择“NC 助理”命令，弹出如图 7.3 所示的“NC 助理”对话框，“分析类型”选择“层”，“要分析的面”选择所有的面，“参考矢量”为+ZC 轴；在设置“参考平面”时，考虑到加工深度，基本就加工到分型面位置，因此把分型面高度设置为参考的零位面，方便得到最长刀长值。单击“操作”选项组中的“分析几何体”按钮，系统生成用不同颜色标示的模型，如图 7.4（a）所示，单击“结果”选项组中的“信息”按钮，弹出如图 7.4（b）所示的对话框。显示深红色的虎口位距蓝色分型面高度为 6 mm，洋红色的凹腔深度距蓝色分型面 10 mm，青绿色凹腔距蓝色分型面深度为 1.97 mm，说明青绿色凹腔处更深；由于顶面没有平面，无法分析出来，我们可以通过测量测得顶面到分型面的投影距离为 19.8 mm，顶面到青绿色凹腔的投影距离为 18.4 mm，因此可以初步选择刀具的刀刃长度最少为 20 mm，以保证加工外形

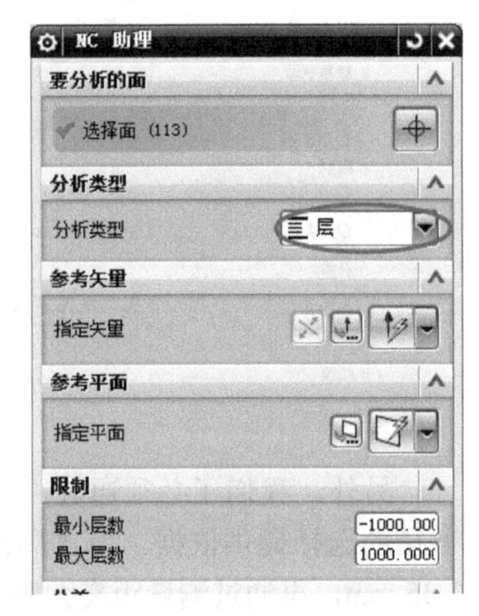

图 7.3 “NC 助理”对话框 2

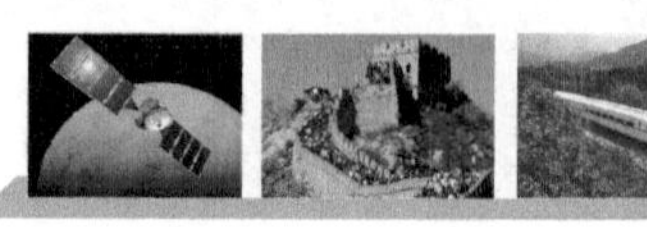

和内腔均无干涉。

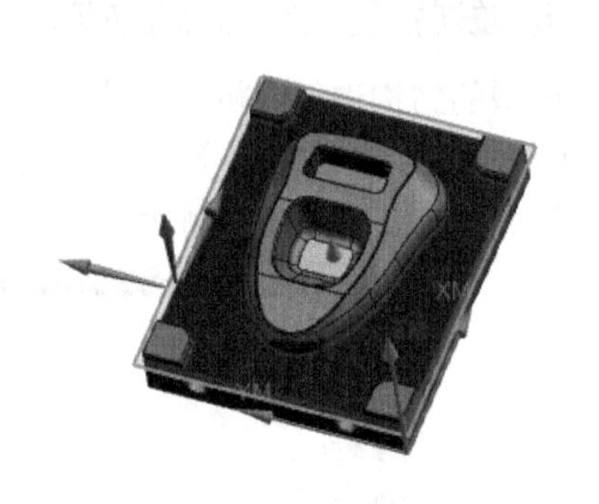

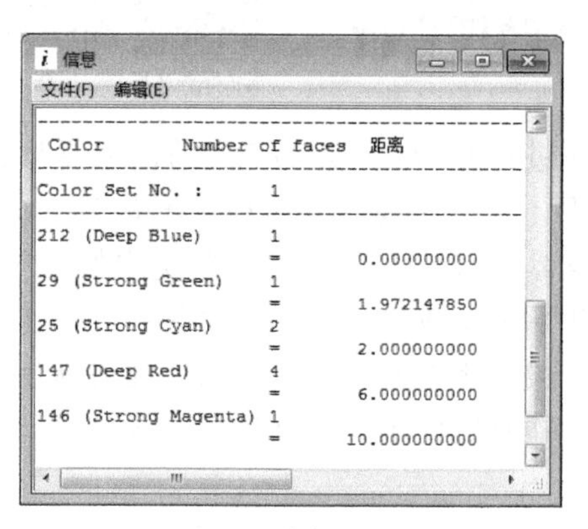

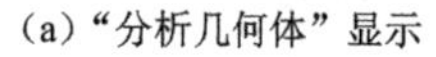

（a）“分析几何体”显示　　（b）“信息”显示

图 7.4 “层”分析流程及结果

2. 拐角分析

拐角是指对圆心在垂直于参考基准平面的面上的圆角进行的半径分析，为刀具的半径选择提供依据。

通常，我们选择所有的面进行分析，设置模型底面作为参考面；分析数据限定在-50～+50 mm 之间，其实也就是限定了刀具的最大半径，因为模具加工中直径大于 100 mm 的刀具很少用到，加上车间刀具最大只有 63 mm 的飞刀，分析时保持默认数据即可。本案例中，充电器座型芯在常规选定的参考面上的“拐角”分析如图 7.5 所示。

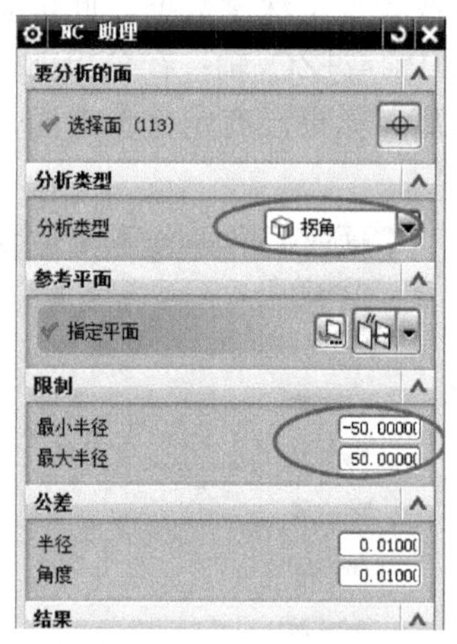

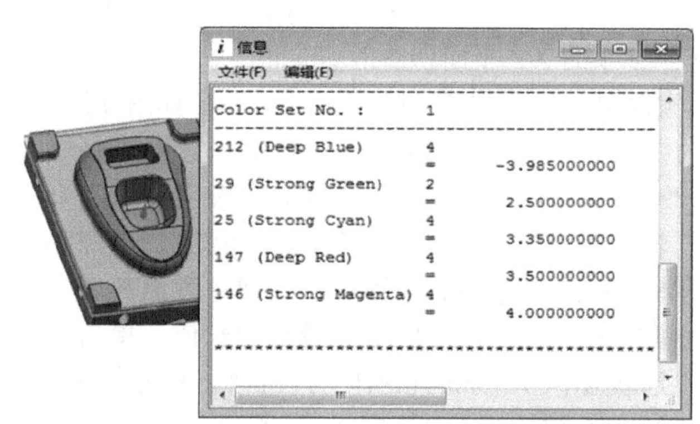

图 7.5 拐角分析设置及结果

另外，我们还必须通过“分析”菜单中的“测量”功能，补充测量部分数据来为刀具半径的选择提供依据。用“局部半径”的方法来测量一些特征拐角的半径数据为 5 mm、3.35 mm，再通过测量距离大概测量出虎口侧壁到型芯侧壁的距离为 16.18 mm，如图 7.6 所示。这样我们就可以确定开粗刀具选择方案：如果选择大于 16 mm 的刀具开粗，在虎口位肯定要二次补开，而小于 16 mm 的刀具则可以一次开通，但是在凹腔处不一定能粗加工到位，因此还需要继续考虑粗加工选刀工艺。

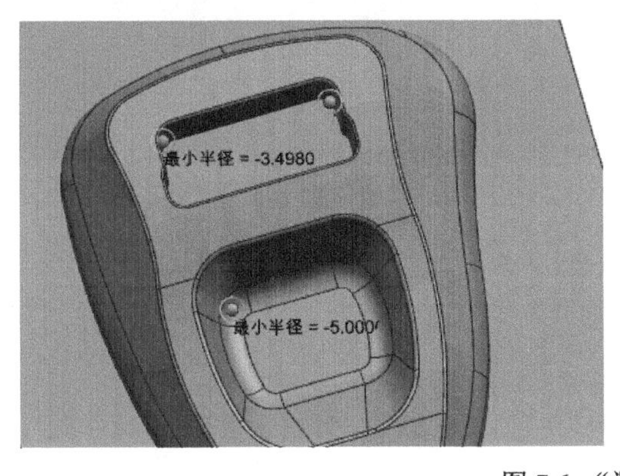

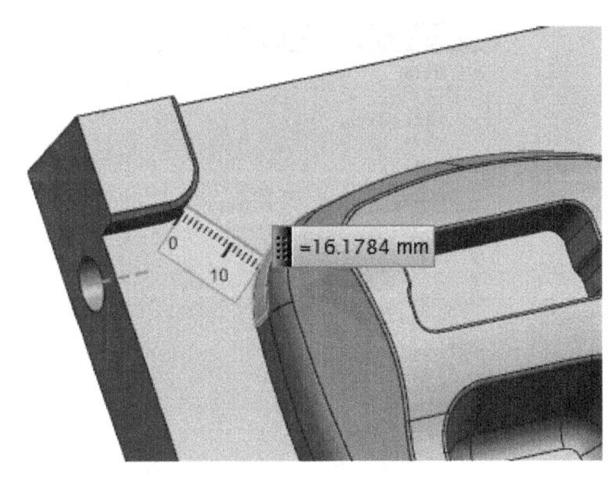

图 7.6 “测量”功能

3. 圆角分析

“圆角”是用于分析加工几何体的底部圆角半径，为选择刀具端角半径时提供参考信息。“圆角”是指圆心在平行于参考基准平面的面上的圆角半径值；在图 7.7 所示的模型中，能分析出来的圆角数据非常多，分别用不同的颜色表示出来，通过信息查看结合铣削工艺特点，我们可以确定有限制性的圆角是洋红色的小圆角，半径为 2 mm，因此开粗刀具圆角不能大于 2 mm，或者说在清根工序中选用的刀具圆角要小于这个数据。拐角和圆角是相对于参考矢量的，当参考矢量变了，拐角和圆角可能相互转换；但是数据还是保持不变的。

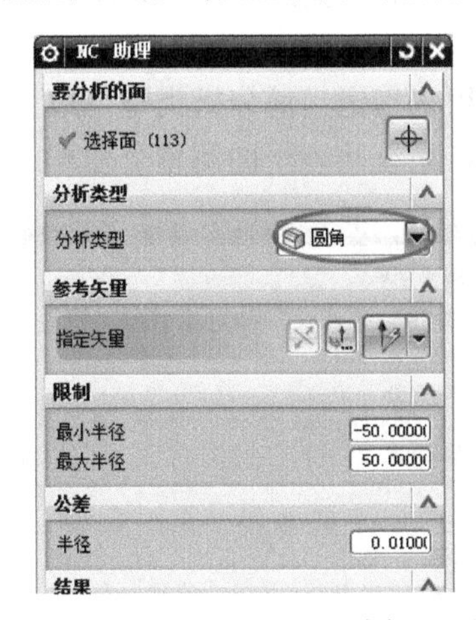

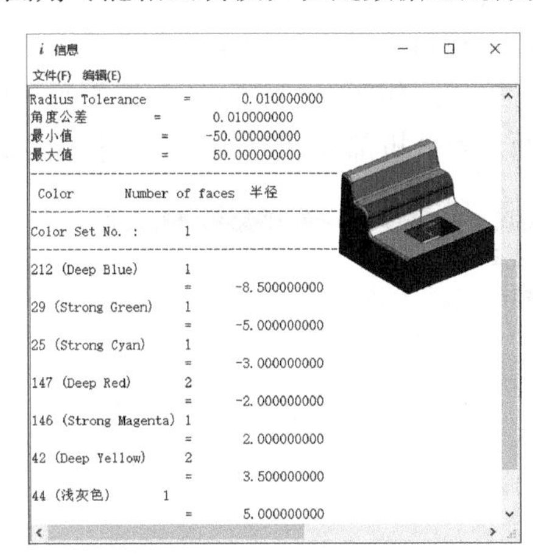

图 7.7　圆角分析设置及结果

4. 拔模分析

拔模分析时，首先需要确定参考方向，也就是确定拔模的方向，一般设置为刀轴方向（+ZC 轴）。拔模分析功能用于分析部件壁面相对于脱模方向的拔模角。如果拔模角度较小，则精光侧壁时每刀深度就可以适当加大，提高加工效率，如图 7.8 所示为拔模分析设置及结果。

5. 公共设置

NC 助理分析时，无论选择哪种分析类型，都有几个公共参数需要设置，设置方法如下。

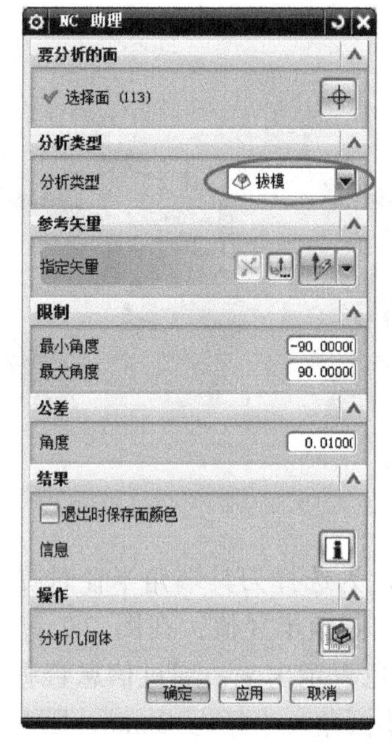

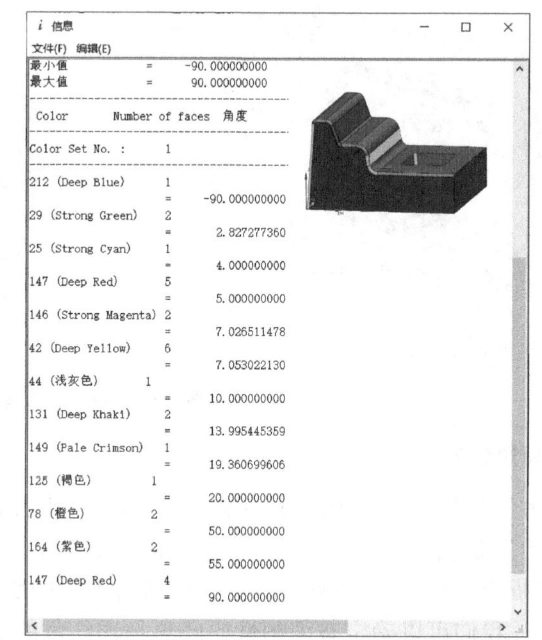

图 7.8　拔模分析设置及结果

（1）参考矢量：如图 7.9 所示，“指定矢量”设置的矢量方向确定系统在分析和分类工件的层、圆角半径和拔模角时的参考方向。

（2）参考平面：如图 7.10 所示，“指定平面”用来指定当前分析类型下数值为零的供参考的基础平面。当分析部件的“层”和“拐角”时，系统从该平面测量公差和限制。

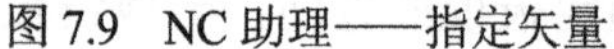

图 7.9　NC 助理——指定矢量

图 7.10　NC 助理——指定平面

（3）限制：如图 7.11 所示，“最小层数”“最大层数”用于设置分析范围的最小值和最大值，层、半径和角在这个范围内分析和显示。

例如，如果分析的层的最小层数为-100 mm、最大层数为 100 mm，则系统仅分析并显示位于该范围内的那些面。

（4）公差：如图 7.12 所示，包括“距离”“半径”“角度”的设置，为选择的分析类型定义公差范围。例如，“分析类型”选择“层”，然后在“距离”文本框中输入 0.01，在

“角度”文本框中输入 0.01。软件把相互之间的距离在 0.01 之内，且相对指定参考平面/矢量的夹角在 0.01° 以内的所有面识别为一个单独分类，用相同的颜色显示。注释距离测量值采用与部件相同的单位，角度测量值以度为单位。

图 7.11 NC 助理——限制

图 7.12 NC 助理——公差

需要指出：“分析类型”设置为“层”时，“公差”选项组中只会出现“距离”与“角度”公差；“分析类型”设置为“拐角”时，“公差”选项组中只会出现“半径”和“角度”公差；“分析类型”设置为“圆角”时，“公差”选项组中只会出现“半径”公差；而“分析类型”设置为“拔模”时，“公差”选项组中只会出现“角度”公差。

（5）结果：在“结果”选项组中，若选中“退出时保存面颜色”复选框，如图 7.13 所示，则关闭对话框时，将每个面的显示颜色更改为分析中显示的颜色。单击“信息”按钮，则在信息窗口中列出分析结果。

（6）操作：如图 7.14 所示，单击“操作”选项组中的“分析几何体”按钮，开始分析并显示着色的分析结果。

图 7.13 NC 助理——结果

图 7.14 NC 助理——操作

行家指点 为确保获得最新信息，单击“信息”按钮之前请先单击“分析几何体”按钮。

7.2 程序传输

扫一扫下载程序传输教学课件

1. CF 卡传输程序

在刀轨完成并处理后我们可以通过两种载体将程序传输至机床进行加工，分别是 CF 卡传输及 CNC 在线传输。

常规的 FANUC 系统都有配置 CF 卡，它是一种硬存储载体，通过专门的接口，将程序代码传输至机床控制系统中控制机床运行。在使用 CF 卡传输时，需将机床上的 I/O 通道参数设置为 4 方可进行 CF 卡传输。CF 卡传输程序又分为两种类型，第一种是通过 CF 卡将一个完整的程序输入机床操作系统内存中，然后机床系统重新读取进行加工。第二种是机床系统直接从 CF 卡中读取程序进行加工。第一种方法适用于程序较小、机床内存足够的情况，该方法更为安全，可以避免由于接口接触问题产生的程序错读、丢失数据等造成加工事故。第二种方法适用于程序较大、机床操作系统的储存空间不够的情况，这时可通过操作直接从 CF 卡中读取程序进行铣加工。

下面以 FANUC 0i 控制系统为例进行讲解。首先修改通道：在如图 7.15 所示的操作面板中将模式选择为 MDI 模式，在面板右上角的 MDI 键盘中，按下按钮进入参数设定界面。在设定界面中修改 I/O 通道为 4 后退出机床系统，插入 CF 卡即可进行 CF 卡传输。

图 7.15　机床操作面板

CF 卡套件主要有 3 个部件，一张 CF 卡和两个读卡器。两个读卡器分别对应 PC 端和机床端进行程序复制，如图 7.16 所示。

（a）CF 卡

（b）PC 端读卡器

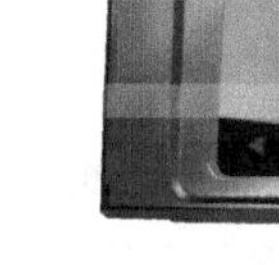

（c）机床端读卡器

图 7.16　CF 卡套件

1）CF 卡直接传输设置

CF 卡文件传输加工是将文件直接传输至机床中进行加工，操作步骤如下：①选择机床操作模式为 EDIT 模式；②按下“PROG”按钮，进入程序界面，如图 7.17（a）所示；③按下“列表”按钮进入列表界面，如图 7.17（b）所示；④按下“操作”按钮弹出选项栏，在选项栏中按下“+”扩展按钮，转到更多选项，如图 7.17（c）所示；⑤按下“M-卡”按钮，系统自动读取 CF 卡中的所有程序信息并列表，如图 7.17（d）所示；⑥按下“翻页扩展”按钮后，按下“F 输入”按钮，在弹出的界面中设置 F 与 O。F 指的是 CF 卡中程序在

列表所显示的顺序位号，O 是指需要导入的机床程序号，假设 F 设定为 3，O 设定为 6，等待输入完成后得到的程序就是列表显示中的第三个程序文件，如图 7.17（d）所示，并且程序的名称被设置为 O0006。之后切换到加工模式便可进行加工，如图 7.17（e）所示。

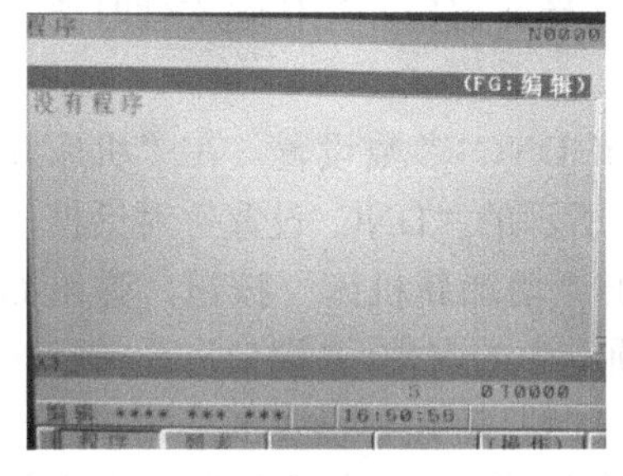

（a）程序界面

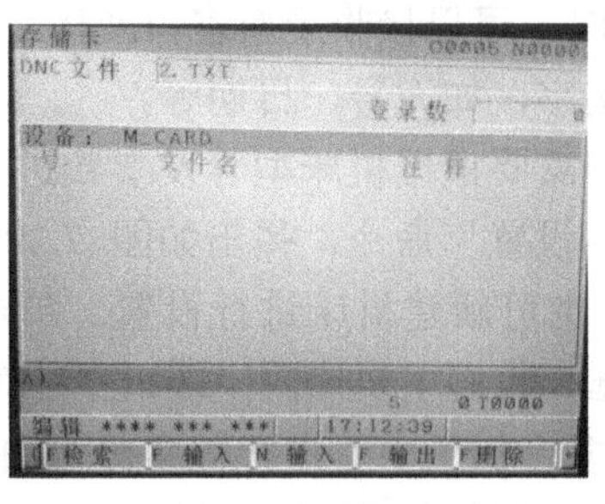

（b）列表界面

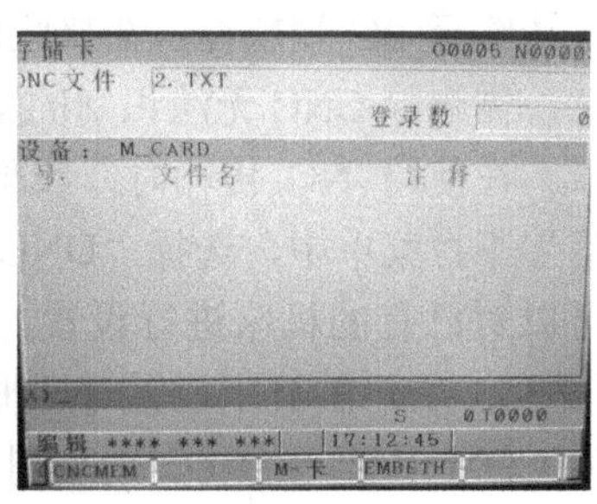

（c）操作界面 1

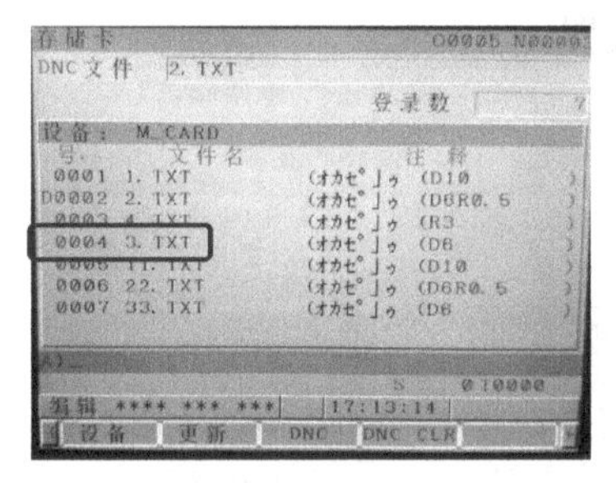

（d）操作界面 2

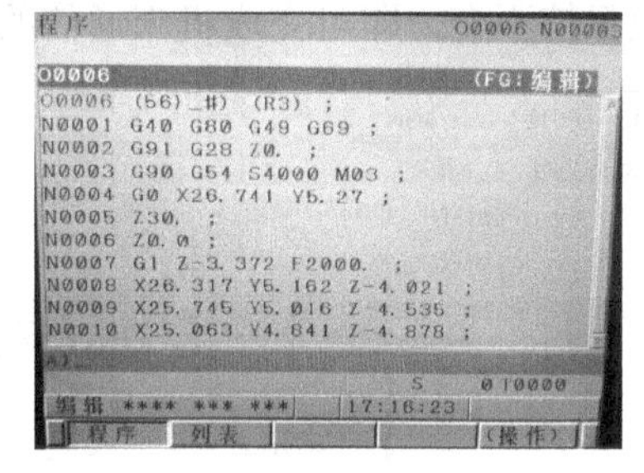

（e）程序传输完成

图 7.17　CF 卡程序传输流程

2）CF 卡在线传输

当程序较大时，程序无法传输至机床。那么就可以通过 DNC 模式直接读取 CF 卡中的程序进行直接加工。设置流程如下：①选择模式为 DNC 模式；②按下“参数设置”按钮，进入程序界面；③按下“列表”按钮进入列表界面；④按下“（操作）”按钮弹出选项栏，在选项栏中按下“+”扩展按钮，转到更多选项；⑤按下“更新”按钮刷新 CF 卡程序文件；⑥输入所需要加工的程序所排列的序位号，按下“DNC”按钮，在将要执行的程序前会出现“D”表示当前程序，按下“机床启动”按钮，机床进入加工状态，之后系统一边从 CF 卡中读程序一边加工。

2. CNC 在线传输程序

用通信电缆连接 PC 端和 CNC 端，通过 PC 端的软件进行在线传输。注意：进行 DNC 通信时，必须使用 2.5 mm^2 的导线将计算机外壳与机床的地线可靠地相连，否则可能会造成计算机接口与机床接口的电流短路损坏。同时务必在计算机和机床均关闭的情况下才能连接和断开通信电缆。

FANUC 可以使用的传输软件大致有 WINPCIN、MASTERCAM、NCSentry、WINCOMM、CIMCO Edit 等传输软件。

下面主要针对 FANUC 系统使用 CIMCO Edit 软件的 CNC 在线传输进行讲解。

CIMCO Edit 可进行存储和检索 NC 程序、NC 程序优化、后处理及快速 NC 程序仿真。

（1）打开文件：打开 CIMCO Edit 软件，在软件的菜单栏中，可以直接将程序拖入软件

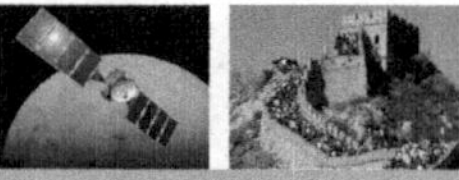

窗口中或通过菜单栏中，的“文件”选项选择打开程序，如图 7.18 所示。

（2）NC 传输：在如图 7.19 所示的“机床通信”选项中可以对程序进行双向传输，通过“发送”功能将 PC 端程序传输至机床进行加工，或通过软件的“接收”功能将机床内的程序传输至 PC 端软件，在接收时，可以接收至新窗口或接收至当前窗口。在传输文件时要注意，需删除 CNC 无法识别的文字，如刀号、日期等。

在使用 NC 传输时，我们需要根据机床型号及参数进行 DNC 参数设置。在“机床通信”下拉菜单中，选择“DNC 设置”命令，弹出如图 7.20 所示的“DNC 设置”对话框，可以对已有的机床进行设置，也可新建机床进行设置。单击“增加新机床”按钮，弹出如图 7.21 所示的机床设置对话框。我们主要修改“端口”选项卡中的参数，“端口”通常默认为 COM1，当一台 PC 端控制多台加工中心进行程序传输加工时，就需要设置多个端口进行多端口传输。波特率需要根据不同的机床型号进行设置，在机床端，“奇偶位”选择为偶位，其他参数保持不变，即可完成机床通信的设置。

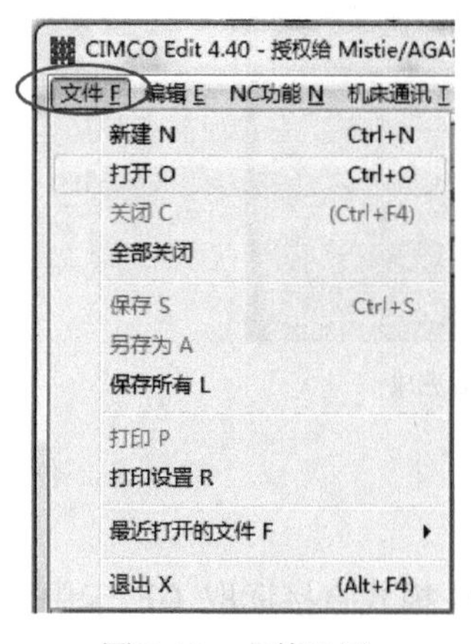

图 7.18　文件设置

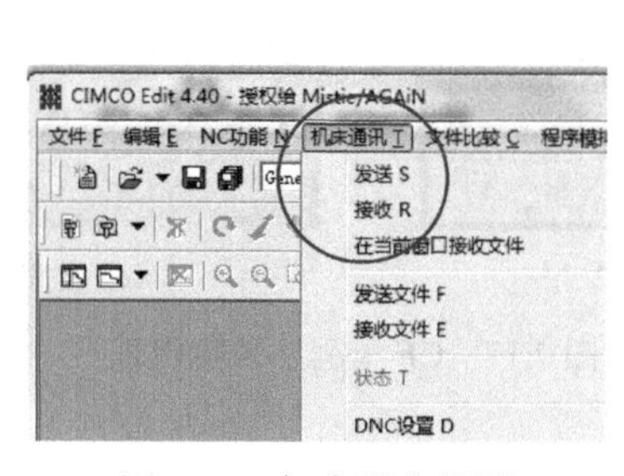

图 7.19　机床通信设置

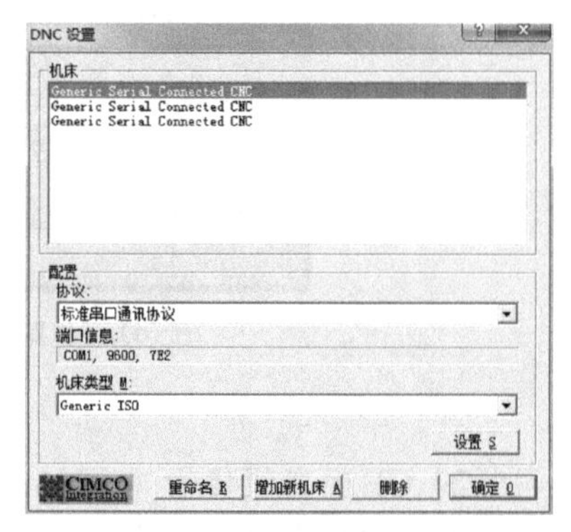

图 7.20　“DNC 设置”对话框

下面同样以 FANUC 系统机床为例进行讲解，在操作面板中将模式选择为 MDI 模式，在面板右上角的 MDI 键盘中，按下按钮进入如图 7.22 所示的设定界面。在设定界面中修改 I/O 通道为 0 即可进行 CNC 在线传输。在使用 CNC 在线传输时，需在操作面板上将模式修改为 DNC 模式，且点亮“开始加工”按钮。为了加工安全，通常将进给率倍率设置为 0%，其目的是在铣削进刀过程中预防因对刀错误造成撞刀等加工事故。

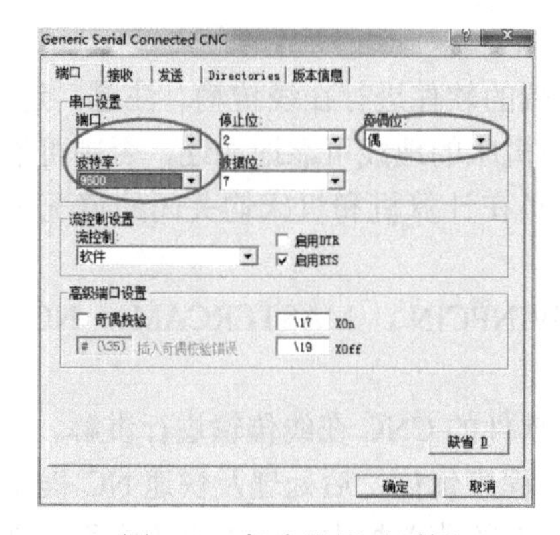

图 7.21　机床设置对话框

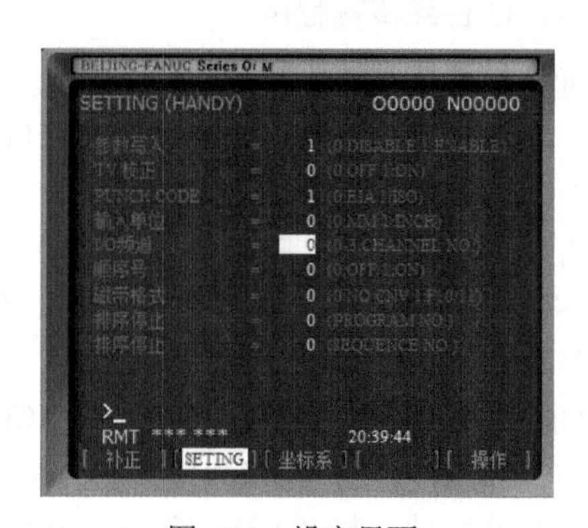

图 7.22　设定界面

（3）程序比较：在 CIMCO Edit 软件中可以对两个刀轨进行比较，当对刀轨进行修改后，可通过该功能将修改刀轨与原刀轨进行比较，得到两个刀轨中的不同之处。

（4）程序模拟：在 CIMCO Edit 软件中可以根据程序生成相应的模拟，CIMCO Edit 软件有两种模拟方式，一种为 3D 模拟另一种为 2D 模拟。

3D 模拟如图 7.23 所示，通过程序模拟可以在刀轨窗口下自动创建出 3D 模型进行刀轨仿真，磁盘文件模拟则是创建一个新的窗口进行模拟。在 3D 模拟下可以将刀路轨迹打印或直接保存刀路轨迹图片。同时在菜单栏中可以对视图操作进行设定，设定分为 3 种：旋转视图、缩放视图和平移视图。视图也可以进行操作。视图复位是将模型复位至中心的正等轴测图，也可以设置当前视图为俯视图、前视图和左视图。同时我们也可以通过该菜单栏中的选项对显示对象进行设置，对快速移动刀路、圆弧及刀具进行显示设置。

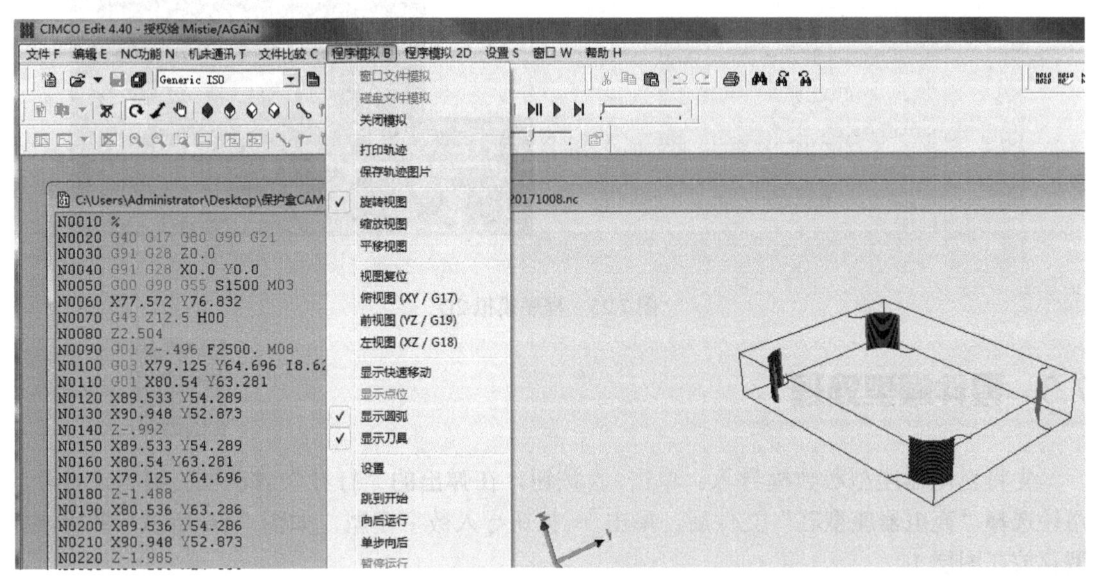

图 7.23　程序模拟 3D

在如图 7.24 所示的“模拟设置”对话框中，可以设置各刀路的颜色、刀具的大小、圆弧及打印质量。

在模拟过程中，通过“程序模拟”菜单栏对模拟过程进行控制，其共有 7 种选项：跳到开始、向后运行、单步向后、暂停运行、单步向前、向前运行和跳到最后。通过这 7 种选项对模拟过程进行控制，对指定或全部的刀轨进行模拟仿真。

2D 模拟与 3D 模拟的区别是，它只能在 2D 一个视图上进行模拟，模拟过程中可对模拟刀轨进行缩放。2D 模拟如图 7.25 所示。

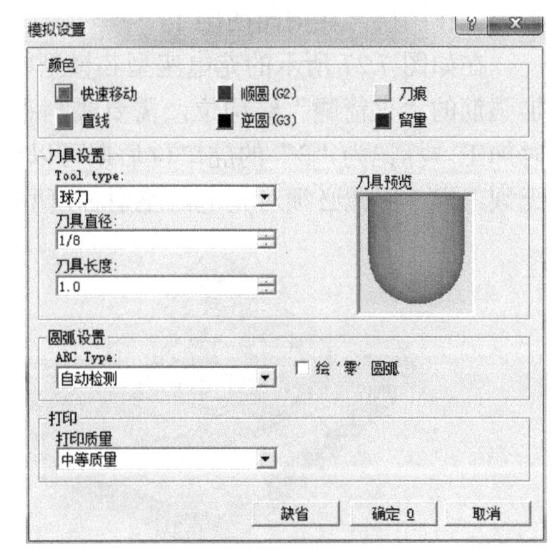

图 7.24　程序模拟设置

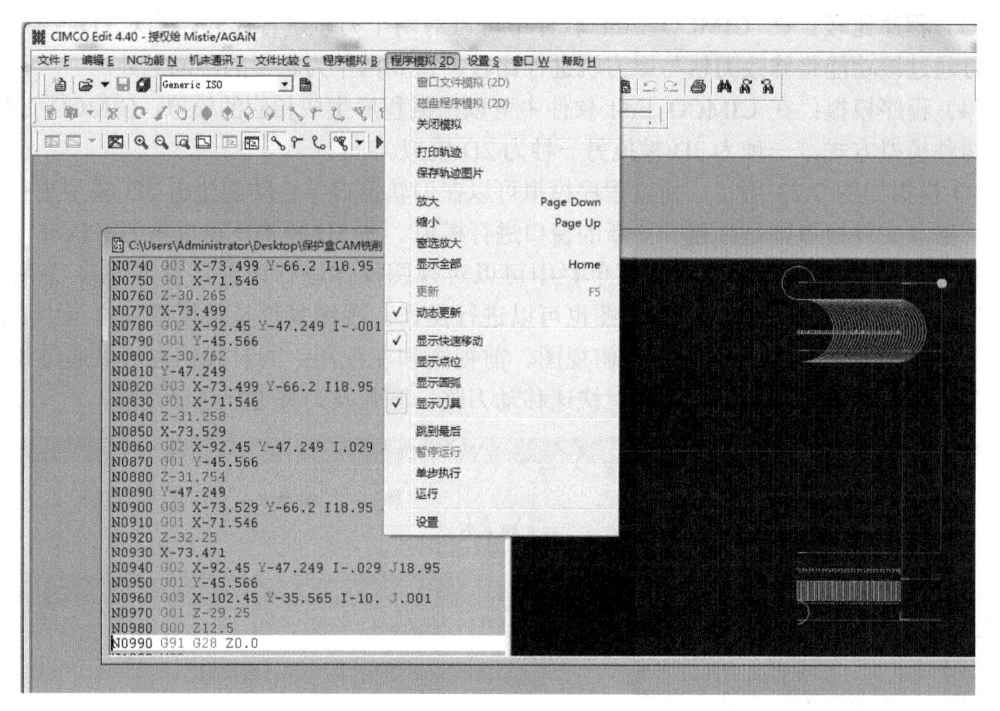

图 7.25　程序模拟 2D

7.3　零件模型处理

扫一扫下载充电器型芯模型源文件

先将充电器座型芯数模导入。单击 按钮，在弹出的“打开”对话框中根据文件存放路径选择“充电器座型芯”文件后，单击 OK 按钮导入数字模型，如图 7.26 所示，并将该模型存放在图层 1。

再对充电器座型芯模型进行处理。将图层 1 的模型复制到新建图层 10，并将图层 10 设置为工作图层，并关闭图层 1。

在如图 7.27 所示的充电座型芯模型中，标记为“1”的是 3 处用于成型充电座螺钉孔及加强筋的“火箭腿”结构位，需要线割和放电；标记为“2”的是顶杆孔，需要在反面装夹时加工。标记为“3”的虎口位后期可以用线框定义部件边界的平面铣削的方法加工，前期无须考虑，因此必须对充电器座型芯模型进行必要的模型处理。

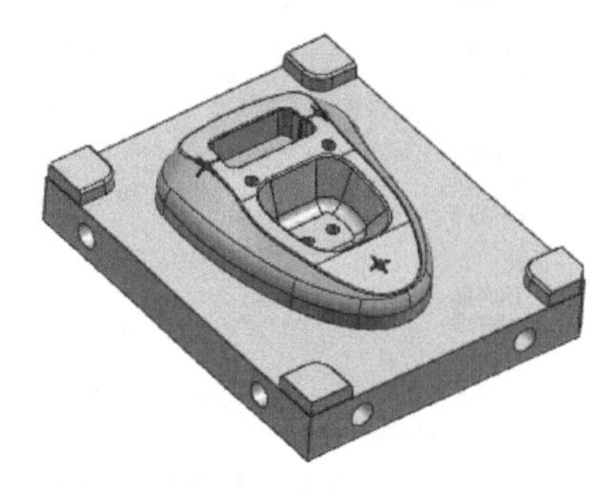

图 7.26　充电器座数字模型

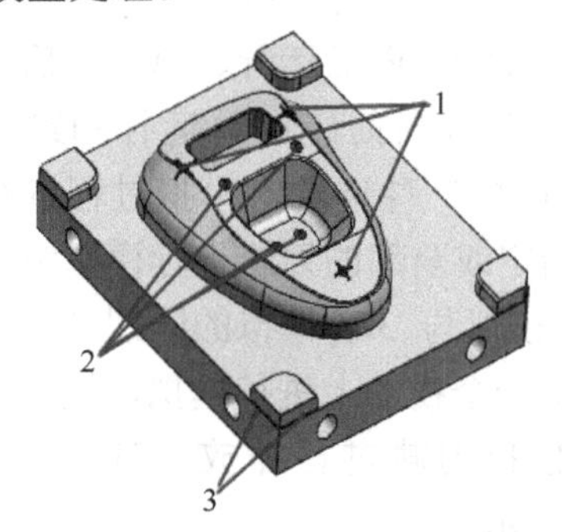

图 7.27　带有标记的型芯模型

将充电座型芯复制到一个新建图层，将工作图层设置为该新建图层，并暂时关闭原图层。在“插入”下拉菜单中选择“同步建模”中的“删除面”“替换面”等命令，如图 7.28 所示。依次选择这些结构面，进行删除、替换操作，得到的模型如图 7.29 所示。

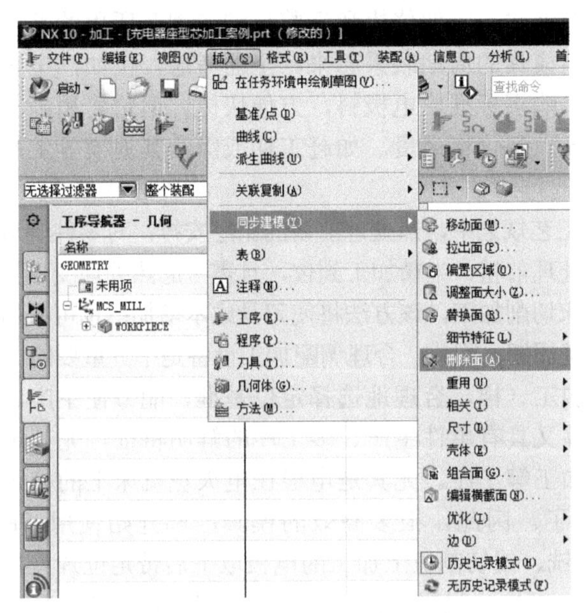

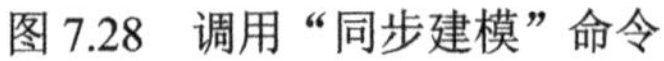
图 7.28　调用“同步建模”命令

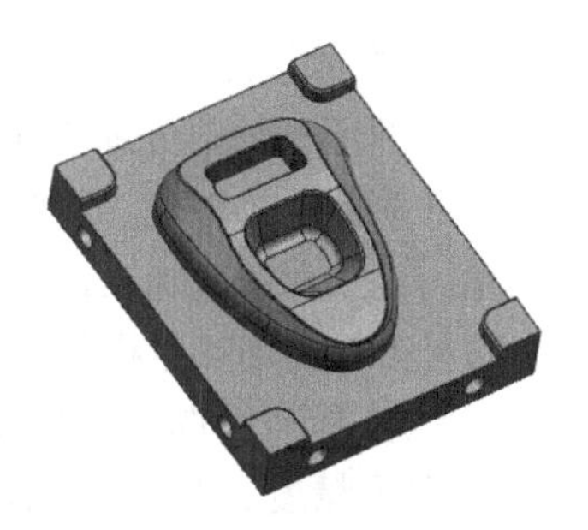
图 7.29　模型处理结果

> **新手解惑**　在使用“同步建模”中的“删除面”“替换面”等命令对模型进行编辑时，需要依次选择这些结构面，注意如果有多选的必须进行反选，或者 4 组结构面分 4 次操作进行删除、替换操作。

至此，就完成了对充电器座型芯的模型处理，后续的 CAM 铣削将按此模型进行。

7.4　零件制造工艺规划

1. 零件模型分析及工艺过程规划

模具的成型零件一般比较复杂，而且有较高的加工精度要求，其加工质量直接影响产品的质量与模具的使用寿命。在进行充电器座型芯零件型芯加工之前，需要对加工零件的特征进行分析，型芯用于成型产品的内表面，在规划加工工艺时应当以保证零件的尺寸精度为首要目标，窄槽位置需要进行单独的放电加工，对于表面只需要进行简单的抛光达到一定的粗糙度即可。

在充电器座型芯零件的制造过程中，直接改变毛坯材料的形状、尺寸、物理性质和装配等的操作称为它的工艺过程。制定型芯零件加工工艺规程的基本原则就是要保证以最低的市场成本和最高的生产效率，可靠地加工出符合设计图样所要求的模具产品。

典型的模具成型零件的工艺过程规划主要包含以下几点。

（1）工艺人员做好零件的结构工艺性分析。工艺人员要与设计人员协同，在保证质量、满足

使用的前提下，尽量减少昂贵、费时的特种加工，用镶拼、组合等方法使加工更容易。材料费用通常只占模具费用的10%～15%，在对材料费影响很小的情况下，让模具零件更具可修复性。

（2）毛坯类型和加工方法的确定。模具制作时通常购买标准模架来组织制造过程，而用于成型零件的型腔型芯部分一般做成镶嵌式，方便修模和调整。型腔型芯所用的毛坯料种类很多，选择时应同下面的工序、整副模具的周期联系起来，全面考虑。例如，电极加工中，大块紫铜料切割成小块电极费时，购买标准块电极料，方便快捷，但价格稍高；而石墨电极在深腔、窄槽加工中的优势明显，但价格最贵。如赶工期或影响其他模具生产，那么选最高效的方法忽略稍高的成本。

（3）模具零件的热处理工序安排。在工艺规划中，热处理前后的工序安排，对零件制造成本、生产效率的影响较大。通常，淬火热处理前粗、半精加工到位，且需考虑热处理变形量，以留余量。淬火后的精加工，可以采用机床切削加工，该方法将使刀具成本增加；也可采用电加工，这种方法将增加电极数量，延长加工周期。因此，合理调配加工设备是十分重要的。

（4）定位基准的选择。同普通机械加工一样，合理地选择定位基准，能方便生产、减小误差、保证精度。另一方面，模具零件又具有单件生产、多工序的鲜明特征，尤其定、动模镶件总是要经过铣削、线切割、电加工等工序。尤其是电极在电火花机床上的校正时间最为耗时，因为前期的基准已经改变了。因此，很多高效的模具厂都开始使用 3R、EROWA 等定位系统装置。这样，从数控铣、线切割机上加工的电极取下后带定位片直接装夹在电火花机的主轴头上，不用再校正 X、Y 向，只需定好 Z 方向就可以了，快捷又精确，大幅度提高了生产效率。

对于型芯零件根据以上原则进行工艺规划，一般工艺过程如下：下料——铣平面——磨平面——型芯开粗加工——型芯半精加工——钻/铰孔——攻丝——热处理——磨成型面——型芯精加工——司筒孔线切割——电火花放电加工——抛光——检验。其中，根据生产情况可以直接购买精料作为毛坯，则工序 1～3 将不需要。型芯类零件制造工艺过程卡如表 7.1 所示。

表 7.1　型芯类零件制造工艺过程卡

工序号	工序名称	尺寸	工艺要求	检验	备注
1	下料	比实际零件略大。	带锯条	钢直尺检验自由公差度要求	3mm 余量 手工去毛刺
2	铣平面	六面铣削，留磨削余量	铣床铣削	游标卡尺检验，正公差 0.2mm	六面角尺
3	磨平面	六面到尺寸，顶面根据要求可比零件实际尺寸高 0.5～2 mm	平面磨	千分尺	高度留余量，其他留正公差 0.02～0.05 mm
4	型芯开粗加工	按零件图要求尺寸	铣床铣削	千分尺	腔体预留 0.3 mm
5	型芯半精加工	按零件图要求尺寸	铣床铣削	千分尺	腔体预留 0.1 mm
6	孔加工	按零件图要求尺寸	钻床钻削	内径千分尺，螺纹规	可用钳工代替
7	热处理	淬火/低温回火 54-58HRC	—	—	—
8	磨成型面	达到零件图要求尺寸	工具磨	千分尺	高精度机床可“以铣代磨”
9	型芯精加工	达到零件图要求尺寸	铣床铣削	所有型面	采点比对
10	司筒孔线切割加工	按图要求	线切割机床	千分尺检验	
11	电火花放电加工	所有火花位	电火花机床	火花位过度光顺	粗精公组合使用
12	抛光	符合零件图粗糙度要求	抛光工具	与标准样板对比检验	严禁抛光分型面
13	检验	按零件图标注和技术要求	三坐标机		以安装基准为检验基准

按照以上原则，充电器座型芯零件的加工工艺过程如表 7.2 所示。

表 7.2　充电器座型芯零件的加工工艺过程

材料牌号	P20	毛坯种类	精料	毛坯外形尺寸	160 mm×130 mm×43 mm
工序号	工序名称	工序内容			
00	钳	外轮廓倒角 *C*2			
05	钻	型芯反面螺纹孔、推杆尖孔加工			
10	数铣	型芯正面铣加工			
20	钻	钻水路			
30	钳	孔倒角 *C*1；攻牙			
40	放电	电极放电			
50	检验	按图样要求检验各部尺寸及几何公差			
60	入库	清洗，加工表面涂防锈油，入库			

2. 零件数控铣削工艺制定

采用铣加工的方法，直接改变毛坯的形状、尺寸和表面质量等，使其成为零件的过程称为铣削工艺过程。为了方便生产加工，通常会在加工前对产品零件进行铣削工艺规划，制作铣削工艺卡。

1）零件工艺分析

该零件的材质为 P20，单件生产；本工艺是表 7.2 加工工艺过程中的工序 10——数铣。零件结构上已经进行处理，对放电加工的位置面进行了删除，铣加工相对简单，具有良好的可切削性。热处理要求：HRC58～62，表面处理安排在精加工前进行；铣削前完成毛坯精磨加工，尺寸为 130 mm×160 mm×43 mm；由于坯料上表面有余量设置，铣削基准设计为安装基准，即坯料底面；XY 平面基准设计为底面左下角。

2）确定装夹方案

选择定位基准时，应注意减少装夹次数，尽量做到在一次安装中能把零件上所有要加工的表面都加工出来。选择充电器座型芯精坯料底面作为定位基准。该定位基准与装配基准重合，减少因定位误差对尺寸精度的影响。该零件外形规则，加工面大多数位于上表面，因此选用精密平口钳夹紧，以底面和底面中心定位，用等高块垫起，注意工件高出虎钳钳口的高度要足够，一般预留 3～5 mm 的富余量。

3）确定加工顺序规划

按照先粗后精的原则确定加工顺序。①使用ϕ16R1 mm 的立铣刀对零件型芯表面、虎口及分型面进行粗加工，加工余量设置为侧壁 0.3 mm、底部 0.2 mm。②使用ϕ10R1 mm 的立铣刀对型芯零件拐角凹腔处进行二次粗加工，补开余量与开粗余量一致，并使用 D6R0.5 的刀具清角加工；③使用 D8R4 和 D6R3 球头铣刀分区域进行半精加工，加工期间视工序的特点可以灵活安排平坦曲面的半精爬面加工；④设置半径侧壁每刀 0.3 mm，所以刀具圆角选择 0.5 mm，从而确定半精侧壁刀具为 D6R0.5 的立铣刀进行侧壁半精加工；⑤分型面半精加工采用 D10 的端铣刀进行；⑥分型面、侧面的精加工与半精加工工艺一致，使余量为 0 即

可；⑦最后使用 D6 的刀具进行清角加工和避空位加工。

行家指点 在刀具、切削参数、工序子类型完全相同时，不同切削区域分别创建工序可以更好地控制刀具轨迹和进退刀路径，尤其对于重要的成型面，采用该方法，可以避免在成型面由于跳刀和刀轨不连贯造成的接刀痕。本案例中 D6R0.5 的刀具加工侧壁即如此。

4）切削用量选择

切削用量是依据零件材料特点、刀具性能及加工精度要求确定的。本零件加工时主轴速度取 2500～4500 r/min，粗铣时取低一些，精铣时取高一些，进给速度取 800～2000 mm/min。铣削分 18 道次工序完成，每次铣削的切削深度随刀具和粗精加工工序变化。

综上分析，制定充电器座型芯零件数铣加工工艺卡，如表 7.3 所示。

表 7.3 充电器座型芯零件数铣加工工艺卡

<table>
<tr><td colspan="2" rowspan="2">无锡科技职业学院</td><td colspan="2" rowspan="2">数控加工工艺卡</td><td colspan="2">产品名称</td><td>零件名称</td><td>零件图号</td></tr>
<tr><td colspan="2">充电器座</td><td>型芯</td><td></td></tr>
<tr><td rowspan="2">材料</td><td>材料名称</td><td>毛坯种类</td><td>毛坯尺寸</td><td>零件重</td><td>每台件数</td><td>卡片编号</td><td>第 1 页</td></tr>
<tr><td>P20</td><td>方料</td><td>160 mm×130 mm×43 mm</td><td></td><td>1</td><td></td><td>共 1 页</td></tr>
<tr><td>加工工序图</td><td colspan="7"></td></tr>
<tr><td>工序号</td><td colspan="2"></td><td>工序名</td><td>CNC</td><td>设备</td><td colspan="2">加工中心 850</td></tr>
<tr><td>夹具</td><td colspan="2">平口钳</td><td>工量具</td><td>游标卡尺</td><td>刃具</td><td colspan="2"></td></tr>
</table>

续表

工步	工步内容及要求	刀具类型及大小	主轴转速（r/min）	步距	切削深度（mm）	进给量（mm/ min）	余量（mm）	底面余量（mm）
1	整体粗加工	圆鼻刀 D16R1	2500	65%	0.35	1800	0.3	0.2
2	凹圆角区域二次粗加工	圆鼻刀 D10R1	3500	65%	0.25	1500	0.3	0.2
3	矩形凹槽粗加工	圆鼻刀 D10R1	3500	65%	0.25	1500	0.3	0.2
4	清角粗加工	圆鼻刀 D6R0.5	4500	45%	0.15	1500	0.3	0.2
5	型芯外轮廓曲面半精加工	圆鼻刀 D8R4	4000	0.2 mm	/	2000	0.1	0.1
6	圆形凹槽及矩形槽顶面圆角区域曲面半精加工	圆鼻刀 D6R3	4500	0.25 mm	/	1500	0.1	0.1
7	虎口侧面 1 半精加工	圆鼻刀 D6R0.5	4500	/	0.2	1800	0.1	0.1
8	侧壁 2 半精加工	圆鼻刀 D6R0.5	4500	/	0.2	1800	0.1	0.1
9	侧壁 3 半精加工	圆鼻刀 D6R0.5	4500	/	0.2	1800	0.1	0.1
10	分型面及虎口顶面半精加工	平底刀 D10	3500	45%	0	1000	0.2	0.1
11	分型面及虎口顶面精加工	平底刀 D10	3500	45%	0	1000	0.2	0
12	型芯外轮廓曲面精加工	圆鼻刀 D8R4	4000	0.12 mm	/	2000	0	0
13	圆形凹槽及矩形槽顶面圆角区域曲面精加工	圆鼻刀 D6R3	4500	0.12mm	/	1500	0	0
14	虎口侧壁 1 精加工	圆鼻刀 D6R0.5	4500	/	0.12	1800	0	0
15	侧壁 2 精加工	圆鼻刀 D6R0.5	4500	/	0.12	1800	0	0
16	侧壁 3 精加工	圆鼻刀 D6R0.5	4500	/	0.12	1600	0	0
17	清角精加工	平底刀 D6	4500	/	0.08	1300	0	0
18	避空位加工	平底刀 D6	4500	多个	0	800	0	0

工艺编制		学号		审　定		会签	
工时定额		校核		执行时间		批准	

7.5　充电器座型芯 CAM

1. 零件的 CAM 准备

充电器座型芯零件的 CAM 准备主要完成三个小任务：创建几何体、创建刀具和创建程序组。

1）充电器座型芯 CAM 几何体创建

（1）进入加工模块，在工序导航器工具条中单击“几何视图”按钮，将“MCS_MILL”修改为“MCS_Z”，将几何体“WORKPIECE”修改为“Z”，如图 7.30 所示。

（2）双击导航器中的“MCS_Z”节点，弹出如图7.31所示的“MCS铣削”对话框。

（3）单击“指定MCS”后的按钮，弹出“CSYS”对话框；在“类型”下拉菜单中选择“动态”方式，并选择模型左下角为加工坐标系原点，单击“确定”按钮，得到如图7.32所示的MCS坐标系。在返回的“MCS铣削”对话框中，按照如图7.31所示，选中“参考坐标系”选项组中的“链接RCS与MCS”复选框，“安全设置选项”选择“刨”，并单击“指定平面”按钮，弹出“刨”对话框，如图7.33所示，按照图7.33所示的步骤设置一个距离型芯加工底面向上偏置50 mm的安全平面。

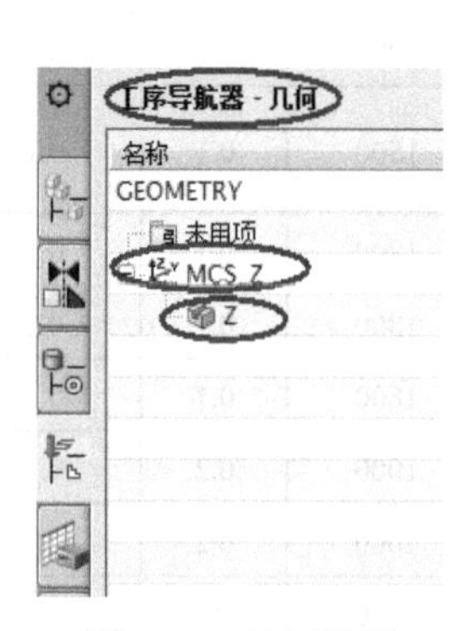

图7.30　几何视图

图7.31　“MCS铣削”对话框

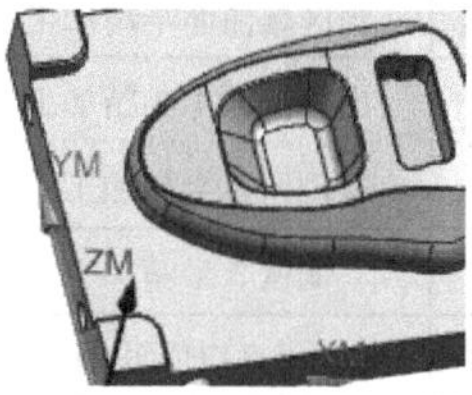

图7.32　充电器座模型坐标系

（4）双击导航器中的“Z”节点，弹出如图7.34所示的“工件”对话框，单击“指定部件”按钮，弹出“部件几何”对话框，选择要导入的充电器座型芯模型后，单击“确定”按钮，完成部件几何体的设置。

单击“指定毛坯”按钮，弹出“毛坯几何”对话框，在“ZM+”文本框中输入0.5，表示坯料上表面高出部件模型0.5 mm，其余方向均不设余量，单击“确定”按钮完成毛坯的设置。

2）充电器座型芯CAM刀具创建

根据工艺要求，一共需要创建7把不同型号的刀具，这里创建其中的一把刀具，其他刀具的创建请参考此方法自行创建。

（1）在工序导航器工具条中单击“机床视图”按钮，导航器切换到机床视图。

（2）单击工具条中的“创建刀具”按钮，弹出如图7.35所示的“创建刀具”对话框。“类型”选择mill_planar，在“名称”文本框中输入D16R1，单击“确定”按钮，弹出如图7.36所示的“铣刀-5参数”对话框。设置“直径”为16、“下半径”为1，不同的刀具刀长和刃长请根据实际数据输入，设置“刀具号”为1，单击“确定”按钮完成D16R1圆角立铣刀的创建。

（3）用同样的方法再依次创建D10R1、D6R0.5、D8R4、D6R3、D10、D6的刀具各一把，如图7.37所示。

3）充电器座型芯CAM程序组创建

根据工艺安排需要创建三个程序大组，分别是“开粗”“半精”“精工”，分别代表粗加工、半精加工和精光加工。后续创建的各个工序分别归属于各个组别。

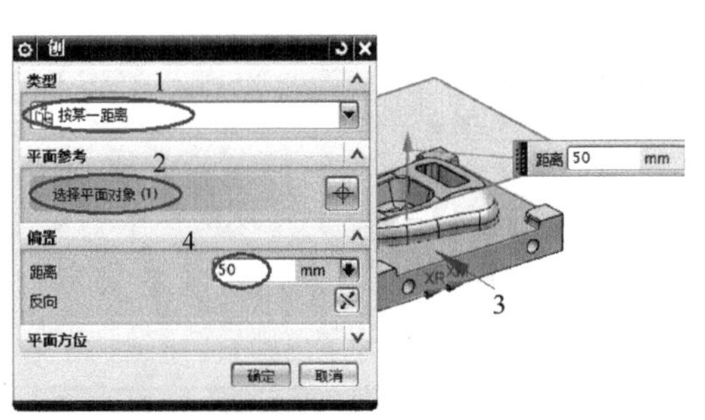

图 7.33　安全设置

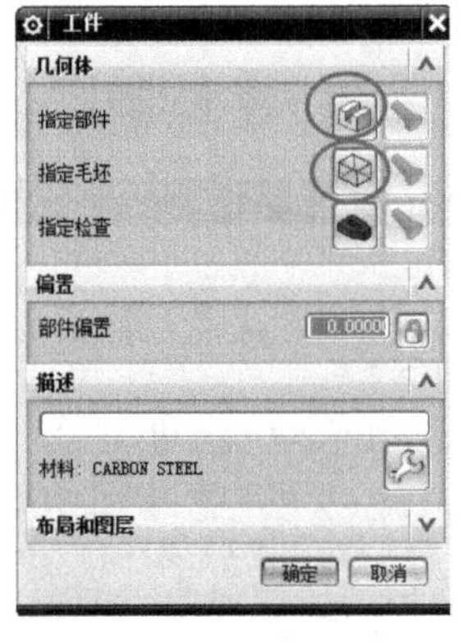

图 7.34 “工件”对话框

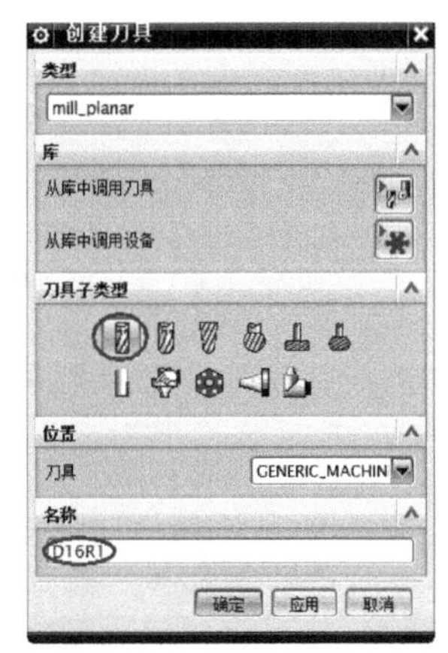

图 7.35 “创建刀具”对话框

在程序顺序视图下，将“PROGRAM”更改为“充电器型芯”。右击“充电器型芯”，在弹出的快捷菜单中选择“插入”→“程序组”命令，在弹出的“创建程序”对话框中，创建“开粗”程序组，如图 7.38 所示，用同样的方法创建“半精”“精工”程序组。接下来，插入程序组的子路径，在刚才设置的 3 个程序组下分别插入如图 7.39 所示的程序组。

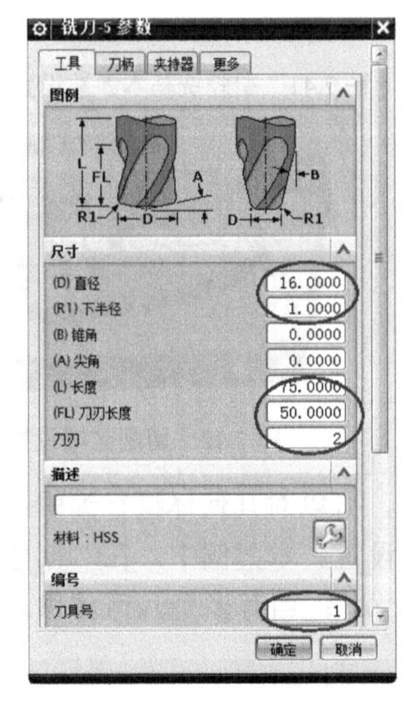

图 7.36　D16R1 铣刀参数设置

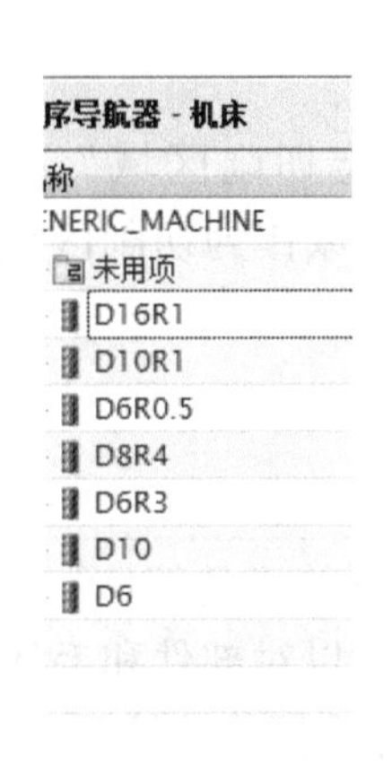

图 7.37　充电器座型芯用刀具

图 7.38　开粗程序组创建

2. 零件 CAM 的开粗加工

扫一扫看充电器座型芯粗加工操作视频

1）充电器座型芯零件整体开粗加工

（1）创建基本型腔铣工序：在工具条中单击“创建工序”按钮，弹出“创建工序”对话框，如图 7.40 所示。在对话框中，“类型”选择 mill_contour，“工序子类型”选择（基本型腔铣），“程序”选择开粗-1，“刀具”选择 D16R1 圆角刀，“几何体”选择 Z，单击“确定”按钮，弹出“型腔铣”对话框，设置如图 7.41 所示的参数。

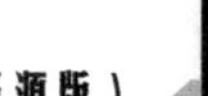

图 7.39　创建完毕的程序组　　图 7.40　创建型腔铣工序

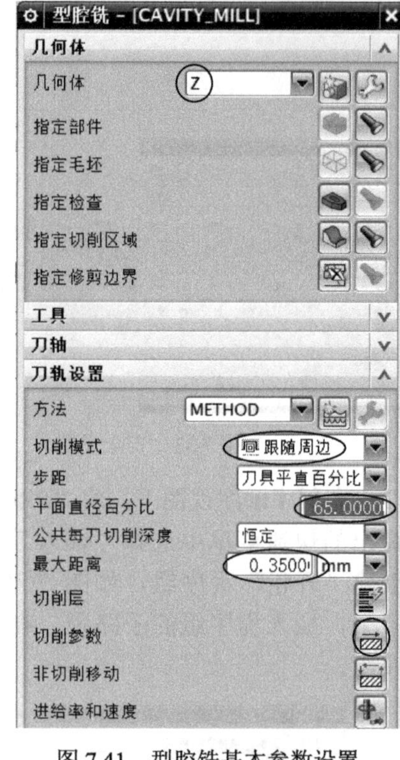

图 7.41　型腔铣基本参数设置

（2）几何体设置：单击“指定切削区域”按钮，选择除矩形凹腔以外的所有区域作为切削区域，如图 7.42 所示。

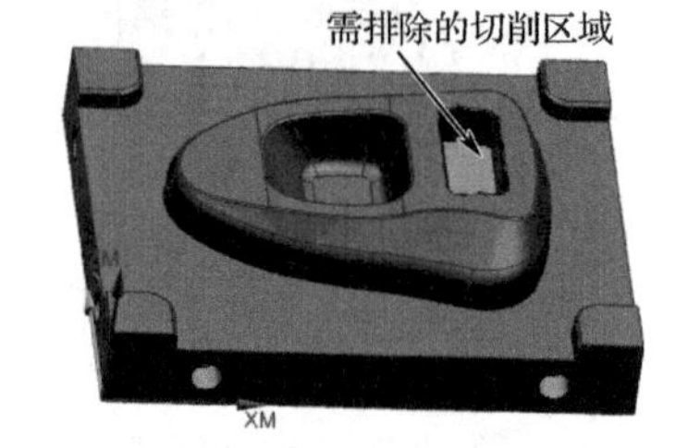

图 7.42　切削区域设置

新手解惑　在“型腔铣”对话框的“几何体”选项组中，可以对几何体进行编辑：单击按钮弹出“工件”对话框，可以对部件和毛坯等进行设置。本案例中，在“创建工序”对话框中已经选择了“Z”为几何体，这里就默认了“Z”；当有多个几何体供选择时，必须选择当前工序需要的几何体。

行家指点　常规的型腔铣整体开粗，没有必要指定切削区域。本案例中，矩形凹槽的宽度为 16.8 mm，采用$\phi16$ 的刀具加工，工艺性不好。因此需要指定切削区域，防止$\phi16$ 的刀具加工 16.8 mm 的矩形凹槽。

（3）切削参数设置：单击“切削参数”按钮，弹出“切削参数”对话框，如图 7.43 所示，在“策略”选项卡中设置“切削方向”为顺铣、“切削顺序”为深度优先、“刀路方向”为向内，选中“岛清根”复选框，“壁清理”方式为自动。然后在“延伸路径”选项组中选中“在延展毛坯下切削”复选框完成如图 7.43 所示的策略设置。

在“余量”选项卡中，设置如图 7.44 所示的参数。设置侧壁余量为 0.3 mm、底部余量为 0.2 mm，完成余量的设置。其他参数默认不变，单击确定按钮，完成切削参数的设置返回上一级对话框。

（4）非切削移动参数设置：单击“非切削移动”按钮，弹出“非切削移动”对话框，如图 7.45 所示，在“进刀”选项卡中修改进刀方式：首先设置封闭区域进刀，“进刀类型”选择螺旋，直径为 70%刀具直径，“斜坡角”设置为 2°，“高度”设置为 1 mm，“最小斜面长度”设置为 40%刀具直径。然后设置开放区域“进刀类型”为线性、“高度”为 1 mm。“退刀”选项卡中保持默认的“与进刀类型相同”的设置；其余参数不变，结束进退刀参数的设置。

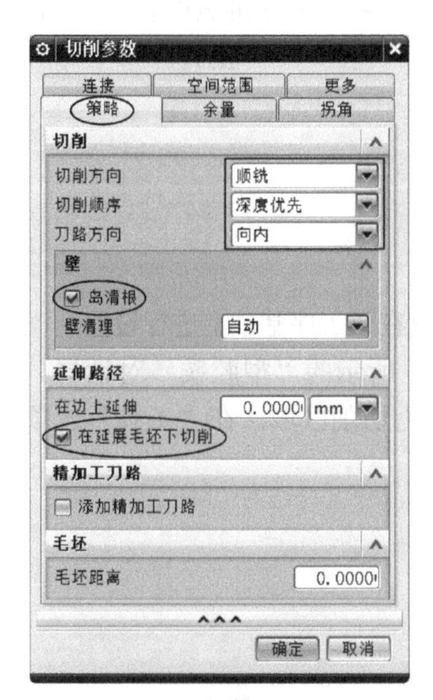

图 7.43　“策略”设置 1

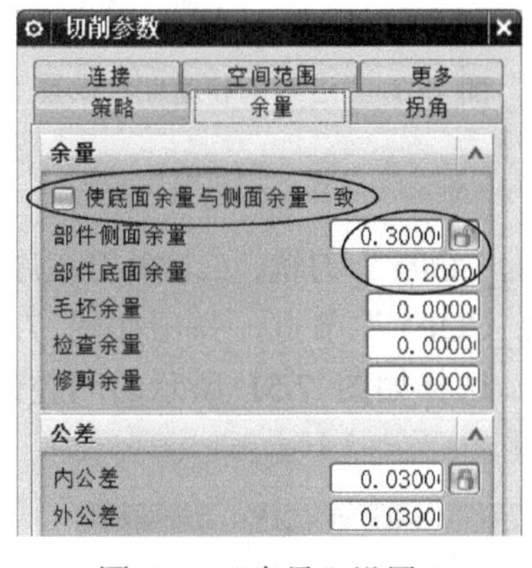

图 7.44　“余量”设置 1

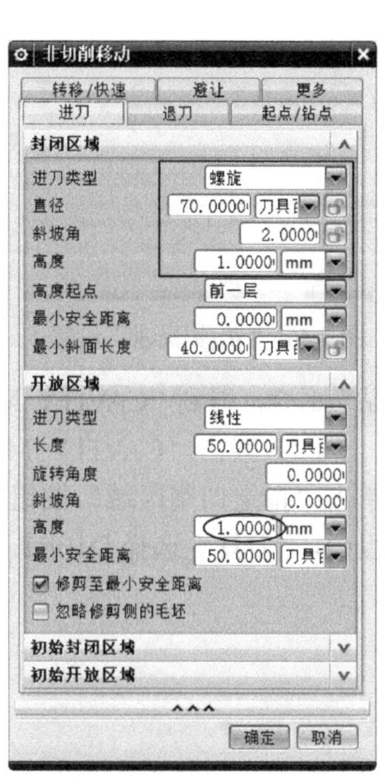

图 7.45　“进刀”设置 1

如图 7.46 所示，在“转移/快速”选项卡中，区域内“转移类型”修改为前一平面，“安全距离”设置为 1 mm。其他选项卡默认不变。单击确定按钮，完成非切削移动的设置。

（5）进给率和速度参数设置：单击“进给率和速度”按钮，弹出“进给率和速度”对话框，设置如图 7.47 所示的参数。选中“主轴速度”复选框，并输入转速为 2500，注意单位为“r/min”，进给率设置为 1800 mm/min，单击按钮，系统自动计算“表面速度”与“每齿进给量”，单击确定按钮，完成进给率和速度的设置。

（6）生成整体开粗刀轨：单击“型腔铣”对话框最底部的“生成刀轨”按钮，系统自动完成充电器座型芯整体开粗刀轨的计算，刀轨效果如图 7.48 所示。

2）凹圆角区域二次开粗加工

二次开粗主要针对凹腔拐角残料进行加工。使用与一次开粗相同的方法进行。

（1）创建二次开粗工序：如图 7.49 所示，在“工序导航器-程序顺序”视图中选中开粗刀轨“CAVITY_MILL”进行复制后，右击“开粗-2”程序组，在弹出的快捷菜单中选择“内部粘

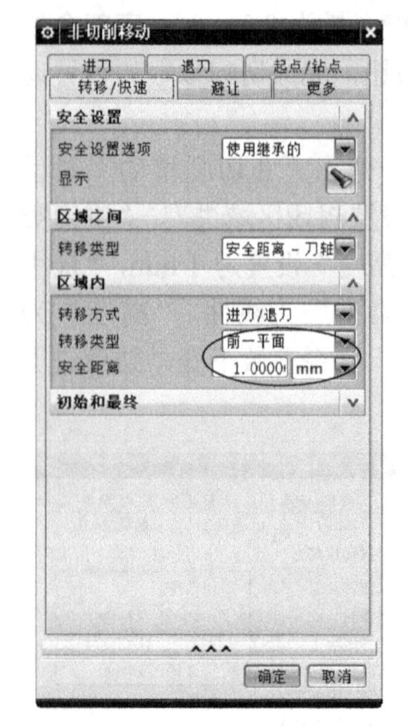

图 7.46 “转移/快速”设置 1

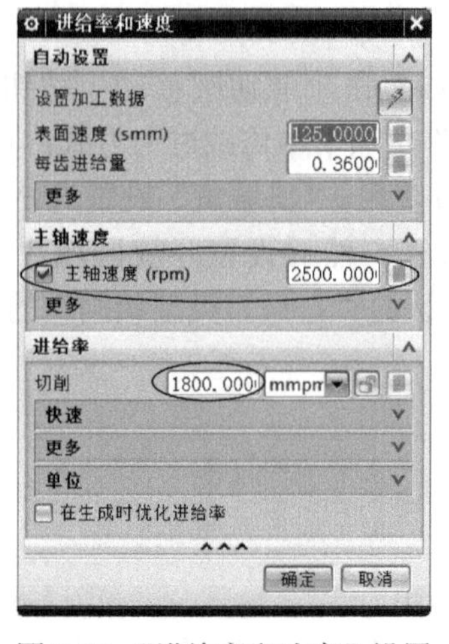

图 7.47 “进给率和速度”设置

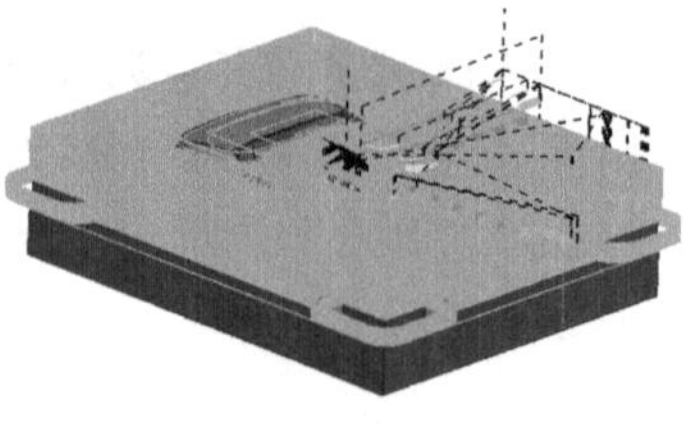

图 7.48 充电器座型芯整体开粗刀轨

贴”命令，得到“CAVITY_MILL_COPY”刀轨。二次补开工序就在该工序基础上进行设置。

（2）双击“CAVITY_MILL_COPY”节点，弹出如图 7.50 所示的“型腔铣”对话框。单击“指定切削区域”按钮，选择如图 7.51 所示的凹腔作为切削区域。在“工具”选项组中，“刀具”选择 D10R1 刀具。

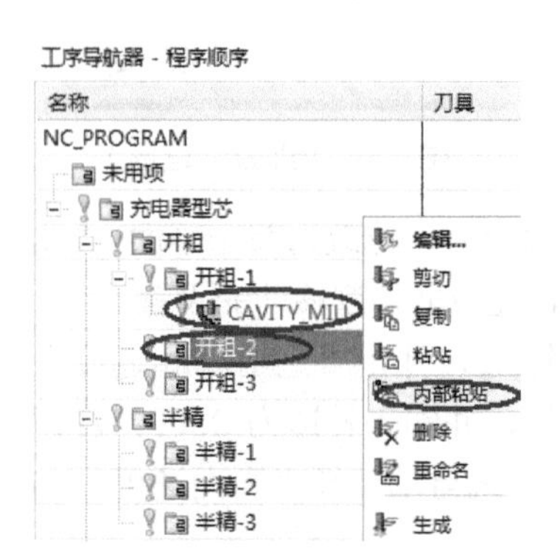

图 7.49 复制开粗-1 刀轨

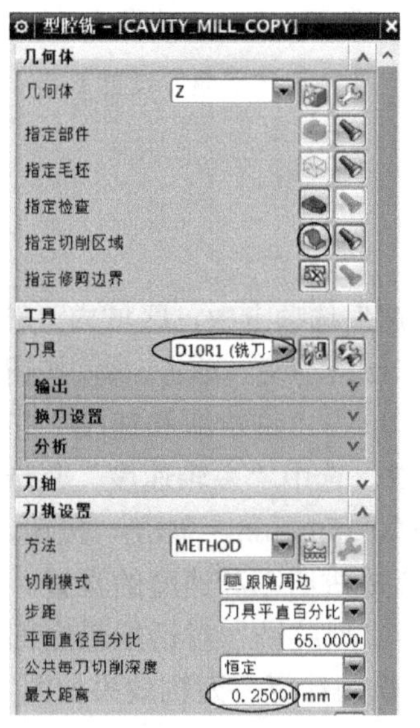

图 7.50 “型腔铣”对话框

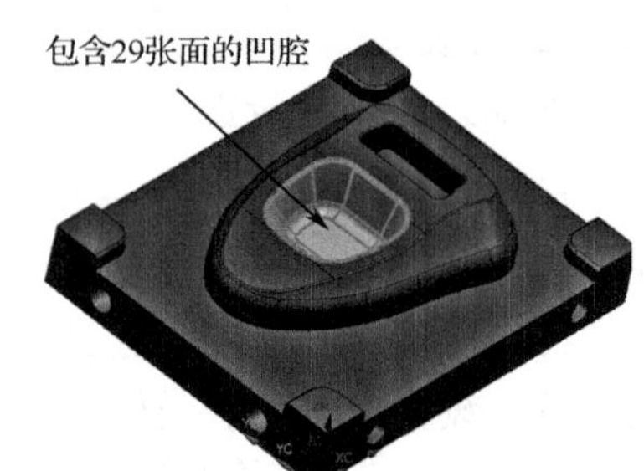

图 7.51 指定切削区域 1

（3）刀轨基本参数设置：由于二次补开粗选用的刀具为 D10R1，刀具直径减小，刚性降低，“最大距离”设置为 0.25 mm。

（4）切削参数设置：单击“切削参数”按钮，弹出“切削参数”对话框。在如

图 7.52 所示的“切削参数”对话框的“空间范围”选项卡中，设置“参考刀具”为开粗的 D16R1 刀具，设置“重叠距离”为 1 mm、“最小除料量”为 0.3 mm，其余参数保持默认，单击“确定”按钮，完成切削参数的设置。

（5）非切削移动参数设置：单击“非切削移动”按钮，弹出“非切削移动”对话框，如图 7.53 所示。在“进刀”选项卡中，设置“进刀类型”为圆弧、“半径”为 3 mm、“高度”为 1 mm，其余参数保持默认，单击“确定”按钮，完成非切削移动参数的设置。

（6）进给率和速度参数设置：单击“进给率和速度”按钮，弹出“进给率和速度”对话框，选中“主轴速度”复选框，设置转速为 3500 r/min、进给率为 1500 mm/min，单击按钮，系统自动计算“表面速度”与“每齿进给量”；单击“确定”按钮，完成进给率和速度的设置。

（7）生成圆角凹槽二次补开粗刀轨：单击“生成刀轨”按钮，系统自动完成充电器座型芯二次补开粗刀轨的计算，刀轨效果如图 7.54 所示。

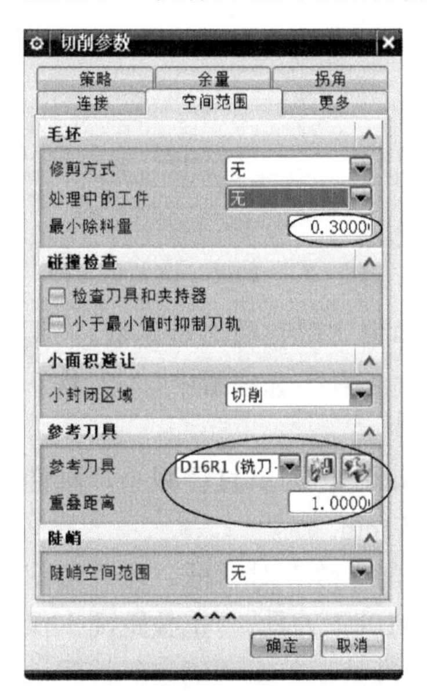

图 7.52 “空间范围”设置 1

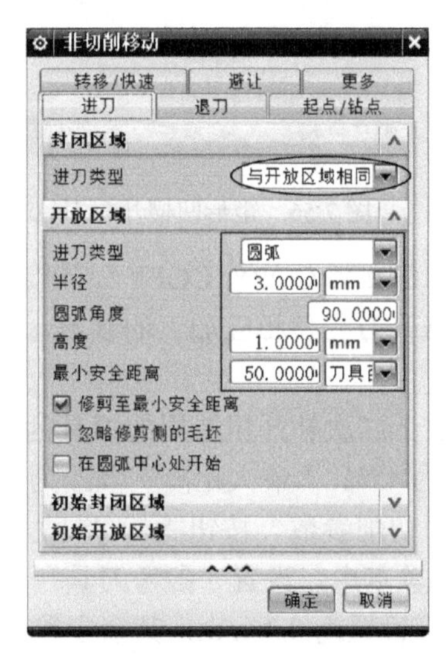

图 7.53 “进刀”设置 2

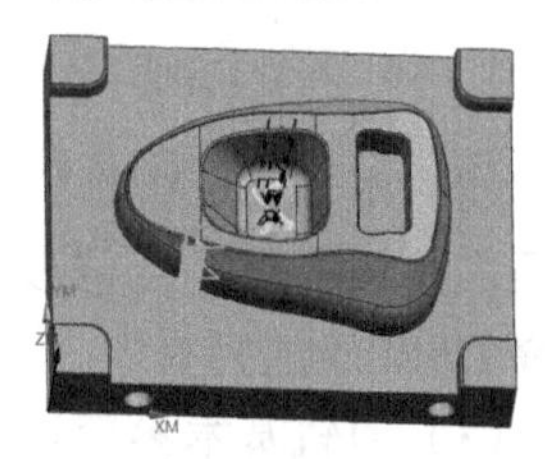

图 7.54　充电器座二次补开刀轨

3）矩形凹槽开粗加工

矩形凹槽二次开粗与凹圆角区域二次开粗的方法完全相同，主要是切削区域发生变化。

（1）创建二次开粗工序：在“工序导航器-程序顺序”视图中选中“开粗-2”程序组刀轨“CAVITY_MILL_COPY”进行复制后，右击“CAVITY_MILL_COPY”工序，在弹出的快捷菜单中选择“内部粘贴”命令，得到“CAVITY_MILL_COPY_COPY”刀轨。矩形槽区域二次补开工序就在该工序基础上进行设置。

（2）双击“CAVITY_MILL_COPY_COPY”节点，弹出“型腔铣”对话框。单击“指定切削区域”按钮，删除之前指定的切削区域，重新选择如图 7.55 所示的矩形槽区域作为切削区域。

（3）切削参数设置：在“切削参数”对话框的“策略”选项卡中设置“刀路方向”为向外，其余参数不变。

（4）生成矩形凹槽二次补开粗刀轨：单击“生成刀轨”按钮，系统自动完成矩形凹槽二次补开粗刀轨的计算，刀轨效果如图 7.56 所示。

4）矩形槽区域二次开粗

矩形槽区域开粗时，考虑到加工效率，选择的是 D10R1 刀具，刀具尺寸比较大，有部分地方的余量比粗加工所留余量大出很多，因而需要选用直径更小的刀具对该区域二次开粗。

（1）创建矩形槽区域二次开粗工序：在“工序导航器-程序顺序”视图中选中“开粗-2”程序组刀轨“CAVITY_ MILL_COPY_COPY”进行复制后，右击“开粗-3”程序组，在弹出的快捷菜单中选择“内部粘贴”命令，得到“CAVITY_MILL_COPY_COPY_COPY”刀轨，如图 7.57 所示。矩形槽区域二次补开工序就在该工序基础上进行设置。

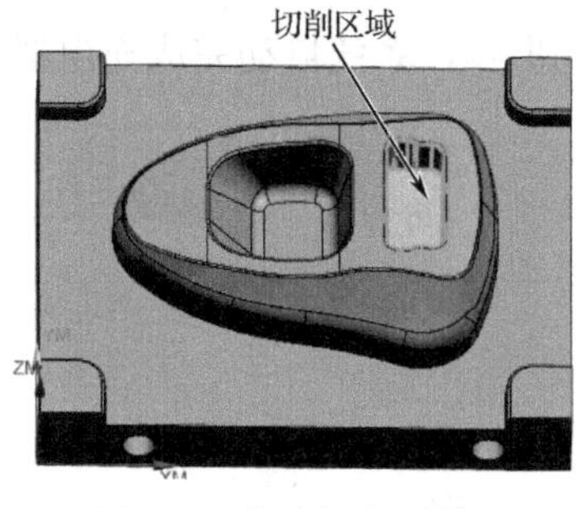

图 7.55　指定切削区域 2

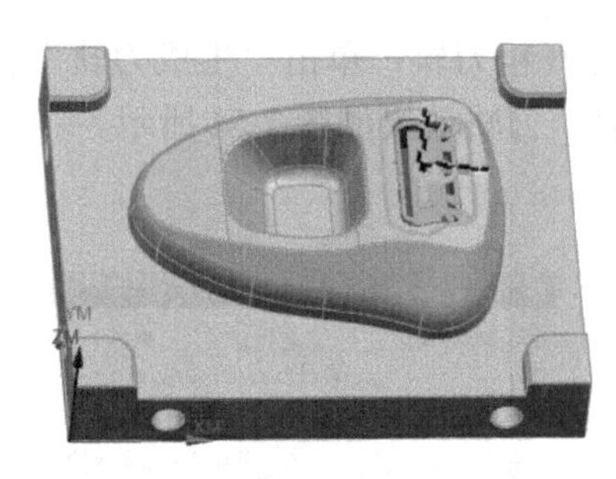

图 7.56　矩形凹槽开粗刀轨

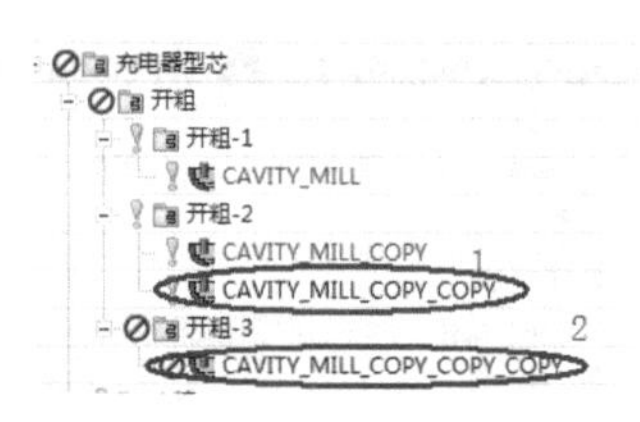

图 7.57　创建二次开粗工序

（2）双击“CAVITY_MILL_COPY_COPY_COPY”节点，弹出“型腔铣”对话框。“指定切削区域”不进行修改，只修改刀具和相应加工的参数。在“工具”选项组中，“刀具”选择 D6R0.5 的刀具。

（3）刀轨基本参数设置：由于二次补开粗选用的刀具为 D6R0.5，刀具直径减小，刚性降低，“刀具平直百分比”修改为 45%，“最大距离”修改为 0.15 mm。

（4）切削参数设置：单击“切削参数”按钮，弹出“切削参数”对话框。在“切削参数”对话框的“空间范围”选项卡中，设置“参考刀具”为 D10R1 刀具，“重叠距离”保持为 1 mm 不变，“最小除料量”设置为 0.3 mm，其余参数保持默认，单击“确定”按钮，完成切削参数的设置。

（5）非切削移动参数设置：单击“非切削移动”按钮，弹出“非切削移动”对话框。在“进刀”选项卡中，设置“进刀类型”为圆弧、“半径”为 2 mm、“高度”为 1 mm，其余参数保持默认，单击“确定”按钮，完成非切削移动参数的设置。

（6）进给率和速度参数设置：单击“进给率和速度”按钮，弹出“进给率和速度”对话框，选中“主轴速度”复选框，设置转速为 4500 r/min、进给率为 1500 mm/min，完成进给率和速度的设置。

（7）生成矩形槽二次补开粗刀轨：单击“生成刀轨”按钮，系统自动完成矩形槽二次补开粗刀轨的计算，刀轨效果如图 7.58 所示。

扫一扫看充电器座型芯半精加工操作视频

3. 零件 CAM 的半精加工

1）充电器座型芯外轮廓曲面半精加工

（1）创建区域轮廓铣工序：在工具条中单击“创建工序”按钮，弹出“创建工序”

对话框，如图 7.59 所示。“类型”选择 mill_contour，“工序子类型”选择（固定轮廓铣）；“程序”选择半精-1，“刀具”选择 D8R4 球头刀，用于半精平坦曲面加工，“几何体”选择 Z，单击“确定”按钮，弹出“固定轮廓铣”对话框。

（2）几何体设置：单击“指定切削区域”按钮，用鼠标选择如图 7.60 所示的 33 个外轮廓曲面为加工区域。

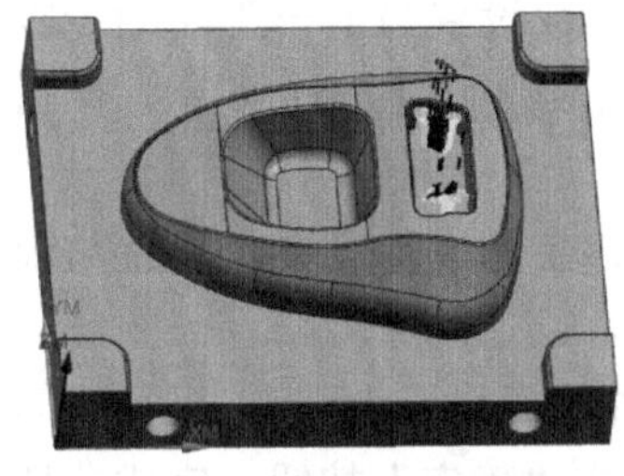
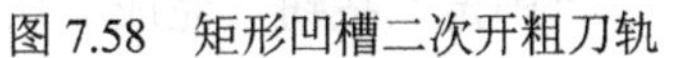

图 7.58 矩形凹槽二次开粗刀轨

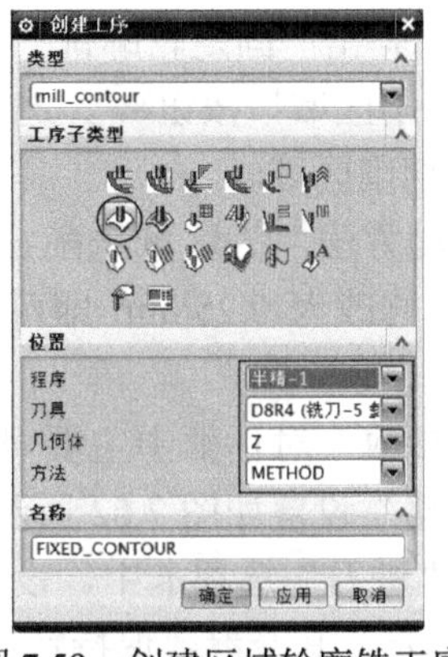

图 7.59 创建区域轮廓铣工序

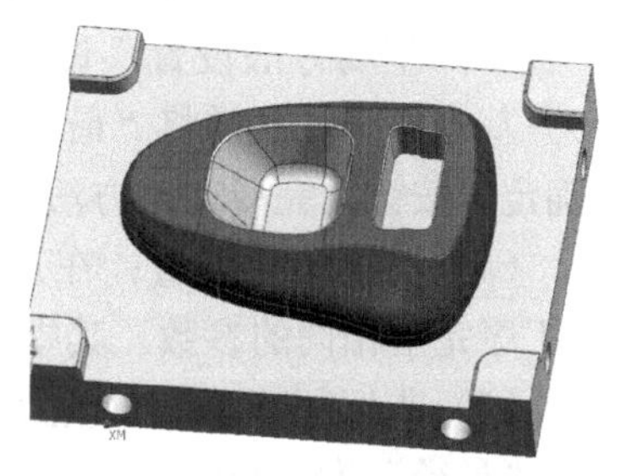

图 7.60 指定切削区域 3

（3）驱动方法设置：“驱动方法”选择区域铣削，单击“编辑”按钮，弹出如图 7.61 所示的“区域铣削驱动方法”对话框，设置“非陡峭切削模式”为往复、“切削方向”为顺铣、“步距”为恒定、“最大距离”为 0.2 mm，单击“确定”按钮完成驱动方法的设置。

（4）切削参数设置：在“切削参数”对话框的“策略”选项卡中进行设置，选中“在边上延伸”复选框，设置“距离”为 0.5 mm，如图 7.62 所示。设置部件余量为 0.1，公差均修改为 0.01，其他参数保持不变，单击“确定”按钮完成切削参数的设置。

（5）进给率和速度参数设置：单击“进给率和速度”按钮，选中“主轴速度”复选框，设置转速为 4000 r/min、进给率为 2000 mm/min，单击“确定”按钮完成进给率和速度的设置。

（6）生成曲面半精加工刀轨：单击“生成刀轨”按钮，系统自动完成充电器座型芯外轮廓曲面半精加工刀轨的计算，刀轨效果如图 7.63 所示。

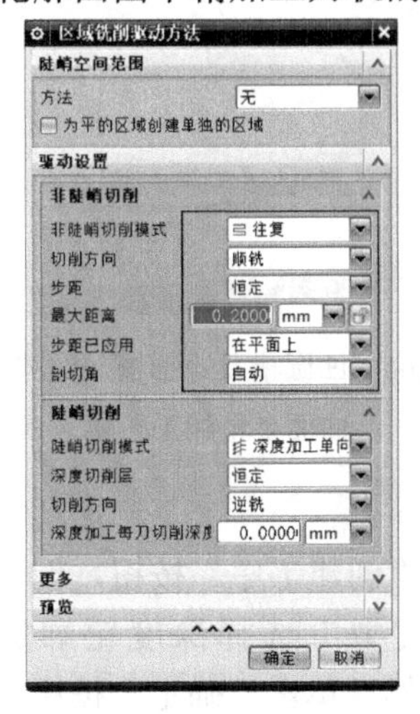

图 7.61 驱动方法设置

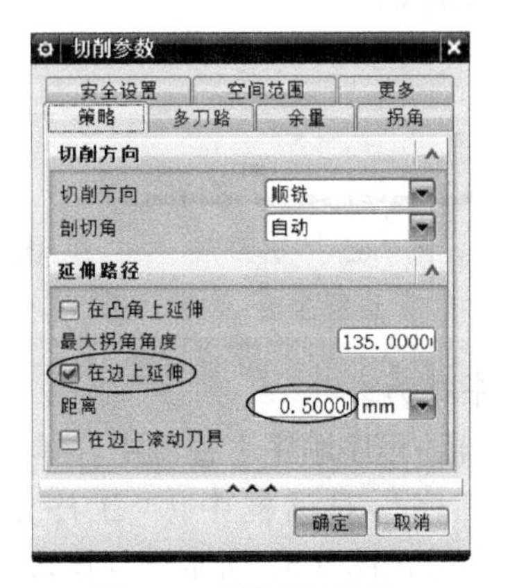

图 7.62 “策略”设置 2

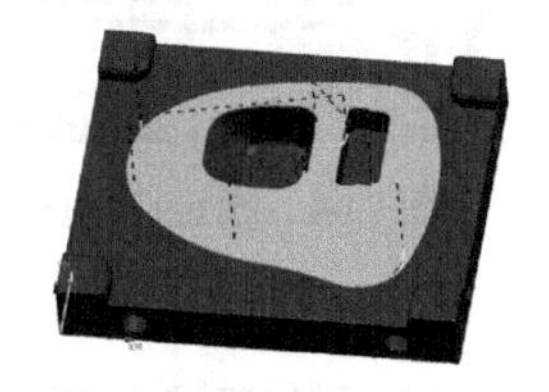

图 7.63 曲面半精加工刀轨

2）充电器座圆形凹槽及矩形槽顶面圆角区域半精加工

充电器座圆形凹槽区域半精加工的操作方法与上一工序即外轮廓曲面半精加工的方法一致，主要是切削区域和刀具及与刀具相关的切削参数发生变化。

（1）创建深度轮廓铣工序：按照上一工序的步骤（1）创建一个新的固定轮廓铣工序，“位置”参数设置如下，将“程序”修改为“半精-2”，“刀具”修改为D6R3，其余参数参照图7.59设置，单击“确定”按钮，弹出“固定轮廓铣”对话框。

（2）几何体设置：单击“指定切削区域”按钮，选择如图7.64所示的圆形凹槽和矩形凹槽顶面圆角区域共43个面作为切削区域。

（3）驱动方法设置：设置“驱动方法”为区域铣削，编辑参数设置与上一工序的步骤（3）基本相同，只需将“最大距离”修改为0.25 mm即可，其他参数如图7.61所示，单击“确定”按钮，完成驱动方法的设置。

（4）切削参数设置：在“切削参数”对话框中主要对策略、余量进行设置，设置与前一工序完全相同的参数。其中，“策略”设置如图7.62所示。

（5）非切削移动参数设置：在“进刀”选项卡中，设置“进刀类型”为圆弧-平行于刀轴、“半径”为2 mm，如图7.65所示，其余参数保持默认，单击“确定”按钮，完成非切削移动参数的设置。

（6）进给率和速度参数设置：单击“进给率和速度”按钮，弹出“进给率和速度”对话框，选中“主轴速度”复选框，设置转速为4500 r/min、进给率为1500 mm/min，单击“确定”按钮，完成进给率和速度的设置。

（7）生成凹圆槽及矩形槽顶面圆角曲面半精加工刀轨：单击“生成刀轨”按钮，系统自动完成充刀轨的计算，刀轨效果如图7.66所示。

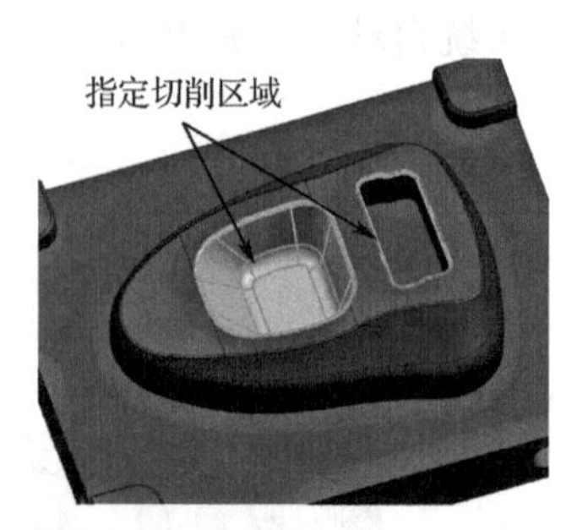

图7.64　指定切削区域4

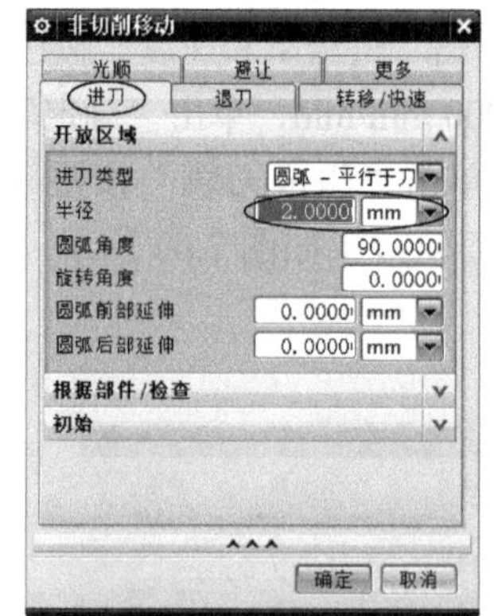

图7.65　“进刀”设置3

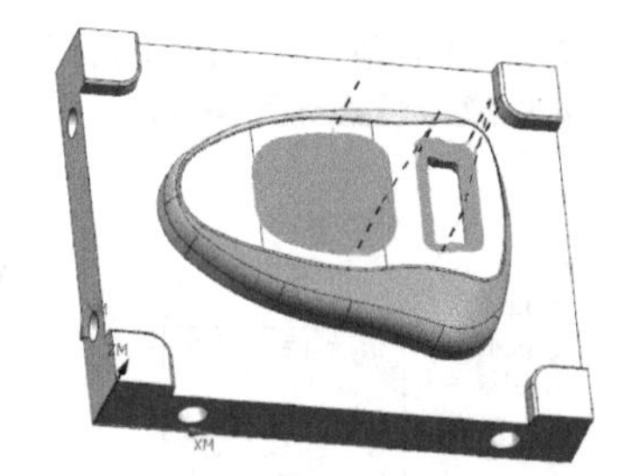

图7.66　凹圆槽及矩形槽顶面圆角曲面半精加工刀轨

3）充电器座型芯虎口侧壁1半精加工

（1）工序创建：在“工序导航器-程序顺序”视图中，单击“创建工序”按钮，创建一个新的工序，在弹出的“创建工序”对话框中，“工序子类型”选择深度轮廓加工“ZLEVEL_ PROFILE”，其余参数按图7.67所示进行设置，然后单击“确定”按钮，弹出“深度轮廓加工”对话框。

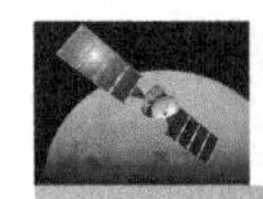

（2）几何体设置：在“几何体”选项组中单击“指定切削区域”按钮，选择如图 7.68 所示的 4 个虎口顶面及侧面作为切削区域。

（3）刀轨基本参数设置：在“深度轮廓加工”对话框中，设置如图 7.69 所示的刀轨参数，下刀距离设置为 0.2 mm。

图 7.67　创建工序 1

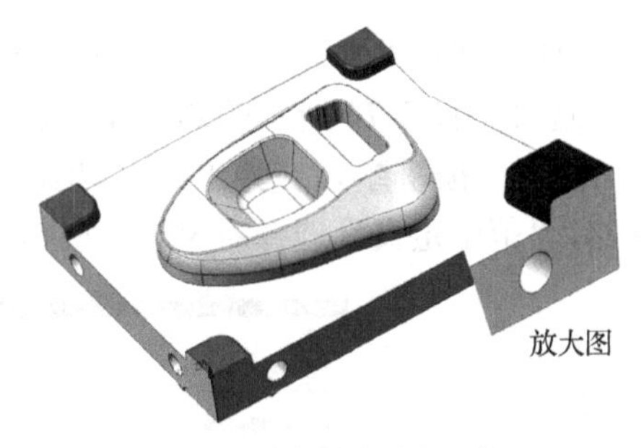

图 7.68　指定切削区域 5

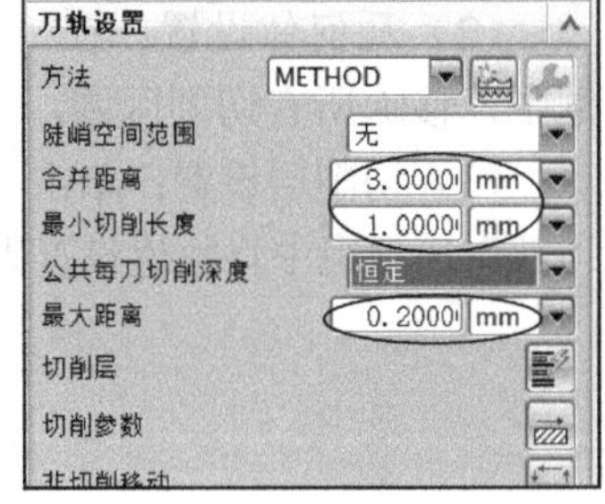

图 7.69　刀轨基本设置

（4）切削参数设置：单击“切削参数”按钮，弹出“切削参数”对话框。对“策略”选项卡进行如图 7.70 所示的设置。在“连接”选项卡中将“层到层”改为直接对部件进刀；在“余量”选项卡中，将部件侧面余量和部件底面余量均设置为 0.1，内外公差修改为 0.01。

（5）非切削移动参数设置：在“进刀”选项卡中，进行如图 7.71 所示的设置。在“转移/快速”选项卡中，进行如图 7.72 所示的设置。

（6）进给率和速度参数设置：在“进给率和速度”对话框中，选中“主轴速度”复选框，设置转速为 4500 r/min、进给率为 1800 mm/min，单击“确定”按钮，完成进给率和速度的设置。

（7）生成侧壁半精加工 1 刀轨：单击“生成刀轨”按钮，系统自动完成充电器座型芯侧壁 1 半精加工刀轨的计算，刀轨效果如图 7.73 所示。

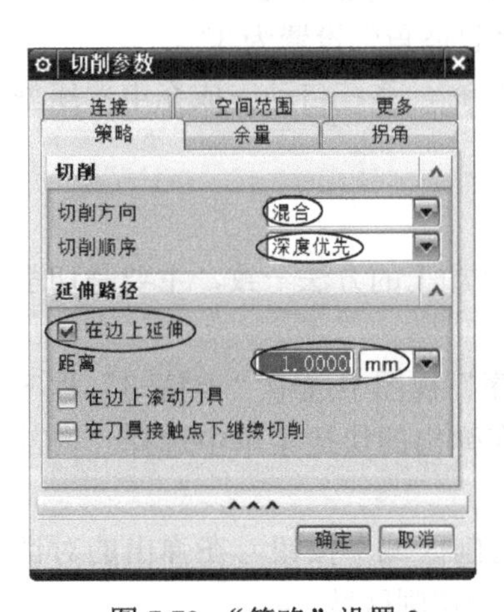

图 7.70　“策略”设置 3

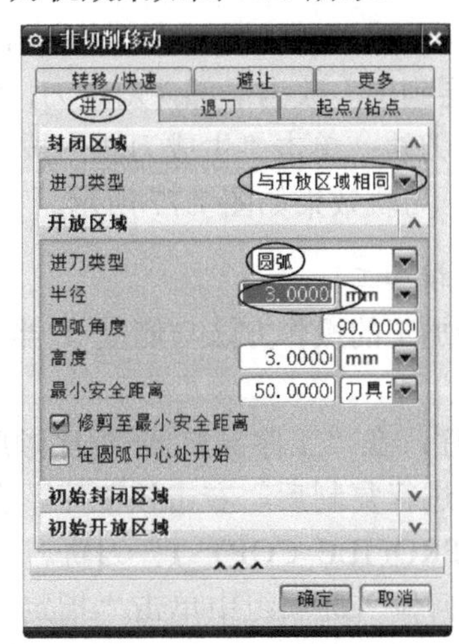

图 7.71　“进刀”设置 4

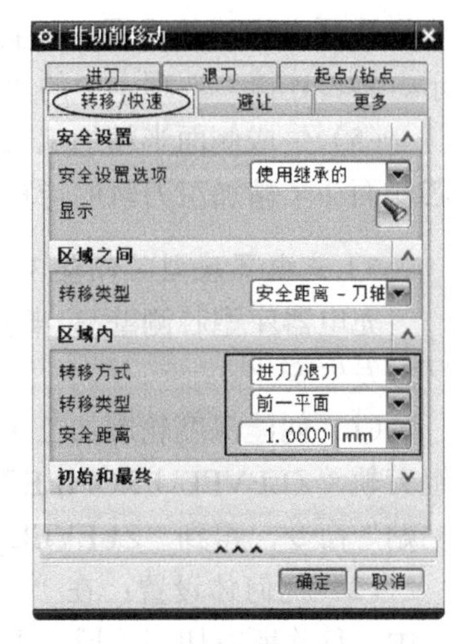

图 7.72　“转移/快速”设置 2

4）充电器座型芯侧壁2半精加工

充电器座型芯侧壁 2 半精加工的操作方法与上一工序即侧壁 1 半精加工的方法一致，主要是切削区域发生变化。

（1）创建深度轮廓加工工序：在“工序导航器-程序顺序”视图中选中“半精-3”程序组刀轨“ZLEVEL_PROFILE”进行复制后，右击该工序，在弹出的快捷菜单中选择“内部粘贴”命令，得到“ZLEVEL_PROFILE_COPY”刀轨。

（2）几何体设置：在“几何体”选项组中单击“指定切削区域”按钮，在弹出的对话框中，移除所有切削区域，重新选择如图 7.74 所示的侧壁作为切削区域。

（3）切削层设置：单击“切削层”按钮，在弹出的“切削层”对话框中的“范围 1 的顶部”选项组中将数值设置为 24，“范围定义”选择对象选择型芯分型面，如图 7.75 所示。

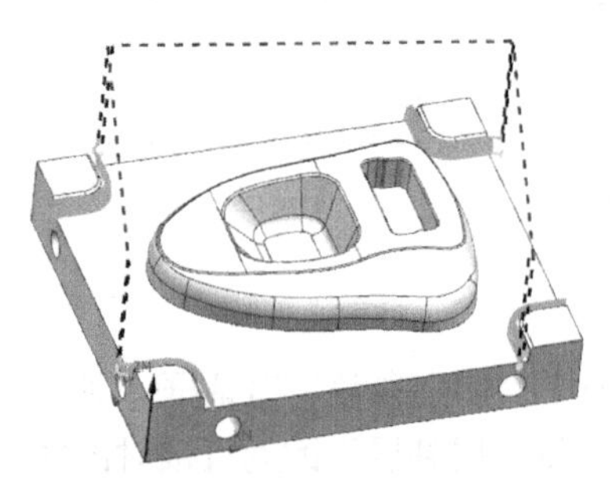

图 7.73　侧壁 1 半精加工刀轨

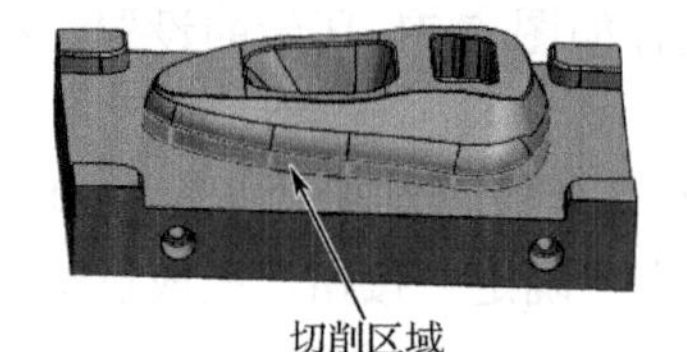

图 7.74　指定切削区域 6

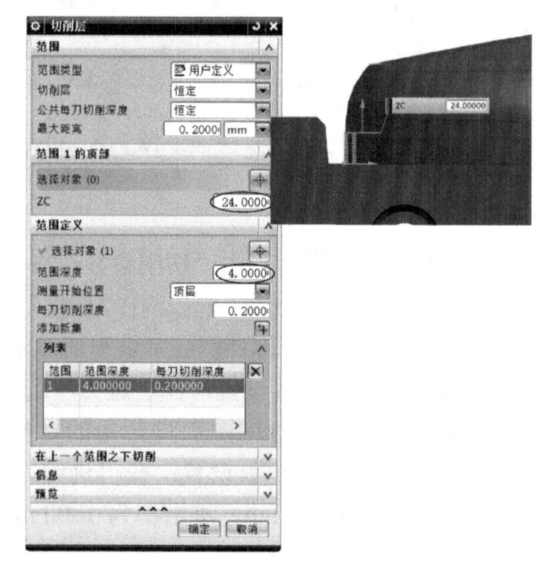

图 7.75　“切削层”设置 1

（4）切削参数设置：单击“切削参数”按钮，弹出“切削参数”对话框。在“策略”选项卡中进行设置，设置“切削方向”为顺铣、“切削顺序”为层优先，如图 7.76 所示。将“连接”选项卡中的“层到层”改为沿部件斜进刀，“斜坡角”设置为 3°。

（5）生成侧面半精加工 2 刀轨：单击“生成刀轨”按钮，系统自动完成充电器座型芯侧面 2 半精加工刀轨的计算，刀轨效果如图 7.77 所示。

5）充电器座型芯侧壁3半精加工

充电器座型芯侧壁 3 半精加工的操作方法与侧壁 1 半精加工的方法一致，主要是切削区域发生变化。

（1）创建深度轮廓加工工序：在“工序导航器-程序顺序”视图中选中“半精-3”程序组刀轨“ZLEVEL_PROFILE”进行复制后，右击该工序，在弹出的快捷菜单中选择“内部粘贴”命令，得到“ZLEVEL_PROFILE_COPY_1”刀轨。

（2）几何体设置：在“几何体”选项组中单击“指定切削区域”按钮，在弹出的对话框中，移除所有切削区域，重新选择如图 7.78 所示的侧壁作为切削区域。

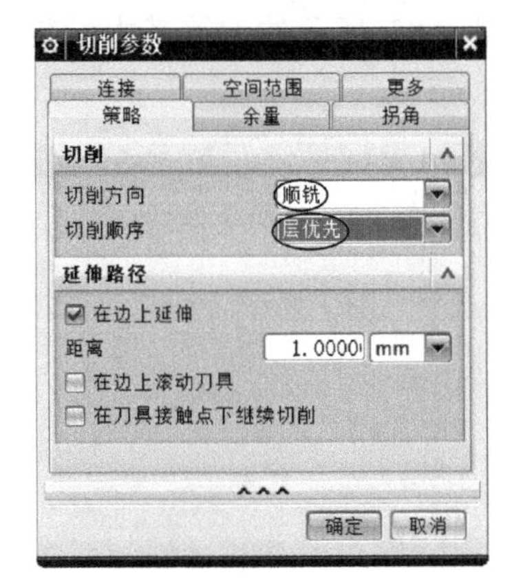

图 7.76 “策略”设置 4

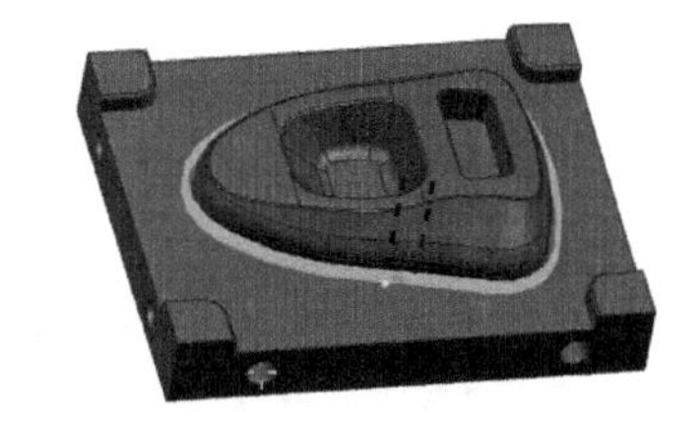

图 7.77 侧面 2 半精加工刀轨

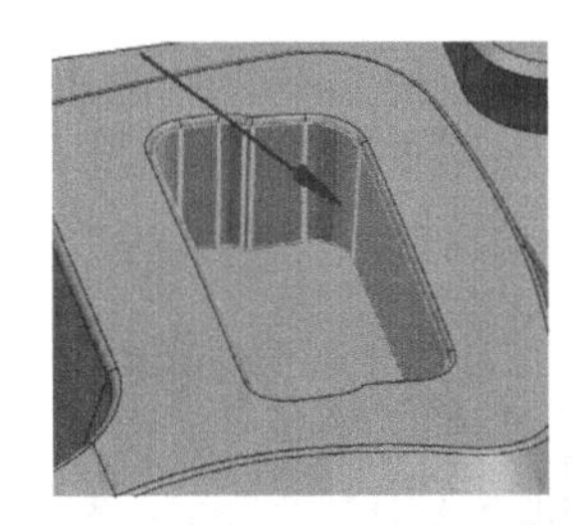

图 7.78 指定切削区域 7

（3）切削层设置：单击“切削层”按钮，在弹出的“切削层”对话框的“范围 1 的顶部”选项组中选择型芯顶面最高点，“范围定义”选择对象选择矩形凹槽底面，如图 7.79 所示。

（4）切削参数设置：单击“切削参数”按钮，弹出“切削参数”对话框。对“策略”选项卡进行如图 7.80 所示的设置。

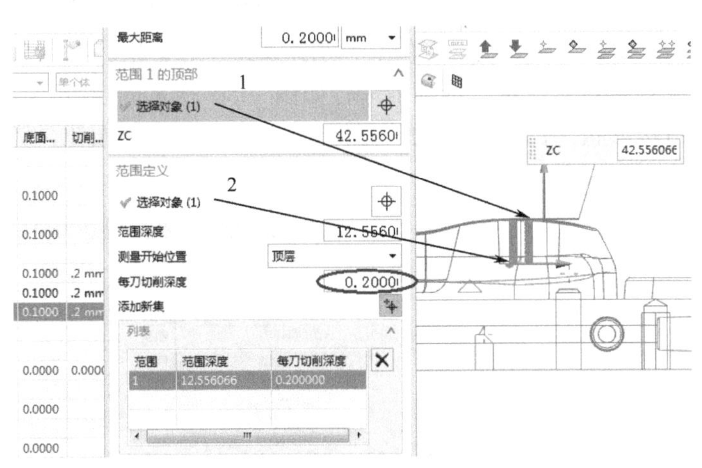

图 7.79 “切削层”设置 2

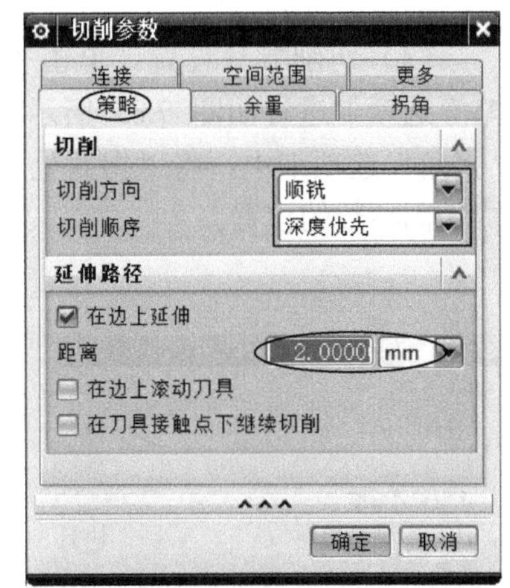

图 7.80 “策略”设置 5

（5）生成侧面半精加工 3 刀轨：单击“生成刀轨”按钮，系统自动完成充电器座型芯侧面 3 半精加工刀轨的计算，刀轨效果如图 7.81 所示。

6）充电器座型芯分型面及其他平面半精加工

（1）工序创建：单击“创建工序”按钮，创建一个新的工序，在弹出的“创建工序”对话框中，按如图 7.82 所示进行设置，单击“确定”按钮，弹出“面铣”对话框。

（2）指定面边界：单击如图 7.83 所示的“指定面边界”按钮，弹出如图 7.84（a）所示的“毛坯边界”对话框，选择如图 7.84（b）所示的区域 1，单击“添加新集”按钮，选择区域 2；用同样的方法指定如图 7.84（b）所示的 6 个面作为切削区域，单击“确定”按钮，完成面边界的指定。

（2）刀轨基本参数设置：在“面铣”对话框中，设置如图 7.83 所示的刀轨基本参数，“切削模式”设置为跟随周边，刀具“平面直径百分比”设置为45%。

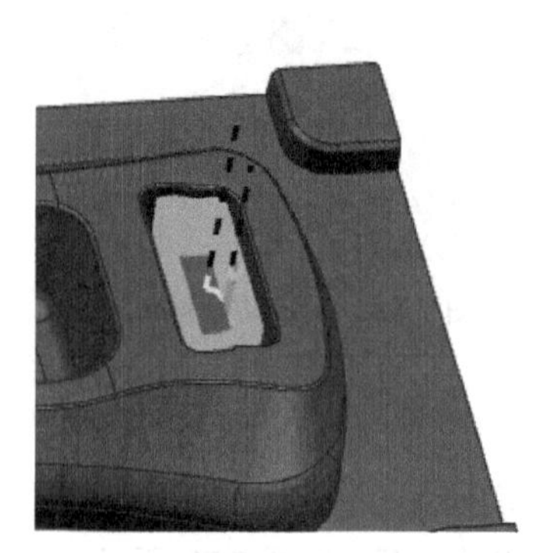

图 7.81　侧面 3 半精加工刀轨

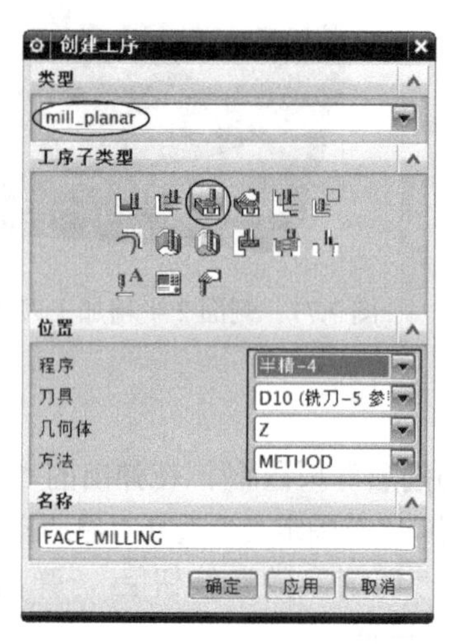

图 7.82　创建面铣工序

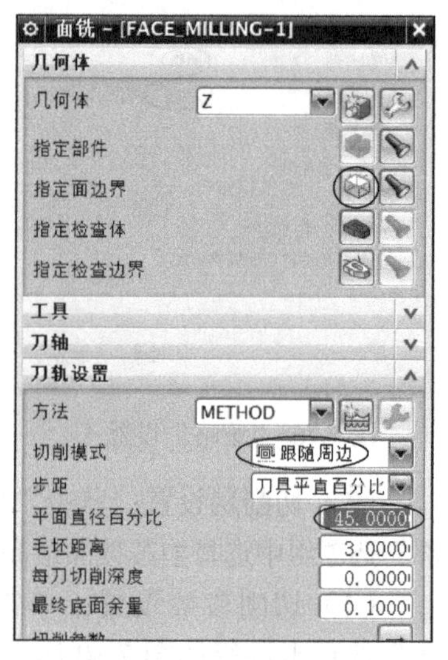

图 7.83　“面铣”对话框

（3）切削参数设置：单击“切削参数”按钮，弹出“切削参数”对话框。对“策略”选项卡进行如图 7.85 所示的设置。对“余量”选项卡进行如图 7.86 所示的设置。在“拐角”选项卡中，将“拐角处的刀轨形状”凸角设置为“延伸”，单击“确定”按钮，完成切削参数的设置。

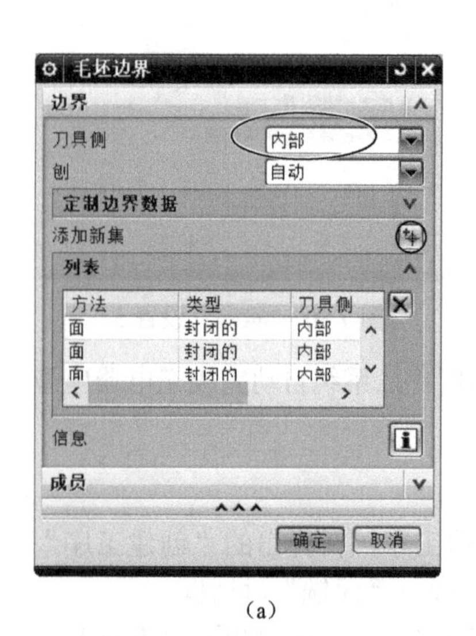

（a）

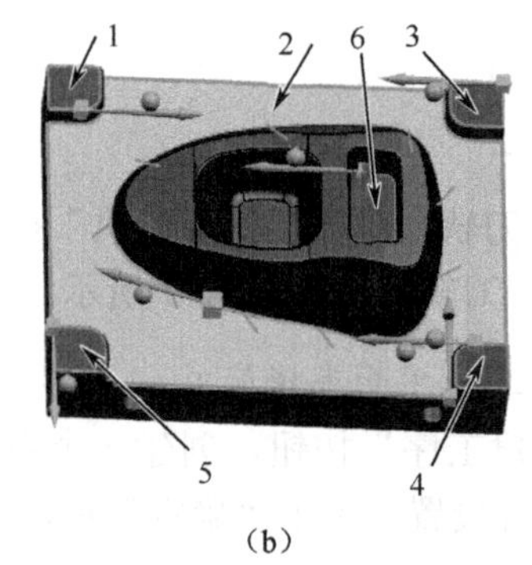

（b）

图 7.84　“指定面边界”

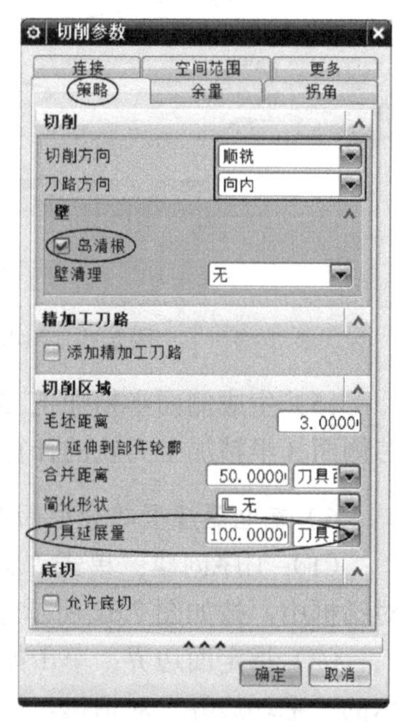

图 7.85　“策略”设置 6

（4）非切削移动参数设置：在“进刀”选项卡中，进行如图 7.87 所示的设置。在“转移/快速”选项卡中，将“区域内”的“转移方式”设置为进刀/退刀，将“转移类型”设置为前一平面，设置“安全距离”为 1。

（5）进给率和速度参数设置：选中“主轴速度”复选框，设置转速为 3500 r/min，进给率设置为 1000 mm/min，单击“确定”按钮，完成进给率和速度的设置。

（6）生成平面半精加工刀轨：单击“生成刀轨”按钮，系统自动完成充电器座型芯平面半精加工刀轨的计算，刀轨效果如图 7.88 所示。

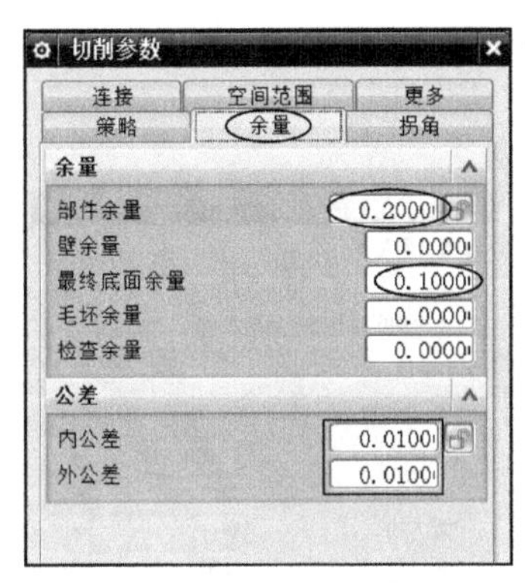

图 7.86 “余量”设置 2

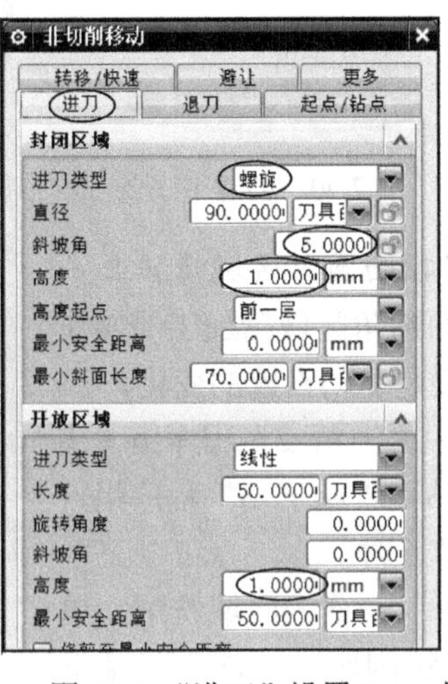

图 7.87 “进刀”设置 5

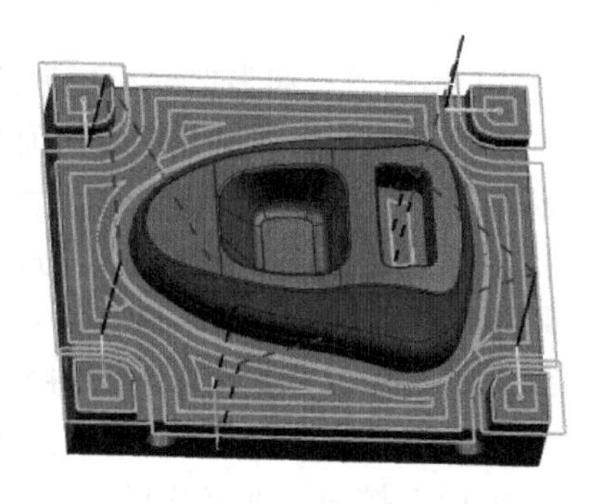

图 7.88 充电器座型芯平面半精加工刀轨

4. 零件 CAM 的精光加工

扫一扫看充电器座型芯精加工操作视频

1）充电器座型芯分型面及其他平面精光加工

充电器座型芯平面精加工的操作方法与其半精加工的方法一致，主要是将底面余量设置为 0。

（1）创建“面铣”工序：在“工序导航器-程序顺序”视图中选中“半精-4”程序组刀轨“FACE_MILLING”进行复制后，右击“精工-1”工序，在弹出的快捷菜单中选择“粘贴”命令，得到“FACE_MILLING_COPY”刀轨。

（2）“余量”修改设置：将最终底面余量修改为 0。

（3）生成平面精加工刀轨：单击“生成刀轨”按钮，系统自动完成充电器座型芯平面精加工刀轨的计算，刀轨效果如图 7.89 所示。

2）充电器座型芯外轮廓曲面精加工

（1）创建区域轮廓铣工序：选中“半精-1”程序组工序“FIXED_CONTOUR”，进行复制，粘贴到“精工-2”程序组，得到“FIXED_CONTOUR_COPY”工序，操作方法如图 7.90 所示。

（2）驱动方法参数修改：“驱动方法”设置为区域铣削，单击“编辑”按钮，在弹出的“区域铣削驱动方法”对话框中，将驱动方法设置的“最大距离”修改为 0.12 mm，单击“确定”按钮，完成驱动方法的设置。

（3）“余量”修改设置：将部件余量修改为 0。

（4）生成型芯外轮廓精加工刀轨：单击“生成刀轨”按钮，系统自动完成充电器座型芯外轮廓精加工刀轨的计算，刀轨效果如图 7.91 所示。

图 7.89　充电器座型芯平面精加工刀轨

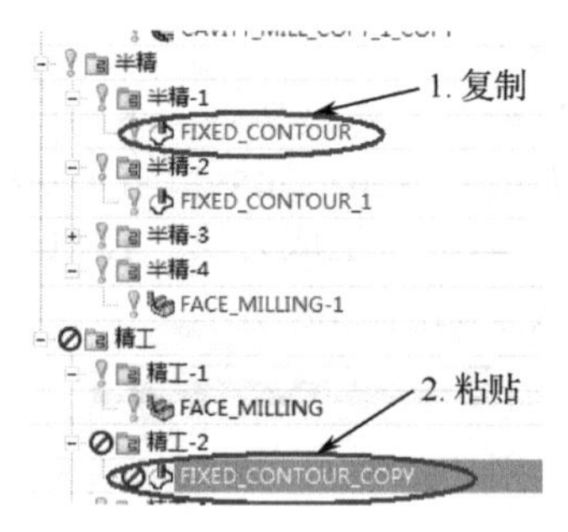

图 7.90　创建工序 2

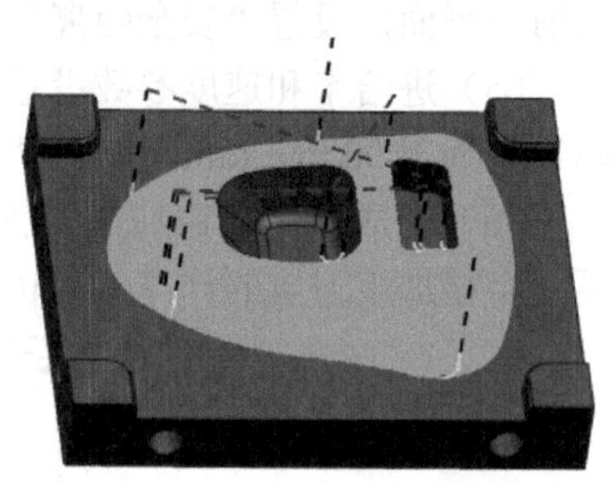

图 7.91　型芯外轮廓精加工刀轨

3）充电器座圆形凹槽及矩形槽顶面圆角区域精加工

充电器座圆形凹槽及矩形槽顶面圆角区域精加工的操作方法与其半精加工的方法一致，主要是驱动设置的变化。

（1）创建区域轮廓铣工序：选中“半精-2”程序组工序“FIXED_CONTOUR_1”，复制并粘贴到“精工-3”程序组，得到“FIXED_CONTOUR_1_COPY”工序。

（3）驱动方法设置：“驱动方法”设置为区域铣削，单击“编辑”按钮，在弹出的“区域铣削驱动方法”对话框中按如图 7.92 所示进行设置，单击“确定”按钮，完成驱动方法的设置。

（4）“余量”修改设置：对“余量”选项卡进行设置，将部件余量修改为 0。

（5）生成凹圆槽及矩形槽顶面圆角曲面精加工刀轨：单击“生成刀轨”按钮，系统自动完成刀轨的计算，刀轨效果如图 7.93 所示。

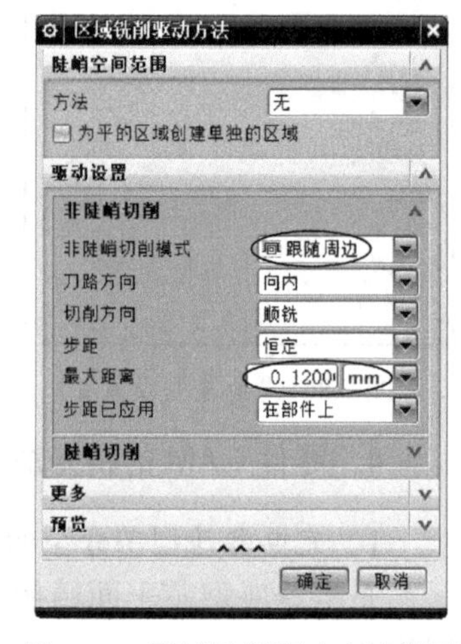

图 7.92　区域铣削驱动方法设置

4）充电器座型芯侧壁半精加工

（1）创建深度轮廓加工工序：在“工序导航器-程序顺序”视图中，选中“半精-3”程序组中的 3 个刀轨，进行复制并粘贴到“精工-4”形成精加工基础刀轨，如图 7.94 所示。

（2）刀轨基本参数设置：分别双击粘贴得到的工序，设置如图 7.95 所示的刀轨参数，“最大距离”设置为 0.12 mm。

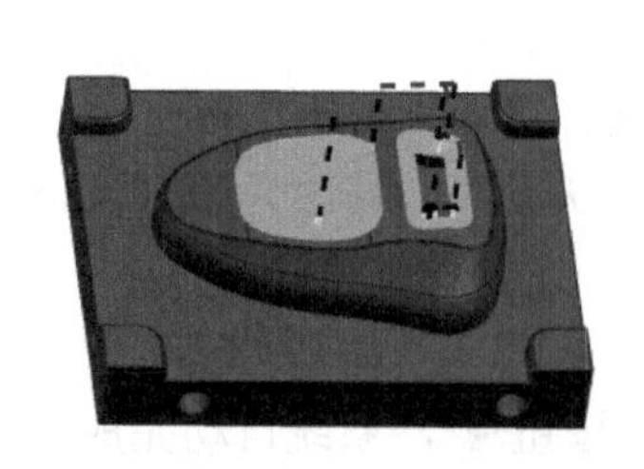

图 7.93　凹圆槽及矩形槽顶面圆角曲面精加工刀轨

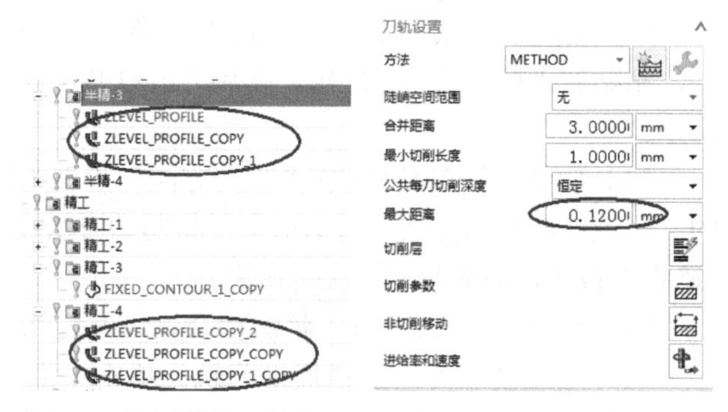

图 7.94　创建精加工基本刀轨　　图 7.95　刀轨基本设置

（3）“余量”修改设置：对“余量”选项卡进行设置，将部件余量修改为0。

（4）生成刀轨：单击“生成刀轨”按钮，系统自动完成刀轨的计算。

3个精加工工序的参数修改方法完全相同。参照上面的（2）、（3）、（4）步骤，得到的刀轨如图7.96所示。

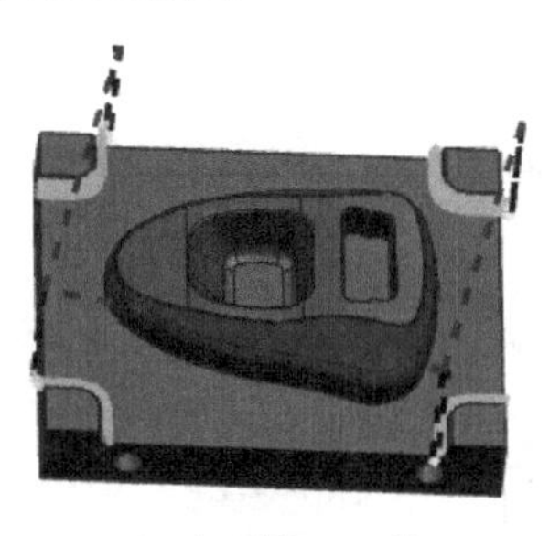

（a）侧壁1精加工刀轨

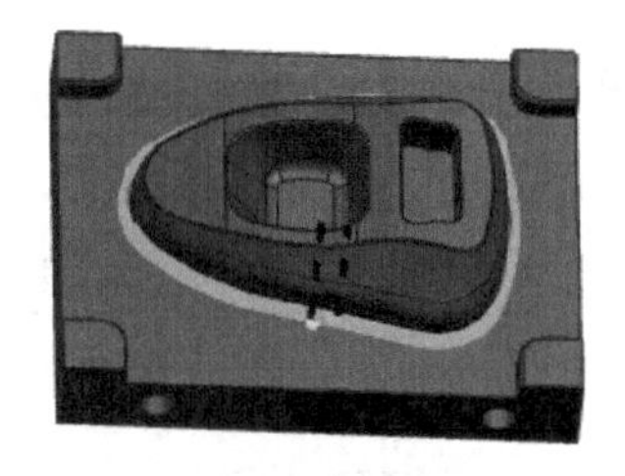

（b）侧壁2精加工刀轨

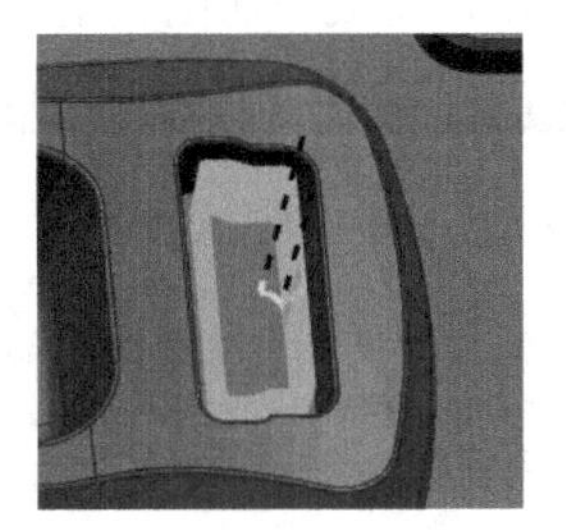

（c）侧壁3精加工刀轨

图7.96　侧壁精加工刀轨生成

5）清根加工

（1）工序创建：单击“创建工序”按钮，创建一个新的工序，在弹出的“创建工序”对话框中，“工序子类型”选择深度轮廓加工“ZLEVEL_PROFILE”，其余参数按如图7.97所示进行设置，单击“确定”按钮，弹出“深度轮廓加工”对话框。

（2）几何体设置：在“几何体”选项组中单击“指定切削区域”按钮，在弹出的对话框中，选择如图7.98所示的面作为切削区域。

（3）刀轨基本参数设置：在“深度轮廓加工”对话框中，将“最大距离”设置为0.08。

（4）切削参数设置：单击“切削参数”按钮，弹出“切削参数”对话框。对“策略”选项卡进行如图7.99所示的设置；在“余量”选项卡中，将所有余量均设置为0，内外公差均设置为0.01；在“空间范围”选项卡中，进行如图7.100所示的设置，单击“确定”按钮，完成切削参数的设置。

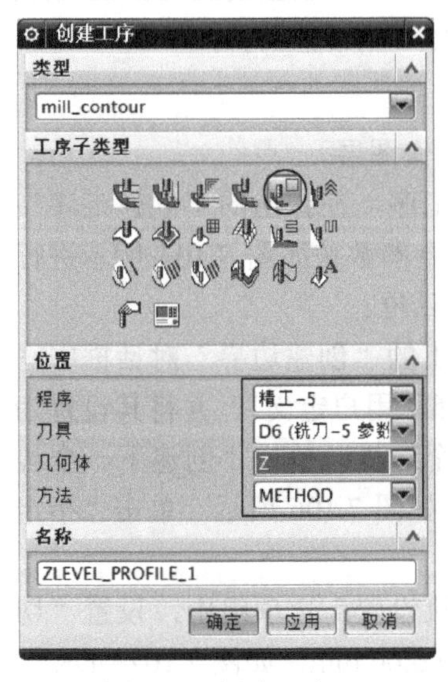

图7.97　创建工序3

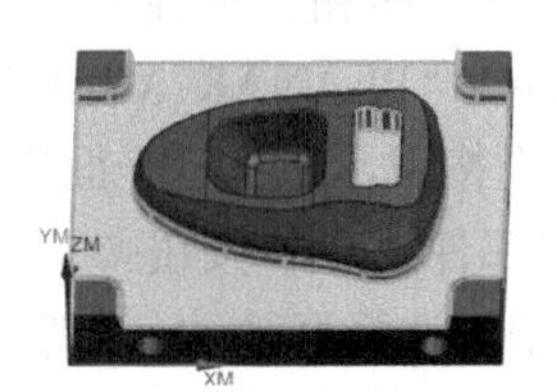

图7.98　指定切削区域8

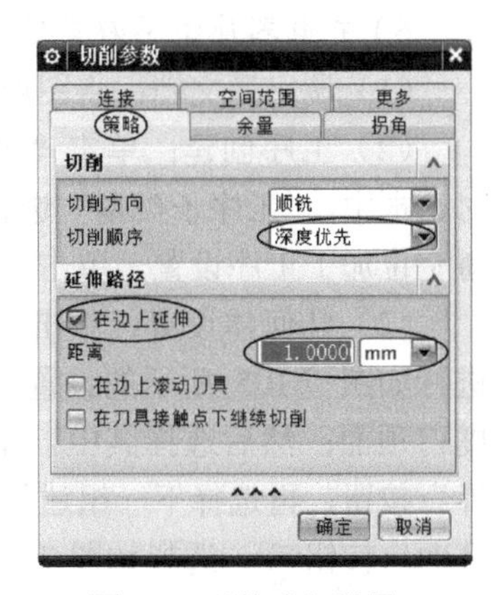

图7.99　“策略”设置7

（5）非切削移动参数设置：单击“非切削移动”按钮，弹出“非切削移动”对话框。在“进刀”选项卡中按如图 7.101 所示修改进刀方式，设置开放区域的“进刀类型”为圆弧、“半径”为 50%刀具直径、“高度”为 1 mm。在“转移/快速”选项卡中，进行如图 7.102 所示的设置；在“起点/钻点”选项卡中，将“重叠距离”设置为 1 mm，单击“确定”按钮，完成非切削移动参数的设置。

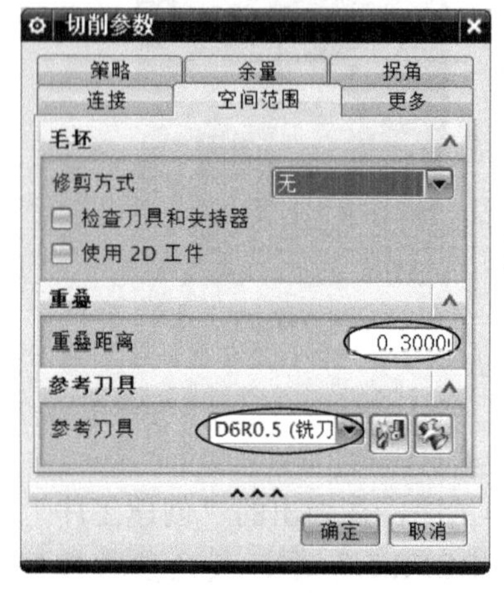

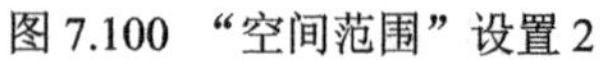

图 7.100 “空间范围”设置 2

图 7.101 “进刀”设置 6

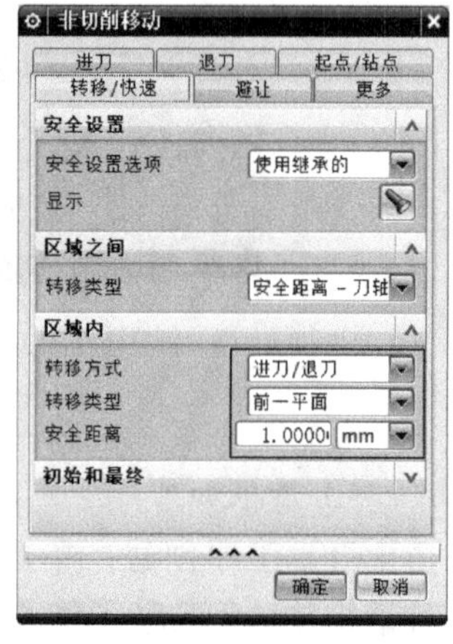

图 7.102 “转移/快速”设置 3

（6）进给率和速度参数设置：设置“主轴转速”为 4500 r/min、进给率为 1300 mm/min，单击“确定”按钮，完成进给率和速度的设置。

（7）生成清根刀轨：单击“深度轮廓加工”对话框最底部的“生成刀轨”按钮，系统自动完成刀轨的计算，刀轨效果如图 7.103 所示。

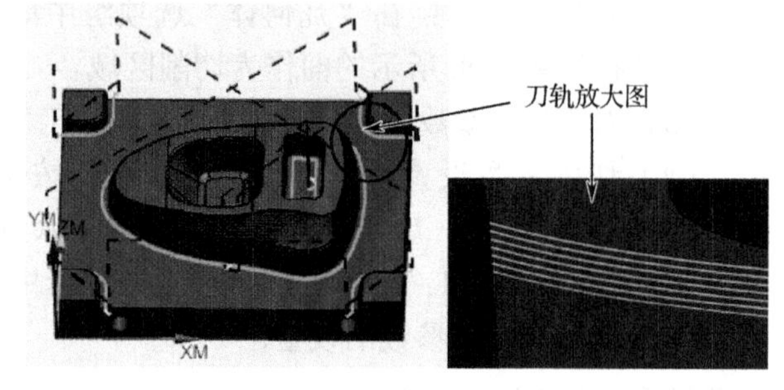

图 7.103 清根加工刀轨

6）充电器座型芯避空位加工

（1）调出源文档：将图层 10 关闭，打开图层 1，并设为工作图层。

（2）工序创建：单击“创建工序”按钮，创建一个新的工序，在弹出的“创建工序”对话框中，“工序子类型”选择平面铣“PLANAR_MILL”，其余参数按如图 7.104 所示进行避空位加工工序设置，单击“确定”按钮，弹出“平面铣”对话框。

（2）几何体设置：单击“指定部件边界”按钮，在弹出的“创建边界”对话框中，进行如图 7.105 所示的设置。“类型”选择开放的，“刨”选择“用户定义”，并将其设置为虎口顶面；然后选择其中一个虎口的两条边线，创建好第一个边界；单击“创建下一个边界”按钮，再选择下一组边线，直到创建好 4 个虎口的边界，如图 7.106 所示。单击“指定底面”按钮，选择如图 7.106 所示的型芯分型面作为底面。

（3）刀轨基本参数设置：在“平面铣”对话框中的“刀轨设置”选项组中，设置“切削模式”为轮廓、“步距”为多个、“刀路数”为 3、“距离”为 0.06 mm，如图 7.107 所示。

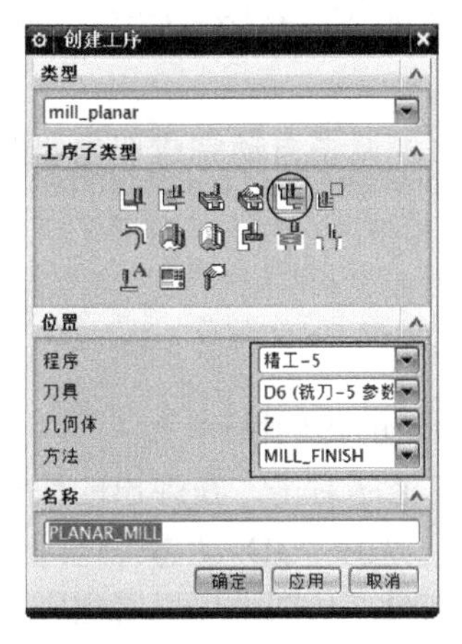

图 7.104　创建避空位加工工序

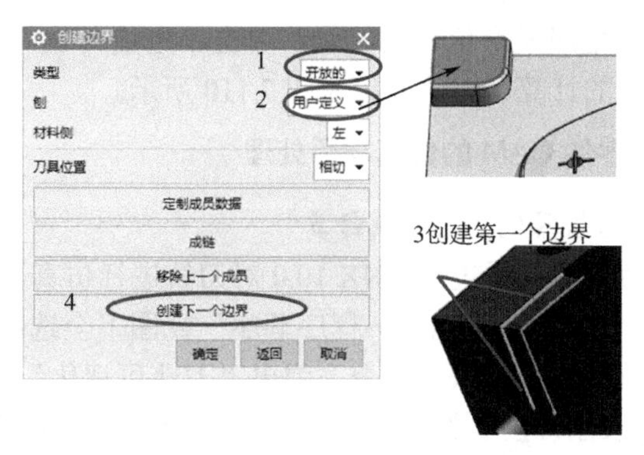

图 7.105　创建边界

（4）切削参数设置：单击“切削参数”按钮，弹出“切削参数”对话框。将“策略”选项卡中的“切削顺序”设置为深度优先，将余量均设置为0，内外公差设置为 0.01。在“拐角”选项卡中，将“凸角”设置为延伸，单击“确定”按钮，完成切削参数的设置。

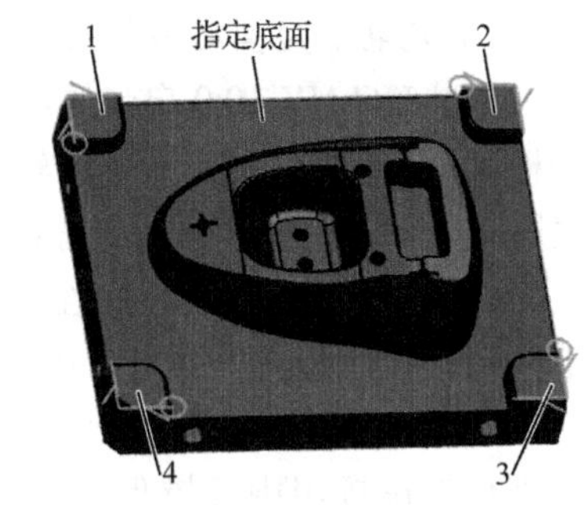

图 7.106　创建的 4 个边界及指定底面

（5）非切削移动参数设置：单击“非切削移动”按钮，弹出“非切削移动”对话框。在“进刀”选项卡中进行如图 7.108 所示的设置，设置开放区域的“进刀类型”为线性、“半径”为 50%刀具直径、“高度”为 1 mm；在“转移/快速”选项卡中，进行如图 7.109 所示的设置，单击“确定”按钮，完成非切削移动参数的设置。

图 7.107　刀轨基本参数设置

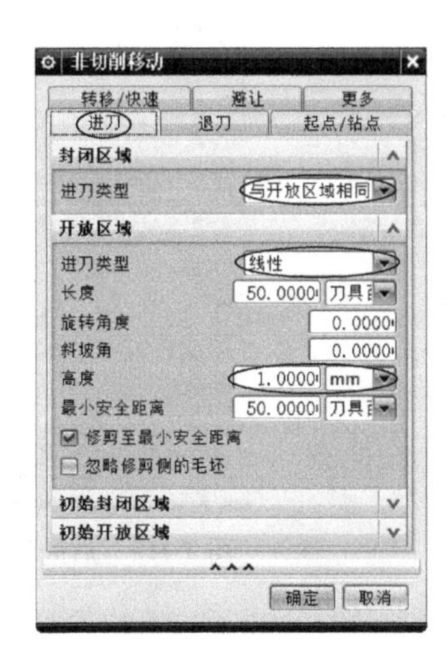

图 7.108　“进刀”设置 7

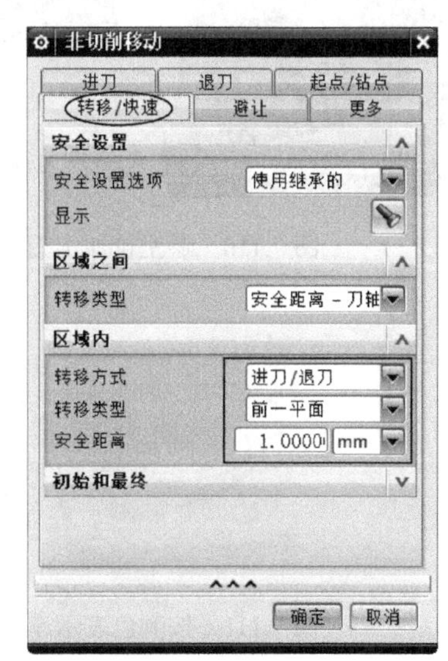

图 7.109　“转移/快速”设置 4

（6）进给率和速度参数设置：设置“主轴转速”为 4500 r/min、进给率为 600 mm/min，单击 确定 按钮，完成进给率和速度的设置。

（7）生成避空位加工刀轨：单击“生成刀轨”按钮，系统自动完成充电器座型芯避空位刀轨的计算，刀轨效果如图 7.110 所示。

5. 零件 CAM 的仿真与后处理

1）*充电器座型芯刀轨仿真*

刀轨仿真：通过 UG NX 10.0 对刀轨进行仿真，确认刀轨的正确性。

（1）在“工序导航器-程序顺序”视图下全选所有加工工序右击，在弹出的快捷菜单中选择刀轨下的“确认”命令，弹出“刀轨可视化”对话框，选择“3D 动态”选项卡，单击“按颜色表示厚度”按钮，得到如图 7.111 所示的颜色对比图，从图中可以看出零件达到了精度要求。

2）*充电器座型芯刀轨后处理*

通过 UG NX 10.0 自带的后处理器对刀轨进行后处理生成，得到生产加工用的程序代码，为机床进行加工做好准备。刀轨后处理可以单个工序处理，也可以通过 Shift 键多选进行多个刀轨同时处理。一般情况下是先处理开粗工序，机床在开粗加工的同时进行后续工序的设置。

（1）在“工序导航器-程序顺序”视图中，选择所需处理的工序右击，在弹出的快捷菜单中选择“后处理”命令，弹出如图 7.112 所示的“后处理”对话框。

（2）在“后处理器”列表框中，选择系统自带的后处理文件“MILL_3_AXIS”，在“输出文件”选项组中设置保存路径，修改后的处理“文件名”为“O1”，“文件扩展名”修改为“NC”；在“设置”选项组中修改“单位”为“公制/部件”，单击“确定”按钮完成后处理设置，系统自动处理得到如图 7.113 所示的开粗工序程序代码。

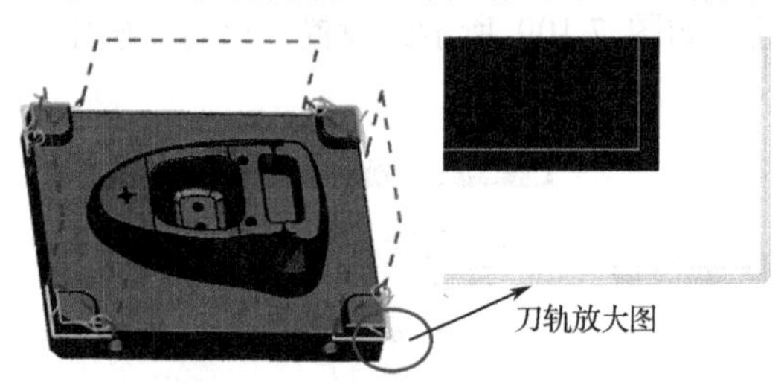

图 7.110　避空位加工刀轨

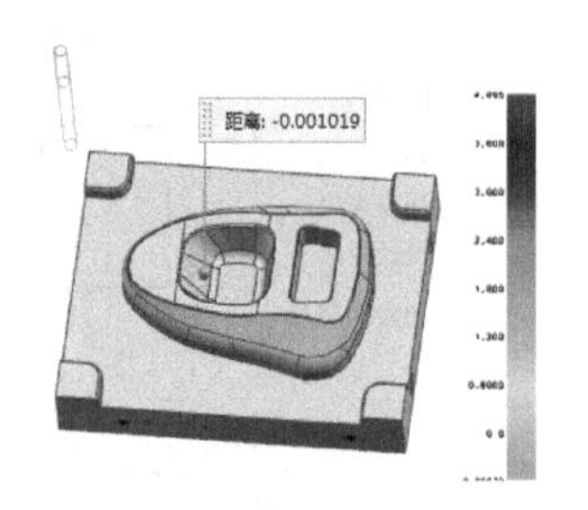

图 7.111　按颜色表示厚度

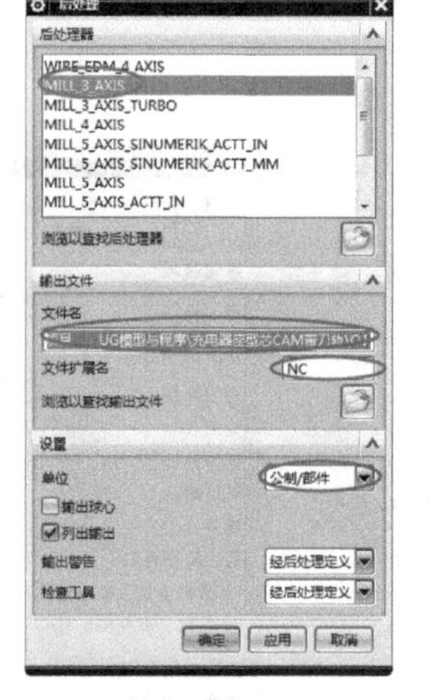

图 7.112　后处理设置

图 7.113　开粗工序程序

（3）以相同的操作对后续各个工序进行后处理，得到充电器座型芯零件铣加工的全部 18 个程序。

7.6　零件的机床加工

按照规划的工艺，将零件在机床上加工制造出来，具体加工操作方法可以参照表 7.4 零件各工序加工操作实施视频进行学习，并在加工设备上对照视频中的操作步骤和注意事项进行加工操作。

表 7.4　零件各工序加工操作实施

工序号	工序内容	加工零件	加工操作实施视频
1	外轮廓倒角 *C*2		扫一扫看外轮廓倒角加工操作视频
2	型芯反面钻孔加工		扫一扫看充电器座型芯反面加工操作视频
3	型芯正面铣加工		扫一扫看充电器座型芯正面加工操作视频
4	钻水路		扫一扫看充电器座型芯水路加工操作视频
5	孔倒角 *C*1 及攻牙		扫一扫看充电器座型芯空倒角攻牙操作视频
6	电极放电加工		扫一扫看充电器座型芯电极放电加工操作视频

练习与提高 6

请完成如图 7.114 所示的充电座型腔加工工艺规划，进行零件刀轨编制，并加工。

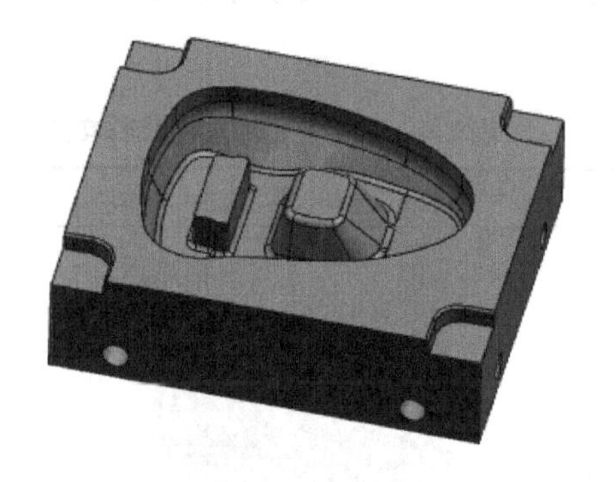

扫一扫下载图 7.114 零件加工模型源文件

图 7.114　充电座型腔

8 综合案例：酒杯型腔零件的数字化制造

学习导入

下面以酒杯型腔零件为例，介绍一模四腔模具零件的一般加工方法，该零件的制造涉及电极的设计，将在本案例中进行专门的讲解。项目流程如图 8.1 所示。

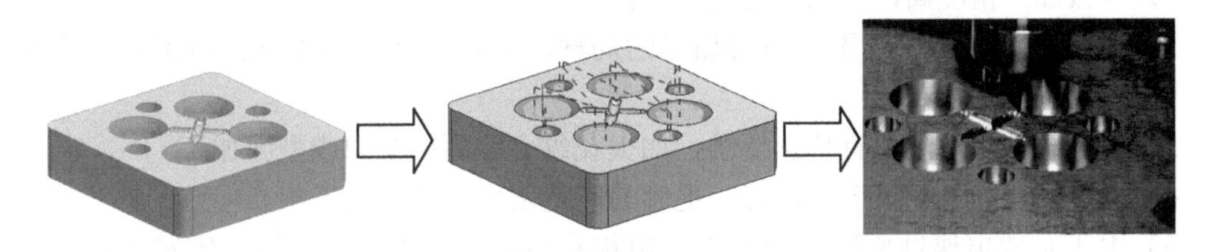

图 8.1 项目流程

学习目标

（1）熟悉典型的模具型腔零件的铣削工艺规划。

（2）掌握酒杯电极的设计操作方法。

（3）掌握各个工序的余量设置和切削参数设置方法。

（4）掌握酒杯型腔零件的 CAM 参数设置及应用。

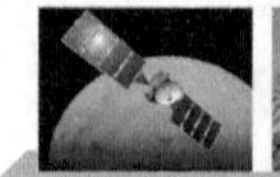

8.1 模具电极加工的优势

放电加工是利用电极与工件之间的放电腐蚀原理来实现零件残料加工的，它大量应用在模具零件的制造行业中。随着模具制造要求的提高，模具零件在材料硬度、特殊表面要求、加强筋位等方面的加工越来越离不开放电加工；而放电加工的应用必然要使用电极作为放电的工具，那么在模具零件的放电加工中什么是模具电极呢？模具电极是指在模具零件中需要放电的区域的一个反向的模型，通常可以通过铣加工得到这个反向的模型，如图8.2所示。它的材料一般选用红铜、铬铜和石墨3种。

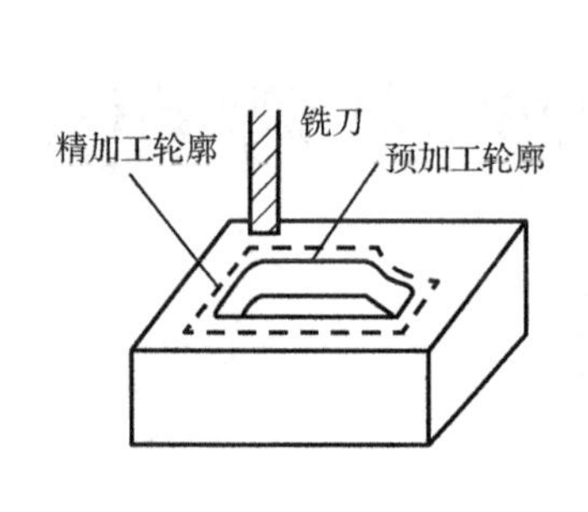

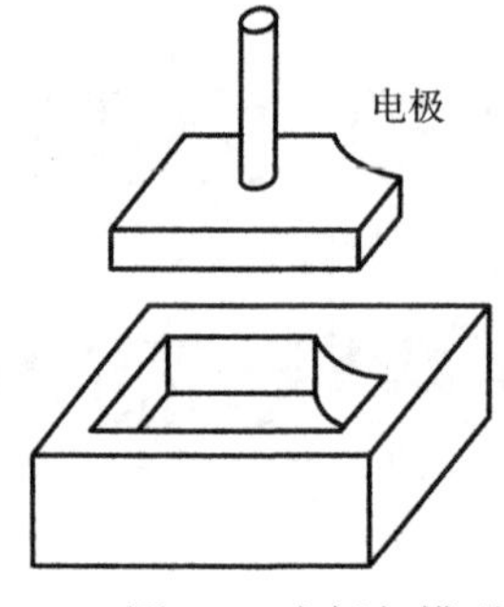

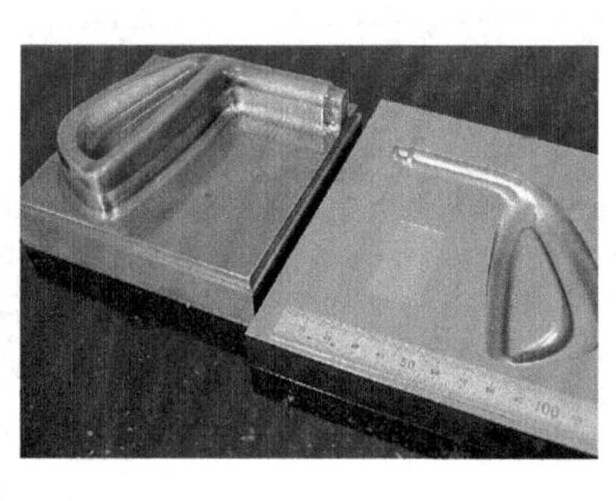

图8.2 电极与模型

在模具零件的制造中使用电极加工，材料的去除不是靠刀具的机械力切削的。该加工方法具有如下的优势：

（1）电极加工精度高，表面粗糙度极小，可以实现镜面效果的成型面加工。

（2）适合现有铣削工艺无法完成加工的局部区域，如细长的加强筋位型面、立角位面等结构的加工。

（3）适合模具零件表面有特殊要求，如火花纹、镜面效果的成型面加工。

（4）电极材料的铣加工工艺性好，更容易制造出复杂的结构形状。

（5）由于是放电腐蚀原则进行加工，电极和模具零件不直接接触，宏观作用力小，不会引起模具零件的变形。

放电加工的电流密度很高，产生的高温足以熔化和气化任何导电材料。即使是硬质合金、热处理后的钢材及合金等也都能加工，但它也有如下不足：

（1）加工需要电极，电极的加工工作量占整个加工过程不小的比例。

（2）加工表面有变质层，对后续加工及使用均有不利的影响。

（3）加工效率偏低。

（4）加工工件必须是导电材料。

在放电加工时，电极与工件之间不断放电腐蚀工件材料，所以电极与工件之间必然存在间隙，其原理如图8.3所示。这个间隙在模具制造行业中称为火花位，可以通过控制火花位的大小来控制模具型腔的精度，实现粗精加

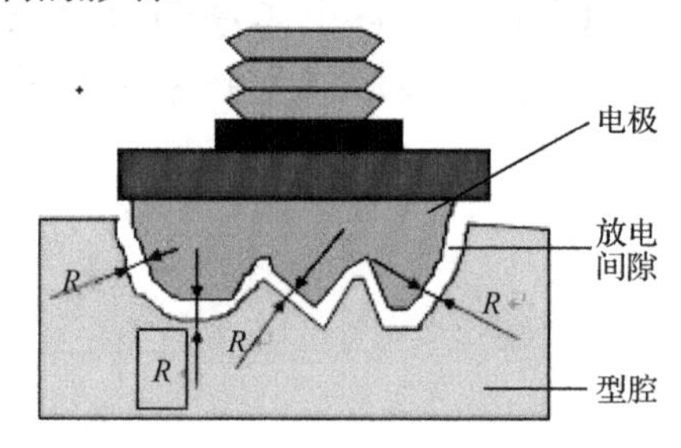

图8.3 放电间隙

工。因此，对于加工余量比较大的模型，需要设置粗加工电极，再设置精加工电极，进行多次放电才能完成放电加工。由于在加工过程中，电极本身也会有微小的损耗，通常规定一个电极最多对 4 个腔体实施加工。

一个完整的电极应该由产品成型部分（火花位）、直身避空、基准台三部分组成，如图 8.4 所示。

成型部分是对工件进行有效放电加工的部分，其形状与该处成品面的形状相近。直身避空的作用有两个：一是防止电极与工件干涉，二是有利于对电极进行铣加工，如图 8.5 所示，设置一定高度的直身位方便铣削根部残料。基准台的作用有两个：一是在火花机上调整水平度与垂直度，二是定位电极相对于工件的位置。

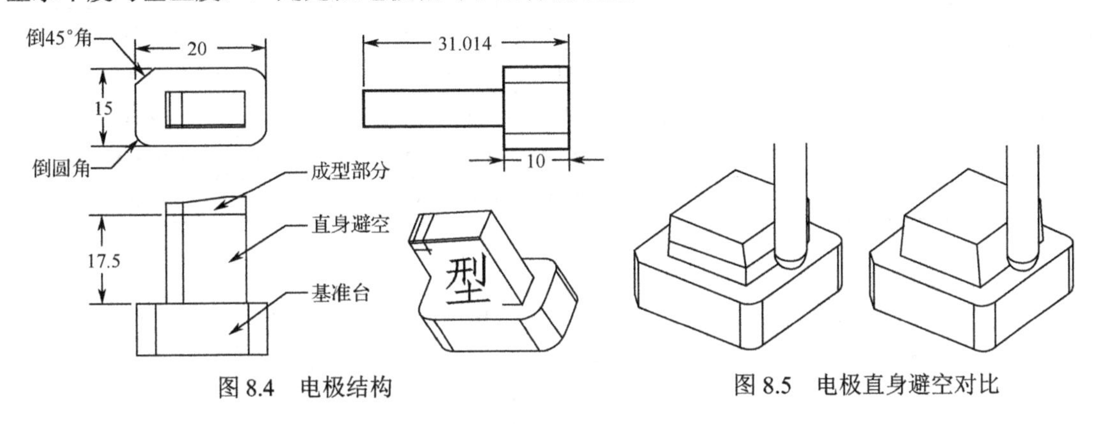

图 8.4　电极结构　　图 8.5　电极直身避空对比

8.2　模具制造用电极的设计标准及步骤

对于模具电极的设计（或者是说是拆分）各个模具企业都有不同的标准，但是一些基本的标准是大家都要遵守的，这里整理出一些标准供大家探讨。

（1）基准台离工件必须要有一段距离也就是冲水位距离，最短距离为 4～5 mm。

（2）基准台大小要比成品部分大 7～10 mm，而且尺寸要是 5 的倍数。基准台高 5～10 mm。

（3）基准台有 4 个角，其中一个要做 45° 倒（*C*）角，其余 3 个要倒圆（*R*）角。*C* 角及 *R* 角设为 2 mm、3 mm、5 mm 三级。*C* 角对工件基准角，同一电极 *C* 角及 *R* 角必须大小相同。

（4）电极的成品部分在不干涉工件的前提下，单边要超出工件 0.3～0.5 mm。

（5）直身避空高度应在 1～5 mm 之间，如果不够可加高。

对设计好的电极还要进行命名用来区别。如果电极名称取错或重名，会导致 CNC 编程、火花机放电和品管检测混乱，后果非常严重，所以对不同的工件制定了相应的命名方法，请查阅表 8.1。

大多数模具侧壁带有一定的拔模角度，对于这种电极形体部分存在锥度的情况需要延伸 0.5～1 mm，否则由于加工间隙的存在，将造成放电加工不到位的情形，如图 8.6 所示；而当电极形体是半圆状态时不需要延伸（会出现倒扣），如图 8.7 所示。

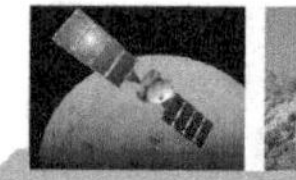

表 8.1　工件命名方法

工件名称	工件代号	电极由 CNC 加工	
		新模电极名称	修模电极名称
CAV（母模仁）	F	FE+(01～99)	FBE+(01～99)
CORE（公模仁）	M	ME+(01～99)	MBE+(01～99)
SL（滑块）	S	S+(1～9)E+(01～99)	S+(1～9)BE+(01～99)
CB（公模斜梢）	C	C+(1～99)E+(01～99)	C+(1～99)BE+(01～99)
CBA（母模斜梢）	CBA	CBA+(1～99)E+(01～99)	CBA+(1～99)BE+(01～99)
IN（公模入子）	IN	IN+(1～99)E+(01～99)	IN+(1～99)BE+(01～99)
INA（母模入子）	INA	INA+(1～99)E+(01～99)	INA+(1～99)BE+(01～99)
SIN（滑块入子）	S+(编号)IN	S+(1～9)IN+(1～9)E+(01～99)	S+(1～9)IN+(1～9)BE+(01～99)
GIN（潜藏式流道）	GIN	GIN+(1～99)E+(01～99)	GIN+(1～99)BE+(01～99)
ST（直梢）	ST	ST+(1～99)E+(01～99)	ST+(1～99)BE+(01～99)

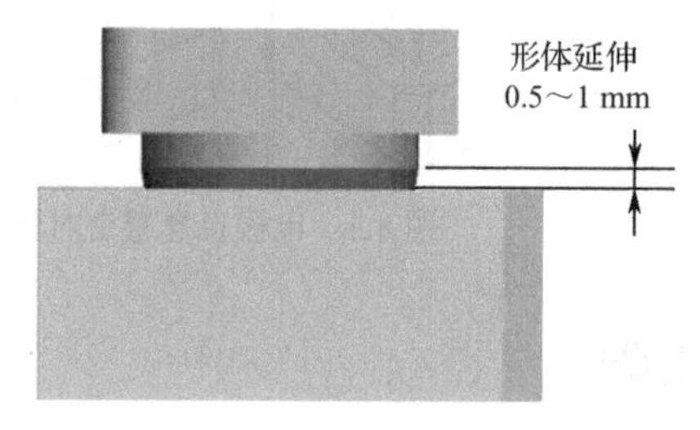

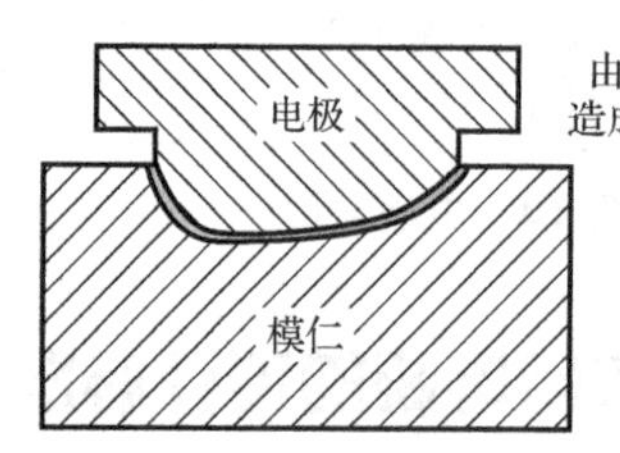

图 8.6　电极锥面延伸

冲水位高度的预设也要注意，在如图 8.8 所示的工件最高处加 5 mm 以上较妥，这样方便火花机加工时冲走残渣。EDM 放电加工时会产生残渣，如果不能及时冲走积碳将造成二次放电，这样一方面会损伤电极，更致命的是积碳造成工件损坏，特别是加工深骨位（加强筋之类），由于积碳造成大肚倒扣，注塑时会出现黏模现象。

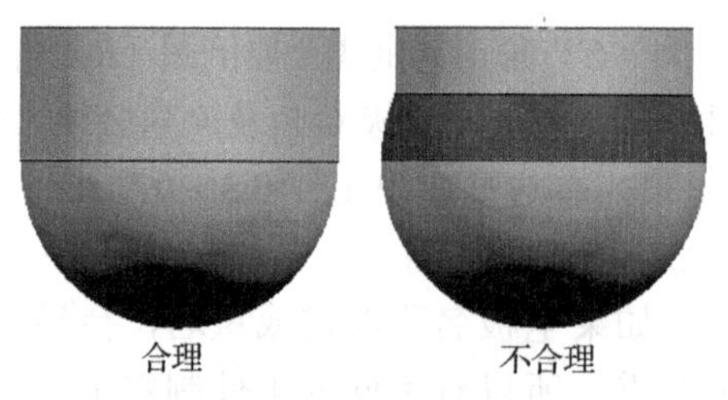

图 8.7　球头电极延伸对比

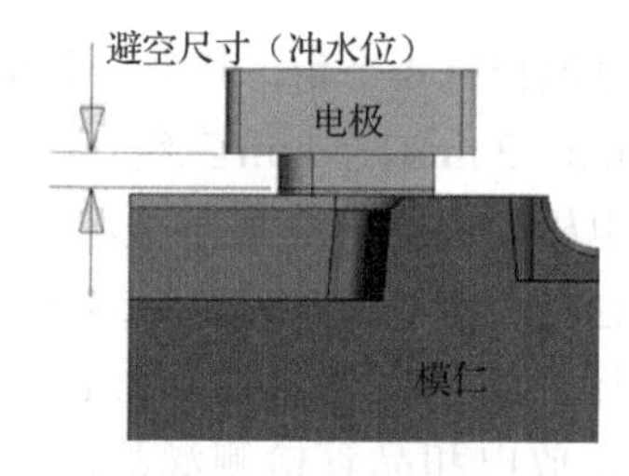

图 8.8　冲水位

UG NX 10.0 提供常规的建模工具结合外挂进行拆电极设计，常用的建模功能按钮如图 8.9 所示。

常规的拆电极步骤如下：

（1）导入图档，把工件移至指定图层，确定电极开始层（一个编号电极对应一个图层）。

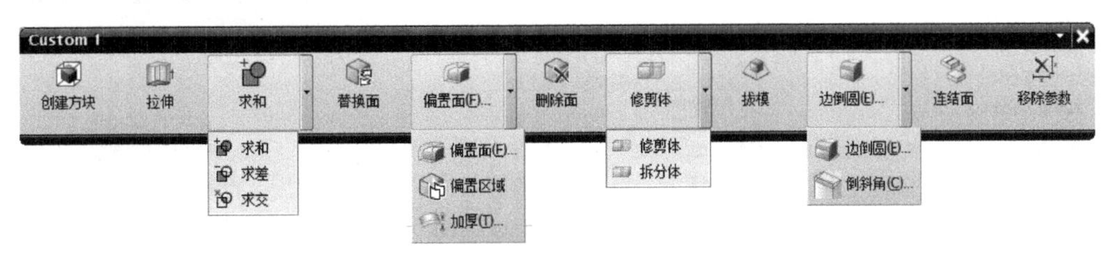

图 8.9　常用拆电极工具命令

（2）根据工艺要求与加工条件分析需要拆电极的部分。

（3）拆出电极，分析电极加工的可行性与方便性，分析电极是否可以公用。

（4）检查电极的合理性，检查电极是否有干涉。

（5）定制电极开料清单。

（6）出 EDM 图纸（也称火花数）并谨慎检查图纸的标数与注释说明。在建模中把工件与当前电极的图层打开，其余图层关闭，具体步骤如下。

① 菜单—应用—制图进入制图模块，新建图纸并设置图纸页。

② 通过“基本视图”按钮调出工件和电极的主视图与侧视图、三视图等。

③ 关闭工件图层，只打开电极图层并调出电极视图。

④ 标注电极与工件的中心尺寸及深度尺寸、标准电极尺寸及其他注释。

8.3　酒杯型腔电极设计

扫一扫下载酒杯型腔拆电极模型源文件

扫一扫看酒杯电极成型部分设计微课视频

1. 电极成型部分设计

（1）将酒杯型腔复制到将要进行电极设置的图层。选择“格式”→“复制至图层”命令，选择酒杯型腔，弹出“图层复制”对话框，输入“11”，单击“确定”按钮，将酒杯型腔复制到 11 号图层。在“格式”下拉菜单中，选择“图层管理”命令，弹出“图层管理”对话框，将 11 号图层设置为工作图层，取消选中 1 号图层。

（2）单击左上角的“启动”下拉按钮，在弹出的下拉菜单中选择“所有应用模块”命令，在其下拉菜单中选中如图 8.10 所示的“电极设计”复选框。

（3）单击“创建方块”按钮，弹出如图 8.11 所示的“创建方块”对话框，“类型”选择“有界圆柱体”，选择如图 8.12 所示的酒杯型腔基础面和最低面，“间隙”设置为 0.5 mm，单击“确定”按钮完成电极毛坯体的设置。

（4）单击“求差”按钮，弹出如图 8.13 所示的“求差”对话框，选择电极毛坯体与酒杯型腔求差，选中“保存工具”复选框，单击“确定”按钮得到如图 8.14 所示的电极头。

（5）求差后我们发现电极头底部有浇口的型面，采用“拆分体”功能将浇口位置与底面拆分，如图 8.15 所示。“工具选项”选择“新建平面”，选择如图 8.16 所示的平面，单击“确定”按钮后移除参数；然后使用如图 8.17 所示的“替换面”命令，选择如图 8.18 所示的流道的面与酒杯的侧壁进行替换，解决浇口突出的问题。

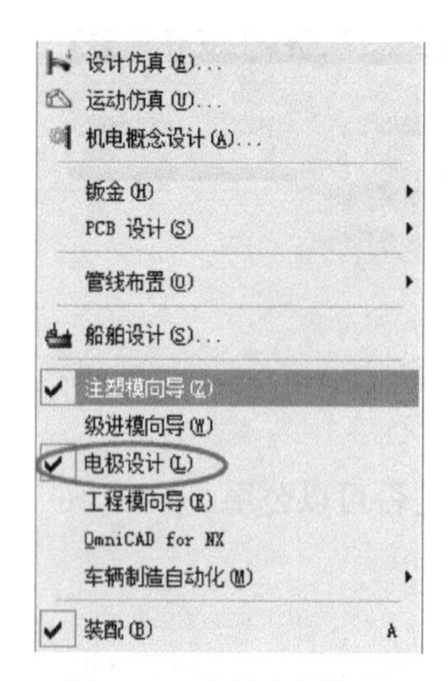

图 8.10 选择电极设计

图 8.11 “创建方块”对话框

图 8.12 电极毛坯体

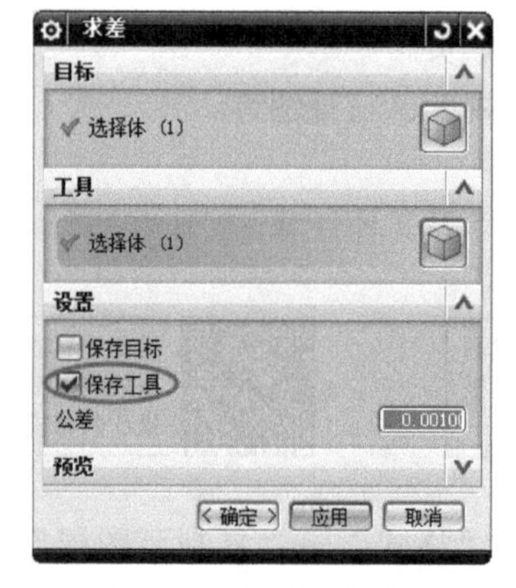

图 8.13 “求差”对话框

图 8.14 电极头

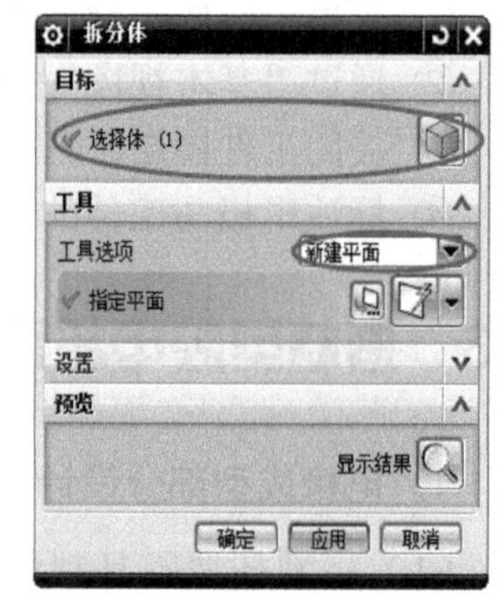

图 8.15 拆分体设置

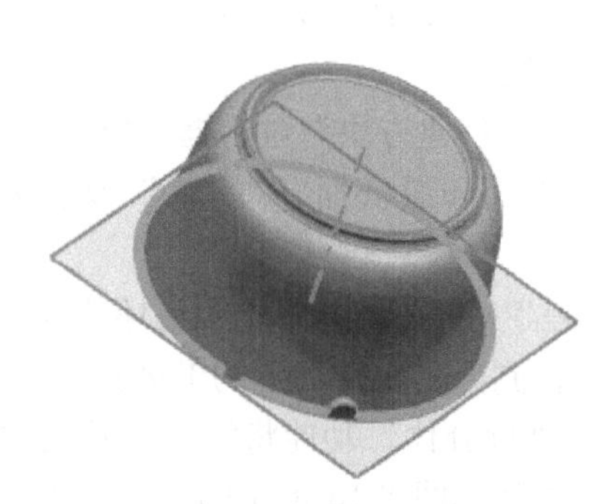

图 8.16 拆分体

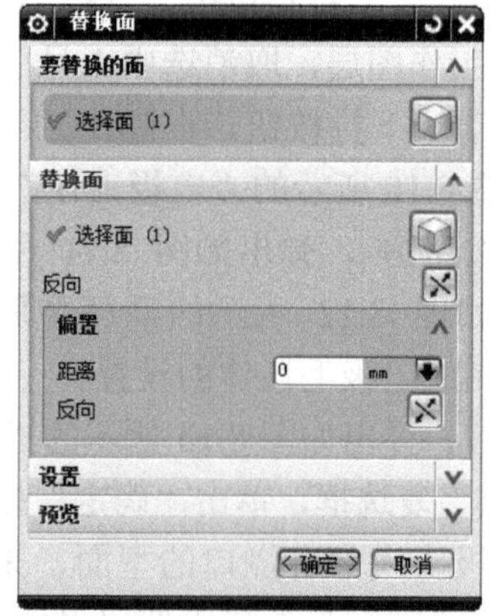

图 8.17 替换面设置

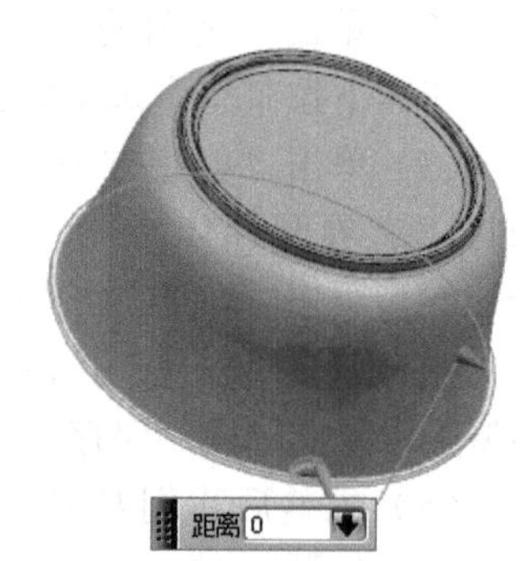

图 8.18 替换

（6）合并拆分后的两块几何体：将电极头放入型腔中进行检查，发现电极头边缘部分与杯口面平齐，这样加工出来的电极进行放电后在杯口处将造成夹口，需要进行处理。使用“替换面”命令将上下面进行替换，这样电极侧壁得到延伸处理，可有效防止出现夹口现象，得到如图 8.19 所示的几何体效果。

（7）对杯底进行干涉检查：发现电极底部与杯底需要刻字的平面有干涉。需要将底面进行避空，在如图 8.20 所示的“拉伸”对话框中，“方向”选择 *Z* 轴，向下偏置 2 mm，选择求差方式，在“偏置”选项组中设置单侧“偏置”为-1 mm，单击“确定”按钮完成杯底的避空；再进行圆角半径 1 mm 的边倒圆操作，电极头制作完成，得到如图 8.21 所示的电极头成品。

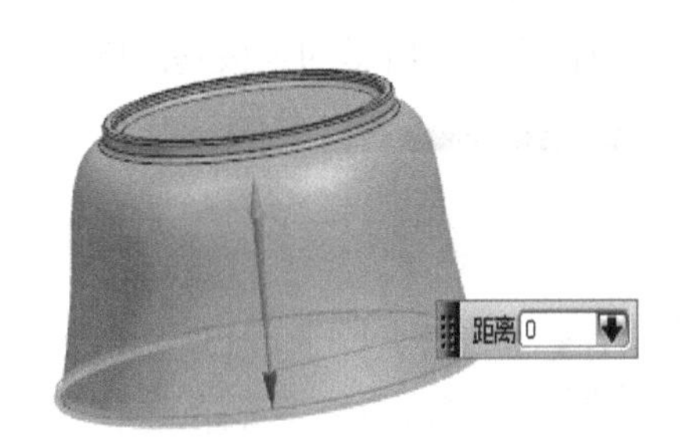

图 8.19　替换效果

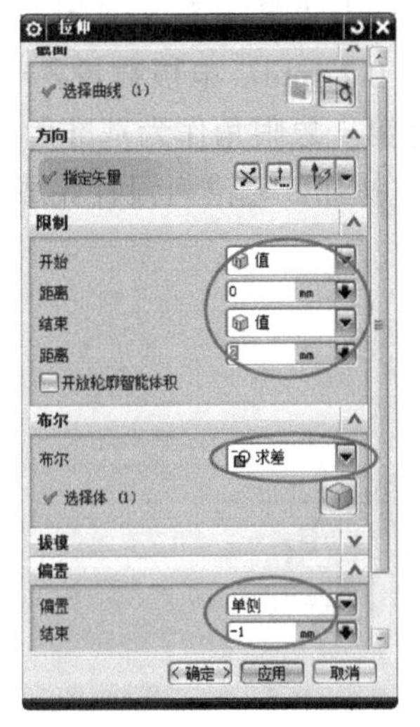

图 8.20　拉伸设置

图 8.21　电极头成品

（8）检验电极：将电极头放到型腔中，单击“视图截面”按钮，在如图 8.22 所示的“视图截面”对话框中，选中“显示截面曲线预览”复选框，“图层选项”设置为“工作”。如图 8.23 所示，电极头与型腔之间的接触面就是放电加工的位置。

2. 冲水位、基准台设计

扫一扫看冲水位基准台设计微课视频

1）制作冲水位

在“拉伸”对话框中，选择电极上表面的边线，往上拉伸 5 mm，采用“求和”的方式，将电极头和冲水位合并成一个整体，冲水位设计完成的效果如图 8.24 所示。

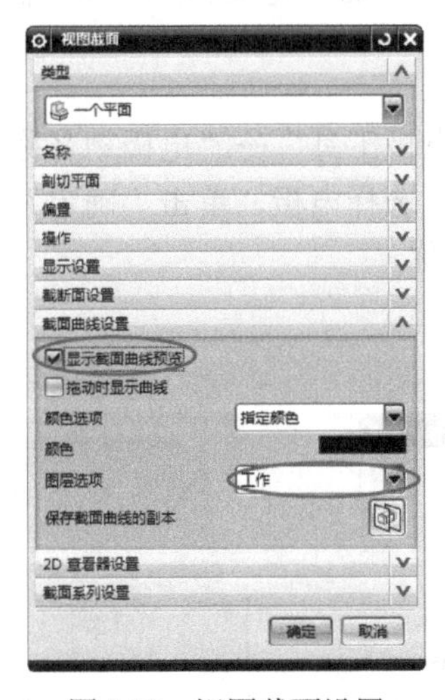

图 8.22　视图截面设置

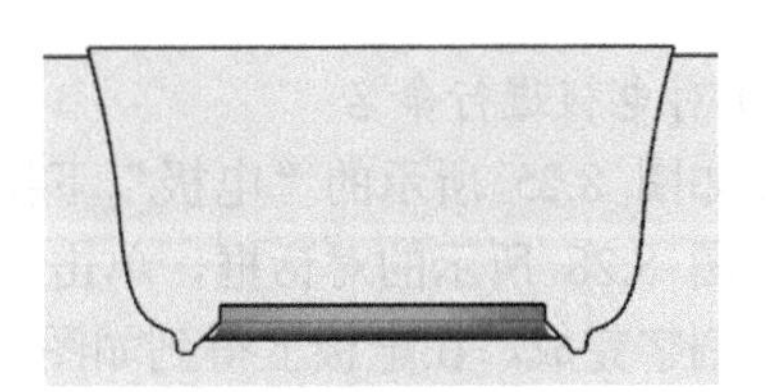

图 8.23　电极头与型腔效果图

图 8.24　冲水位效果图

2）使用外挂制作基准台

单击如图 8.25 所示的“电极”菜单，在下拉菜单中，选择“电极工具”→“电极基座”命令，选择电极头的顶面，单击确定，弹出如图 8.26 所示的“电极基准座”对话框。将“电极名称”设置为 1001FE02，选择“材质”为铜，“放置层”设置为 11 号图层，在“火花间隙/数量”选项组中，选中“精工”和“粗工”两种电极类型，精工的间隙设置为-0.05 mm，粗工的间隙设置为-0.2 mm，电极数量各一个，选中“放电坐标自动取整”复选框，高度设置为 10 mm，选择第一象限角作为基准角（与零件基准方位一致），“电极作用”选择外观胶位面，单击“确定”按钮。基准台设计完成，得到如图 8.27 所示的电极基准座。

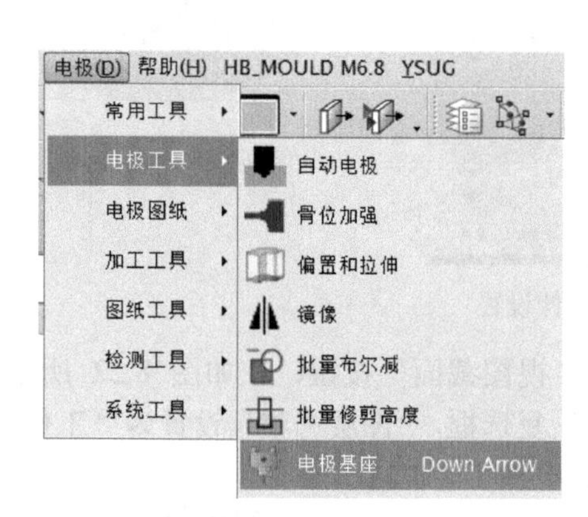

图 8.25　指令位置

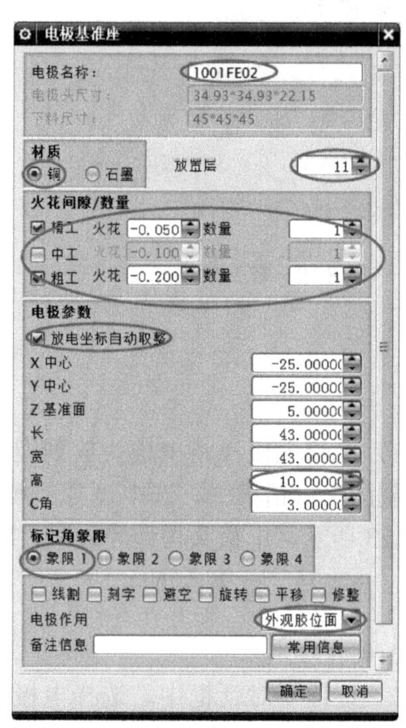

图 8.26　“电极基准座”对话框

3）对电极进行命名

在如图 8.25 所示的“电极”下拉菜单中，选择“电极工具”→“电极刻名称”命令，弹出如图 8.28 所示的对话框，单击“基准侧面”按钮，选择电极，单击“确定”按钮。电极名称刻字完成，在电极上得到如图 8.29 所示的电极名称。

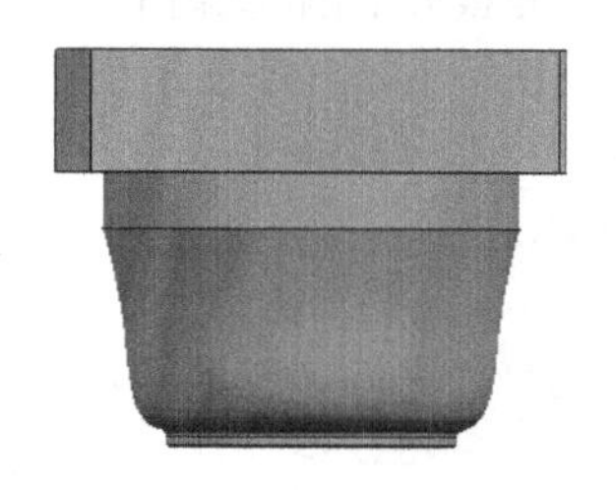

图 8.27　电极基准座效果图

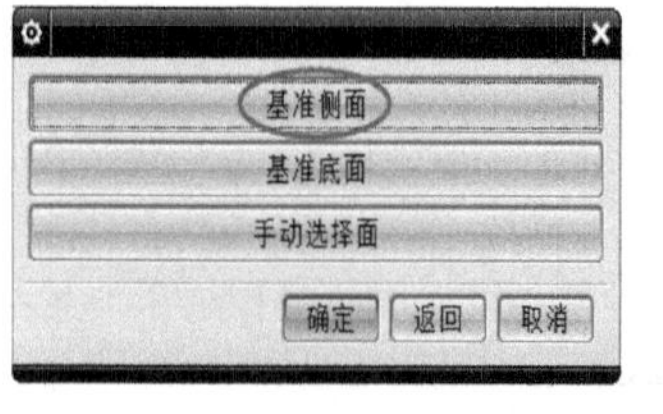

图 8.28　电极刻名称设置

图 8.29　电极刻名称效果图

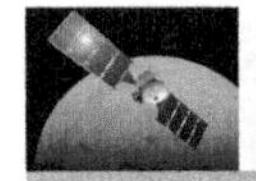

4）出电极放电图

（1）制作电极放电图，在“电极”下拉菜单中，选择“电极图纸”→“EDM 放电图”命令，弹出如图 8.30 所示的“批量出 EDM 放电图纸”对话框，将 Z 基准面设置在酒杯型腔的分型面，其他参数保持不变，单击“确定”按钮，系统自动生成放电图。因为软件显示问题，图纸没有出现，选择图框右击，在弹出的快捷菜单中选择“更新”命令，视图即可更新显示。放电图设计完成，得到如图 8.30 所示的电极放电图。

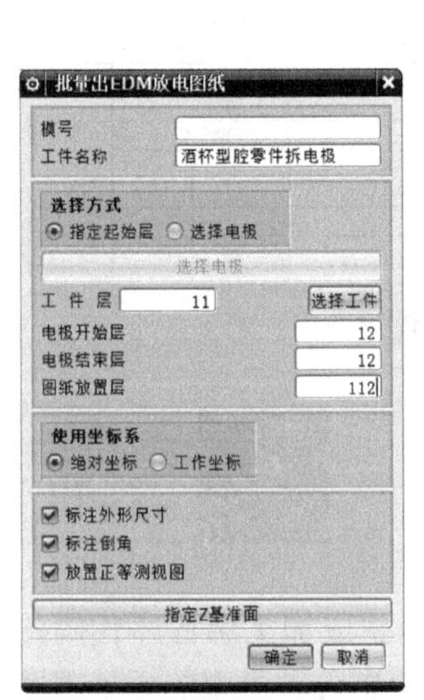

图 8.30　图纸设置

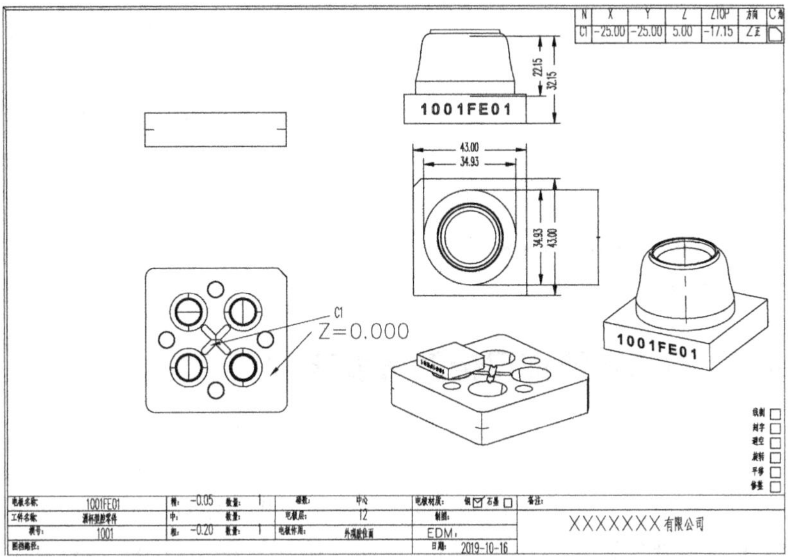

图 8.31　电极放电图

（2）制作电极总图：在“电极”下拉菜单中，选择“电极图纸”→“EDM 总图”命令，弹出如图 8.32 所示的“EDM 放电总图纸”对话框，为了与放电图区分开来，将“图纸放置层”设置为 113 号图层，其他参数保持不变，单击“确定”按钮。系统自动生成电极总图，电极总图设计完成，得到如图 8.33 所示的电极总图。

图 8.32　总图纸设置

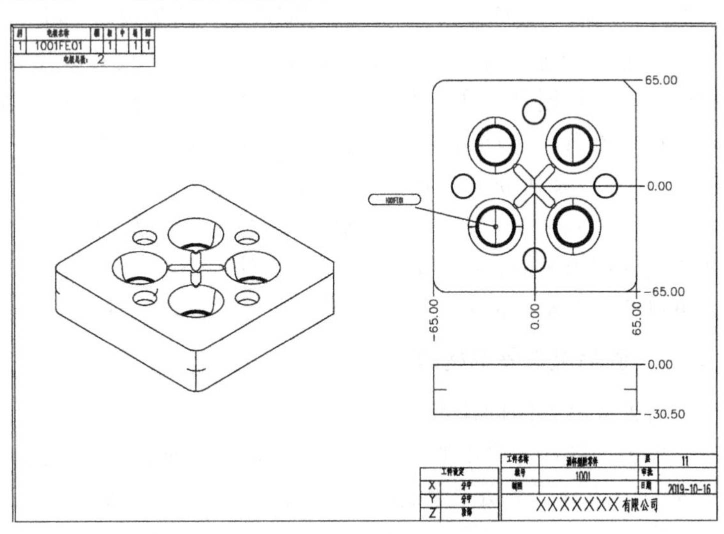

图 8.33　电极总图

（3）制作电极清单：将隐藏的电极，用“图层管理”命令把电极的图层设置为工作图层，关闭“图层管理”对话框。在“电极”下拉菜单中选择“电极图纸”→“电极清单”命令，弹出如图8.34所示的“电极清单”对话框，“材质类型”选择为铜电极，其他参数保持不变，单击“确定”按钮得到如图8.35所示的电极清单。

图8.34　清单设置

××××× 有限公司电极定料清单

模号：1001　工件名称：酒杯型腔零件　电极材质：Cu　日期：2017-10-16

序号	电极名称	下料尺寸	净尺寸	总数量	火花/精	火花/中	火花/粗	重量(kg)	备注
1	1001FE01	45•45•45	43•43•32.15	2	-0.05/1		-0.20/1	1.63	
				总数量：	2		总重量：	1.63KG	

图8.35　电极清单

8.4　刀轨后处理及后处理器定制

扫一扫看刀轨后处理构建微课视频

1. 刀轨后处理

当完成刀轨仿真并确认刀轨无误后，即可对刀轨进行后处理，生成加工用程序代码传输至机床进行加工。刀轨的后处理需选用后处理器，UG NX 10.0自带各种类型的后处理器供用户选择，同时还提供后处理构造器，方便用户在使用时根据机床控制系统特性和特色要求对后处理文件进行编辑，从而制作一个属于自己的后处理。

在CAM加工环境下，通过在工序导航器中选取程序后右击，在弹出的快捷菜单中选择“后处理”命令，弹出如图8.36所示的“后处理”对话框。

在“后处理器”列表框中所示文件为NX自带的后处理文件，根据加工机床类型和控制系统选择不同的后处理器，也可以通过浏览查找后处理器，并从外部导入制作好的后处理文件。

选定后处理文件后在“输出文件”选项组中设置输出程序文件的保存路径，也可修改输出文件的扩展名，通常程序扩展名为“NC”，也可以是后处理文件设置的扩展名。

在“设置”选项组中，还可以设置文件输出后刀轨的单位，分为“英寸”和“公制/部件”两种，“公制/部件”指的是毫米。

在图8.36中，“MILL_3_AXIS”为系统自带的FANUC系统的三轴后处理文件，选择此文件后处理出来的程序代码就是专门针对FANUC三轴系统的机床使用的程序代码。当然我也可以通过NX自带的后处理构造器进行后处理文件的编辑创建。

2. 新后处理器的构建

后处理文件的创建步骤如下。

单击系统任务栏中的“开始”按钮，弹出如图8.37所示的Siemens NX 10.0文件夹，在文件夹中选择“后处理构造器”命令，弹出如图8.38所示的“NX/后处理构造器”对话框，单击“新建”按钮，弹出如图8.39所示的“新建后处理器”对话框。修改“后处理

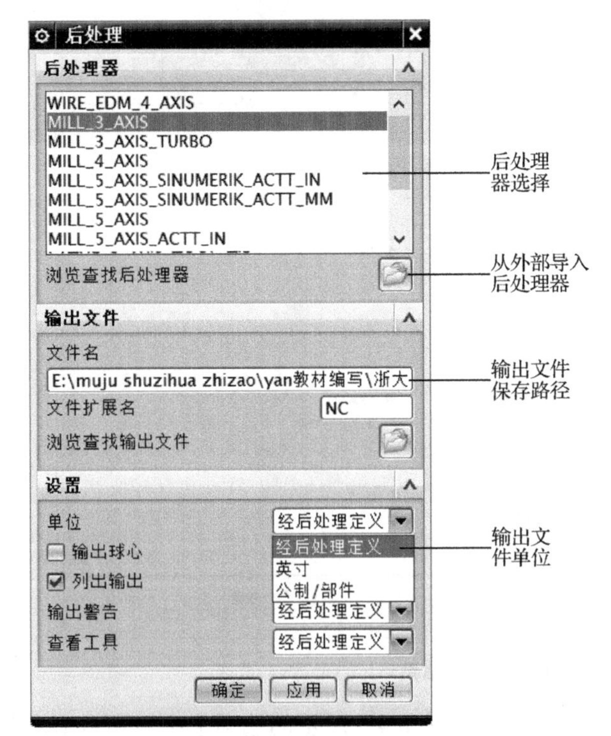

图 8.36 “后处理”对话框

图 8.37 Siemens NX 10.0 文件夹

图 8.38 “NX/后处理构造器”对话框

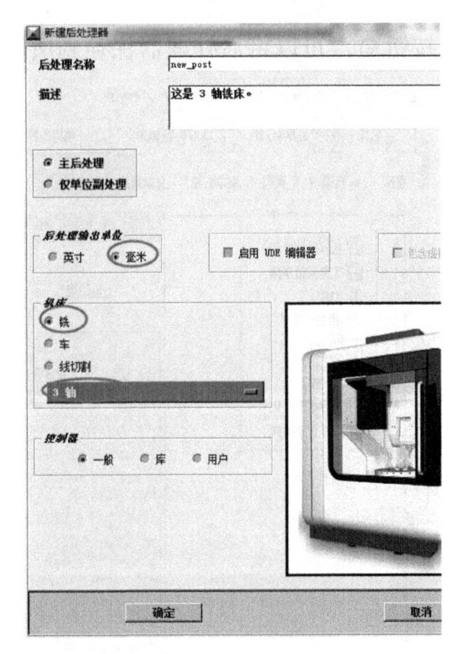

图 8.39 “新建后处理器”对话框

输出单位”为毫米，“机床”设置为铣、轴数为三轴，单击“确定”按钮，弹出如图 8.40 所示的后处理编辑对话框。

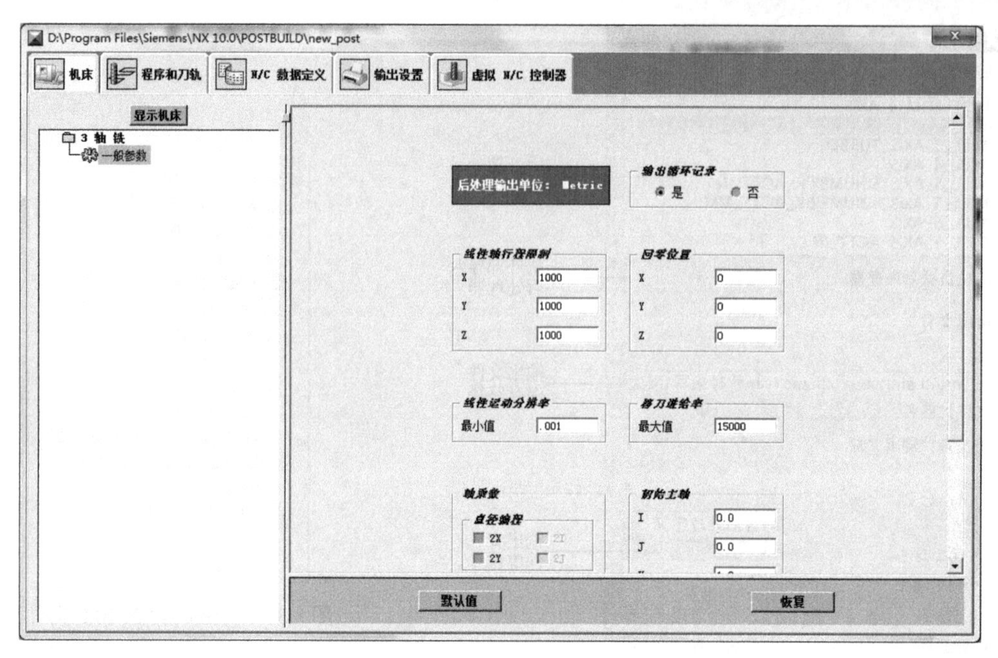

图 8.40　后处理编辑对话框

根据加工需求，可以对后处理器进行设置，在如图 8.41 所示的选项卡中，可以对后处理生成的刀轨中的各个区域中的 G 代码、M 代码根据需求进行编辑修改，得到我们需要的刀轨。完成后处理器设置后，单击如图 8.42 所示的“NX/后处理构造器”对话框中的“保存”按钮，可以将后处理器保存到所需的位置。

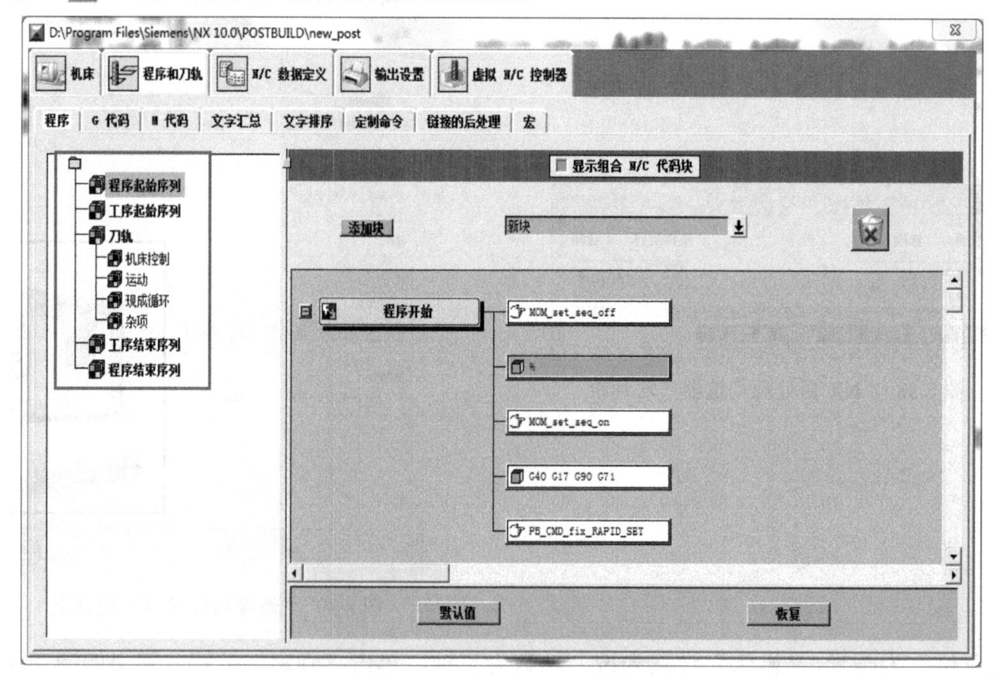

图 8.41　G 代码、M 代码设置选项卡

完成保存后，得到的后处理器如图 8.43 所示，一共 3 个文件；在后处理时只需选择一个即可，但是 3 个文件必须同时存在才能进行后处理。刀轨确认后在 NX 软件的“后处理”对话框中选择即可使用该后处理文件（扩展名为.pui）进行刀轨后处理生成加工程序代码。

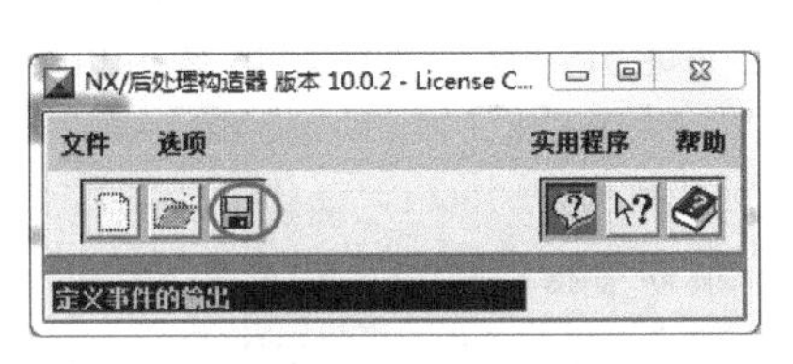

图 8.42 “保存”按钮

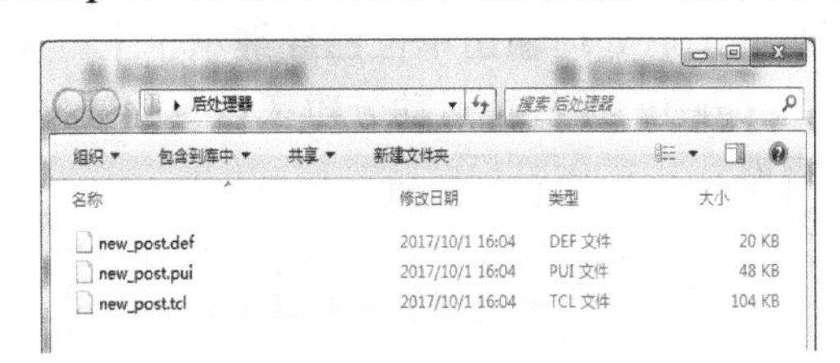

图 8.43 后处理文件

案例 6 制作 Fanuc 0i M 系统后处理文件

现在以制作一个典型的 Fanuc 0i M 系统使用的常规的后处理文件为例给大家讲解 UG NX 10.0 的后处理定制过程。

1. 后处理定制要求

（1）构建一个具有三轴联动的后处理器。

（2）程序头输出 G80 和 *X*、*Y*、*Z* 三轴回零指令。

（3）输出加工用坐标系 G54～G59。

（4）输出单位为毫米。

（5）输出程序扩展名为 NC。

（6）程序结束时 *Z* 轴自动返回零点，并自动跳转程序头。

2. 制作过程

（1）启动后处理构造器后，一般显示的是英文，为了便于操作，在“选项”下拉菜单中将语言修改为“简体中文”。单击“新建”按钮，弹出“新建后处理器”对话框，如图 8.44 所示。在对话框中输入后处理的名称：wxstc_post，构建一个新的三轴联动后处理器。“后处理输出单位”选择毫米，其他参数默认不变，单击“确定”按钮弹出后处理器的编辑对话框。

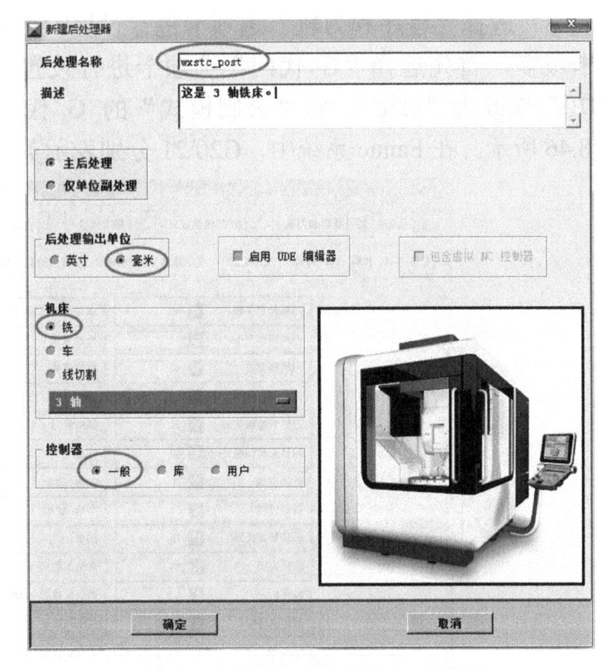

图 8.44 “新建后处理器”对话框

（2）在编辑对话框中有“机床”“程序和刀轨”等5个大的选项卡，如图8.45所示，每个选项卡中又包含许多的子选项卡。这里将根据后处理的定制要求进行习惯设置。在“机床”选项卡中设置机床的常规参数：根据实际机床的行程范围输入 *X*、*Y*、*Z* 三个轴的行程限制数据。后处理输出单位已经继承了上一步的操作设置为公制及毫米输出，输出数据的精度为 0.001，即线性运动分辨率设置的数据。如果是高速机，移刀进给率请参考机床参数进行调整。

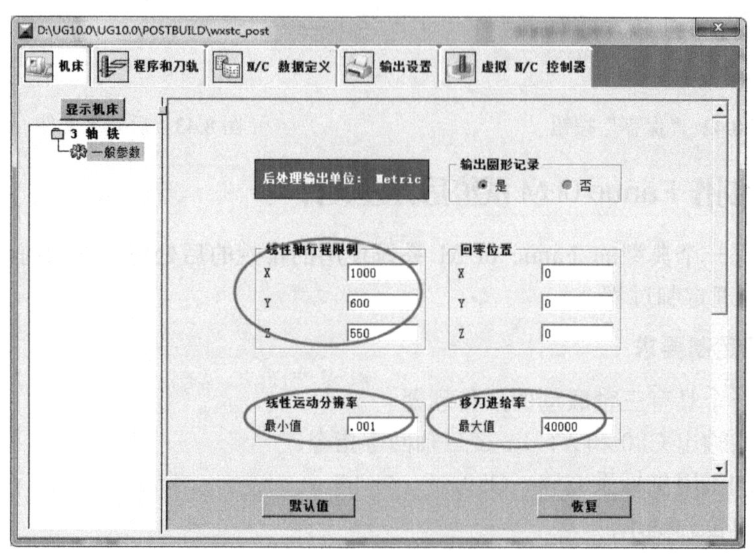

图8.45　三轴联动机床常规参数设置

（3）选择“程序和刀轨”选项卡进行设置，这是后处理器定制的关键，它包含的子选项卡很多，首先选择“G代码”选项卡进行设置。将“英制模式”的G代码由原来的“G70”修改为“G20”，将“公制模式”的G代码由原来的“G71”修改为“G21”，如图8.46所示。在Fanuc系统中，G20\21分别表示英制和公制模式的数据单位。

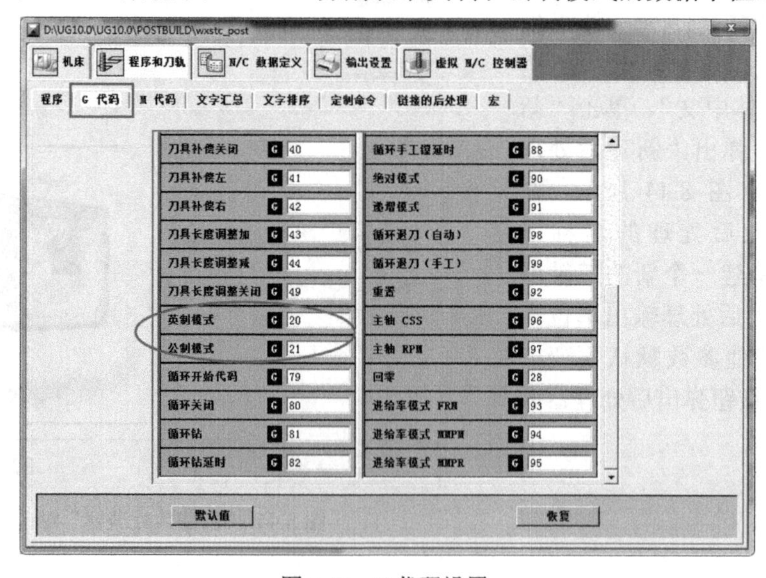

图8.46　G代码设置

（4）选择“程序”选项卡进行设置：“程序”选项卡中的程序头设置界面如图 8.47 所示，单击“G40 G17 G90 G21”按钮进入程序头指令段格式的设置，如图 8.48 所示。添加 G80（取消循环指令），其目的是防止上一工序有循环指令执行影响当前工序的刀具定位，单击“确定”按钮完成设置。

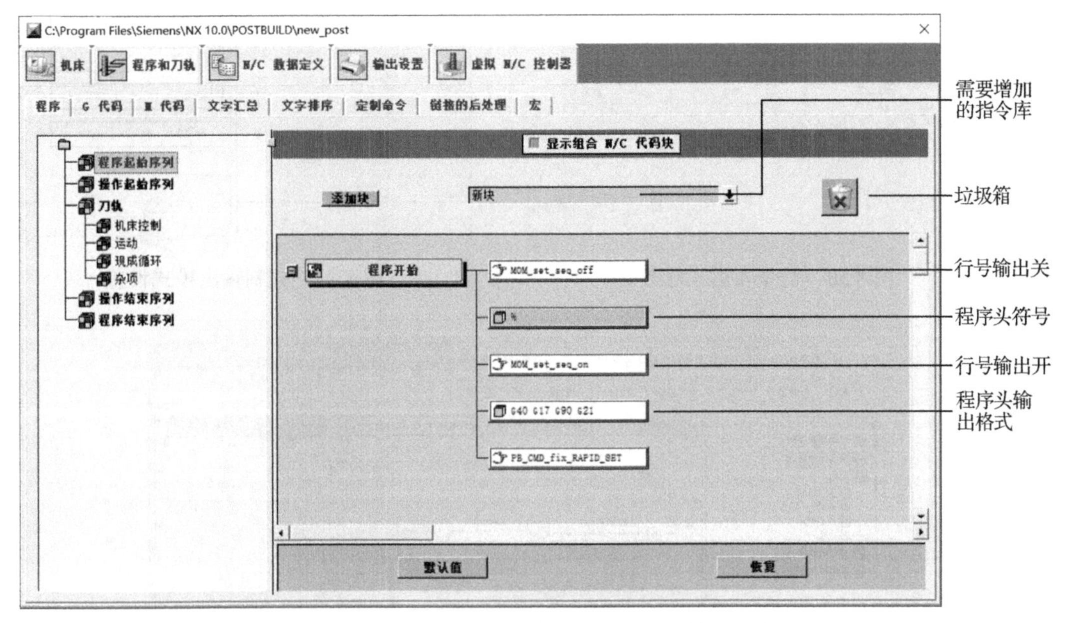

图 8.47 “程序”选项卡中的程序头设置界面

（5）添加三轴回零指令：在“程序和刀轨”选项卡中选择“G91 G28 Z0”指令并添加在“程序开始”的最末位置，如图 8.49 所示，这样就完成了 *Z* 轴回零指令的添加。

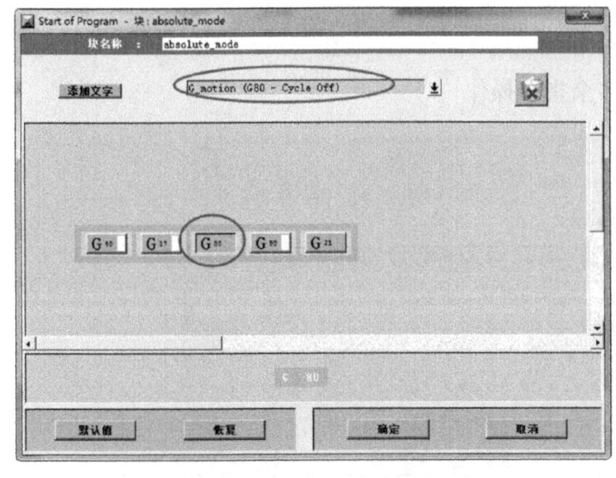

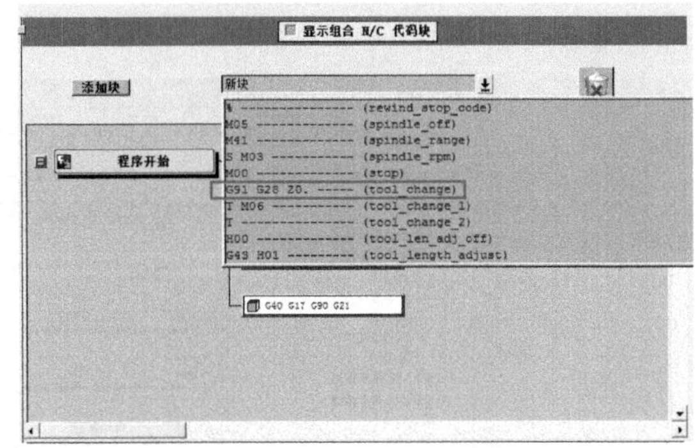

图 8.48 添加 G80 代码对话框

图 8.49 添加“G91 G28 Z0”指令

再继续添加“G91 G28 X0 Y0”指令后，修改 *X*、*Y* 值为 0，如图 8.50 所示，并设置为强制输出模式，如图 8.51 所示。

（6）添加 G54 坐标系：在“程序和刀轨”选项卡中进入“操作起始序列”界面，将自动换刀和手动换刀下的所有指令全部拖进垃圾箱进行删除，如图 8.52 所示，因为在模具零件加工时，基本不用自动换刀功能。在“初始移动”下添加“S M03”指令，如图 8.53 所示。

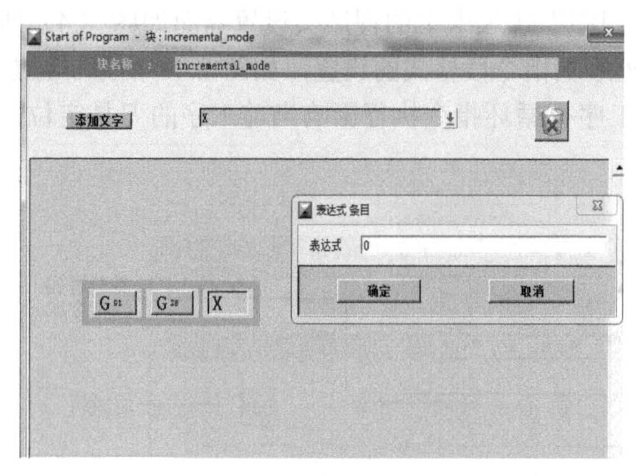

图 8.50　指令表达式修改

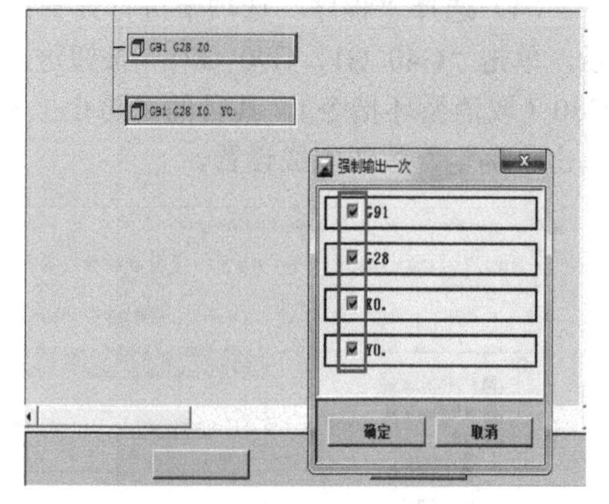

图 8.51　强制输出模式设置

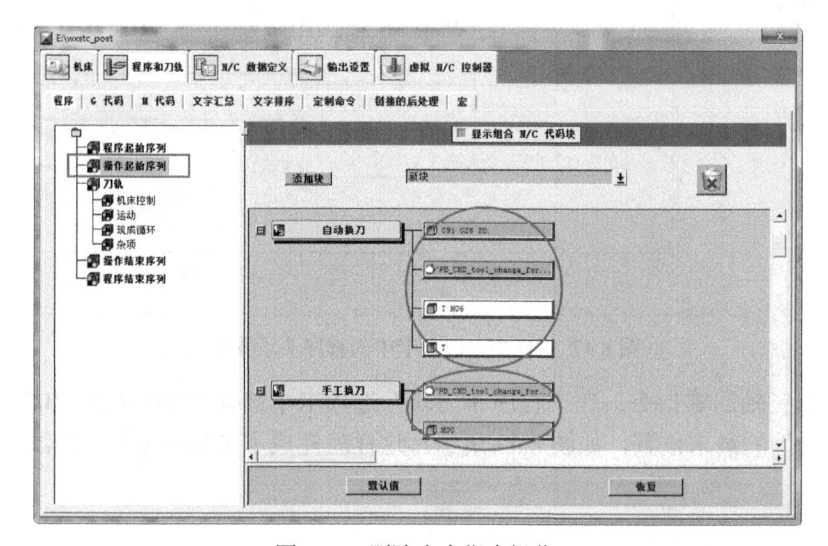

图 8.52　删除多余指令操作

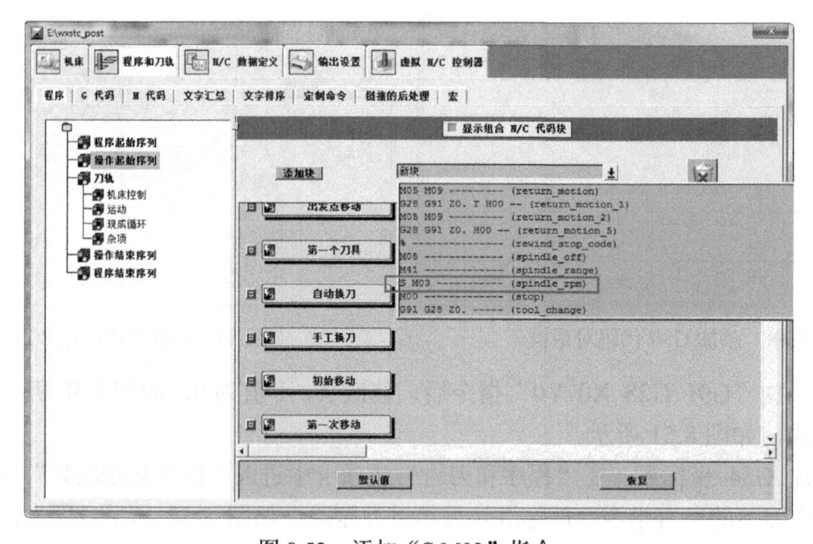

图 8.53　添加“S M03”指令

接下来添加“G54”指令，双击“S M03”，单击“下载”按钮，如图 8.54 所示，并修改 G54 表达式如图 8.55 所示，单击“确定”按钮完成“G S M03”的指令设置，如图 8.56 所示。

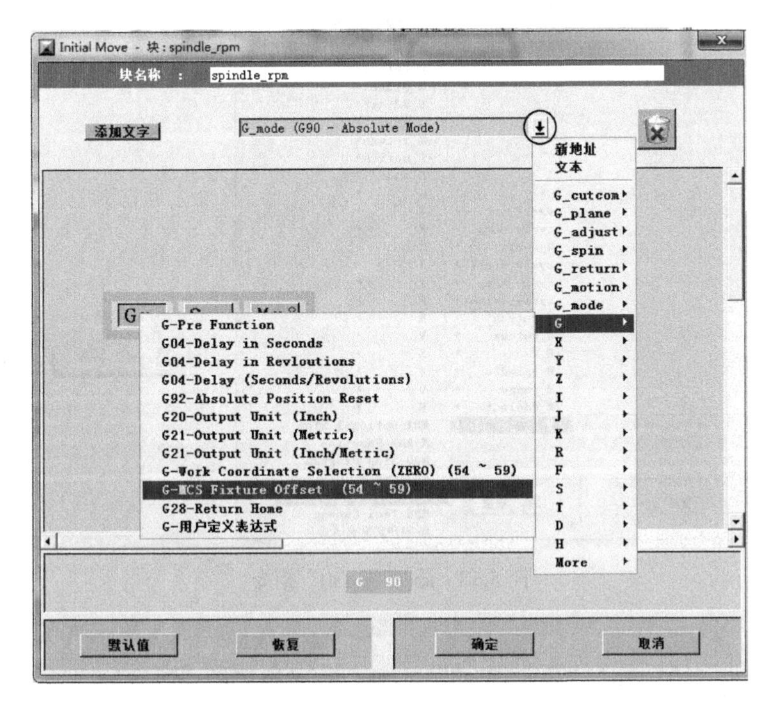

图 8.54 添加“G54”指令

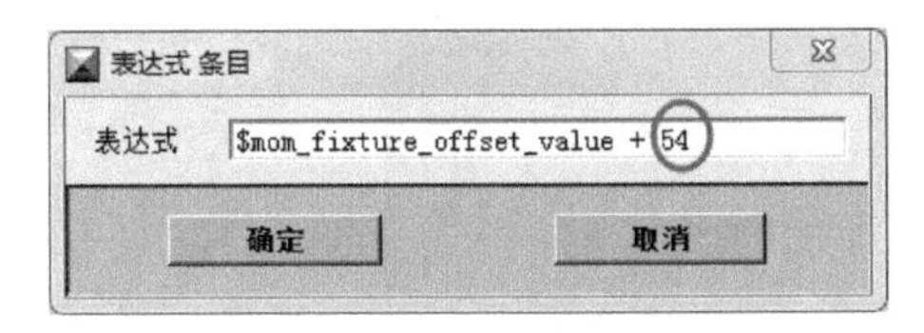

图 8.55 修改 G54 表达式

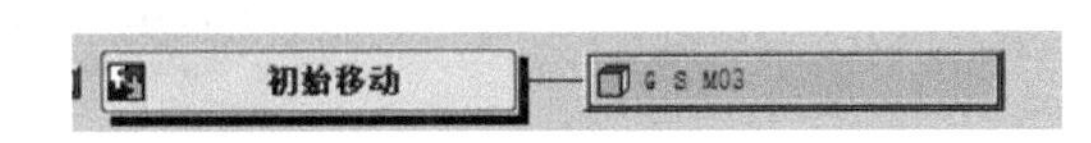

图 8.56 添加“G54”指令位置

（7）在加工结束后 Z 轴自动返回零点，添加“M30”指令。加工结束后，刀具一般停留在零件上表面，如果需要退出工作台检查零件可能会带来的安全隐患，因此需要将刀轴返回机床零点，添加指令为“G91 G28 Z0”，其添加方法与程序头相同，指令放置在“操作结束序列”的“刀轨结束”下，如图 8.57 所示。

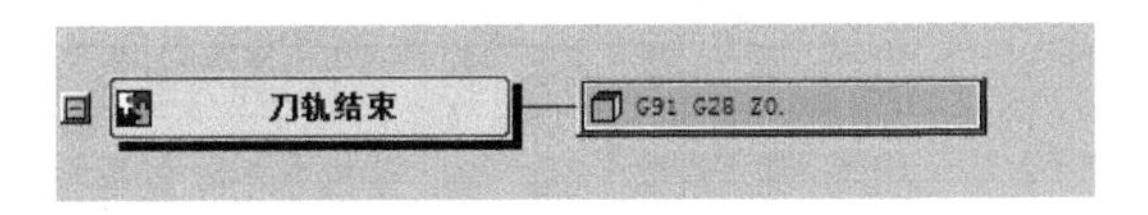

图 8.57 添加 Z 轴回零指令位置

在“程序结束序列”的“程序结束”下，单击“M02”按钮将“M02”删除后添加“M30”指令，如图 8.58 所示。

（8）选择“输出设置”选项卡中的“其他选项”选项卡，将“N/C 输出文件扩展名”由默认的“ptp”修改为“NC”，如图 8.59 所示，单击“确定”按钮完成设置。

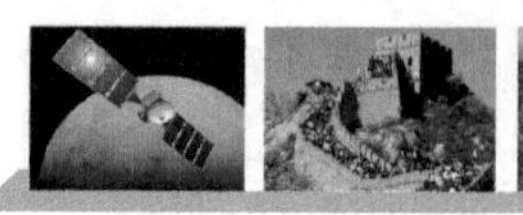

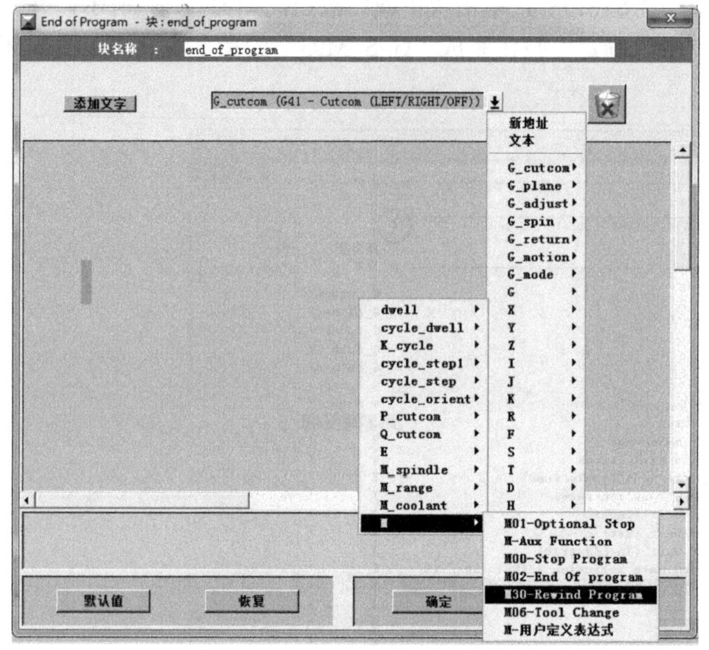

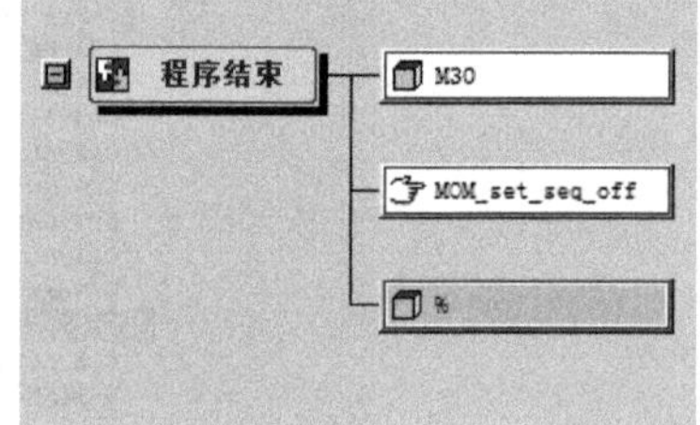

图 8.58　添加“M30”指令

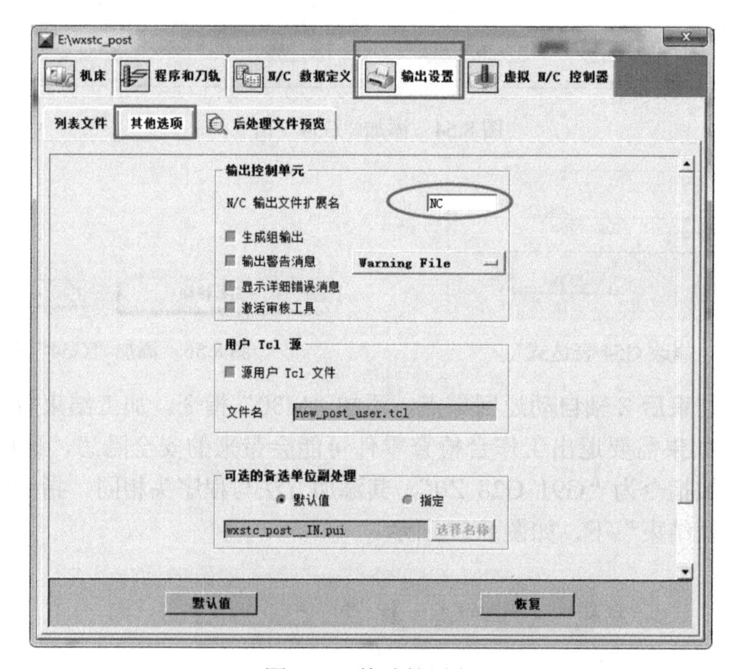

图 8.59　修改扩展名

3. 处理结果检验

用创建好的后处理文件对本案中的任意刀轨进行后处理，如图 8.60 所示，得到的程序如图 8.61 所示。

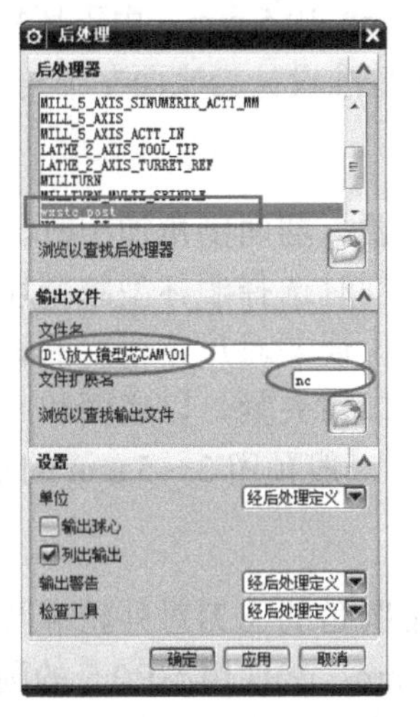

图 8.60　选择后处理文件

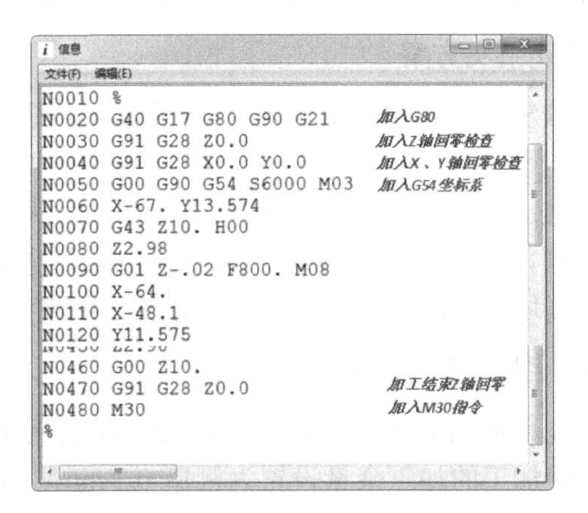

图 8.61　定制后处理得到的新程序

8.5　酒杯型腔模型分析及工艺过程规划

模具的成型零件一般比较复杂，而且有较高的加工精度要求，其加工质量直接影响产品的质量与模具的使用寿命。在进行酒杯型腔零件型腔加工之前，需要对加工零件的特征进行分析。该型腔是用于成型酒杯的外表面部分，因此模具型腔尺寸精度要求较高，在加工工艺规划时应当以保证零件的尺寸精度为首要目标，浇口位置需要单独的放电加工，对于表面只需要进行简单抛光达到一定的粗糙度即可。其型腔零件制造工艺过程卡如表 8.2 所示。

表 8.2　酒杯型腔零件制造工艺过程卡

材料牌号	P20	毛坯种类	精料	毛坯外形尺寸	250 mm×200 mm×40 mm
工序号	工序名称	工序内容			
05	钻	型腔反面螺纹孔加工			
10	数铣	型腔正面铣加工			
20	钻	钻水路（详见工序卡）			
30	钳	1/4 螺纹攻牙			
40	放电	电极放电			
50	检验	按图样要求检验各部尺寸及几何公差			
60	入库	清洗，加工表面涂防锈油，入库			

8.6　酒杯型腔零件铣削工艺规划

1．零件工艺分析

该零件材质为 P20，单件生产；本工艺是其制造工艺规划环节中的铣削工序编制。零件结构上已经进行处理，对放电加工的位置面进行了删除，铣加工相对简单，具有良好的可

切削性。铣削前完成毛坯精磨加工，尺寸为 130 mm×130 mm× 30.5 mm；由于坯料上表面有余量设置，铣削基准设计为安装基准即坯料底面；*XY* 平面基准设计为底面左下角。

2. 确定装夹方案

由于该零件需要进行翻面加工，所以选择基准十分重要。翻面倒角加工时，我们选择顶面作为定位基准进行加工，用于统一基准；酒杯正面铣削时选择酒杯型腔精坯料底面作为定位基准。该定位基准与装配基准重合，大大减少因定位误差对尺寸精度的影响。该零件外形规则，加工面大多数位于上表面，因此选用精密平口钳夹紧，以底面和底面拐角定位，用等高块垫起，注意工件高出虎钳钳口的高度要足够，一般预留 3～5 mm 的富余量。

3. 确定加工顺序规划

按照先粗后精的原则确定加工顺序。①使用ϕ16R1 带圆角的飞刀对外轮廓及整体粗加工，整体粗加工的加工余量设置为侧壁 0.3 mm、底部 0.2 mm；②使用ϕ8R0.5 的圆鼻刀对侧壁进行半精加工；③使用ϕ2 的球头铣刀进行清角半精加工和杯底曲面半精加工；④型腔和管位侧壁使用ϕ8R0.5 的圆鼻刀精加工；⑤使用ϕ6 的球头铣刀对型腔零件流道进行铣加工，余量设置为 0；⑥使用ϕ2 的球头铣刀对底面进行清角、浇口加工及刻字加工。⑦使用 D6-5 的斜度刀加工管位侧壁斜面。

4. 切削用量选择

切削用量是依据零件材料特点、刀具性能及加工精度要求确定的。本零件加工时主轴速度取 3 500～6 000 r/min，粗铣时取低一些，精铣时取高一些，进给速度取 500～1 600 mm/min。铣削分 18 道次工序完成，每次铣削的切削深度不同。

综上分析，制定酒杯型腔零件的铣加工工艺卡，如表 8.3 所示。

表 8.3　酒杯型腔零件数控铣加工工艺卡

无锡科技职业学院		数控加工工序卡片	产品名称		零件名称		零件图号	
			酒杯		型腔			
工序号	10	工序名	数铣		工序内容	型腔正面铣加工		
夹具	平口钳	工量具	游标卡尺		设备	加工中心 850		
工步	工步内容及要求	刀具类型及大小	主轴转速（r/min）	步距	切削深度（mm）	进给速度（mm/min）	余量（mm）	底面余量（mm）
1	粗加工	圆鼻刀 D10R1	3500	50 平直百分比	0.25	1600	0.3	0.2
2	底面半精加工	圆鼻刀 D8R0.5	3800	60 平直百分比	0	1000	0.5	0.1
3	型腔侧壁半精加工	圆鼻刀 D8R0.5	3800	/	0.2	1600	0.1	0.1
4	管位侧壁半精加工	圆鼻刀 D8R0.5	3800	/	0.2	1600	0.1	0.1
5	清角半精加工	球刀 D2R1	6000	15 平直百分比	0.03	600	0.1	0.1
6	杯底曲面半精加工	球刀 D2R1	6000	0.05 mm	/	800	0.05	0.05

续表

工步	工步内容及要求	刀具类型及大小	主轴转速（r/min）	步距	切削深度（mm）	进给速度（mm/min）	余量（mm）	底面余量（mm）
7	底面精加工	圆鼻刀 D8R0.5	3800	45 平直百分比	0	1000	0.5	0
8	型腔侧壁精加工	圆鼻刀 D8R0.5	3800	/	0.12	1600	0	0
9	管位侧壁精加工	圆鼻刀 D8R0.5	3800	/	0.12	1600	0	0
10	流道 1 加工	球刀 D6R3	4500	/	0.1	600	0	0
11	流道 2 加工	球刀 D6R3	4500	/	0.1	600	0	0
12	底面清角精加工	球刀 D2R1	6000	0.03 mm	/	800	0	0
13	浇口 1 加工	球刀 D2R1	6000	/	0.05	500	0	0
14	浇口 2 加工	球刀 D2R1	6000	/	0.05	500	0	0
15	浇口 3 加工	球刀 D2R1	6000	/	0.05	500	0	0
16	浇口 4 加工	球刀 D2R1	6000	/	0.05	500	0	0
17	管位侧壁精加工	D6-5 斜度刀	3500	0.05 mm	/	600	0	0
18	刻字加工	球刀 D2R1	6000	50 平直百分比	0.05	500	0	0

工艺编制		学　号		审　定		会　签	
工时定额		校　核		执行时间		批　准	

8.7　酒杯型腔模型导入与处理

扫一扫看酒杯型腔粗加工编程操作视频

（1）单击按钮，弹出“打开”对话框，根据文件存放路径选择“酒杯型腔零件”文件后单击OK按钮，导入数字模型，如图 8.62 所示。

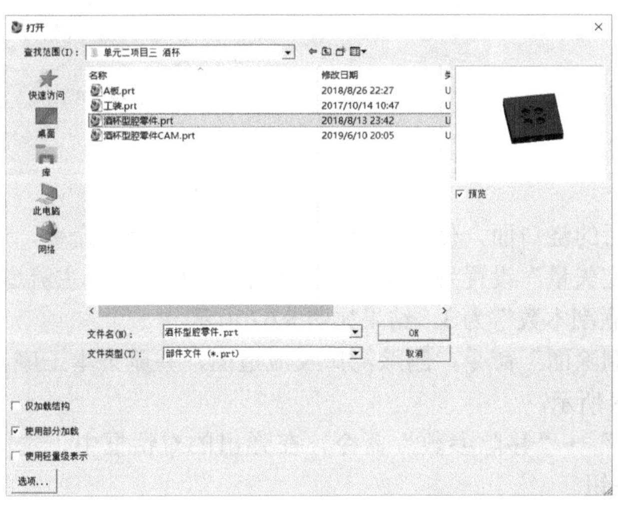

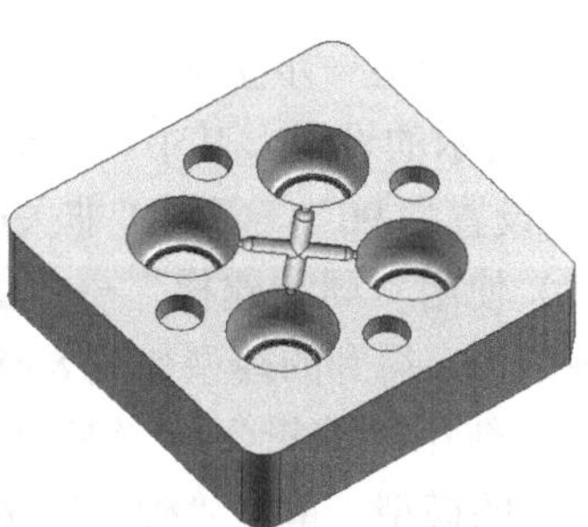

图 8.62　导入酒杯型腔数字模型

（2）将图层1的模型复制到新建图层10，并将图层10设置为工作图层，关闭图层1。

（3）切换到“建模”环境，选择“插入”→“派生曲线”→“在面上偏置”命令，弹出“在面上偏置曲线”对话框，进行如图8.63所示的3步操作，完成浇口中心线的创建。

（4）选择“插入”→“直线”命令，绘制两条流道中心线，如图8.64所示。

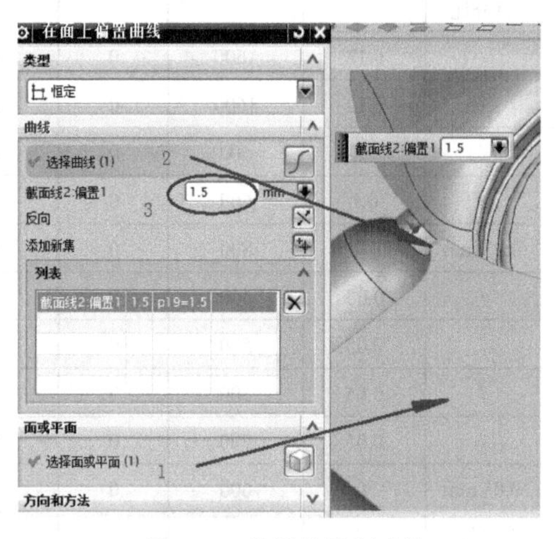

图8.63　偏置曲线创建浇口

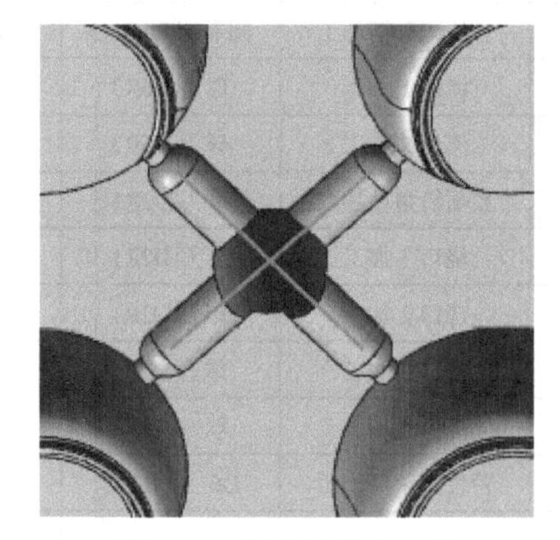

图8.64　创建流道中心线

（5）使用“拉伸”命令，将流道中心线和浇口中心线分别向下拉伸3 mm和1 mm，如图8.65所示。

（6）选择“编辑”→“曲面”→“扩大”命令，弹出“扩大”对话框，选择浇口面，进行如图8.66所示的设置。

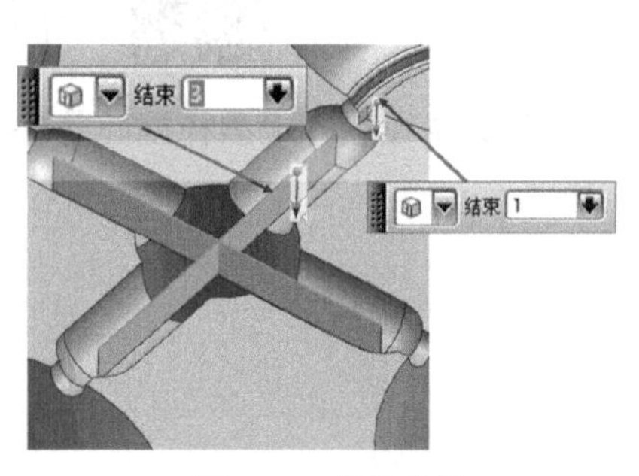

图8.65　拉伸片体

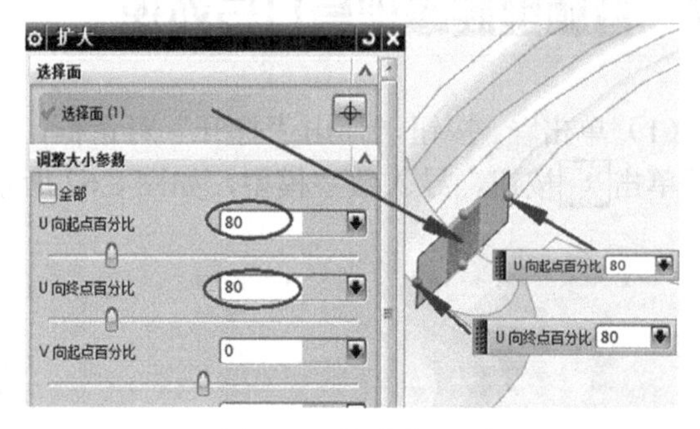

图8.66　扩大浇口面

（7）选中上一步生成的扩大后的浇口面，使用“编辑”→“移动对象”命令，进行如图8.67所示的设置。其中，“指定矢量”设置为“ZC轴”，“指定轴点”选择主流道圆心，“角度”设置为90°，复制“非关联副本数”为3，结果如图8.67所示。

（8）使用“同步建模”→“删除面”命令，删除浇口及流道面，并删去本工序不加工的多余结构，得到的模型如图8.68所示。

（9）使用“编辑”→“特征”→“移除参数”命令，在弹出的对话框中，选中如图8.68所示的模型，单击“确定”按钮。

（10）将以上步骤创建的加工辅助面移动至图层11，并将图层10设置为工作图层，暂时关闭图层11，完成零件模型整理工作，准备编程。

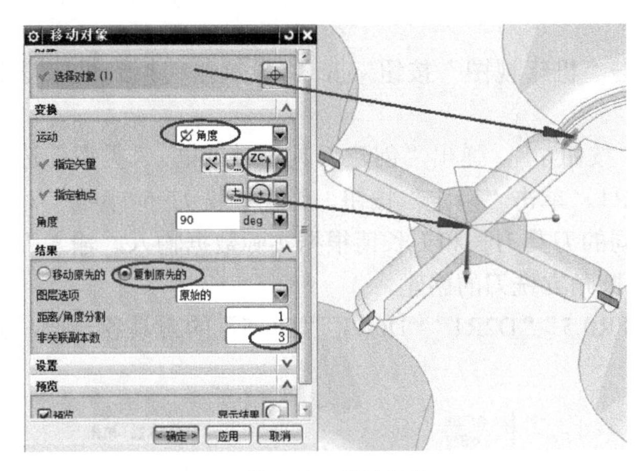

图 8.67 移动对象

图 8.68 处理好的铣削模型

8.8 酒杯型腔 CAM

1. 酒杯型腔 CAM 的铣削准备

酒杯型腔零件的 CAM 准备主要完成三个小任务：创建几何体、创建刀具和创建程序组。

1）创建几何体

（1）进入“加工”模块，在工序导航器工具条中单击“几何视图”按钮，设置编程坐标系，将“MCS_MILL”修改为“MCS_Z”，将几何体“WORKPIECE”修改为“Z”。

（2）双击导航器中的节点，弹出“MCS 铣削”对话框。在“指定 MCS”选项组中，单击按钮，弹出“CSYS”对话框。“类型”选择动态方式，选择模型右下角为加工坐标系原点，单击“确定”按钮，得到的 MCS 坐标系如图 8.69 所示。在返回的“MCS 铣削”对话框中，选中“参考坐标系”选项组中的“链接 RCS 与 MCS”复选框，“安全设置选项”选择“刨”，并单击“指定平面”按钮，弹出“刨”对话框，设置一个距离酒杯顶面向上偏置 20 mm 的安全平面，设置好的加工坐标系和安全平面设置结果如图 8.69 所示。

（3）双击“Z”节点，在弹出的“工件”对话框中，设置“指定部件”为导入的酒杯型腔模型，设置“指定毛坯”为“包容块”，单击“确定”按钮完成部件几何的设置。

2）酒杯型腔 CAM 程序组创建

根据工艺安排需要创建三个程序大组，分别是“开粗”“半精”“精工”，分别代表粗加工、半精加工和精光加工。后续创建的各个工序分别归属于各个组别。

在程序顺序视图下，将“PROGRAM”更改为“酒杯型腔”。右击“酒杯型腔”，在弹出的快捷菜单中选择“插入”→“程序组”命令，在弹出的“创建程序”对话框中，创建“开粗”程序组，用同样的方法创建“半精”“精工”程序组。接下来，插入程序组子路径，在刚才设置的 3 个程序组下分别插入程序组，创建结果如图 8.70 所示。

3）酒杯型芯 CAM 刀具创建

根据工艺要求，我们一共需要创建 5 把不同型号的刀具，这里创建其中的一把刀具，

其他刀具请参考相同方法自行创建。

（1）在工序导航器工具条中，单击“机床视图”按钮，将导航器切换到机床视图界面。

（2）单击工具条中的“创建刀具”按钮，弹出“创建刀具”对话框。“类型”选择MILL，在“名称”文本框中输入D10R1，单击“确定”按钮，弹出“铣刀-5参数”对话框。设置直径为10、下半径为1，不同的刀具刀长和刃长请根据实际数据输入，输入刀具号为1，单击“确定”按钮完成D10R1圆角立铣刀的创建。

（3）使用同样的方法依次创建“D8R0.5”“D2R1”“D6R3”“D6-5”的刀具各一把，创建好的刀具如图8.71所示。

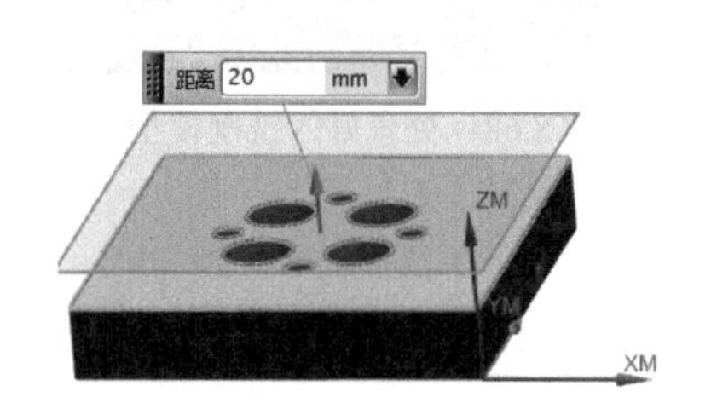

图8.69　加工坐标系和安全平面设置结果

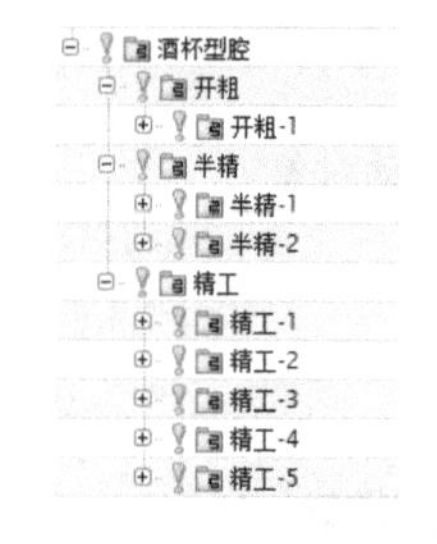

图8.70　创建完毕的程序组

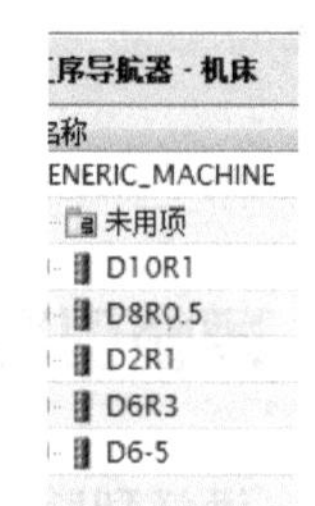

图8.71　创建刀具

2. 酒杯型腔CAM的开粗加工

（1）在工具条中单击“创建工序”按钮，弹出“创建工序”对话框，如图8.72所示。在对话框中，“类型”选择mill_contour，“工序子类型”选择（基本型腔铣）；“程序”选择开粗-1，“刀具”选择D10R1圆角刀，“几何体”选择Z，单击“确定”按钮，弹出“型腔铣”对话框。

（2）几何体设置——指定切削区域：在“几何体”选项组中单击按钮，选择如图8.73所示的型腔外轮廓为切削区域。

（3）刀轨基本参数设置：在如图8.74所示的“刀轨设置”选项组中设置“切削模式”为跟随周边、每刀“最大距离”为0.25 mm，其他参数保持不变。

图8.72　创建型腔铣开粗工序

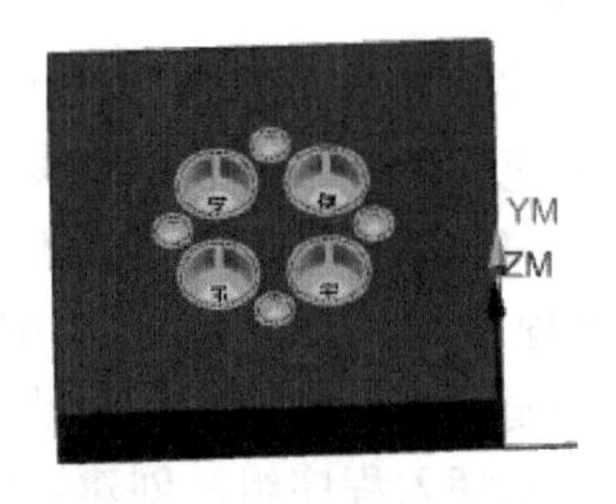

图8.73　指定切削区域1

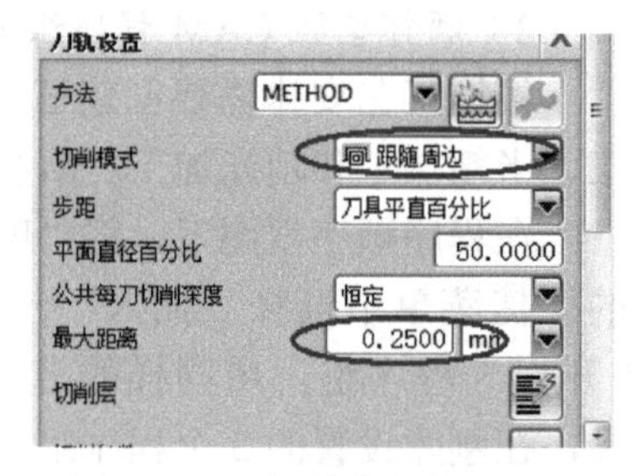

图8.74　刀轨基本参数设置1

（4）切削参数设置：在“切削参数”对话框中主要对“余量”和“策略”选项卡进行设置。

单击“切削参数”按钮，弹出“切削参数”对话框。在“策略”选项卡中设置“切削方向”为顺铣、“切削顺序”为深度优先、“刀路方向”为向外，选中“岛清根”复选框，清根方式为自动。然后在“延伸路径”选项组中选中“在延展毛坯下切削”复选框，完成如图 8.75 所示的策略设置。

在“余量”选项卡中取消选择底面余量与侧壁余量一致，设置部件侧壁余量为 0.3 mm、部件底面余量为 0.2 mm，其他参数保持不变，单击 确定 按钮，完成切削参数的设置。

（5）非切削移动参数设置：单击“非切削移动”按钮，弹出“非切削移动”对话框。在“进刀”选项卡中按如图 8.76 所示修改“封闭区域”的进刀方式；如图 8.77 所示，在“转移/快速”选项卡的“区域内”选项组中，设置“转移类型”为前一平面、“安全距离”为 1 mm，其他选项卡默认不变，单击 确定 按钮，完成非切削移动的设置。

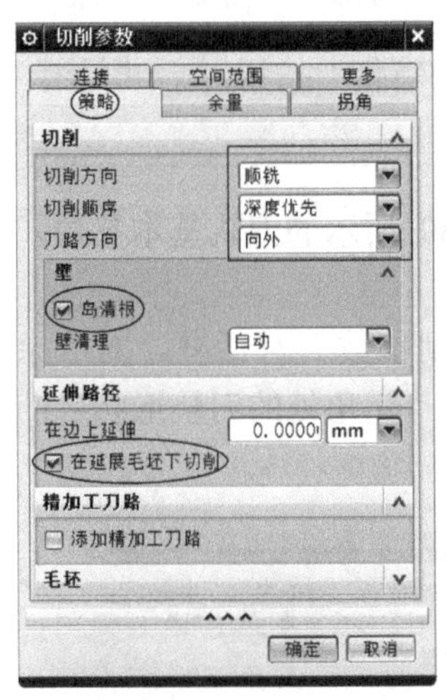

图 8.75 “策略”设置 1

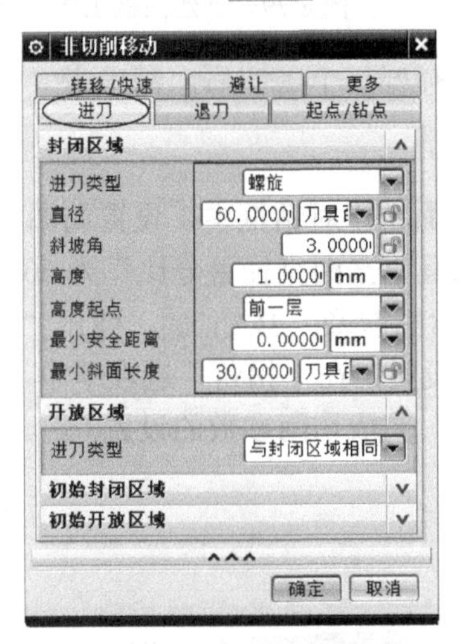

图 8.76 “进刀”设置 1

图 8.77 “转移/快速”设置

（6）进给率和速度参数设置：单击“进给率和速度”按钮，弹出“进给率和速度”对话框，选中“主轴速度”复选框，并设置转速为 3500 r/min、进给率为 1600 mm/min，单击 确定 按钮，完成进给率和速度的设置。

（7）生成酒杯开粗加工刀轨：单击“生成刀轨”按钮，系统自动完成酒杯开粗加工刀轨的计算，刀轨效果如图 8.78 所示。

扫一扫看酒杯型腔半精加工编程操作视频

3. 酒杯型腔 CAM 的半精加工

1）酒杯型腔底面半精加工

（1）工序创建：单击“创建工序”按钮，创建一个新的工序，在弹出的“创建工序”对话框中，按如图 8.79 所示进行设置，单击“确定”按钮，弹出如图 8.80 所示的“面铣”对话框。

（2）指定面边界：单击如图 8.80 所示的“指定面边界”按钮，弹出如图 8.81 所示的“毛坯边界”对话框，选择如图 8.82 所示的 8 个底面作为切削区域，单击“确定”按钮，完成面边界的指定。

图 8.78 酒杯外轮廓开粗加工刀轨

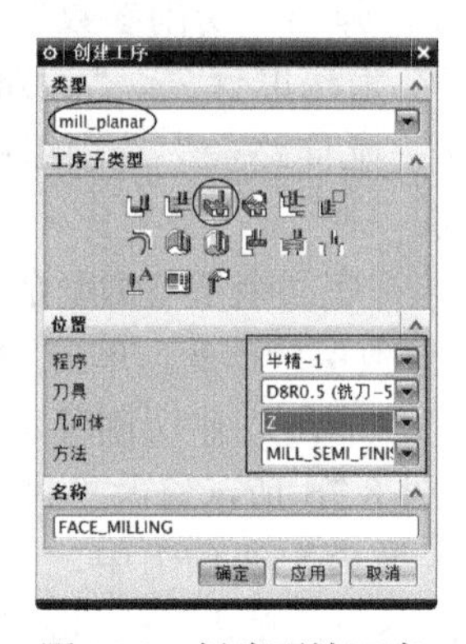

图 8.79 创建面铣工序

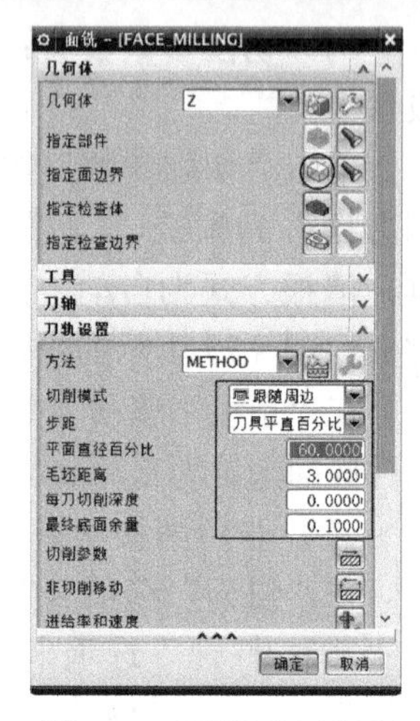

图 8.80 “面铣”对话框

新手解惑 设置面边界时，选择好一个区域后，需单击“添加新集”按钮，再选择下一个区域，不要连续选取。

（3）刀轨基本参数设置：在“面铣”对话框中，设置如图 8.80 所示的刀轨基本参数，设置“切削模式”为跟随周边、刀具“平面直径百分比”为 60%。

（4）切削参数设置：单击“切削参数”按钮，弹出“切削参数”对话框。对“余量”选项卡进行如图 8.83 所示的设置。在“拐角”选项卡中，将“拐角处的刀轨形状”凸角设置为延伸，单击“确定”按钮，完成切削参数的设置。

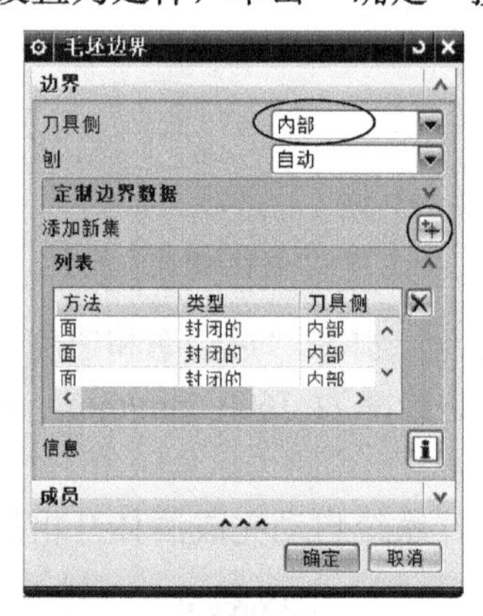

图 8.81 “毛坯边界”对话框

图 8.82 指定面边界

图 8.83 “余量”设置

（5）非切削移动参数设置：在“非切削移动”对话框的“进刀”选项卡中，进行如图 8.84 所示的设置。在“转移/快速”选项卡中，将“区域内”的“转移类型”设置为前一平面，设置“安全距离”为 1 mm，单击“确定”按钮，完成非切削参数的设置。

（6）进给率和速度参数设置：在“进给率和速度”对话框中选中“主轴速度”复选框，设置转速为 3800 r/min、进给率为 1000 mm/min，单击“确定”按钮，完成进给率和速度的设置。

（7）生成底面半精加工刀轨：单击“生成刀轨”按钮，系统自动完成酒杯型腔底面

半精加工刀轨的计算，刀轨效果如图 8.85 所示。

2）酒杯型腔侧壁半精加工

（1）工序创建：在“工序导航器-程序顺序”视图中，单击“创建工序”按钮，创建一个新的工序，在弹出的“创建工序”对话框中，“工序子类型”选择深度轮廓加工“ZLEVEL_ PROFILE”，其余参数按如图 8.86 所示进行设置。单击“确定”按钮，弹出“深度轮廓加工”对话框。

图 8.84 “进刀”设置 2

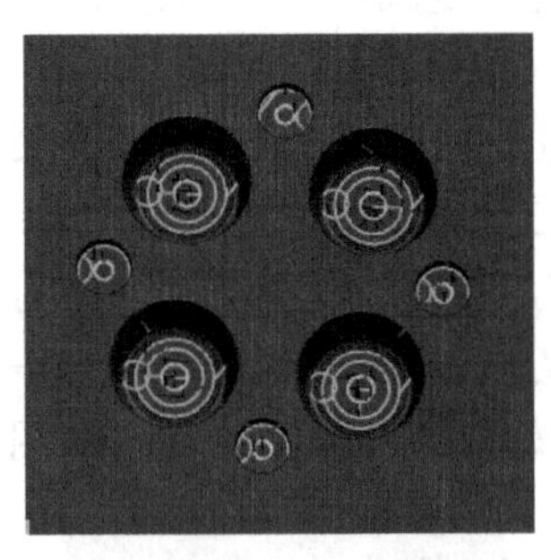

图 8.85 酒杯型腔底面半精加工刀轨

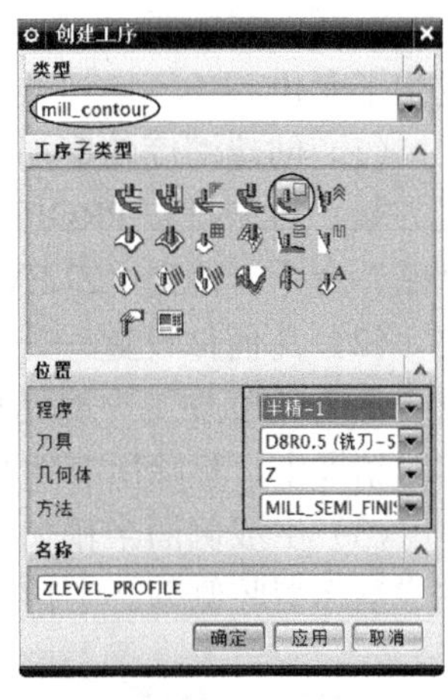

图 8.86 创建工序 1

（2）几何体设置——指定切削区域：在“几何体”选项组中单击“指定切削区域”按钮，选择如图 8.87 所示的酒杯 4 个型腔除底面外的所有侧面作为切削区域。

（3）刀轨基本参数设置：在“深度轮廓加工”对话框中，设置如图 8.88 所示的刀轨参数，下刀距离设置为 0.2 mm。

（4）切削参数设置：单击“切削参数”按钮，弹出“切削参数”对话框。在“策略”选项卡中设置“切削顺序”为深度优先；将“余量”选项卡中部件侧面余量和部件底面余量均设置为 0.1，内外公差修改为 0.01；将“连接”选项卡中的“层到层”改为沿部件斜进刀，斜坡角为 3°，单击“确定”按钮，完成切削参数的设置。

（5）非切削移动参数设置：在“非切削移动”对话框的“进刀”选项卡中，进行如图 8.89 所示的设置。在“转移/快速”选项卡中，将“区域内”的“转移类型”设置为前一平面，设置“安全距离”为 1 mm，单击“确定”按钮，完成非切削移动参数的设置。

图 8.87 指定切削区域 2

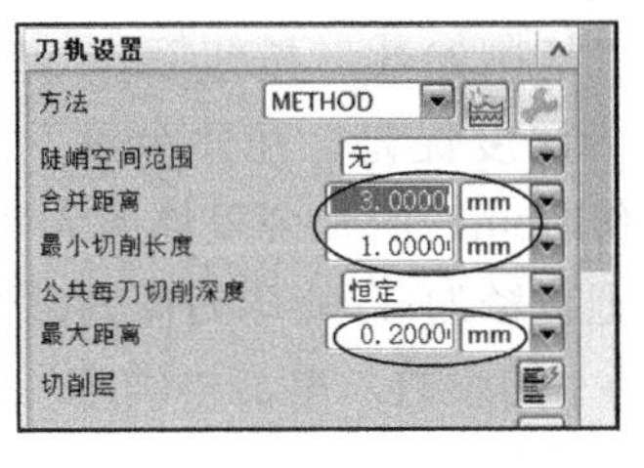

图 8.88 刀轨基本参数设置 2

图 8.89 “进刀”设置 3

（6）进给率和速度参数设置：在“进给率和速度”对话框中选中“主轴速度”复选框，设置转速为3800 r/min、进给率为1600 mm/min，单击“确定”按钮，完成进给率和速度的设置。

（7）生成型腔侧面1半精加工刀轨：单击“生成切轨”按钮，系统自动完成酒杯型腔侧面半精加工刀轨的计算，刀轨效果如图8.90所示。

3）管位侧壁半精加工

酒杯型腔侧壁2半精加工的操作方法与侧壁1半精加工的方法一致，主要是切削区域发生了变化。

（1）创建深度轮廓加工工序：在“工序导航器-程序顺序”视图中选中“半精-1”程序组刀轨“ZLEVEL_PROFILE”进行复制后，右击该工序，在弹出的快捷菜单中选择“内部粘贴”命令，得到“ZLEVEL_PROFILE_COPY”刀轨。

（2）几何体设置——指定切削区域：双击“ZLEVEL_PROFILE_COPY”刀轨名称，弹出“深度轮廓加工”对话框。在“几何体”选项组中单击“指定切削区域”按钮，在弹出的对话框中，移除所有切削区域，重新选择如图8.91所示的侧面作为切削区域。

（3）生成侧面半精加工2刀轨：其他参数不变，单击“生成刀轨”按钮，系统自动完成酒杯型腔侧壁2半精加工刀轨的计算，刀轨效果如图8.92所示。

图8.90 酒杯型腔侧壁1半精加工刀轨

图8.91 指定切削区域3

图8.92 酒杯型腔侧壁2半精加工刀轨

4）清角半精加工

（1）在工具条中单击“创建工序”按钮，弹出“创建工序”对话框。在对话框中，“类型”选择mill_contour，“工序子类型”选择（基本型腔铣）；“程序”选择半精-2，“刀具”选择D2R1球刀，“几何体”选择Z，单击“确定”按钮，弹出“型腔铣”对话框。

（2）刀轨基本参数设置：在“刀轨设置”选项组中，设置步距和下刀量，如图8.93所示。

（3）切削深度设置：单击“切削层”按钮，弹出“切削层”对话框，将“范围1的顶部”设置为侧壁最下端的点，切削层最低处选择酒杯的底面，如图8.94所示。

（4）切削参数设置：单击“切削参数”按钮，弹出“切削参数”对话框。在“策略”选项卡设置“切削顺序”为深度优先；在“余量”选项卡中将部件侧壁余量设置为0.1 mm，部件底面余量设置为0.1 mm，内外公差修改为0.01 mm，其他参数保持不变；在“空间范围”选项卡中，创建一把直径为7的球刀作为参考刀具，如图8.95所示；在“连接”选项卡中，设置如图8.96所示的参数，单击“确定”按钮，完成切削参数的设置。

图 8.93 刀轨基本参数设置 3

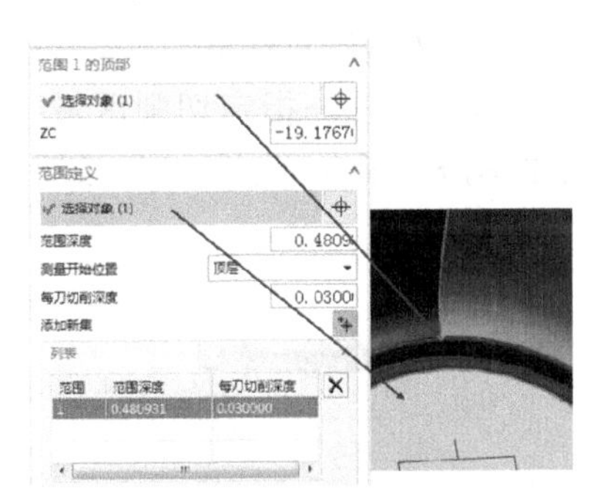

图 8.94 切削层设置

（5）非切削移动参数设置：单击“非切削移动”按钮，弹出“非切削移动”对话框。在“进刀”选项卡中按如图 8.97 所示修改“封闭区域”的进刀方式；在“转移/快速”选项卡中，将区域内的“转移类型”修改为前一平面，设置“安全距离”为 1 mm。其他选项卡默认不变，单击 确定 按钮，完成非切削移动的设置。

图 8.95 “空间范围”设置

图 8.96 “连接”设置

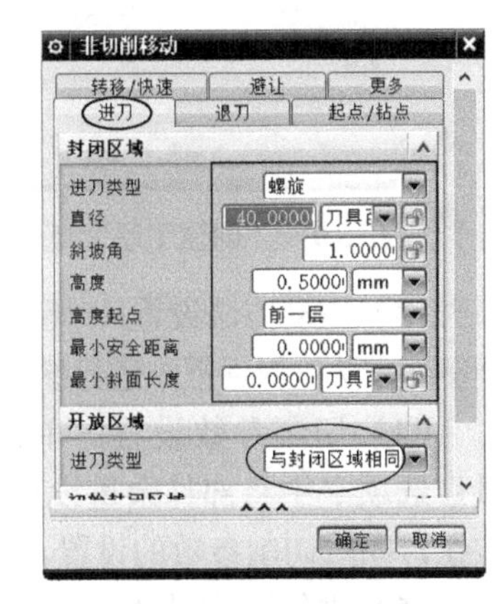

图 8.97 “进刀”设置 4

行家指点 参考刀具可采用比实际刀具略大的刀具，更安全。实践证明此处采用 BM7 的球刀作为参考刀具，比用 D8R0.5 的刀具作为参考刀具，刀轨更流畅，工艺性更好。

（7）进给率和速度参数设置：单击“进给率和速度”按钮，弹出“进给率和速度”对话框，选中“主轴速度”复选框，设置转速为 6000 r/min、进给率为 600 mm/min，单击 确定 按钮，完成进给率和速度的设置。

（8）生成酒杯开粗加工刀轨：单击“生成刀轨”按钮，系统自动完成酒杯型腔杯底曲面半精加工刀轨的计算，刀轨效果如图 8.98 所示。

图 8.98 酒杯型腔杯底曲面半精加工刀轨

5）杯底曲面半精加工

（1）在工具条中单击“创建工序”按钮，弹出“创建工序”对话框，在对话框中，进行如图 8.99 所示的设置，“工序子类型”选择（固定轮廓铣）；“程序”选择半精-2，“刀具”选择 D2R1 球刀，“几何体”选择 Z，单击 确定 按

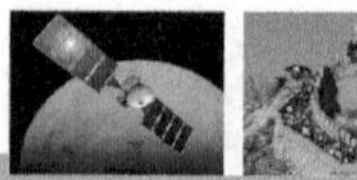

钮，弹出“固定轮廓铣”对话框。

（2）几何体设置——指定切削区域：在弹出的“固定轮廓铣”对话框中，在“几何体”选项组中单击“指定切削区域”按钮，选择如图 8.100 所示的酒杯底部倒角区域作为切削区域。

图 8.99 “创建工序”对话框

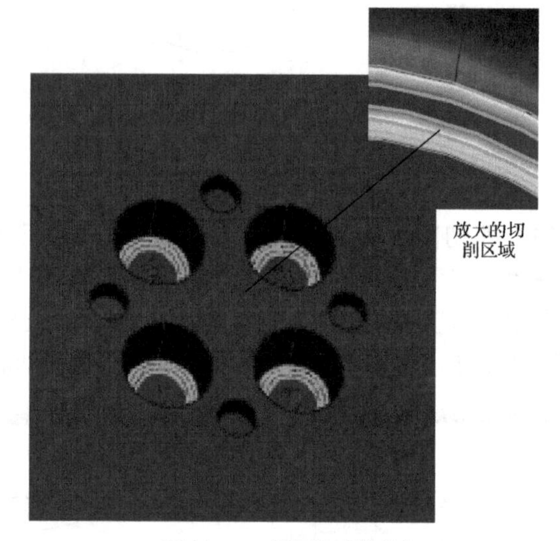

图 8.100 设置切削区域

（3）驱动方法设置：“驱动方法”设置为区域铣削，单击“编辑”按钮，在弹出的“区域铣削驱动方法”对话框中进行参数设置，如图 8.101 所示，单击 确定 按钮，完成驱动方法的设置。

（4）切削参数设置：单击“切削参数”按钮，弹出“切削参数”对话框。在“余量”选项卡中将部件余量设置为 0.1 mm，公差修改为 0.01，其他参数保持不变，单击 确定 按钮，完成切削参数的设置。

（5）进给率和速度参数设置：单击“进给率和速度”按钮，弹出“进给率和速度”对话框，选中“主轴速度”复选框，设置转速为 6000 r/min、进给率为 800 mm/min，单击 确定 按钮，完成进给率和速度的设置。

（6）生成酒杯底部曲面清角加工刀轨：单击“生成刀轨”按钮，系统自动完成酒杯型腔杯底曲面清角加工刀轨的计算，刀轨效果如图 8.102 所示。

4. 零件 CAM 的精加工

扫一扫看酒杯型腔精加工编程操作视频

1）底面精加工

酒杯型腔精加工的操作方法大部分与其半精加工的方法一致，主要是将底面余量设置为 0。

（1）创建“面铣”工序：在“工序导航器-程序顺序”视图中选中“半精-1”程序组 3 个刀轨进行复制后，右击“精工-1”工序，在弹出的快捷菜单中选择“粘贴”命令，得到 3 个初始的精加工工序。

（2）修改步距：双击粘贴得到的第一个工序“FACE_MILLING_COPY”，弹出“面铣”对话框，将“刀具平直百分比”修改为 45。

（3）“余量”修改设置：在“余量”选项卡中将底面余量修改为 0。

（4）生成底面精加工刀轨：单击“生成刀轨”按钮，系统自动完成充电器座型芯平

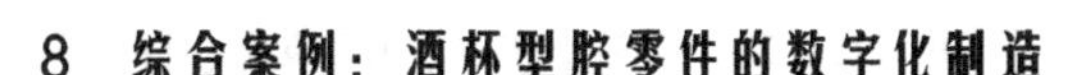

面精加工刀轨的计算，刀轨效果如图 8.103 所示。

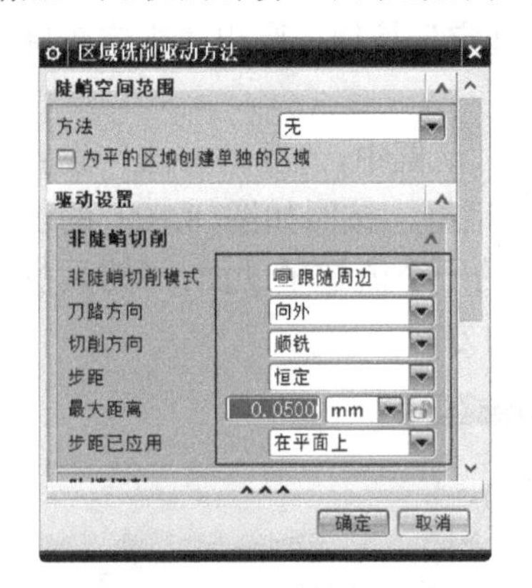

图 8.101　区域铣削驱动方法设置

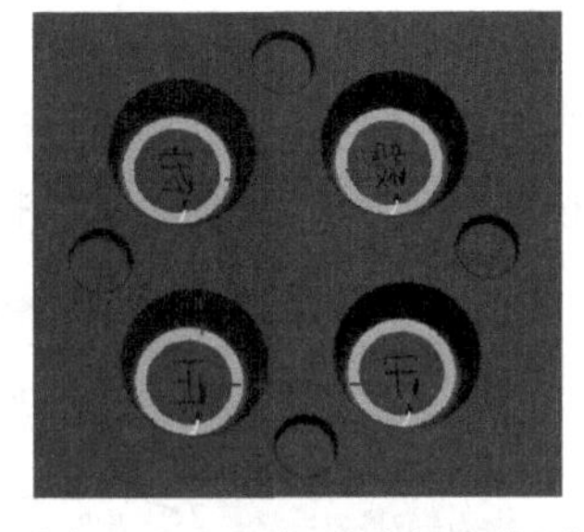

图 8.102　酒杯型腔杯底曲面半精加工刀轨

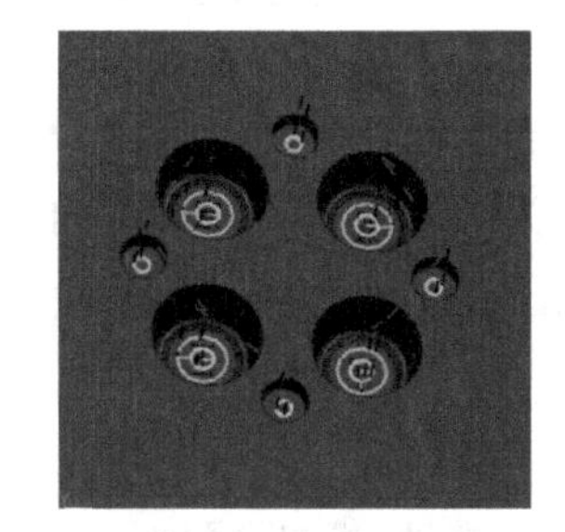

图 8.103　酒杯型腔底面精加工刀轨

2）型腔侧壁精加工

（1）刀轨基本参数设置：双击“精工-1”程序组下粘贴得到的“ZLEVEL_PROFILE_COPY_1”，弹出“深度轮廓加工”对话框，设置如图 8.104 所示的刀轨参数，“最大距离”设置为 0.12 mm。

（2）“余量”修改设置：对“余量”选项卡进行设置，将“部件侧面余量”和“部件底面余量”均修改为 0。

（3）生成刀轨：单击“生成刀轨”按钮，系统自动完成刀轨的计算。得到的型腔侧壁精加工刀轨如图 8.105 所示。

管位侧壁精加工工序的参数修改方法完全相同。参照上面的（1）、（2）、（3）步骤，得到的刀轨如图 8.106 所示。

图 8.104　刀轨基本参数设置 4

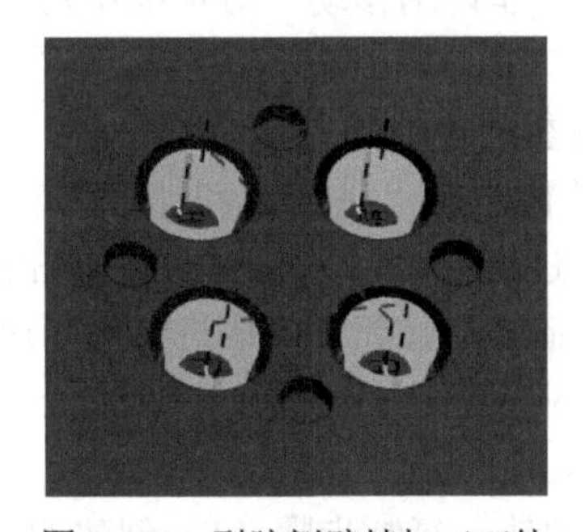

图 8.105　型腔侧壁精加工刀轨

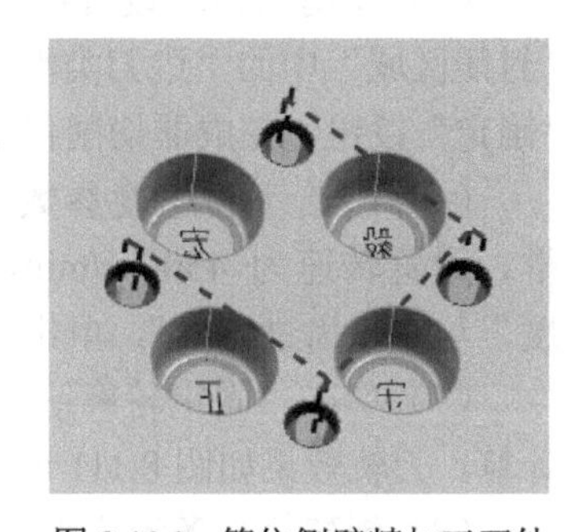

图 8.106　管位侧壁精加工刀轨

3）酒杯型腔零件流道加工

（1）调取流道及浇口加工辅助面：在“图层设置”对话框中，将图层 11 设置为工作图层，并将图层 10 设置为不可见，显示如图 8.107 所示的流道及浇口加工辅助面。

（2）创建固定轮廓铣工序：在工具条中单击“创建工序”按钮，弹出“创建工序”对话框，按

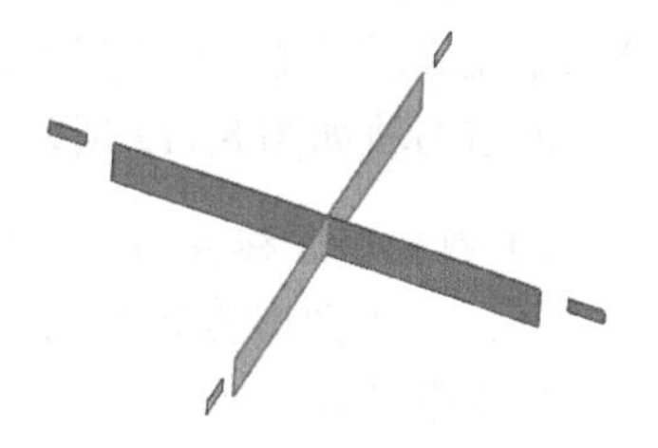

图 8.107　流道及浇口加工辅助面

照如图 8.108 所示进行设置，“工序子类型”选择“FIXED_CONTOUR”；“程序”选择精工-2，“刀具”选择 D6R3 用于铣削，“几何体”选择 Z，单击“确定”按钮，弹出“固定轮廓铣”对话框。

（3）驱动方法及参数设置：在弹出的“固定轮廓铣”对话框中，“驱动方法”设置为曲面，单击“编辑”按钮，弹出“曲面区域驱动方法”对话框，按照如图 8.109 的步骤进行设置。其中，特别注意“指定驱动几何体”是选择创建的一个流道辅助面；“刀具位置”设置为“对中”，“切削方向”按照图上所示选择箭头所指的方向。

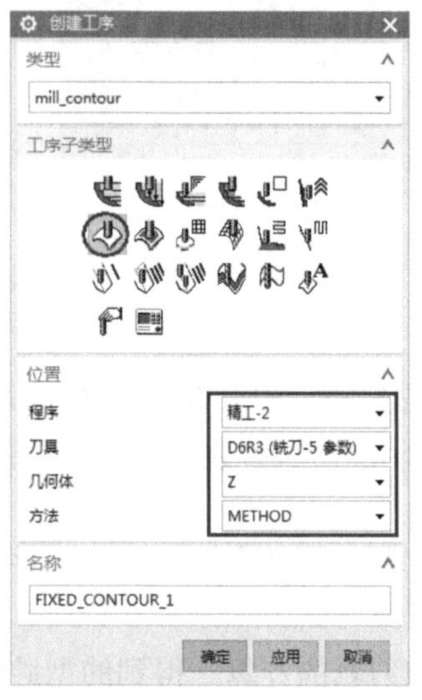
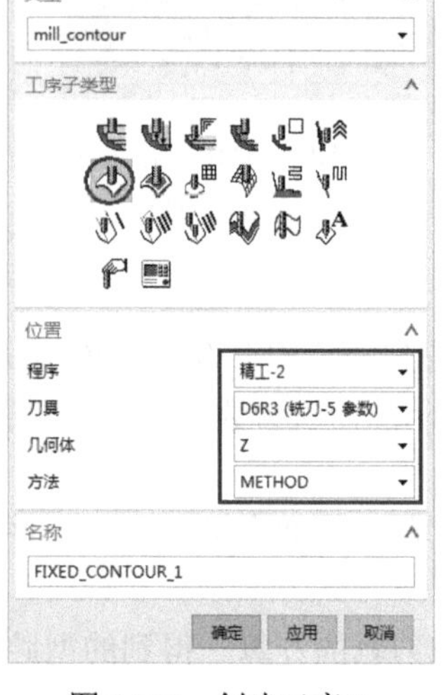

图 8.108　创建工序 2

图 8.109　“曲面区域驱动方法”对话框

（4）切削参数设置：在“余量”选项卡中，将“余量”设置为 0，“公差”设置为 0.01。

（5）非切削移动设置：在“非切削移动”对话框中对“进刀”选项卡进行设置，设置“封闭区域”中的“进刀类型”为插削，开放区域与封闭区域相同，如图 8.110 所示，单击“确定”按钮，完成非切削移动参数的设置。

（6）进给率和速度参数设置：在“进给率和速度”对话框中选中“主轴速度”复选框，设置转速为 4500 r/min、进给率为 600 mm/min；单击按钮系统自动计算“表面速度”与“每齿进给量”，单击“确定”按钮，完成进给率和速度的设置。

（7）单击“固定轮廓铣”对话框最底部的“生成刀轨”按钮，系统自动完成刀轨的计算，刀轨效果如图 8.111 所示。

（8）创建第二条流道加工刀轨：复制步骤（1）创建的工序，并粘贴在其下方；按照步骤（2）的方法对“驱动几何体”和“切削方向”进行更改设置，将“驱动几何体”设置为第二条流道辅助面，“切削方向”设置为与长边对齐的箭头方向；其他参数不变，生成的第二条流道刀轨如图 8.112 所示。

4）酒杯型腔杯底曲面清角精加工

（1）在“图层设置”对话框中，将图层 10 设置为工作层，并将图层 11 设置为不可见，即流道及浇口加工辅助面隐藏，并显示酒杯型腔模型。

（2）创建杯底曲面清角精加工工序：在“工序导航器-程序顺序”视图中选中“半精-2”

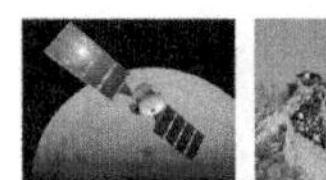

图 8.110 “进刀”设置 5

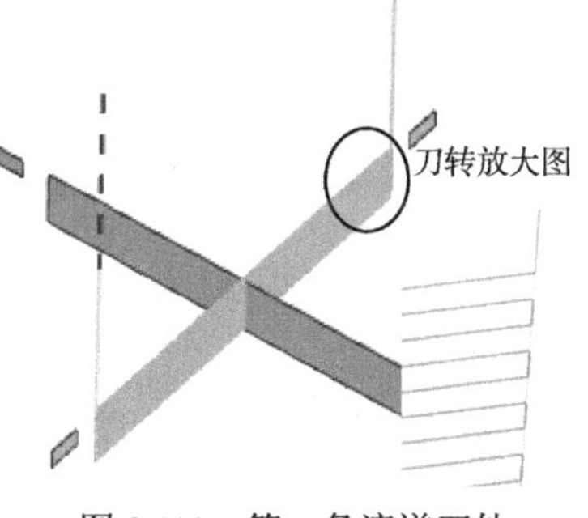

图 8.111 第一条流道刀轨

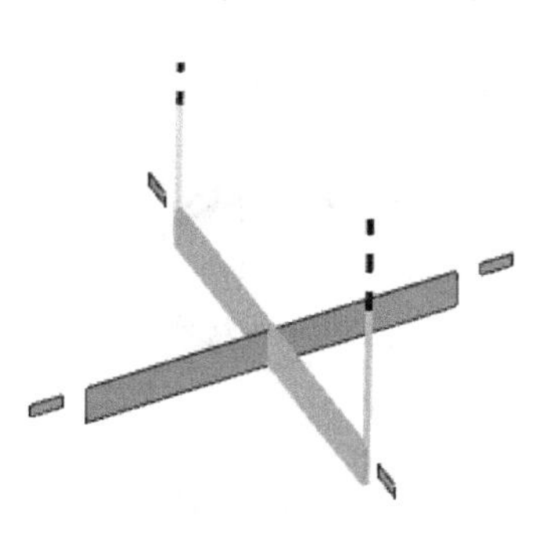

图 8.112 第二条流道刀轨

程序的“FIXED_CONTOUR”刀轨进行复制后，右击“精工-3”工序，在弹出的快捷菜单中选择“粘贴”命令，得到初始的清角精加工工序“FIXED_CONTOUR_COPY”。

（3）驱动方法与参数设置：“驱动方法”设置为区域铣削，“步距”的最大距离修改为 0.03，其他参数保持不变，完成驱动方法的设置。

（4）切削参数设置：单击“切削参数”按钮，弹出“切削参数”对话框。在“余量”选项卡中将部件余量设置为 0 mm，其他参数保持不变，单击“确定”按钮，完成切削参数的设置。

（5）生成酒杯底部曲面清角加工刀轨：单击“生成刀轨”按钮，系统自动完成酒杯型腔杯底曲面清角加工刀轨的计算，刀轨效果如图 8.113 所示。

5）酒杯型腔零件浇口加工

（1）在“图层设置”对话框中，将图层 11 设置为工作层，并将图层 10 设置为不可见，显示流道及浇口加工辅助面。

（2）创建第一个浇口加工工序：在“工序导航器-程序顺序”视图中选中“精工-2”程序的“FIXED_CONTOUR_1”刀轨进行复制后，右击“精工-3”工序，在弹出的快捷菜单中选择“粘贴”命令，得到初始的浇口加工工序“FIXED_CONTOUR_1_COPY_1”。

（3）刀具设置：将“工具”设置为 D2R1 球刀。

（4）驱动方法编辑：对“驱动几何体”和“切削方向”进行更改设置，将“驱动几何体”设置为其中一个浇口面，“切削方向”设置为与长边对齐的箭头方向，其他参数不变。

（5）进给率和速度参数设置：选中“主轴速度”复选框，设置转速为 6000 r/min、进给率为 500 mm/min；单击按钮系统自动计算“表面速度”与“每齿进给量”，单击“确定”按钮，完成进给率和速度的设置。

（6）生成酒杯浇口加工刀轨：单击“生成刀轨”按钮，系统自动完成酒杯型腔杯底曲面清角加工刀轨的计算，刀轨效果如图 8.114 所示。

（7）其余浇口加工刀轨创建：复制创建好的第一个浇口工序，并粘贴在其下方，按照相同的方法修改“驱动几何体”和“切削方向”，完成其余 3 个浇口的创建，创建好的刀轨如图 8.115 所示。

6）酒杯型腔定位柱底面精光加工

（1）工序创建：在“工序导航器-程序顺序”视图中，按照如图 8.116 所示的设置创建酒杯型腔定位柱底面精加工工序，单击“确定”按钮弹出“平面铣”对话框。

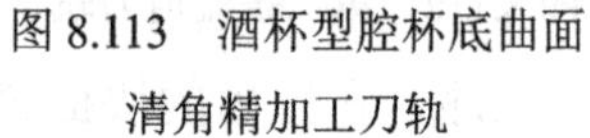

图8.113　酒杯型腔杯底曲面清角精加工刀轨

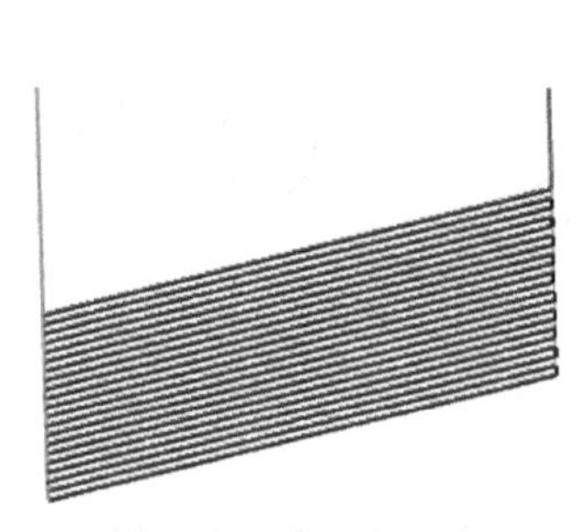

图8.114　第一个浇口加工刀轨

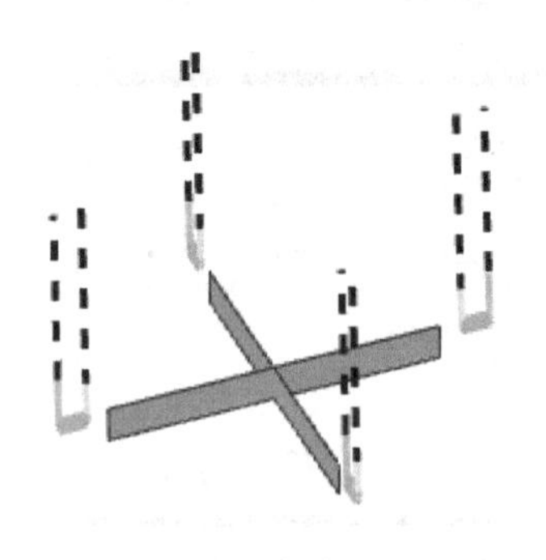

图8.115　创建好的4个浇口刀轨

（2）几何体设置——指定部件边界：在“几何体”选项组中单击“指定部件边界”按钮，在弹出的“边界几何体”对话框中，模式选择“曲线/边”，在弹出的“创建边界”对话框中，类型设置为“封闭”，选择第一个定位柱底部边线；单击“创建下一个边界”按钮，选择第二个定位柱底部边线；直至4个边界全部创建完毕，如图8.117所示。

（3）指定底面：单击“指定底面”按钮，选择定位柱底面作为底面。

（4）刀轨基本参数设置：在“平面铣”对话框的“刀轨设置”选项组中，设置“切削模式”为轮廓、“步距”为多个、“刀路数”为2、“距离”为0.05，分三次精修到位，其他参数保持不变，刀轨基本参数设置如图8.118所示。

图8.116　创建工序3

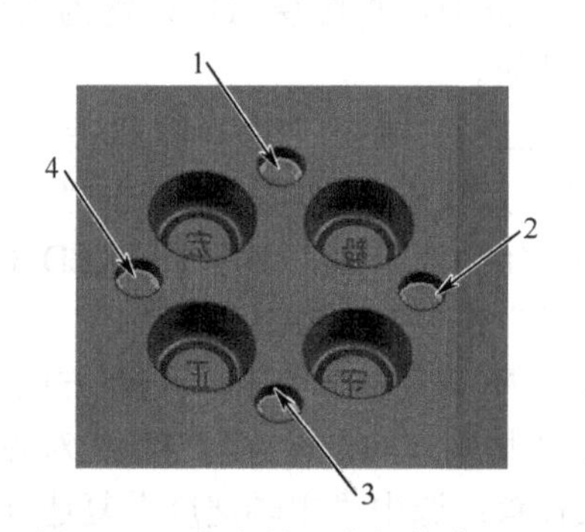

图8.117　指定的4个部件边界

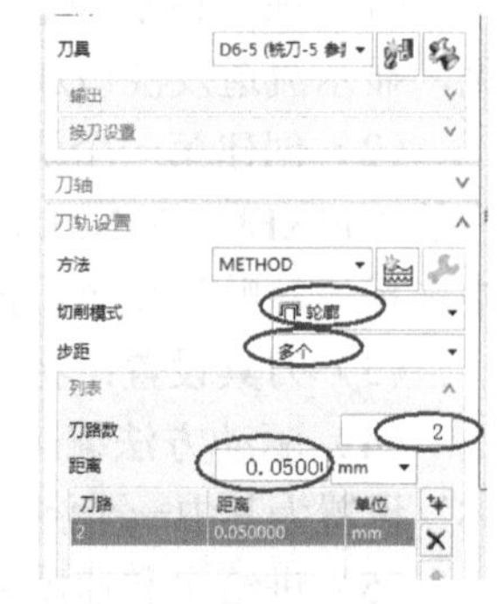

图8.118　刀轨基本参数设置5

（5）切削参数设置：在“策略”选项卡中，设置“切削顺序”为深度优先；在“余量”选项卡中，将余量设置为0 mm，部件底部余量设置为0 mm，内外公差设置为0.01 mm；在“拐角”选项卡中，将“凸角”设置为“延伸”，单击“确定”按钮，完成切削参数的设置。

（6）非切削移动参数设置：在“进刀”选项卡中，按如图8.119所示进行设置；在“起点/钻点”选项卡中，将“重叠距离”设置为1 mm，单击“确定”按钮，完成切削移动的设置。

（7）进给率和速度参数设置：设置“主轴速度”为3500 r/min、进给率为600 mm/min，单击“确定”按钮，完成进给率和速度的设置。

（8）生成酒杯型腔定位柱底面精光加工刀轨：单击“生成刀轨”按钮，系统自动完

成酒杯型腔定位柱底面精光加工刀轨的计算，刀轨效果如图 8.120 所示。

7）酒杯型腔杯底刻字加工

（1）创建刻字加工工序：在工具条中单击“创建工序”按钮，弹出“创建工序”对话框，按如图 8.121 所示进行设置。

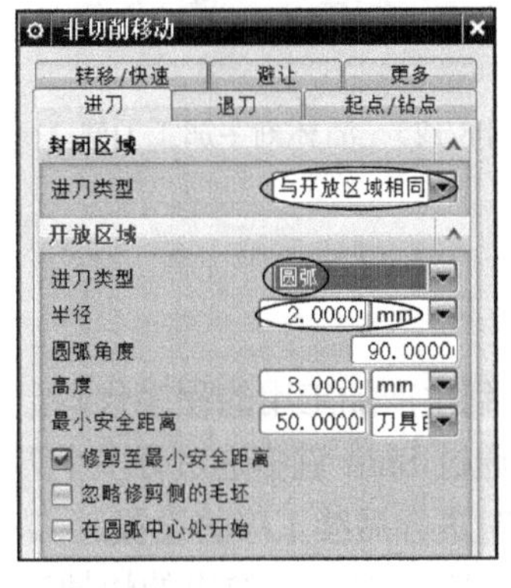

图 8.119　“进刀”设置 6

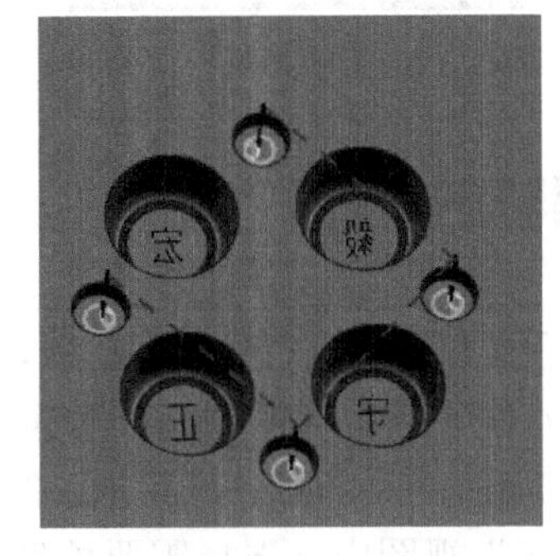

图 8.120　酒杯型腔定位柱底面精光加工刀轨

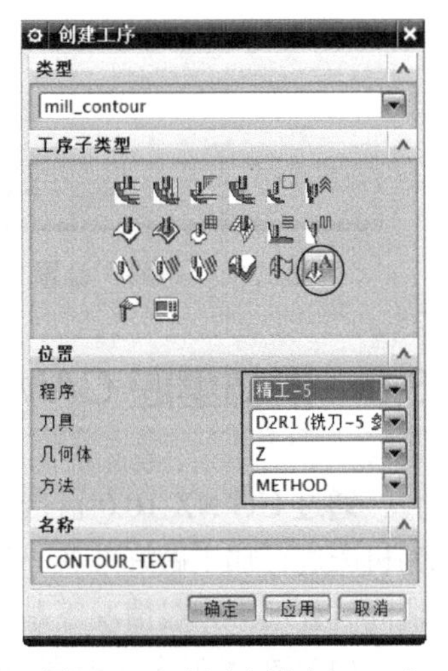

图 8.121　创建刻字加工工序

（2）几何体设置——指定制图文本：在弹出的“轮廓文本”对话框中，在“几何体”选项组中单击A按钮选择“宏”“毅”“守”“正”4 个字，如图 8.122 所示。

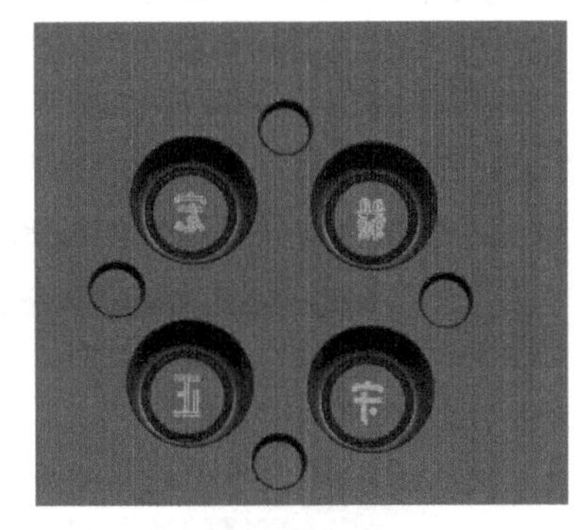

图 8.122　指定制图文本

（3）切削参数设置：在“切削参数”对话框中，将“策略”选项卡中的“文本深度”设置为 0.2，如图 8.123 所示；在如图 8.124 所示的“多刀路”选项卡中将“部件余量偏置”设置为 0.2 mm，选中“多重深度切削”复选框，“步进方法”设置为增量 0.05 mm；在“余量”选项卡中，将内外公差修改为 0.01 mm，其他参数保持不变，单击“确定”按钮，完成切削参数的设置。

（4）进给率和速度参数设置：设置“主轴转度”为 6000 r/min、进给率为 500 mm/min，单击按钮，系统自动计算“表面速度”与“每齿进给量”；单击“确定”按钮，完成进给率和速度的设置。

（5）生成酒杯刻字加工刀轨：单击“生成刀轨”按钮，系统自动完成酒杯刻字加工刀轨的计算，刀轨效果如图 8.125 所示。

行家指点　文本深度的数值不能大于刀具的半径，否则会有报警信息，此时需要查看文本深度的设置数值。

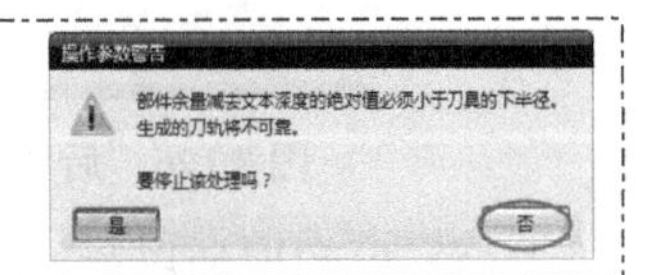

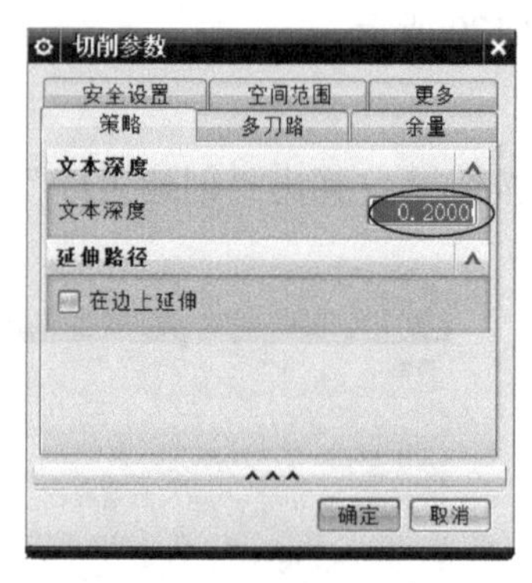

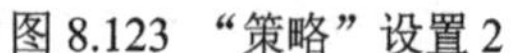

图 8.123 “策略”设置 2

图 8.124 “多刀路”设置

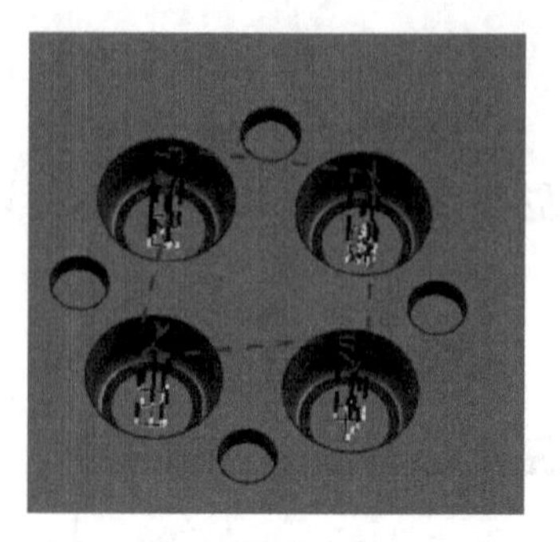

图 8.125 酒杯刻字加工刀轨

8.9 酒杯型腔 CAM 的刀轨后处理

通过 UG NX 10.0 自带的后处理器对刀轨进行后处理生成，得到生产加工用的程序代码，为机床进行加工做好准备。刀轨后处理可以单个工序处理，也可以通过 Shift 键多选进行多个刀轨同时处理。一般情况下是先处理开粗工序，机床在开粗加工的同时进行后续工序的设置。

（1）在“工序导航器-程序顺序”视图中，选择需要处理的工序右击，在弹出的快捷菜单中选择“后处理”命令，弹出如图 8.126 所示的“后处理”对话框。

（2）在“后处理器”列表框中，选择之前创建的后处理文件“wxstc_post”，在“输出文件”选项组中设置保存路径，修改后处理“文件名”为“O1”，“文件扩展名”修改为“nc”；在“设置”选项组中修改“单位”为“公制/部件”，单击“确定”按钮完成后处理的设置，系统自动处理得到如图 8.127 所示的开粗工序程序代码。

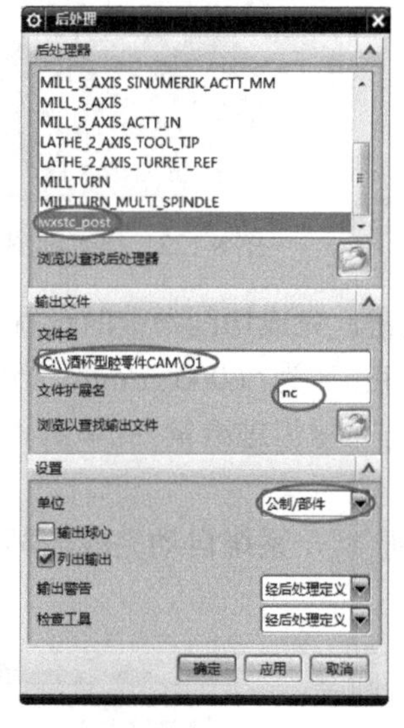

图 8.126 后处理设置

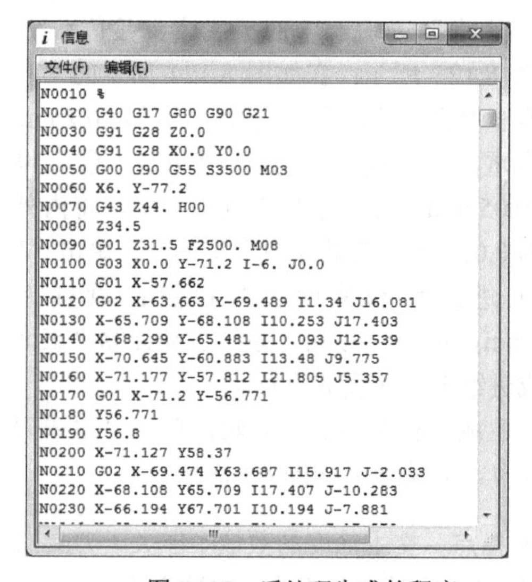
```
N0010 %
N0020 G40 G17 G80 G90 G21
N0030 G91 G28 Z0.0
N0040 G91 G28 X0.0 Y0.0
N0050 G00 G90 G55 S3500 M03
N0060 X6. Y-77.2
N0070 G43 Z44. H00
N0080 Z34.5
N0090 G01 Z31.5 F2500. M08
N0100 G03 X0.0 Y-71.2 I-6. J0.0
N0110 G01 X-57.662
N0120 G02 X-63.663 Y-69.489 I1.34 J16.081
N0130 X-65.709 Y-68.108 I10.253 J17.403
N0140 X-68.299 Y-65.481 I10.093 J12.539
N0150 X-70.645 Y-60.883 I13.48 J9.775
N0160 X-71.177 Y-57.812 I21.805 J5.357
N0170 G01 X-71.2 Y-56.771
N0180 Y56.771
N0190 Y56.8
N0200 X-71.127 Y58.37
N0210 G02 X-69.474 Y63.687 I15.917 J-2.033
N0220 X-68.108 Y65.709 I17.407 J-10.283
N0230 X-66.194 Y67.701 I10.194 J-7.881
```

图 8.127 后处理生成的程序

（3）以相同的操作对后续各个工序进行后处理，得到酒杯型腔零件铣加工的全部 18 个程序。

8.10 酒杯型腔零件的机床加工

按照规划的工艺，将零件在机床上加工制造出来，具体加工操作方法可以参照表 8.5 零件各工序加工操作实施视频进行学习，并在加工设备上对照视频中的操作步骤和注意事项进行加工操作。

表 8.5 零件各工序加工操作实施

序号	工作内容	加工零件	加工操作实施
1	反面螺纹孔加工		扫一扫看酒杯定模板反面加工操作视频
2	正面铣加工		扫一扫看酒杯定模板正面加工操作视频
3	钻水路		扫一扫看酒杯定模板水路加工操作视频
4	1/4 螺纹攻牙		扫一扫看酒杯定模板水路孔攻牙操作视频
5	电极放电		扫一扫看酒杯定模板电极放电加工操作视频

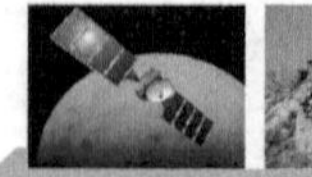

练习与提高 7

请完成如图 8.128 所示的酒杯型芯加工工艺规划，进行零件刀轨编制，并加工。

扫一扫下载图 8.128 零件加工模型源文件

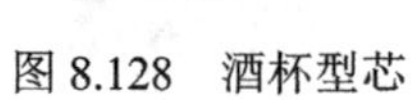

图 8.128　酒杯型芯

9 综合案例：保护盒注塑模具的数字化制造

学习导入

通过对一整套保护盒注塑模具制造的综合演练，学习各模具结构数字化制造的流程，重点学习模具零件数字化编程的方法，结合机床实际加工，让学习者实现从刀轨编制到仿真加工及机床实际加工，从而提高学习者编程的实用性和解决实际问题的能力。实施流程如图 9.1 所示。

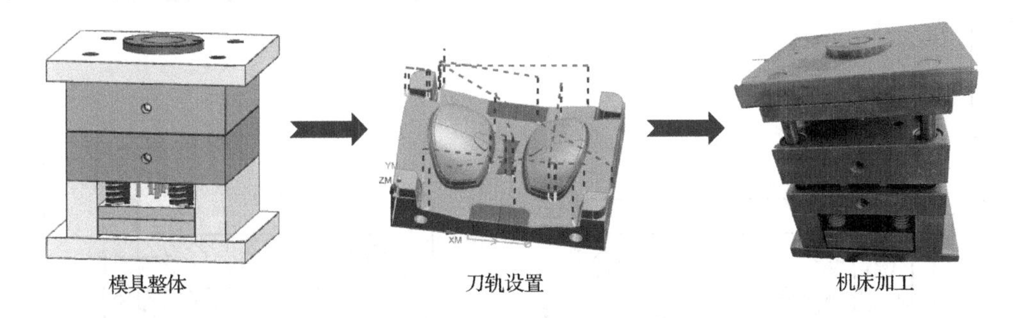

图 9.1　实施流程

学习目标

（1）熟悉保护盒注塑模具的结构和工作原理。

（2）保护盒模具制造过程中相关技术资料与手册的应用与工艺参数查询。

（3）熟悉保护盒模具零件加工工艺的制定。

（4）掌握保护盒模具零件数控加工刀轨的编制与程序生成。

（5）熟悉模具制造中各模具零件机床加工操作并利用机床设备完成整套模具零件的制造。

9.1 保护盒注塑模具结构原理分析

扫一扫下载保护盒整套模具结构源文件

保护盒模具采用两板模结构一模二腔布局，主要装配图如图9.2所示。

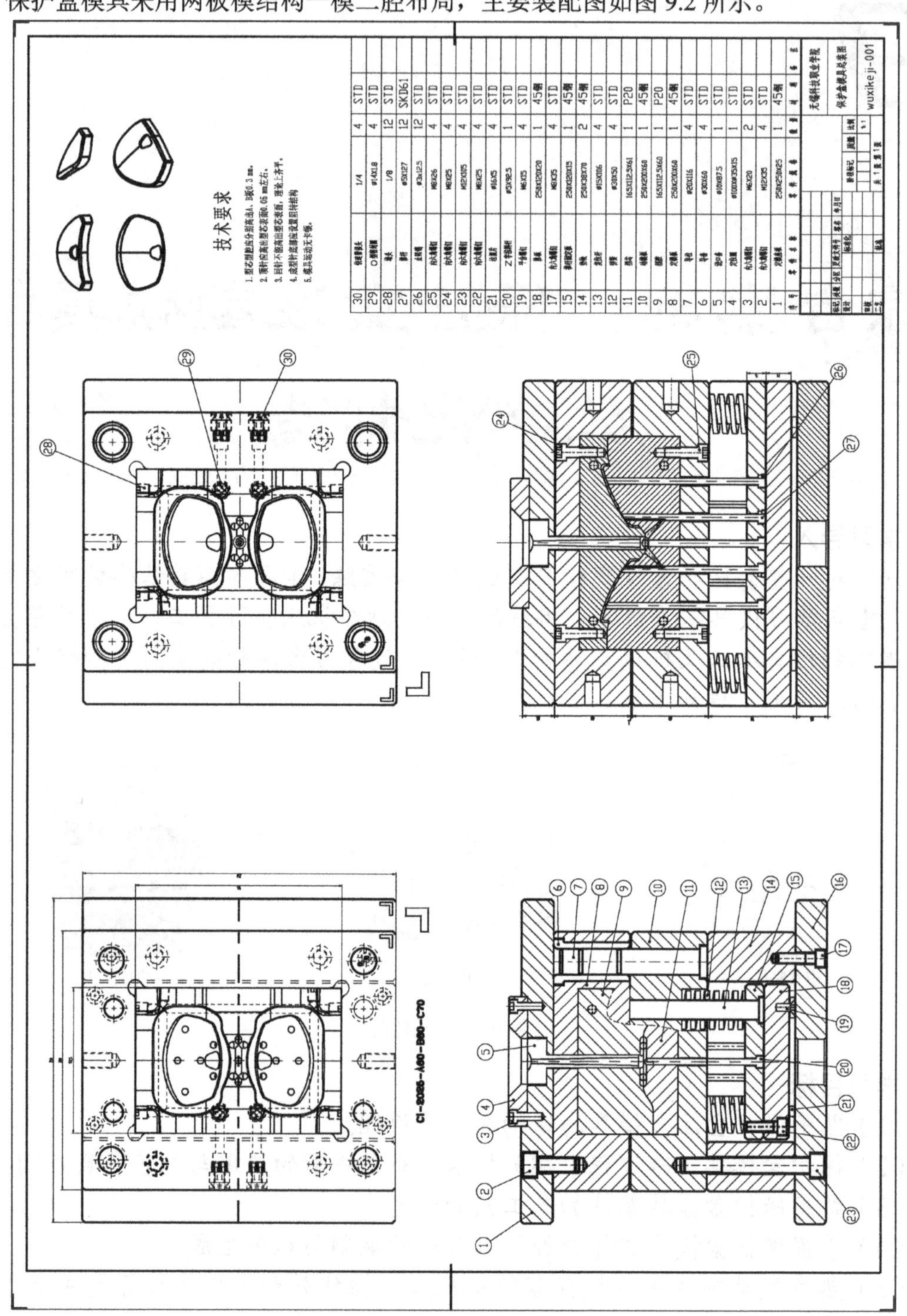

图9.2　保护盒模具装配图

1. 模具结构特点

（1）该模具是单分型面模具，也称为二极模具。

（2）该模具采用了推杆推出机构，该推出机构主要用于大多数塑件背部表面质量要求不高的推出。

2. 模具工作原理

该保护盒注射模具的工作原理是合模后，在导柱和导套的导向定位下，动模和定模闭合，并由注塑机合模系统的锁模力锁紧，然后注塑机开始注射，塑料熔体经浇注系统进入保护盒模具型腔，待熔体充满型腔并经过保压、补缩和冷却定型后，开模，动模后退，模具从动模和定模分型面分开，塑件包在型芯上随动模一起后退，拉料杆将主流道凝料从浇品套中拉出，动模停止，注塑机的顶杆顶推板，推出机构开始运作，推杆将塑料从凸模上推出。

9.2 保护盒注塑模定模板加工

保护盒注塑模定模板如图 9.3 所示。

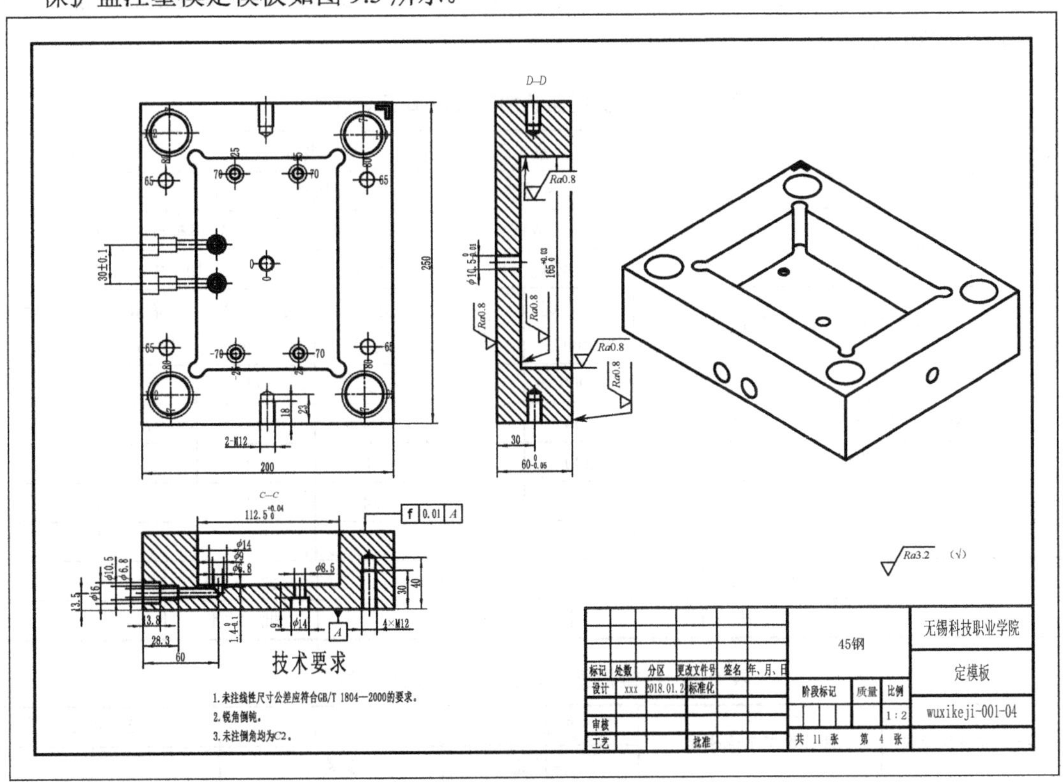

图 9.3 定模板零件图

1. 制定定模板加工工艺路线，编制定模板的加工工艺

（1）根据定模板零件图，查阅相关资料，分小组进行定模板的加工工艺分析。

（2）确定定模板最终加工工艺方案，并填写加工工艺过程卡。

参考工艺方案如表 9.1 所示。

表 9.1 定模板加工工艺过程卡

材料牌号	45 钢	毛坯种类	精料	毛坯外形尺寸	250 mm×200 mm×40 mm
工序号	工序名称	工序内容			
00	数铣	定模板反面铣加工			
05	数铣	定模板正面铣加工			
10	钻	钻水路，密封圈槽加工			
20	钳	1/4 螺纹攻牙			
30	检验	按图样要求检验各部尺寸及几何公差			
40	入库	清洗，加工表面涂防锈油，入库			

2. 分析加工工艺，制定定模板数控加工工序卡

（1）根据定模板零件图及三维模型，查阅相关资料，分小组进行定模板的数控加工工艺分析。

（2）确定定模板最终数控加工工艺方案，并填写数控加工工序卡。

00 工序定模板反面铣加工数控加工工艺可参照表 9.2，05 工序定模板正面铣加工数控加工工艺可参照表 9.3。

表 9.2 定模板反面铣加工数控加工工序卡

无锡科技职业学院		数控加工工序卡片	产品名称		零件名称		零件图号	
			保护盒		定模板			
工序号	00	工序名	数铣		工序内容	定模板反面铣加工		
夹具	平口钳	工量具	游标卡尺		设备	加工中心 850		
工步	工步内容及要求	刀具类型及大小	主轴转速（r/min）	步距	切削深度（mm）	进给速度（mm/min）	余量（mm）	底面余量（mm）
1	打点加工	中心钻 DD8	1000	/	2	100	/	/
2	螺纹过孔加工	钻头 S8.5	600	/	24	70	/	/
3	沉头孔加工	平底刀 D14	800	/	9	60	/	/
4	进料孔加工	钻头 S10.5	600	/	24	70	/	/
工艺编制		学 号		审 定		会 签		
工时定额		校 核		执行时间		批 准		

表 9.3 定模板正面铣加工数控加工工序卡

无锡科技职业学院		数控加工工序卡片	产品名称		零件名称		零件图号	
			保护盒		定模板			
工序号	05	工序名	数铣		工序内容	定模板正面铣加工		
夹具	平口钳	工量具	游标卡尺		设备	加工中心 850		
工步	工步内容及要求	刀具类型及大小	主轴转速（r/min）	步距	切削深度（mm）	进给速度（mm/min）	余量（mm）	底面余量（mm）
1	型腔槽开粗	圆鼻刀 D16R0.8	2300	65%	0.5	1500	0.2	0.1
2	清角	平底刀 D10	3500	60%	0.3	1600	0.2	0.1

续表

工步	工步内容及要求	刀具类型及大小	主轴转速（r/min）	步距	切削深度（mm）	进给速度（mm/min）	余量（mm）	底面余量（mm）
3	型腔槽底面精加工	平底刀 D10	3500	60%	0	1000	0.3	0
4	侧壁精加工	平底刀 D10	3500	0.1 mm	14	800	0	0
5	打点加工	中心钻 DD8	1000	/	2	100	/	/
6	水路孔加工	钻头 S7	600	/	24	50	/	/
7	倒角	中心钻 DD8	3000	/	2	1000	/	/

工艺编制		学　　号		审　　定		会　　签	
工时定额		校　　核		执行时间		批　　准	

3. 定模板数控编程

根据所制定的数控加工工艺，综合运用前面所学模具数字化制造知识，定模板 00 工序反面加工的刀轨生成如表 9.4 所示，05 工序定模板正面加工的刀轨生成如表 9.5 所示。具体刀轨创建请同学们（可参考视频资源）自行完成。

扫一扫下载保护盒定模板模型源文件

扫一扫看保护盒定模板加密封圈槽编程操作视频

表 9.4　定模板 00 工序反面加工刀轨

工步	加工刀轨	工步	加工刀轨
1．打点加工	ZM YM XM	3．沉头孔加工	
2．螺纹孔加工		4．进料孔加工	

表 9.5　定模板 05 工序正面加工刀轨

工步	加工刀轨	工步	加工刀轨
1．型腔槽开粗		2．清角加工	

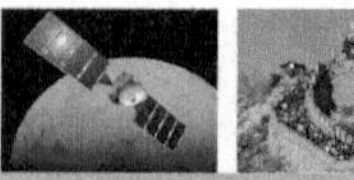

续表

工步	加工刀轨	工步	加工刀轨
3．型腔槽底面精加工	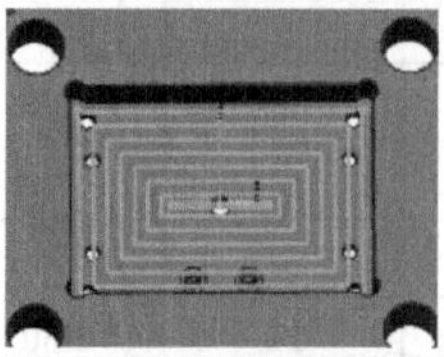	6．水路孔加工	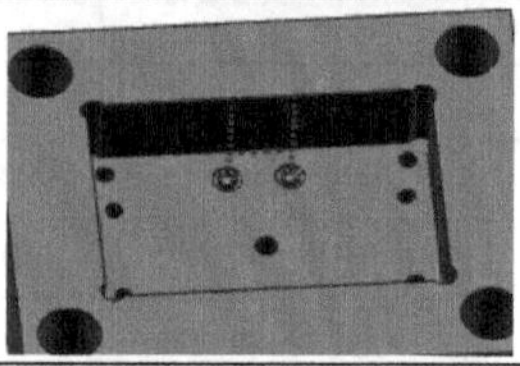
4．侧壁精加工	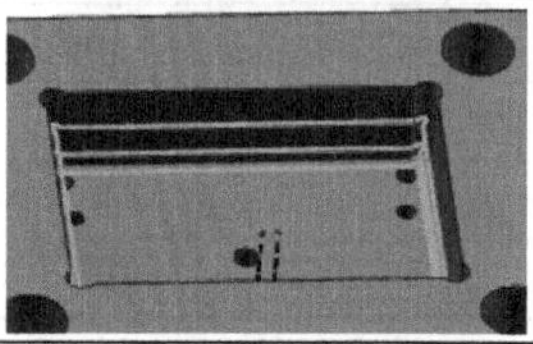	7．倒角	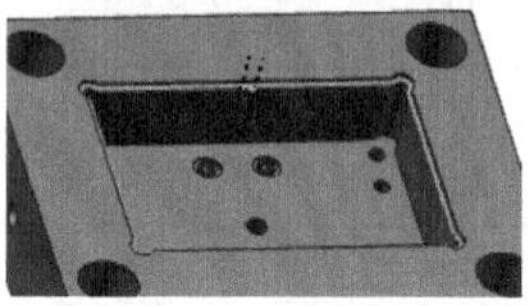
5．水路孔打点	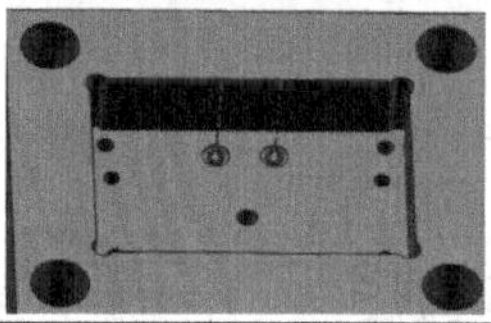		

4．定模板机床加工

定模板的加工工序包括4道工序，具体加工过程如表9.6所示，机床加工操作步骤可参考视频资源自行操作。

表9.6　定模板机床的加工过程

工序号	工作内容	加工零件	加工操作实施
00	定模板反面铣加工		扫一扫看保护盒定模板反面加工操作视频
05	定模板正面铣加工		扫一扫保护盒定模板正面加工视频
10	钻水路，密封圈槽加工		扫一扫看保护盒定模板水路加工操作视频
20	1/4螺纹攻牙	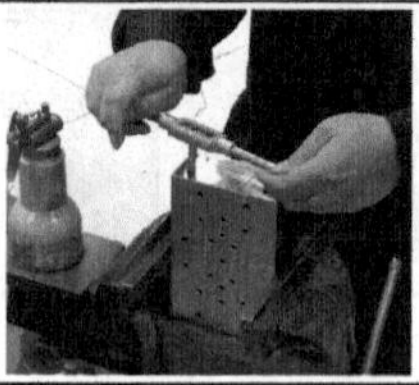	扫一扫看保护盒定模板螺纹攻牙操作视频

行家指点　对于孔径不大的孔边缘倒角，可以采用直径较大的中心钻，加大点孔时的切深，实现点孔和倒角合二为一，不需要再增加单独的倒角操作，优化工艺。本案例中的水路孔倒角就是这样完成的。

9.3 保护盒注塑模定模座板加工

扫一扫下载定模座板模型源文件

保护盒注塑模定模座板如图 9.4 所示。

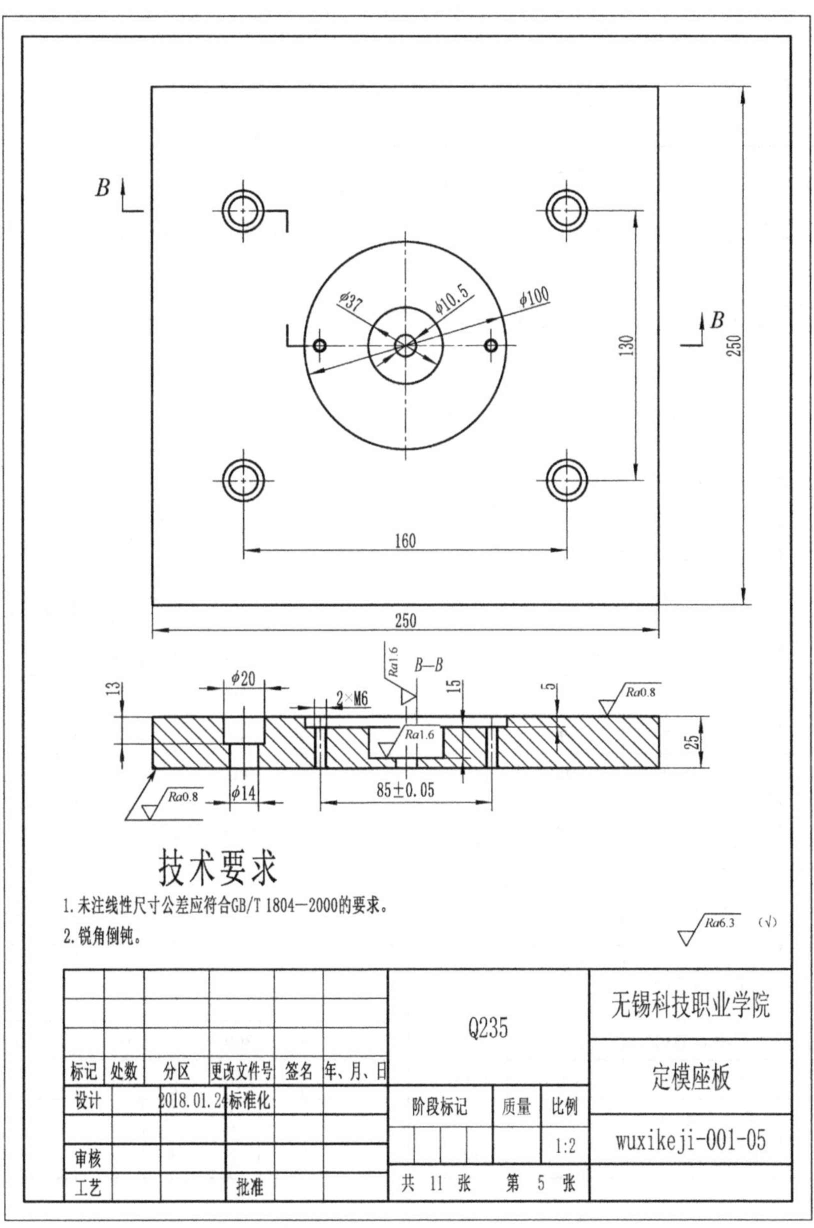

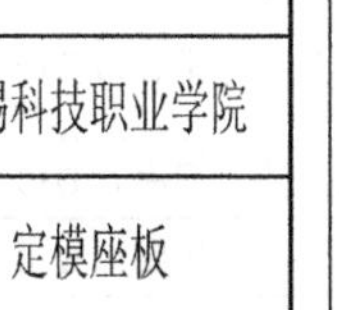

图 9.4　定模座板零件图

1. 制定定模座板加工工艺路线，编制定模座板的加工工艺

（1）根据定模座板零件图，查阅相关资料，分小组进行定模座板的加工工艺分析。

（2）确定定模座板最终加工工艺方案，并填写加工工艺过程卡。

参考工艺方案如表9.7所示。

表9.7　定模座板加工工艺过程卡

材料牌号	45 钢	毛坯种类	精料	毛坯外形尺寸	250 mm×200 mm×40mm
工序号	工序名称	工序内容			
00	数铣	定模座板铣加工，配定位圈			
05	钳	M6 攻牙			
10	检验	按图样要求检验各部分尺寸及几何公差			
20	入库	清洗，加工表面涂防锈油，入库			

2. 进一步分析加工工艺，制定定模座板数控加工工序卡

（1）根据定模板零件图及三维模型，查阅相关资料，分小组进行定模座板的数控加工工艺分析。

（2）确定定模座板最终数控加工工艺方案，并填写数控加工工序卡。

00工序定模座板数控铣加工工艺可参照表9.8。

表9.8　定模座板铣加工数控加工工序卡

<table>
<tr><td colspan="2" rowspan="2">无锡科技职业学院</td><td rowspan="2">数控加工工序卡片</td><td colspan="2">产品名称</td><td colspan="2">零件名称</td><td colspan="2">零件图号</td></tr>
<tr><td colspan="2">保护盒</td><td colspan="2">定模座板</td><td colspan="2"></td></tr>
<tr><td>工序号</td><td>00</td><td>工序名</td><td colspan="2">数铣</td><td>工序内容</td><td colspan="3">定模座板铣加工</td></tr>
<tr><td>夹具</td><td>平口钳</td><td>工量具</td><td colspan="2">游标卡尺</td><td>设备</td><td colspan="3">加工中心 850</td></tr>
<tr><td>工步</td><td>工步内容及要求</td><td>刀具类型及大小</td><td>主轴转速（r/min）</td><td>步距</td><td>切削深度（mm）</td><td>进给速度（mm/min）</td><td>余量（mm）</td><td>底面余量（mm）</td></tr>
<tr><td>1</td><td>打点加工</td><td>中心钻 DD8</td><td>1000</td><td>/</td><td>2</td><td>100</td><td>/</td><td>/</td></tr>
<tr><td>2</td><td>螺纹底孔加工</td><td>球头 S5.5</td><td>600</td><td>/</td><td>17</td><td>40</td><td>/</td><td>/</td></tr>
<tr><td>3</td><td>浇口套孔加工</td><td>球头 S10.5</td><td>600</td><td>/</td><td>30</td><td>60</td><td>/</td><td>/</td></tr>
<tr><td>4</td><td>定位圈槽粗加工</td><td>圆鼻刀 D16R0.8</td><td>2500</td><td>60 平直百分比</td><td>0.5</td><td>1500</td><td>0.2</td><td>0.1</td></tr>
<tr><td>5</td><td>定位圈槽底面精加工</td><td>平底刀 D10</td><td>3500</td><td>60 平直百分比</td><td>0</td><td>1000</td><td>0.3</td><td>0</td></tr>
<tr><td>6</td><td>浇口套槽底面精加工</td><td>平底刀 D10</td><td>3500</td><td>60 平直百分比</td><td>0</td><td>1000</td><td>0.3</td><td>0</td></tr>
<tr><td>7</td><td>定位圈槽侧面精加工</td><td>平底刀 D10</td><td>3500</td><td>0.1 mm</td><td>0</td><td>800</td><td>0</td><td>0</td></tr>
<tr><td>8</td><td>浇口套槽侧面精加工</td><td>平底刀 D10</td><td>3500</td><td>0.1 mm</td><td>0</td><td>800</td><td>0</td><td>0</td></tr>
<tr><td>工艺编制</td><td></td><td>学　号</td><td></td><td>审　定</td><td></td><td>会　签</td><td colspan="2"></td></tr>
<tr><td>工时定额</td><td></td><td>校　核</td><td></td><td>执行时间</td><td></td><td>批　准</td><td colspan="2"></td></tr>
</table>

3. 实施定模座板数控编程

根据所制定的数控加工工艺，综合运用前面所学模具数字化制造知识，定模座板 00 工序铣加工的刀轨生成如表 9.9 所示，具体刀轨创建请同学们（可参考视频资源）自行完成。

表 9.9　定模座板 00 工序加工刀轨

工步	加工刀轨	工步	加工刀轨
1. 打点加工		5. 定位圈槽底面精加工	
2. 螺纹底孔加工		6. 浇口套槽底面精加工	
3. 浇口套孔加工		7. 定位圈槽侧面精加工	
4. 定位圈槽粗加工		8. 浇口套槽侧面精加工	

4. 定模座板机床加工

定模座板零件的加工过程如表 9.10 所示，具体实施过程可参考视频资源在设备上自行操作完成。

表 9.10　定模座板零件的加工过程

工序号	工作内容	加工过程	加工操作实施视频
00	定模座板铣加工，配定位圈		扫一扫看保护盒定模座板铣削加工操作视频
05	M6 攻牙		扫一扫看保护盒定模座板攻牙操作视频

9.4 保护盒注塑模型腔加工

扫一扫下载保护盒型腔模型源文件

扫一扫看保护盒型腔粗加工编程操作视频

保护盒注塑模型腔如图9.5所示。

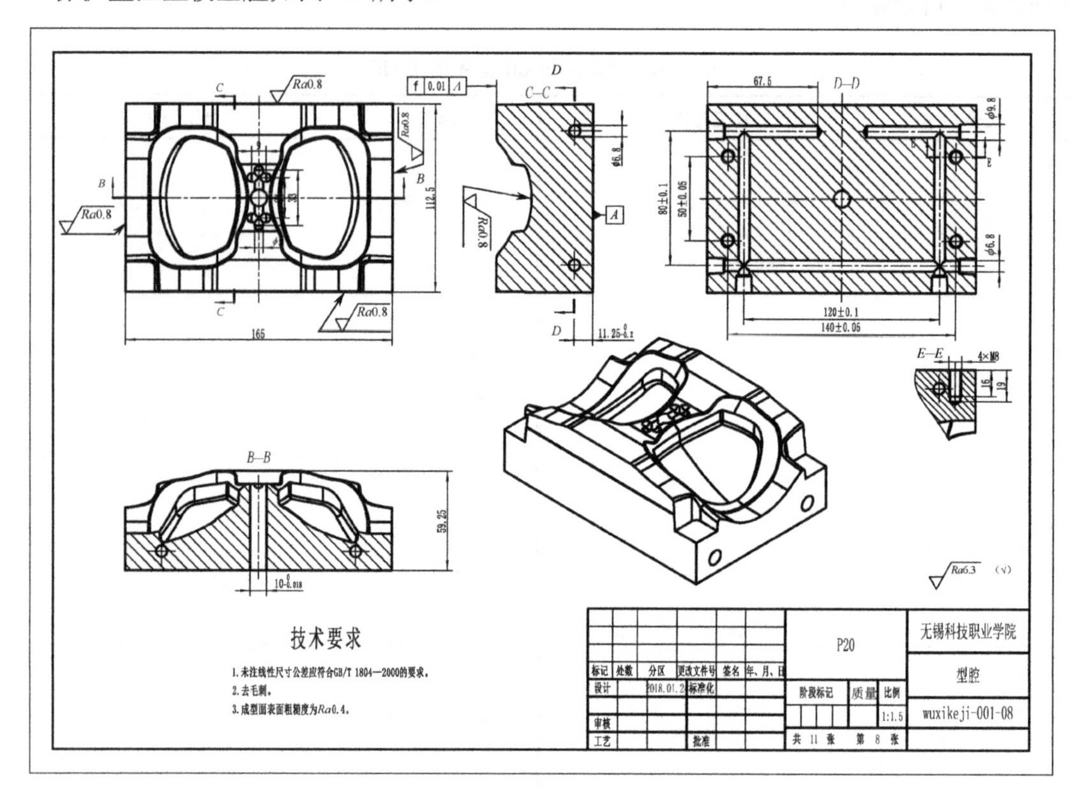

图9.5 型腔零件图

1. 制定型腔加工工艺路线，编制型腔的加工工艺

（1）根据型腔零件图，查阅相关资料，分小组进行型腔的加工工艺分析。

（2）确定型腔最终加工工艺方案，并填写加工工艺过程卡。

参考工艺方案如表9.11所示。

表9.11 型腔加工工艺过程卡

材料牌号	45钢	毛坯种类	精料	毛坯外形尺寸	250 mm×200 mm×40 mm
工序号	工序名称	工序内容			
00	钳	外轮廓倒角C2			
05	钻	型腔反面螺纹孔、流道孔加工			
10	数铣	型腔正面铣加工			
20	钻	钻水路			
30	钳	反面攻牙			
40	检验	按图样要求检验各部分尺寸及几何公差			
50	入库	清洗，加工表面涂防锈油，入库			

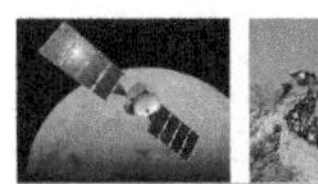

2. 分析加工工艺，制定型腔数控加工工序卡

（1）根据型腔零件图及三维模型，查阅相关资料，分小组进行型腔的数控加工工艺分析。

（2）确定型腔最终数控加工工艺方案，并填写数控加工工序卡。

05 工序型腔正面铣加工数控加工工艺可参照表 9.12。

表 9.12 型腔正面铣加工数控加工工序卡

无锡科技职业学院		数控加工工序卡片	产品名称		零件名称		零件图号	
			保护盒		型腔			
工序号	10	工序名	数铣		工序内容	型腔正面铣加工		
夹具	平口钳	工量具	游标卡尺		设 备	加工中心 850		
工步	工步内容及要求	刀具类型及大小	主轴转速（r/min）	步距	切削深度（mm）	进给速度（mm/min）	余量（mm）	底面余量（mm）
1	粗加工	D16R1 飞刀	2500	65 平直百分比	0.35	1800	0.3	0.2
2	二次粗加工	圆鼻刀 D8R0.5	3800	65 平直百分比	0.2	1400	0.3	0.2
3	清角粗加工	球刀 D6R3	4500	15 平直百分比	0.15	1200	0.3	0.2
4	虎口底面半精加工	圆鼻刀 D8R0.5	3800	45 平直百分比	0	1000	0.3	0.1
5	虎口侧面半精加工	圆鼻刀 D8R0.5	3800	/	0.25	1500	0.1	0.1
6	分型面曲面半精加工	球刀 D8R4	4000	0.2mm	/	1600	0.1	0.1
7	成型面曲面半精加工	球刀 D6R3	4500	0.2mm	/	1500	0.1	0.1
8	虎口底面精加工	平底刀 D10	3500	45 平直百分比	0	1000	0.3	0
9	避空位精加工	平底刀 D10	3500	多个	0	800	0	0
10	虎口侧面精加工	圆鼻刀 D8R0.5	3800	/	0.15	1500	0	0
11	分型面曲面精加工	球刀 D8R4	4000	0.12mm	/	1600	0	0
12	成型面曲面精加工	球刀 D6R3	4500	0.12mm	/	1500	0	0
13	虎口清角精加工	平底刀 D8	3800	/	0.05	1500	0	0
14	分流道 1 加工	球刀 D5R2.5	4600	/	/	300	0	0
15	分流道 2 精加工	球刀 D5R2.5	4600	/	/	300	0	0
16	分流道 3 精加工	球刀 D5R2.5	4600	/	/	300	0	0
工艺编制		学 号		审 定		会 签		
工时定额		校 核		执行时间		批 准		

3. 型腔数控编程

扫一扫看保护盒型腔半精加工编程操作视频

根据所制定的数控加工工艺，综合运用前面所学模具数字化制造知识，型腔 05 工序定模板正面加工的刀轨生成如表 9.13 所

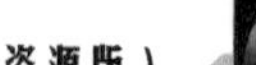

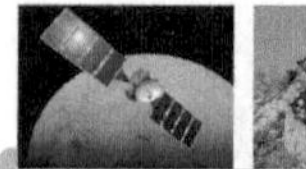

示。具体刀轨创建请同学们（可参考视频资源）自行完成。

扫一扫看保护盒型腔精加工编程操作视频

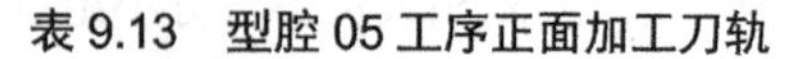

表 9.13　型腔 05 工序正面加工刀轨

工步	加工刀轨	工步	加工刀轨
1．粗加工		7．成型面曲面半精加工	
2．二次粗加工		8．虎口底面精加工	
3．清角粗加工		9．避空位加工	
4．虎口底面半精加工		10．虎口侧面精加工	
5．虎口侧面半精加工		11．分型面曲面精加工	
6．分型面曲面半精加工		12．成型面曲面精加工	

续表

工步	加工刀轨	工步	加工刀轨
13．虎口清角精加工		15．分流道 2 加工	
14．分流道 1 加工		16．分流道 3 加工	

4．型腔机床加工

型腔零件的加工过程如表 9.14 所示，具体实施过程可参考视频资源在设备上自行操作完成。

表 9.14　型腔零件的加工过程

工序号	工作内容	加工过程	加工操作实施视频
00	外轮廓倒角 $C2$		扫一扫看保护盒型腔外轮廓倒角操作视频
05	型腔反面钻孔加工		扫一扫看保护盒型腔反面加工操作视频

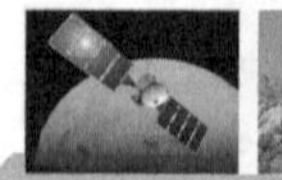

续表

工序号	工作内容	加工过程	加工操作实施视频
10	型腔正面铣加工		扫一扫看保护盒型腔正面加工操作视频
20	钻水路		扫一扫看保护盒型腔水路加工操作视频
30	反面攻牙 1		扫一扫看保护盒型腔攻牙加工操作视频

9.5 保护盒注塑模型芯加工

扫一扫下载保护盒型芯模型源文件

保护盒注塑模型芯如图 9.6 所示。

1. 制定型芯加工工艺路线，编制型芯的加工工艺

（1）根据型芯零件图，查阅相关资料，分小组进行型芯的加工工艺分析。

（2）确定型芯最终加工工艺方案，并填写加工工艺过程卡。

参考工艺方案如表 9.15 所示。

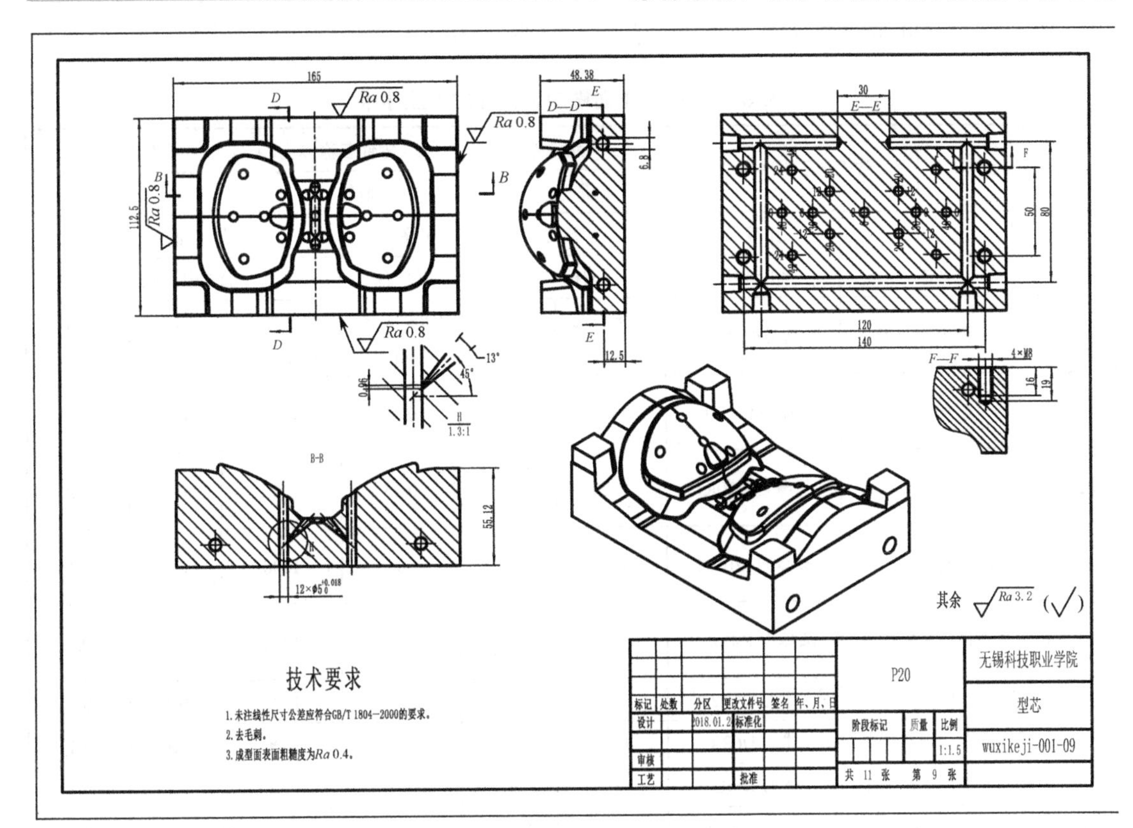

图 9.6 型芯零件图

表 9.15 型芯加工工艺过程卡

材料牌号	45 钢	毛坯种类	精料	毛坯外形尺寸	250 mm×200 mm×40 mm
工序号	工序名称	工序内容			
00	钳	外轮廓倒角 *C*2			
05	钻	型芯反面螺纹孔、顶针孔加工			
10	数铣	型芯正面铣加工			
20	钻	钻水路			
30	钻	钻潜浇口			
40	钳	反面 M8 攻牙			
50	放电	电极放电			
60	检验	按图样要求检验各部分尺寸及几何公差			
70	入库	清洗，加工表面涂防锈油，入库			

2. 分析加工工艺，制定型芯数控加工工序卡

（1）根据型芯零件图及三维模型，查阅相关资料，分小组进行型芯的数控加工工艺分析。

（2）确定型芯最终数控加工工艺方案，并填写数控加工工序卡。

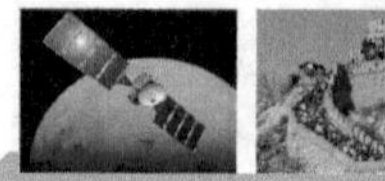

10 工序型芯正面铣加工数控加工工艺可参照表 9.16。

表 9.16　型芯正面铣加工数控加工工序卡

无锡科技职业学院	数控加工工序卡片		产品名称		零件名称		零件图号	
			保护盒		型芯			
工序号	10	工序名	数铣		工序内容	型芯正面铣加工		
夹具	平口钳	工量具	游标卡尺		设 备	加工中心 850		
工步	工步内容及要求	刀具类型及大小	主轴转速（r/min）	步距	切削深度（mm）	进给速度（mm/min）	余量（mm）	底面余量（mm）
1	粗加工	D16R1 飞刀	2500	65 平直百分比	0.35	1800	0.3	0.2
2	曲面二次粗加工	圆鼻刀 D10R1	3500	65 平直百分比	0.25	1500	0.3	0.2
3	平面清角粗加工	圆鼻刀 D10R1	3500	60 平直百分比	0	1200	0.3	0.1
4	二次整体清角粗加工	圆鼻刀 D4R0.5	5000	45 平直百分比	0.15	1200	0.3	0.2
5	虎口侧面半精加工	球刀 D4R2	5000	/	0.2	1200	0.1	0.1
6	成型面曲面半精加工	球刀 D6R3	4500	0.2mm	/	1500	0.1	0.1
7	分型面曲面半精加工	球刀 D6R3	4500	0.2mm	/	1500	0.1	0.1
8	虎口清角半精加工	球刀 D3R1.5	5500	0.1mm	/	800	0.1	0.1
9	平面精加工	平底刀 D10	3500	45 平直百分比	0	1000	0.2	0
10	避空位加工	平底刀 D10	3500	多个	0	800	0	0
11	虎口侧面精加工	球刀 D3R1.5	5500	/	0.12	1000	0	0
12	成型面曲面精加工	球刀 D6R3	4500	0.12mm	/	1500	0	0
13	分型面曲面精加工	球刀 D6R3	4500	0.12mm	/	1500	0	0
14	分流道 1 精加工	球刀 D5R2.5	4600	/	/	300	0	0
15	分流道 2 精加工	球刀 D5R2.5	4600	/	/	300	0	0
16	分流道 3 精加工	球刀 D5R2.5	4600	/	/	300	0	0
17	清角精加工	球刀 D3R1.5	5500	0.1mm	/	800	0	0
工艺编制		学　号		审　定		会　签		
工时定额		校　核		执行时间		批　准		

3. 型芯数控编程

根据所制定的数控加工工艺，综合运用前面所学模具数字化制造知识，型芯 10 工序定模板正面加工的刀轨生成如表 9.17 所示。具体刀轨创建请同学们（可参考视频资源）自行完成。

扫一扫看保护盒型芯粗加工编程操作视频

扫一扫看保护盒型芯半精加工编程操作视频

扫一扫看保护盒型芯精加工编程操作视频

表 9.17　型芯 10 工序正面加工刀轨

工步	加工刀轨	工步	加工刀轨
1. 粗加工	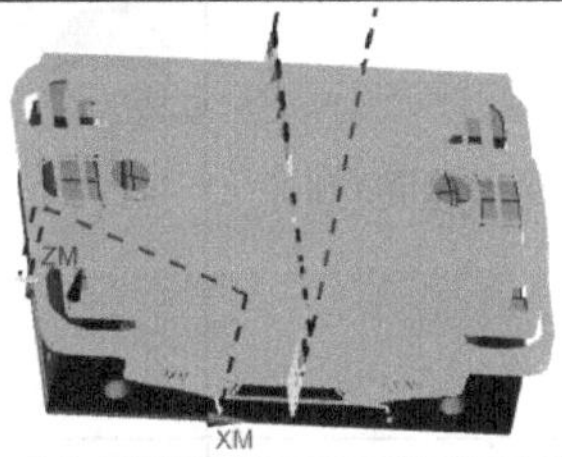	7. 分型面曲面半精加工	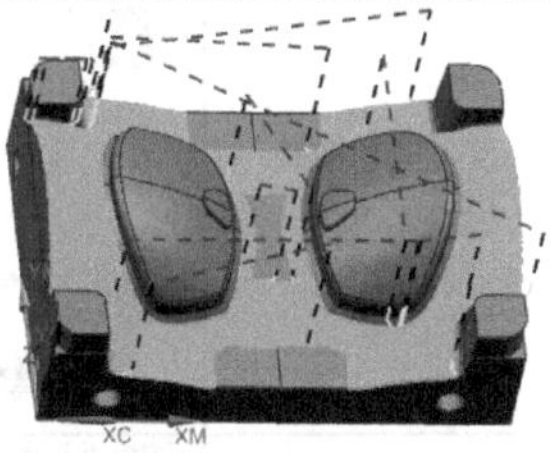
2. 曲面二次粗加工	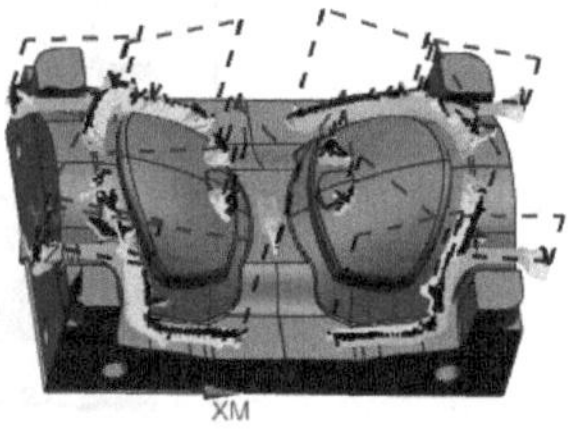	8. 虎口清角半精加工	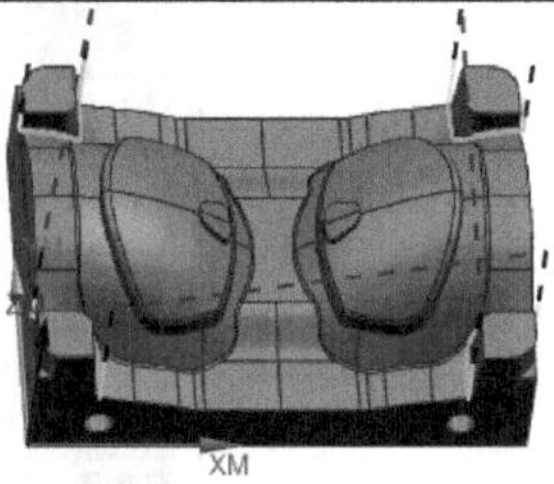
3. 平面清角粗加工	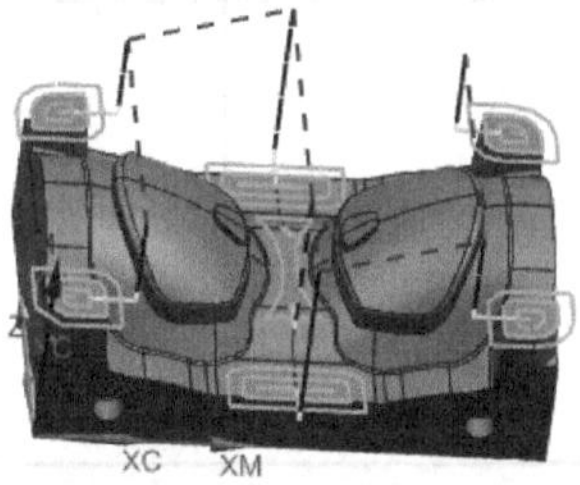	9. 平面精加工	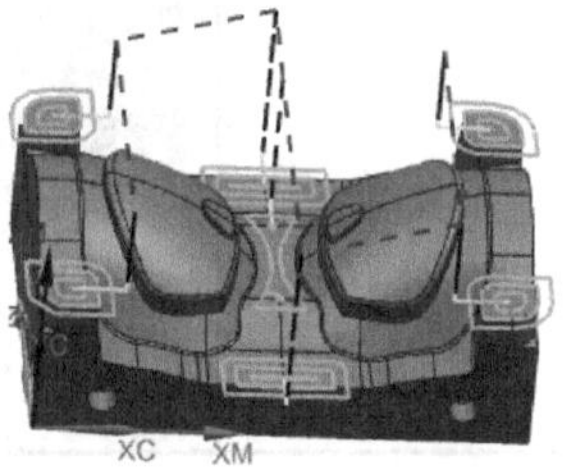
4. 二次整体清角粗加工	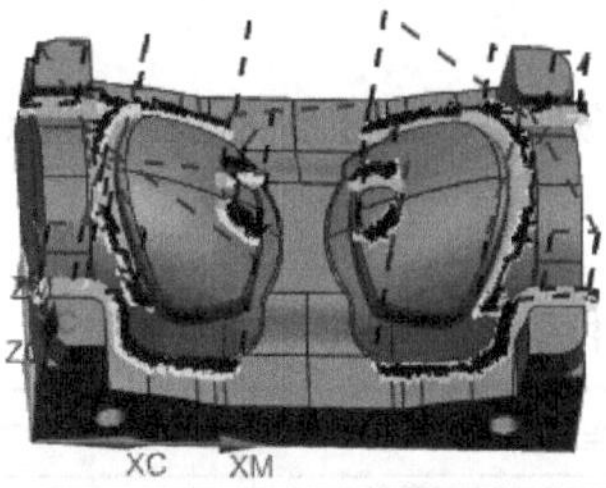	10. 避空位加工	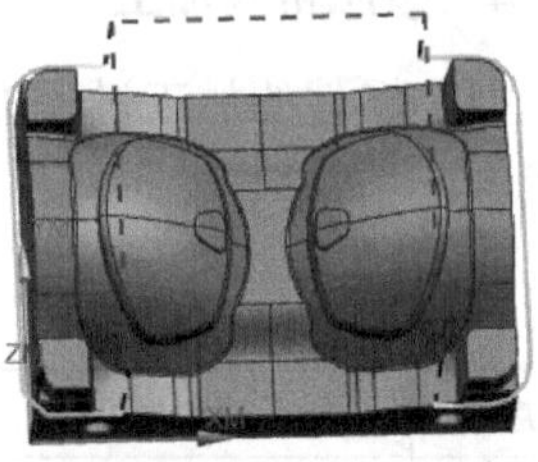
5. 虎口侧面半精加工	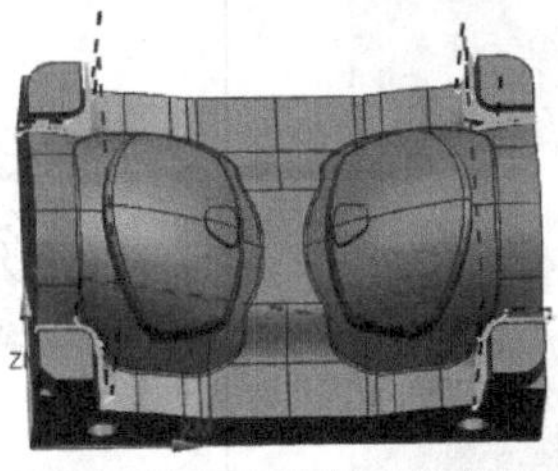	11. 虎口侧面精加工	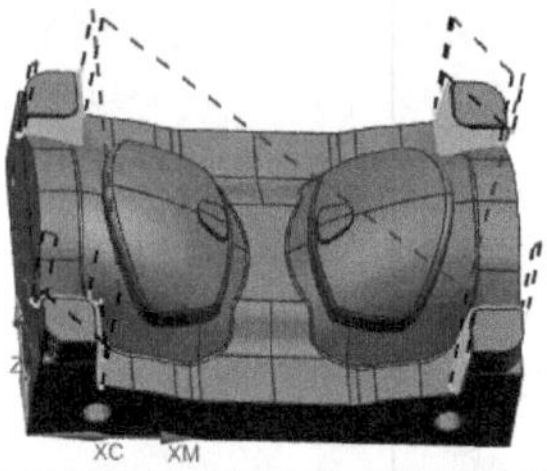
6. 成型面曲面半精加工	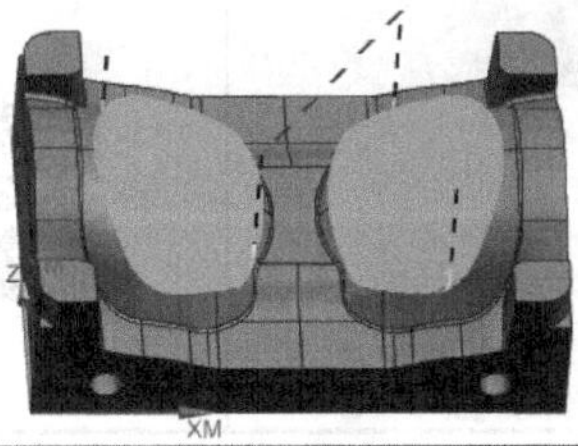	12. 成型面曲面精加工	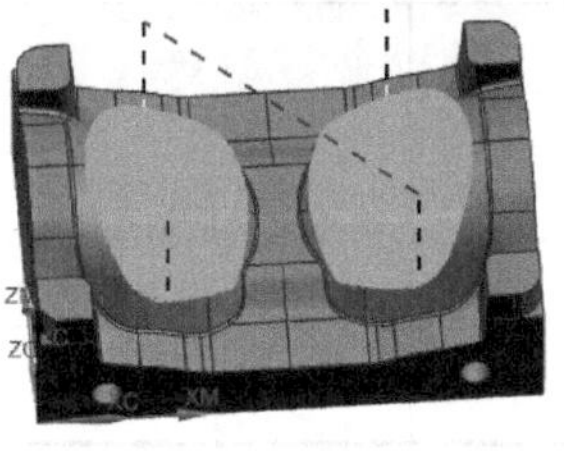

续表

工步	加工刀轨	工步	加工刀轨
13．分型面曲面精加工		16．分流道 3 加工	
14．分流道 1 加工		17．清角精加工	
15．分流道 2 加工			

4．型芯机床加工

型芯零件的加工过程如表 9.18 所示，具体实施过程可参考视频资源在设备上自行操作完成。

表 9.18　型芯零件的加工过程

工序号	工作内容	加工过程	加工操作实施
00	外轮廓倒角 *C*2		扫一扫看保护盒型芯外轮廓倒角操作视频
05	型芯反面钻孔加工		扫一扫看保护盒型芯反面加工操作视频

续表

工序号	工作内容	加工过程	加工操作实施
10	型芯正面铣加工		扫一扫看保护盒型芯正面加工操作视频
20	钻水路		扫一扫看保护盒型芯水路加工操作视频
30	钻潜浇口		扫一扫看保护盒型芯潜浇口放电加工操作视频
40	反面 M8 攻牙		扫一扫看保护盒型芯攻牙加工操作视频
50	电极放电		扫一扫看保护盒型芯放电加工操作视频

9.6 保护盒注塑模动模板加工

扫一扫下载保护盒动模板模型源文件

保护盒注塑模动模板如图 9.7 所示。

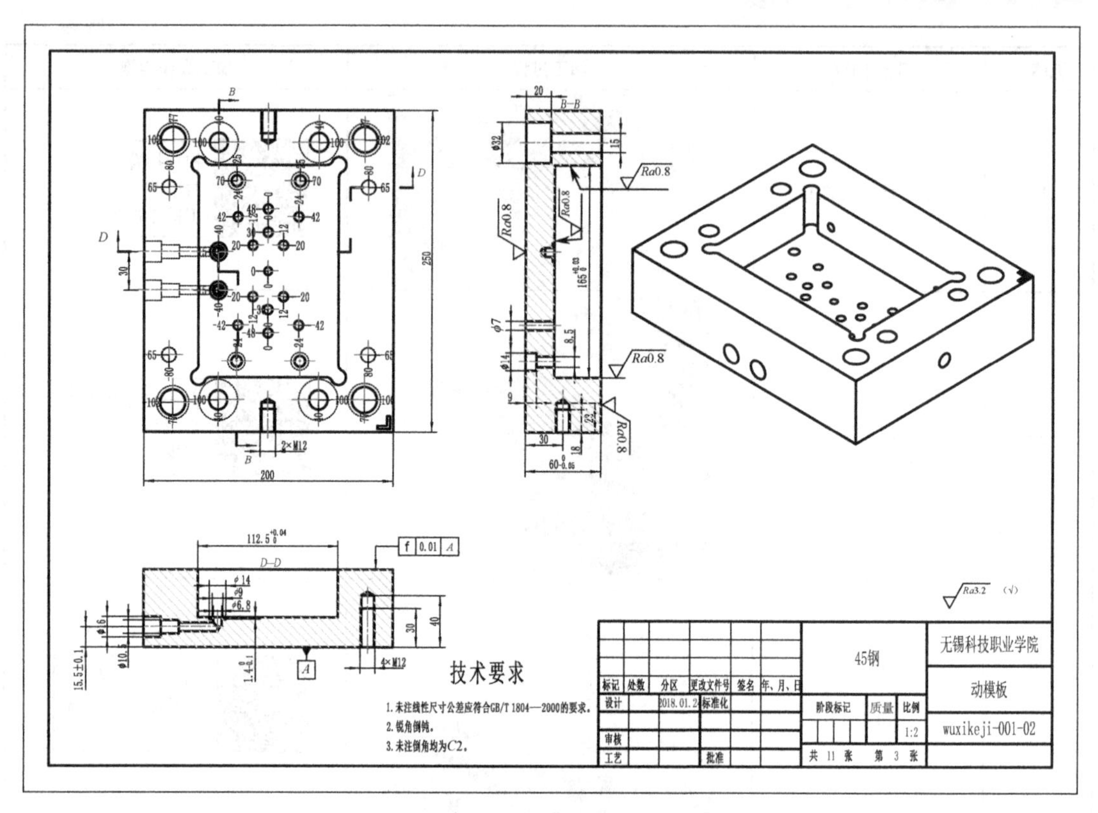

图 9.7 动模板零件图

1. 制定动模板加工工艺路线，编制动模板的加工工艺

（1）根据动模板零件图，查阅相关资料，分小组进行动模板的加工工艺分析。

（2）确定动模板最终加工工艺方案，并填写加工工艺过程卡。

参考工艺方案如表 9.19 所示。

表 9.19 动模板加工工艺过程卡

材料牌号	45 钢	毛坯种类	精料	毛坯外形尺寸	250 mm×200 mm×40 mm
工序号	工序名称	工序内容			
00	数铣	动模板反面铣加工			
05	数铣	动模板正面铣加工			
10	钻	钻水路、密封圈槽加工			
20	钳	1/4 螺纹攻牙			
30	检验	按图样要求检验各部尺寸及几何公差			
40	入库	清洗，加工表面涂防锈油，入库			

2. 分析加工工艺，制定动模板数控加工工序卡

（1）根据动模板零件图及三维模型，查阅相关资料，分小组进行动模板的数控加工工艺分析。

（2）确定动模板最终数控加工工艺方案，并填写数控加工工序卡。

00 工序动模板反面铣加工数控加工工艺可参照表 9.20，05 工序动模板正面铣加工数控加工工艺可参照表 9.21。

表 9.20 定模板反面铣加工数控加工工序卡

无锡科技职业学院	数控加工工序卡片			产品名称		零件名称		零件图号	
				保护盒		动模板			
工序号	00		工序名	数铣		工序内容	动模板反面铣加工		
夹具	平口钳		工量具	游标卡尺		设 备	加工中心 850		
工步	工步内容及要求		刀具类型及大小	主轴转速（r/min）	步距	切削深度（mm）	进给速度（mm/min）	余量（mm）	底面余量（mm）
1	打点加工		中心钻 DD8	1000	/	2	100	/	/
2	螺钉过孔加工		钻头 S8.5	600	/	28	60	/	/
3	沉头孔加工		平底刀 D14	800	/	9	60	/	/
4	推杆孔加工		钻头 S7	600	/	28	50	/	/
5	拉料杆孔加工		钻头 S6	600	/	28	40	/	/
工艺编制		学 号		审 定			会 签		
工时定额		校 核		执行时间			批 准		

表 9.21 动模板正面铣加工数控加工工序卡

无锡科技职业学院	数控加工工序卡片			产品名称		零件名称		零件图号	
				保护盒		动模板			
工序号	05		工序名	数铣		工序内容	动模板正面铣加工		
夹具	平口钳		工量具	游标卡尺		设 备	加工中心 850		
工步	工步内容及要求		刀具类型及大小	主轴转速（r/min）	步距	切削深度（mm）	进给速度（mm/min）	余量（mm）	底面余量（mm）
1	型腔槽粗加工		飞刀 D16R0.8	2300	65 平直百分比	0.5	1500	0.2	0.1
2	清角粗加工		平底刀 D10	3500	60 平直百分比	0.3	1600	0.2	0.1
3	型腔槽底面精加工		平底刀 D10	3500	60 平直百分比	0	1000	0.3	0
4	侧壁精加工		平底刀 D10	3500	0.1 mm	13	800	0	0
5	打点加工		中心钻 DD8	1000	/	2	100	/	/
6	钻水路孔		钻头 S7	600	/	28	50	/	/
7	倒角		中心钻 DD8	3000	/	2	1000	/	/
工艺编制		学 号		审 定			会 签		
工时定额		校 核		执行时间			批 准		

3. 动模板数控编程

根据所制定的数控加工工艺，综合运用前面所学模具数字化制造知识，动模板 00 工序反面加工的刀轨生成如表 9.22 所示，05 工序动模板正面加工的刀轨生成如表 9.23 所示。具体刀轨创建请同学们（可参考视频资源）自行完成。

表 9.22　动模板 00 工序反面加工刀轨

工步	加工刀轨	工步	加工刀轨
1．打点加工		4．推杆孔加工	
2．螺钉过孔加工		5．拉料杆孔加工	
3．沉头孔加工			

表 9.23　动模板 05 工序正面加工刀轨

工步	加工刀轨	工步	加工刀轨
1．型腔槽开粗		4．侧壁精加工	
2．清角粗加工		5．水路孔打点	
3．型腔槽底面精加工		6．水路孔加工	

续表

工步	加工刀轨	工步	加工刀轨
7．倒角	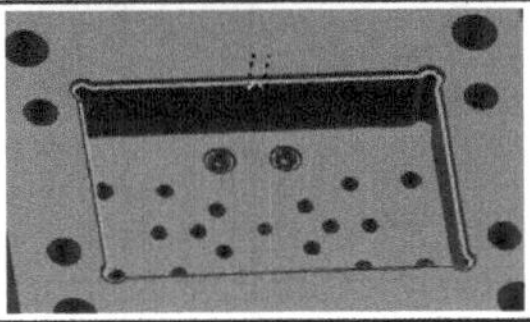		

4. 动模板机床加工

动模板零件的加工过程如表 9.24 所示，具体实施过程可参考视频资源在设备上自行操作完成。

表 9.24 动模板零件的加工过程

工序号	工作内容	加工过程	加工操作实施
00	动模板反面铣加工		扫一扫看保护盒动模板反面加工操作视频
05	动模板正面铣加工		扫一扫看保护盒动模板正面加工操作视频
10	钻水路，密封圈槽加工		扫一扫看保护盒动模板水路加工操作视频
20	1/4 螺纹攻牙	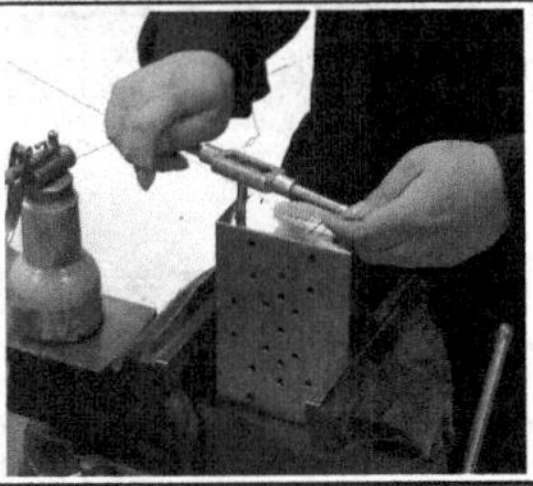	扫一扫看保护盒动模板攻牙加工操作视频

9.7 保护盒注塑模动模座板加工

扫一扫下载动模座板模型源文件

保护盒注塑模动模座板如图 9.8 所示。

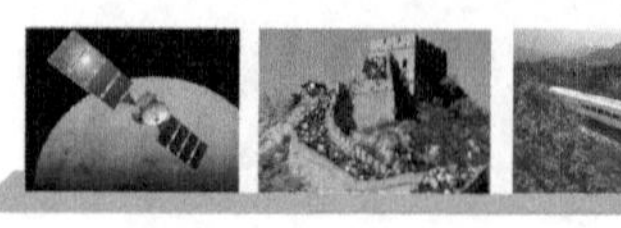

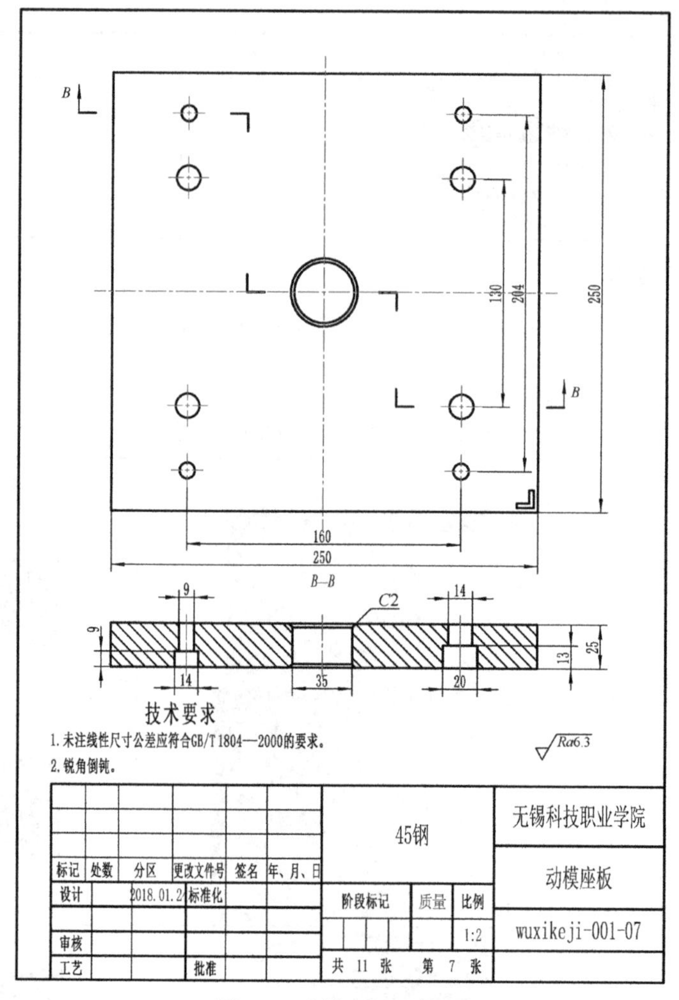

图 9.8 动模座板零件图

1. 制定动模座板加工工艺路线，编制动模座板的加工工艺

（1）根据动模座板零件图，查阅相关资料，分小组进行动模座板的加工工艺分析。

（2）确定动模座板最终加工工艺方案，并填写加工工艺过程卡。

参考工艺方案如表 9.25 所示。

表 9.25 动模座板加工工艺过程卡

材料牌号	45 钢	毛坯种类	精料	毛坯外形尺寸	250 mm×200 mm×40 mm
工序号	工序名称	工序内容			
00	数铣	动模座板铣加工			
05	钳	孔倒角 $C1$			
10	检验	按图样要求检验各部尺寸及几何公差			
20	入库	清洗，加工表面涂防锈油，入库			

2. 进一步分析加工工艺，制定动模座板数控加工工序卡

（1）根据动模板零件图及三维模型，查阅相关资料，分小组进行动模座板的数控加工工艺分析。

（2）确定动模座板最终数控加工工艺方案，并填写数控加工工序卡。

00 工序动模座板数控铣加工工艺可参照表 9.26。

表 9.26　动模座板铣加工数控加工工序卡

无锡科技职业学院		数控加工工序卡片		产品名称		零件名称		零件图号	
				保护盒		动模座板			
工序号	00		工序名	数铣		工序内容	动模座板铣加工		
夹具	平口钳		工量具	游标卡尺		设备	加工中心 850		
工步	工步内容及要求		刀具类型及大小	主轴转速（r/min）	步距	切削深度（mm）	进给速度（mm/min）	余量（mm）	底面余量（mm）
1	顶杆过孔粗加工		圆鼻刀 D12R1	2500	60 平直百分比	0.4	1500	0.2	0
2	顶杆过孔精加工		平底刀 D10	3500	0.1mm	13	800	0	0
工艺编制		学　号		审　定			会　签		
工时定额		校　核		执行时间			批　准		

3. 实施动模座板数控编程

根据所制定的数控加工工艺，综合运用前面所学模具数字化制造知识，动模座板 00 工序铣加工的刀轨生成如表 9.27 所示，具体刀轨创建请同学们（可参照视频）自行完成。

扫一扫看保护盒动模座板编程微课视频

表 9.27　动模座板 00 工序加工刀轨

工步	加工刀轨	工步	加工刀轨
1．顶杆过孔粗加工	ZM XM	2．顶杆过孔精加工	

4. 动模座板机床加工

动模座板零件的加工过程如表 9.28 所示，具体实施过程可参照视频资源在设备上自行操作完成。

表 9.28　动模座板零件的加工过程

工序号	工作内容	加工零件	加工操作实施
00	动模座板铣加工		扫一扫看保护盒动模座板铣削加工操作视频
05	孔倒角 C1		扫一扫看保护盒动模座板倒角加工操作视频

9.8　保护盒注塑模推板加工

扫一扫下载保护盒推板模型源文件

保护盒注塑模推板如图 9.9 所示。

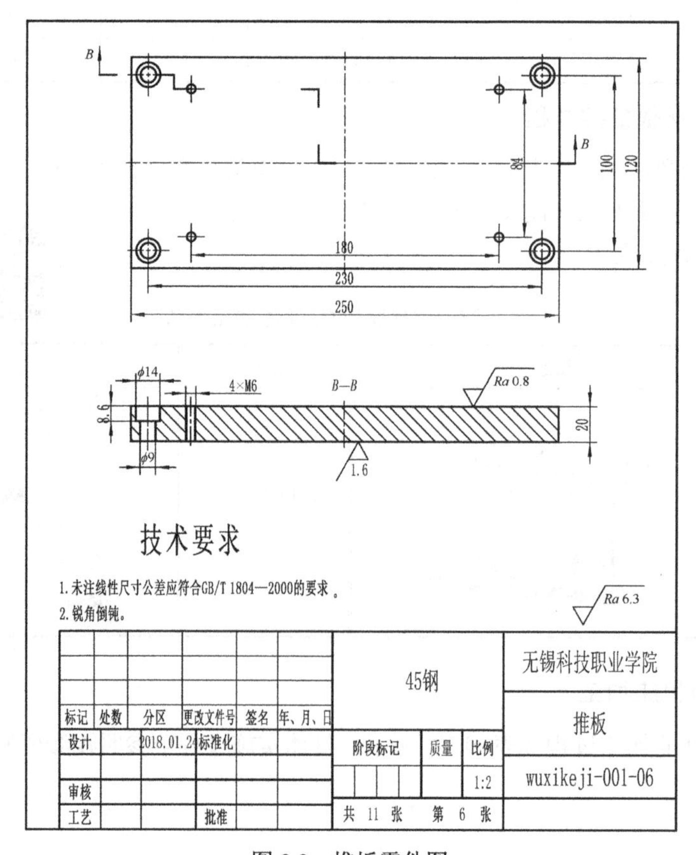

图 9.9　推板零件图

1. 制定推板加工工艺路线，编制推板的加工工艺

（1）根据推板零件图，查阅相关资料，分小组进行推板的加工工艺分析。

（2）确定推板最终加工工艺方案，并填写加工工艺过程卡。

参考工艺方案如表 9.29 所示。

表 9.29　推板加工工艺过程卡

材料牌号	45 钢	毛坯种类	精料	毛坯外形尺寸	250 mm×200 mm×40 mm
工序号	工序名称	工序内容			
00	数铣	推板铣加工			
05	钳	孔倒角 $C1$；攻牙			
10	检验	按图样要求检验各部尺寸及几何公差			
20	入库	清洗，加工表面涂防锈油，入库			

2. 进一步分析加工工艺，制定推板数控加工工序卡

（1）根据推板零件图及三维模型，查阅相关资料，分小组进行推板的数控加工工艺分析。

（2）确定推板最终数控加工工艺方案，并填写数控加工工序卡。

00 工序推板数控铣加工工艺可参照表 9.30。

表 9.30　推板铣加工数控加工工序卡

无锡科技职业学院	数控加工工序卡片		产品名称		零件名称		零件图号	
			保护盒		推板			
工序号	00	工序名	数铣		工序内容	推板铣加工		
夹具	平口钳	工量具	游标卡尺		设备	加工中心 850		
工步	工步内容及要求	刀具类型及大小	主轴转速（r/min）	步距	切削深度（mm）	进给速度（mm/min）	余量（mm）	底面余量（mm）
1	打点加工	中心钻 DD8	1000	/	2	100	/	/
2	垃圾钉孔加工	球头刀 S4.5	600	/	15	30	/	/
工艺编制		学　号		审　定		会　签		
工时定额		校　核		执行时间		批　准		

3. 实施推板数控编程

扫一扫看保护盒推板编程微课视频

根据所制定的数控加工工艺，综合运用前面所学模具数字化制造知识，推板 00 工序铣加工的刀轨生成如表 9.31 所示，具体刀轨创建请同学们（可参照视

频）自行完成。

表 9.31　推板 00 工序加工刀轨

工步	加工刀轨	工步	加工刀轨
1．打点加工		2．垃圾钉孔加工	

4．推板机床加工

推板零件的加工过程如表 9.32 所示，具体实施过程可参照视频资源在设备上自行操作完成。

表 9.32　推板零件的加工过程

工序号	工作内容	加工零件	加工操作实施
00	推板铣加工		扫一扫看保护盒推板铣削加工操作视频
05	孔倒角 $C1$；攻牙		扫一扫看保护盒推板倒角加工操作视频

9.9　保护盒注塑模推杆固定板加工

扫一扫下载保护盒推杆固定板模型源文件

保护盒注塑模推杆固定板如图 9.10 所示。

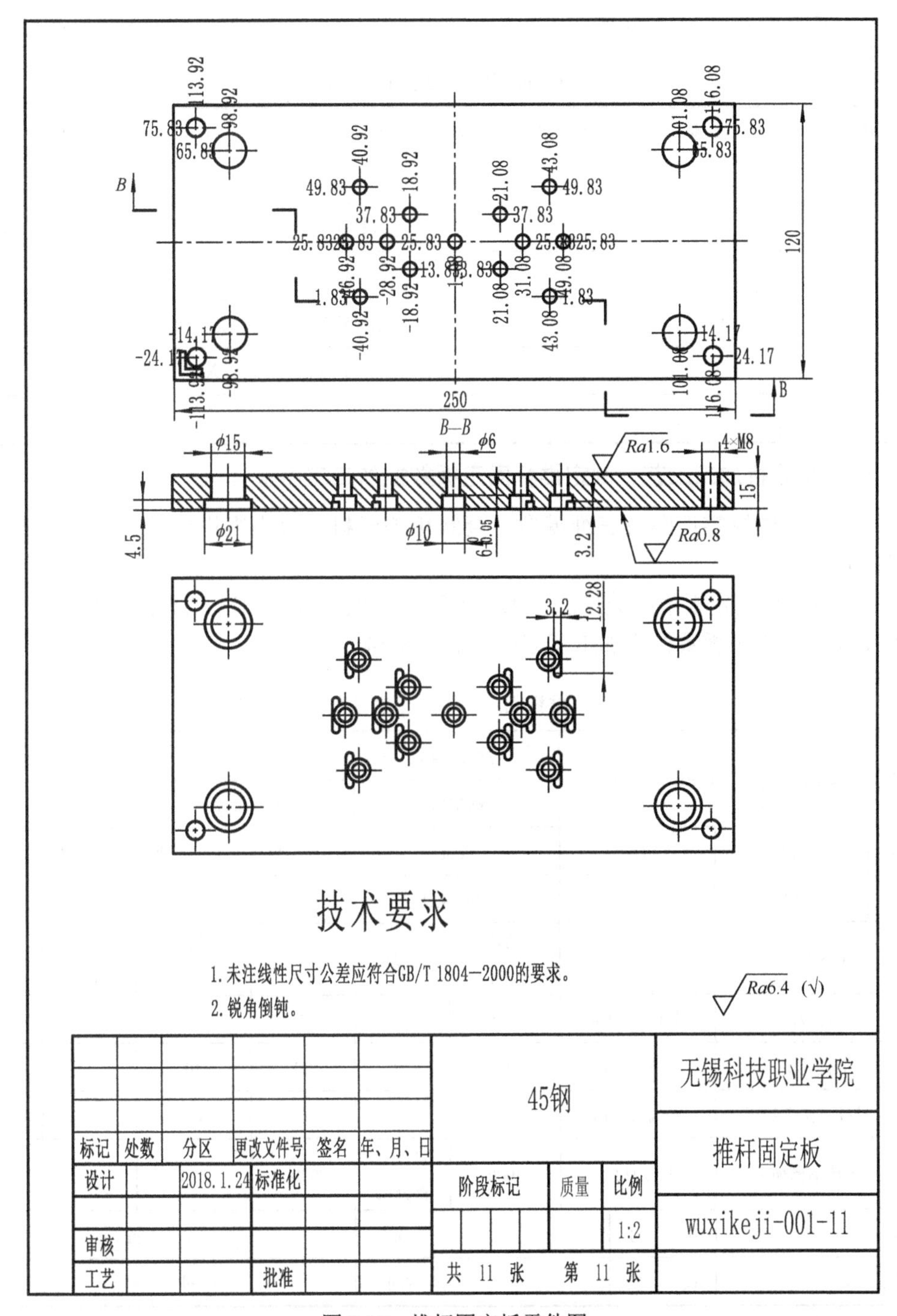

图 9.10 推杆固定板零件图

1. 制定推杆固定板加工工艺路线，编制推杆固定板的加工工艺

（1）根据推杆固定板零件图，查阅相关资料，分小组进行推杆固定板的加工工艺分析。

（2）确定推杆固定板最终加工工艺方案，并填写加工工艺过程卡片。

参考工艺方案如表 9.33 所示。

表 9.33 推杆固定板加工工艺过程卡

材料牌号	45 钢	毛坯种类	精料	毛坯外形尺寸	250 mm×200 mm×40 mm
工序号	工序名称	工序内容			
00	数铣	推杆固定板铣加工			
05	钳	孔倒角 *C*1			
10	检验	按图样要求检验各部尺寸及几何公差			
20	入库	清洗，加工表面涂防锈油，入库			

2. 进一步分析加工工艺，制定推杆固定板数控加工工序卡

（1）根据动模板零件图及三维模型，查阅相关资料，分小组进行推杆固定板的数控加工工艺分析。

（2）确定推杆固定板最终数控加工工艺方案，并填写数控加工工序卡。

00 工序推杆固定板数控铣加工工艺可参照表 9.34。

表 9.34 推杆固定板铣加工数控加工工序卡

<table>
<tr><td colspan="2" rowspan="2">无锡科技职业学院</td><td rowspan="2">数控加工工序卡片</td><td colspan="2">产品名称</td><td colspan="2">零件名称</td><td colspan="2">零件图号</td></tr>
<tr><td colspan="2">保护盒</td><td colspan="2">推杆固定板</td><td colspan="2"></td></tr>
<tr><td>工序号</td><td>00</td><td>工序名</td><td colspan="2">数铣</td><td>工序内容</td><td colspan="3">推杆固定板铣加工</td></tr>
<tr><td>夹具</td><td>平口钳</td><td>工量具</td><td colspan="2">游标卡尺</td><td>设备</td><td colspan="3">加工中心 850</td></tr>
<tr><td>工步</td><td>工步内容及要求</td><td>刀具类型及大小</td><td>主轴转速（r/min）</td><td>步距</td><td>切削深度（mm）</td><td>进给速度（mm/min）</td><td>余量（mm）</td><td>底面余量（mm）</td></tr>
<tr><td>1</td><td>打点加工</td><td>中心钻 DD8</td><td>1000</td><td>/</td><td>2</td><td>100</td><td>/</td><td>/</td></tr>
<tr><td>2</td><td>推杆孔加工</td><td>球头刀 S6</td><td>600</td><td>/</td><td>20</td><td>40</td><td>/</td><td>/</td></tr>
<tr><td>3</td><td>推杆沉头孔加工</td><td>平底刀 D10</td><td>800</td><td>/</td><td>6</td><td>60</td><td>/</td><td>/</td></tr>
<tr><td>4</td><td>止转销槽加工</td><td>平底刀 D3</td><td>4000</td><td>50 平直百分比</td><td>0.04</td><td>800</td><td>0</td><td>0</td></tr>
<tr><td>工艺编制</td><td></td><td>学　号</td><td></td><td>审　定</td><td></td><td>会　签</td><td colspan="2"></td></tr>
<tr><td>工时定额</td><td></td><td>校　核</td><td></td><td>执行时间</td><td></td><td>批　准</td><td colspan="2"></td></tr>
</table>

3. 实施推杆固定板数控编程

扫一扫看保护盒推杆固定板编程微课视频

根据所制定的数控加工工艺，综合运用前面所学模具数字化制造知识，推杆固定板 00 工序铣加工的刀轨生成如表 9.35 所示，具体刀轨创建请同学们（可参考视频资源）自行完成。

表 9.35 推杆固定板 00 工序加工刀轨

工步	加工刀轨	工步	加工刀轨
1．打点加工		3．推杆沉头孔加工	
2．推杆孔加工		4．止转销槽加工	

4．推杆固定板机床加工

推杆固定板零件的加工过程如表 9.36 所示，具体实施过程可参考视频资源在设备上自行操作完成。

表 9.36 推杆固定板机床加工

工序号	工作内容	加工零件	加工操作实施
00	推杆固定板铣加工		扫一扫看保护盒推杆固定板铣削加工操作视频
05	孔倒角 $C1$		扫一扫看保护盒推杆固定板倒角加工操作视频

练习与提高 8

请完成如图 9.11 所示的放大镜型芯加工工艺规划，进行零件刀轨编制，并加工。

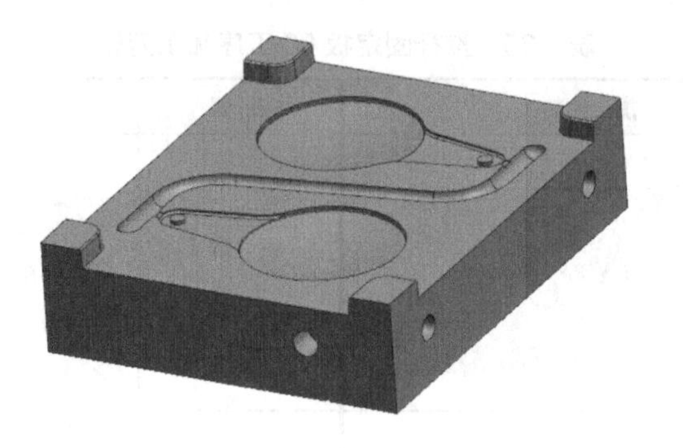

扫一扫下载图9.11零件加工模型源文件

图 9.11　放大镜型芯